U0891047

荣获华东地区大学出版社第七届优秀教材、学术专著二等奖

花卉学

主编　芦建国
编著　张鸽香　丁彦芬　田如男

东南大学出版社

内 容 提 要

本书是高等职业教育园林专业的专业课教材。全书共八章，前七章较详细地叙述了花卉的分类依据及系统，花卉的生长发育规律，花卉与环境的关系，花卉繁殖原理、方法及各类花卉栽培要点，花卉栽培设施及温室管理要点，花卉应用形式。最后一章是各论，按科分类将同一科的花卉编排在一起，详细介绍了花卉形态特征、繁殖方法、主要用途，以便学生系统地认识和使用花卉。

本教材顺应园林专业的发展趋势，特别是花卉向专业化、现代化、商品化发展的需要编写，可作为园林、观赏园艺、环境艺术、花卉专业及相关的专业教材，也可作为种植业、园林成人教育及技师培训教材。

图书在版编目（CIP）数据

花卉学 / 芦建国主编. —南京：东南大学出版社，2004.3（2020.2 重印）
高等职业技术教育园林专业系列教材
ISBN 978-7-81089-175-2

Ⅰ. 花… Ⅱ. 芦… Ⅲ. ①花卉－观赏园艺－高等学校－教材 Ⅳ. S68

中国版本图书馆 CIP 数据核字(2003)第 069912 号

东南大学出版社出版发行
（南京四牌楼 2 号　邮编 210096）
出版人：江建中
全国各地新华书店经销　江苏兴化市印刷厂印刷
开本：787mm × 1092mm　1/16　印张：21.5　字数：523 千
2004 年 3 月第 1 版　2020 年 2 月第 10 次印刷
ISBN 978-7-81089-175-2
印数：21001－22000 册　定价：39.00 元

高等职业技术教育园林专业系列教材

编审委员会

主任委员 薛建辉

委　　员 嵇保中　汤庚国　倪筱琴

谭淮滨　王　浩　芦建国

秘　　书 薛新华　祝遵凌

出 版 前 言

高等职业技术教育中的园林专业是应我国社会主义现代化建设的需要而诞生的，是我国林业高等教育的重要专业之一，该专业的教育目标是培养服务于生产、管理第一线的“一专多能”的应用型园林专业人才。

高职园林专业有其自身的特点，要求毕业生既能熟悉园林规划设计，又能进行园林植物培育及其应用（如花卉生产、树木栽培、插花、盆景制作等）、园林植物养护管理及园林工程施工管理等技术和管理工作，所以在教学中要突出对学生实践操作能力的训练与培养。根据这一要求，为培养合格人才，提高教学质量，必须有一套好的教材。但目前还没有相应的教材可供使用。南京林业大学高职园林专业是江苏省高职专业改革试点专业之一。我们组织了在高职园林专业教学上有丰富经验的教师，编写了这一套系列教材，准备在两年内陆续出版，以供高职园林专业学生之需要。

结合高职园林专业的教学特点，本套教材力求语言精炼，图文并茂，深入浅出，通俗易懂，做到科学性与实用性并重。这套教材可供园林专业和其它相近专业的教师、学生以及园林工作者学习和参考之用。

编写这套教材是一项探索性工作，教材中定会有不少疏漏不足之处，还需在教学实践中不断改进、完善。恳请广大读者在使用过程中提出宝贵意见，以便在再版时进一步修改和充实。

联系方式：南京四牌楼2号 东南大学出版社　姜　来编辑
邮编：210096
Tel：86-25-83793254
Fax：86-25-83790507
E-mail：oliviajl@163.com

高等职业技术教育园林专业系列教材编审委员会
2001年2月

前　言

21世纪初随着国民经济的持续增长，人民生活水平的不断提高，花卉业迅猛崛起，成为我国种植业中发展速度最快的新兴产业。花卉作为商品已走进千家万户，成为人民生活不可缺少的消费品。花卉业已成为调整农业结构、发展农村经济的新的增长点，是部分地区农民增收致富的有效途径。花卉在城市生态环境建设和人民日常文化生活中起着越来越重要的作用。

花卉种类越来越多，随着新、优、特花卉品种不断出现，花卉学的内容也越来越丰富。产业化的发展，赋予花卉学更广阔的研究范围。为了使学生在有限的课程学习时间内，全面系统地掌握花卉的基本知识、一般繁殖栽培技术、栽培设施；重点掌握花卉一般生长发育过程和主要生态因子对花卉生长发育的影响；掌握常用花卉的生物学特性、观赏特点、生态习性，并能正确使用和栽培；同时培养学生独立思考的能力和操作能力，教材在编写过程中力求做到以下几点：

1．重点突出　在保证较大信息量的同时，以高职园林专业对花卉知识的需求为原则，以应用为最终目的，构建教材内容和体系。以室内外绿化、美化、彩化、香化常用花卉为主要对象，突出花卉的特点，注重栽培和应用，在重视科学性的基础上，充分重视花卉的艺术性。

2．内容新颖　以花卉的观赏栽培和园林应用为核心，对重点内容进行了详细叙述，充分反映花卉研究栽培的最新水平。结构力求体现教科书的特点，根据高职园林专业知识结构的特点，采用符合学生认识过程的编排顺序。不追求各类相关知识体系的自身完整，从专业要求出发构建体系，加强彼此之间的关联，强调整合性。采用文字与光盘相结合的方式，扩大内容的信息量，增强可视性。文字主要介绍理论和基本技术，叙述力求简洁、通俗易懂。

3．实用性强　通过教材学习，学生能把所学知识直接应用于实践，能掌握基本的花卉种类，在使用中正确选用花卉种类，合理应用；熟练处理繁殖、栽培及应用问题；并培养一定的思维能力、自主学习能力及新资料获取能力。

4．便于自学　本教材供园林高职“花卉学”课程教学使用。学时分配建议：总学时数80，其中讲授50学时，实习30学时。相关专业和不同层次的教学，可酌情选择内容，也可供观赏园艺、林学、城市规划、环艺、室内等相关专业使用。

为了帮助学生识别花卉种类，增加对花卉的感性认识，教材配备了花卉图片光盘，供学生在学习花卉时使用。光盘重点反映花卉种类的识别和主要繁殖方法、栽培设施、应用形式，突出艺术性，强调实用性，提高学生的学习兴趣和艺术鉴赏力。

本书在编写中，参考了国内外相关资料和成果，在此编者要向被引用资料的所有作者表示衷心的感谢。

由于编者的知识所限，加上编写时间短暂，疏漏和错误之处在所难免，欢迎使用本教材的师生提出批评和建议，以便再版时修正、更新、充实、提高和完善。

编　者

2003年8月

目 录

1 花卉概述

1.1 花卉的含义和用途

1.1.1 花卉的含义

花卉的概念包括狭义与广义两个方面。狭义而言："花"是植物的繁殖器官，"卉"是草本植物的总称，狭义的花卉，仅指草本的观花植物和观叶植物。但随着人类生产水平和科学技术的不断进步及国际文化艺术的相互交流与渗透，花卉的范围也在不断扩大。因此，广义的花卉，是指凡具有一定观赏价值，并经过一定技艺进行栽培管理和养护的植物，有观花的（如月季、牡丹等）、观叶的（如蕨类、吊兰等）、观芽的（如银芽柳的银白色绒芽）、观茎的（如紫竹、斑竹、红瑞木等）、观果的（如佛手、观赏西葫芦等）和观根的（如水杉的气生根、木棉的板根等），也有欣赏其姿态（如盆景、根雕等）或闻其香的（如玫瑰、兰花等等）；从低等植物到高等植物，从水生到陆生、气生；有的匍匐矮小，有的高大直立；有草本也有木本，有灌木、乔木和藤本，应有尽有，种类繁多，都包括在花卉范围之中。温室中盆栽观赏的灌木、果树现在也纳入了广义的花卉概念中。

1.1.2 花卉的用途

1. 花卉是绿化、美化、彩化、香化的重要材料之一

花卉种类繁多，用途广泛。在园林绿化中是绿化、美化、彩化、香化的重要材料。它可以用做盆栽和地栽 。盆栽装饰厅堂，布置会场，点缀房间。地栽布置花坛、花境、花带等。丛植或孤植强调出入口和广场的构图中心，点缀建筑物、道路两旁、拐角和林缘，在烘托气氛、丰富景观方面有其独特的效果。花卉能给人们创造一个幽美、清新、舒适的工作、生活和休息的环境，给人以美的享受，陶冶人的情操，增进人们的身心健康。

花卉还多应用于各种重大节日、各类展览会和各种会议的装饰和布置，增添欢快和喜庆的气氛。如"五一"、"十一"、元旦、春节，街头巷尾用花卉点缀，增加了节日的气氛。1999年的昆明世界园艺博览会简直成了花的海洋，花的世界。

2. 花卉在人民文化生活中的作用

随着国民经济的发展，人民生活水平的提高，人们对花卉的需求也日益迫切，花卉已经成了现代人生活中不可缺少的消费品之一。花卉除了大量应用于园林绿化外，还可用来进行厅堂布置、室内装饰，使人们足不出户即可领略大自然的风光。也可以用做盆花、切花。花卉美化

了人们的生活环境，增加了人们的审美情趣，提高了人们的文化生活水平。

花卉在外事活动、亲朋交往过程中，具有联络感情、增进友谊、促进科学文化交流的作用。

另外，丰富的花卉种类以及其中存在的科学奥妙，为人们了解自然、增长科学知识、进行教学(品种园)和科学研究提供了条件。

3. 花卉在经济生产中的作用

花卉不仅具有美化环境、提高文化生活水平的作用，同时，还具有巨大的经济效益，如盆花生产，鲜切花生产，种子、球根、花苗等的生产，其经济效益远远超过一般的农作物、水果、蔬菜。鲜切花一般每公顷产值在15万～45万元以上，春节盆花一般在45万～75万元以上，种苗生产的效益会更高，所以，花卉生产是一项重要的经济来源。花卉还能出口换取外汇，如漳州水仙，兰州百合，云南山茶，荷兰的郁金香、风信子，日本的百合、菊花、香石竹、月季等，花卉业已成为高效农业之一，已发展成为重要产业。

另外，多数花卉都有多种用途，具有一定的经济价值。如鸡冠花、桔梗、荷花、芍药等，它们的根、茎、叶或者花都能入药，是很好的药用植物；米兰、白兰，茉莉、珠兰等，它们花香馥郁，可用来熏茶；玫瑰和晚香玉等能提取芳香油、香精等；还有很多种花卉可食用，如菊花、百合、金针菜、菊花脑等；也有的是造纸、制麻的原料。随着社会消费水平的不断提高，花卉的商品价值也越来越大。

花卉的种类繁多，分布范围也很广，由于各地气候条件各异，其栽培方法及利用方式也不同。为了便于了解花卉的繁殖、栽培及利用，按其生态习性和栽培应用特点的分类方法应用最为广泛，还有依据花卉原产地的分类方法等等。下面分述之。

1.2 花卉的分类

1.2.1 依生活型与生态习性分类

1. 露地花卉

露地花卉是指在自然条件下，在露地完成其整个生命周期的花卉。

(1) 一年生花卉　在一年内完成其生长、发育、开花、结实直至死亡的生命周期。即春天播种，夏秋开花、结实，后枯死，故又称春播花卉。如鸡冠花、波斯菊、硫华菊、翠菊、百日草、万寿菊、孔雀草、茑萝、千日红、麦秆菊、一串红、半支莲、五色草、大花秋葵、藿香蓟、凤仙花等。

(2) 二年生花卉　在二年内完成其生长、发育、开花、结实直至死亡的生命周期。即秋天播种、幼苗越冬，翌年春夏开花、结实，后枯死，故又称秋播花卉。如金鱼草、三色堇、桂竹香、羽衣甘蓝、金盏菊、雏菊、风铃草、须苞石竹、矮雪轮、矢车菊等。

(3) 多年生花卉　指地下茎和根连年生长，地上部分多次开花、结实的一类花卉，即其个体寿命超过2年。又因其地下部分的形态不同，可分为两类。

① 宿根花卉　地下部分的形态正常，不发生变态现象；地上部分表现出一年生或多年生

性状，如菊花、蓍草属、紫菀属、金鸡菊、宿根天人菊、金光菊、紫松果菊、一枝黄花、蛇鞭菊、芍药、乌头、耧斗菜、铁线莲、荷包牡丹、蜀葵、福禄考、剪秋罗、随意草、桔梗、沙参、费菜、鸢尾属、射干、火炬花、萱草、玉簪、万年青、吉祥草、麦冬、沿阶草等。

② 球根花卉　地下部分的根或茎发生变态，肥大呈球状或块状等，如郁金香、风信子、葡萄风信子、贝母、百合、绵枣儿、大花葱、铃兰、秋水仙、白芨、水仙、石蒜、葱兰、韭兰、晚香玉、唐菖蒲、球根鸢尾、火星花、番红花、美人蕉、大丽花、花毛茛、红花酢浆草。因其地下茎或根的形态不同，可分为以下几类：鳞茎类、球茎类、块茎类、根茎类、块根类。

(4) 水生花卉　指生长在水中或沼泽地中耐水湿的花卉。常见的如荷花、睡莲、萍蓬草、芡、千屈菜、菖蒲、黄菖蒲、香蒲、水葱、凤眼莲等。

(5) 岩生花卉　指耐旱性强，适合在岩石园栽培的花卉，如虎耳草、香堇、蓍草、景天类等。

(6) 草坪地被花卉　主要指覆盖地表面低矮的、具匍匐状、质地优良、扩展性强的禾本科植物、莎草科植物以及一些多年生适应性强的其他草本植物和茎叶密集的低矮灌木、竹类、藤本植物等。如结缕草、马尼拉、细叶结缕草、狗牙根、百慕达、天堂草、假俭草、早熟禾、高羊茅、紫羊茅、匍匐剪股颖（四季青）、黑麦草、多年生黑麦草、白三叶、红三叶、马蹄金等。

2. 温室花卉

原产热带、亚热带及南方温暖地区的花卉，在北方寒冷地区栽培必须在温室内培育，或冬季必须在温室内保护越冬。通常可分为下面几类。

(1) 一、二年生花卉　如瓜叶菊、蒲包花、彩叶草、报春花等。

(2) 宿根花卉　如非洲紫罗兰、鹤望兰、百子莲、非洲菊、花叶竹芋、蜘蛛抱蛋等。

(3) 球根花卉　如仙客来、香雪兰、马蹄莲、大岩桐、球根秋海棠、彩叶芋等。

(4) 兰科植物　依其生态习性不同，又可分为两类。地生兰类：如春兰、蕙兰、建兰、墨兰、寒兰等；附生兰类：如卡特兰、蝴蝶兰、石斛、兜兰等。

(5) 多浆植物　指茎叶具有特殊贮水能力，呈肥厚多汁变态状的植物，并能耐干旱。如仙人掌、蟹爪兰、昙花、芦荟、绿铃、生石花、玉米石、龙凤木、龙舌兰等。

(6) 蕨类植物　又称羊齿植物，如铁线蕨、肾蕨、巢蕨、鹿角蕨等。

(7) 食虫植物　如猪笼草、捕蝇草、瓶子草等。

(8) 凤梨科植物　如彩叶凤梨、虎纹凤梨、金边凤梨、筒凤梨等。

(9) 草木本植物　又称亚灌木花卉，如倒挂金钟、香石竹、天竺葵、竹节海棠等。

(10) 花木类　如一品红、龙血树、龟背竹、米仔兰、珠兰等。

(11) 水生花卉　如王莲、热带睡莲等。

1.2.2　依花期分类

此分类根据长江中下游地区的气候特点，从传统的二十四节气的四季划分法出发，依据诸多花卉开花的盛花期进行分类。

(1) 春季花卉　指2–4月期间盛开的花卉，如金盏菊、虞美人、郁金香、花毛茛、凤信子、水仙等。

(2) 夏季花卉　指5–7月期间盛开的花卉，如凤仙花、金鱼草、荷花、火星花、芍药、石竹等。

(3) 秋季花卉　指在8—10月盛开的花卉，如一串红、菊花、万寿菊、石蒜、翠菊、大丽花等。

(4) 冬季花卉　指在11月至翌年1月开花的花卉。因冬季严寒，长江中下游地区露地栽培的花卉花朵能盛放的种类稀少，常用观叶花卉取而代之，如羽衣甘蓝、红叶甜菜。温室内开花的有多花报春、鹤望兰等。

1.2.3　依观赏部位分类

按花卉可观赏的花、叶、果、茎等器官进行分类。

(1) 观花类　以观花为主的花卉，欣赏其色、香、姿、韵。如虞美人、菊花、荷花、霞草、飞燕草、晚香玉等。

(2) 观叶类　以观叶为主的花卉，其叶形奇特，或带彩色条斑，富于变化，具有很高的观赏价值，如龟背竹、花叶芋、彩叶草、五色草、蔓绿绒、旱伞草、蕨类等。

(3) 观果类　植株的果实形态奇特、艳丽悦目，挂果时间长且果实干净，可供观赏。如五色椒、金银茄、冬珊瑚、金桔、佛手、乳茄、气球果等。

(4) 观茎类　这类花卉的茎、分枝或叶常发生变态，表现出婀娜多姿，具有独特的观赏价值。如仙人掌类、竹节蓼、文竹、光棍树等。

(5) 观芽类　主要观赏其肥大的叶芽或花芽，如结香、银芽柳等。

(6) 其他　有些花卉的其他部位或器官具有观赏价值，如马蹄莲观赏其色彩美丽、形态奇特的苞片；海葱则观赏其硕大的绿色鳞茎。

1.2.4　依经济用途分类

(1) 药用花卉　如芍药、桔梗、麦冬、贝母、百合、石斛等。

(2) 香料花卉　如薄荷、晚香玉、香堇、玉簪、香雪兰等。

(3) 食用花卉　如百合、菊花脑、黄花菜、落葵、藕、芡等。

(4) 其他有经济价值的花卉　可生产纤维、淀粉及油料的花卉，如黄秋葵、鸡冠花、扫帚草、含羞草、马蔺、蜀葵等。

1.2.5　依园林用途分类

依园林用途分类，有：花坛花卉、盆栽花卉、室内花卉、切花花卉、观叶花卉、荫棚花卉。

1.2.6　依自然分布分类

依自然分布分类，有：热带花卉、温带花卉、寒带花卉、高山花卉、水生花卉、岩生花卉、沙漠花卉。

1.2.7　依栽培方式分类

依栽培方式分类，有：露地花卉、温室花卉、切花栽培、促成栽培、抑制栽培、无土栽培、荫棚栽培、种苗栽培。

1.3 依花卉原产地的分类

1.3.1 中国气候型

中国气候型亦称大陆东岸气候型。这一气候型的特点是夏热冬寒，年内温差较大，夏季降水量较多。属此气候型的地区有：中国的大部分地区、日本、北美东部、巴西南部、大洋洲东部、非洲东南部等地。依冬季气温的高低可分为温暖型及冷凉型。

1）温暖型

包括中国长江以南、日本南部、北美东南部等地。原产的花卉有：中国石竹、福禄考、天人菊、美女樱、矮牵牛、半支莲、凤仙花、麦秆菊、一串红、报春花、非洲菊、百合、石蒜、马蹄莲、唐菖蒲等。

2）冷凉型

包括中国北部、日本东北部、北美东北部等地。原产的花卉有：翠菊、黑心菊、荷包牡丹、芍药、菊花、荷兰菊、金光菊等。

1.3.2 欧洲气候型

欧洲气候型亦称大陆西岸气候型。其特点是冬季温暖，夏季凉爽，一般气温不超过15～17℃；降水量较少，但四季较均匀。属此气候型的地域有：欧洲大部分、北美西海岸中部、南美西南部、新西兰南部等地。原产的花卉有：雏菊、矢车菊、剪秋罗、紫罗兰、羽衣甘蓝、三色堇、宿根亚麻、喇叭水仙等。

1.3.3 地中海气候型

地中海气候型以地中海沿岸气候为代表。其特点是自秋季至次年春末降雨较多；冬季无严寒，最低温度为6～7℃；夏季干燥、凉爽，极少降雨，为干燥期，气温为20～25℃。多年生花卉常呈球根状态。属于该气候型的地区有南非好望角附近、大洋洲和北美的西南部、南美智利中部、北美洲加利福尼亚等地。原产这些地区的花卉有：风信子、郁金香、水仙、香雪兰、蒲包花、天竺葵、君子兰、鹤望兰等。

1.3.4 墨西哥气候型

墨西哥气候型又称热带高原气候型。特点是周年温度约14～17℃，温差小，降雨量因地区不同，有的雨量充沛均匀，也有集中在夏季的。属该气候型的地区除墨西哥高原之外，尚有南美洲的安第斯山脉、非洲中部高山地区、中国云南省等地。主要花卉有：大丽花、晚香玉、百日草、一品红、球根秋海棠、金莲花等。

1.3.5 热带气候型

该气候型的特点是常年气温较高，约30℃左右，温差小；空气湿度较大，有雨季与旱季之分。此气候型又可区分为两个地区：①亚洲、非洲、大洋洲的热带地区。原产该地的花卉有：鸡冠花、凤仙花、蟆叶秋海棠、彩叶草、虎尾兰、万带兰、非洲紫罗兰、猪笼草等。②中美洲和南美洲热带地区。原产该地的花卉有：紫茉莉、大岩桐、椒草、美人蕉、竹芋、水塔花、卡特兰、朱顶红等。

1.3.6 沙漠气候型

该气候型的特点是，周年气候变化极大，昼夜温差也大，降雨少，干旱期长；多为不毛之地，土壤质地多为沙质或以沙砾为主。属该气候型的地区有非洲、大洋洲中部、墨西哥西北部及我国海南岛西南部。原产花卉有：仙人掌类、芦荟、龙舌兰、龙须海棠、伽蓝菜等多浆植物。

1.3.7 寒带气候型

气候特点是气温偏低，尤其冬季漫长寒冷，而夏季短暂凉爽。植物生长期只有2～3个月。我国西北、西南及东北山地一些城市，地处海拔1 000 m以上也属高寒地带，栽培花卉时要考虑到气候型的因素。属该气候型的地区有阿拉斯加、西伯利亚、斯堪的纳维亚等寒带地区及高山地区。主要的花卉有雪莲、细叶百合、绿绒蒿、镜面草、龙胆等。

2　花卉的生长与发育

植物种类的不同，其生长发育类型和对外界环境条件的要求也不相同。只有充分调查清楚每种植物生长发育的特点，以及所需要的环境条件，才能创造和运用相应的栽培技术措施，达到改造植物、利用植物的预期目的。当前国际花卉生产中广泛采用的电照生产、遮光处理、种子和球根的低温处理等技术措施，都是在充分了解和掌握某些花卉生长发育特点的基础上制定的栽培措施，这些都大大提高了花卉生产的经济价值和观赏价值。所以，了解和掌握花卉生长发育规律是花卉工作者首要的任务，也是花卉栽培和应用的理论基础。

2.1　花卉生长发育的特性

2.1.1　花卉生长发育的规律

花卉同其他植物一样，无论是从种子到种子或从球根到球根，一生中既有生命周期的变化，又有年周期的变化。在个体发育中，多数种类经历种子休眠和萌发、营养生长和生殖生长三大时期(无性繁殖的种类可以不经过种子时期)。上述各个时期或周期的变化，基本上都遵循着一定的规律性，如发育阶段的顺序性和局限性等等。由于花卉种类繁多，原产地的生态环境复杂，常形成众多的生态类型，其生长发育过程和类型以及对外界环境条件的要求也比其他植物繁多而富于变化。不同种类花卉的生命周期长短差距甚大，一般花木类的生命周期从数年至数百年不等，如牡丹的生命周期可达300～400年之久；草本花卉的生命周期短的只有几日(如短命菊)，长至一二年和数年(如翠菊、万寿菊、凤仙花、须苞石竹、蜀葵、毛地黄、金鱼草、美女樱、三色堇等)。

花卉同其他植物一样，在年周期中表现最明显的有两个阶段，即生长期和休眠期的规律性变化。但是，由于花卉种和品种极其繁多，原产地立地条件也极为复杂，同样，年周期的情况也多变化，尤其是休眠期的类型和特点有多种多样：一年生花卉由于春天萌芽后，当年开花结实，而后死亡，仅有生长期的各时期变化，因此年周期即为生命周期，较短而简单；二年生花卉秋播后，以幼苗状态越冬休眠或半休眠；多年生的宿根花卉和球根花卉则在开花结实后，地上部分枯死，地下贮藏器官形成后进入休眠进行越冬(如萱草、芍药、鸢尾以及春植球根类的唐菖蒲、大丽花、荷花等)或越夏(如秋植球根类的水仙、郁金香、风信子等，它们在越夏中进行花芽分化)，还有许多常绿多年生花卉，在适宜环境条件下，几乎周年生长保持常绿而无休眠期，如万年青、书带草和麦冬等等。

人们早已知道植物生长到一定大小或株龄时才能开花，并把开花前的这段时期称为“花前成熟期”或“幼期”(在果树学和树木学中称为“幼年期”)，这段时期的长短因植物种类或品种而异。花卉不同种或品种间的花前成熟期差异很大，有的短至数日，有的长至数年乃至几十年，如矮牵牛，在短日照条件下，于子叶期就能诱导开花；瓜果类的落花生在种子中花芽原基已经形成；红景天不同品种间的花前成熟期具明显差异，据德国的W·拉杰(Watler Runger)实验，在同样条件下(发芽后同时进行短日照处理)，“Goldrand”品种花前成熟期的平均对生叶数为11.3，而“A.Gr.aser”则为4.2，这说明后者花前成熟期很短；唐菖蒲早花品种一般种植后90天就可开花，而晚花品种则需要120天；瓜叶菊播种后8个月才能开花；牡丹播种后需3～4年甚至4～5年才能开花；有些木本观赏树更长，可达20～30年，如欧洲冷杉为25～30年，欧洲落叶松为10～15年。一般来讲，草本花卉的花前成熟期短，木本花卉的花前成熟期较长。

2.1.2 各类花卉的生育特点

植物在个体发育过程中年复一年地重复着萌芽、生长、开花、结实、芽或贮藏器官的形成和休眠等变化，然后逐渐衰老而死亡(一年生植物在当年内开花结实后迅速死亡)。人们在长期的生产实践和科学研究中，不仅逐渐认识和掌握了植物的上述发育过程的规律，而且随着生物学科和实验技术的迅速发展，对于植物的许多重要发育过程，如开花、休眠等过程的了解已进入到生理生化机理和分子生物学的水平，还找到了不少人为控制某些发育过程的方法和措施，并应用于生产实践中，如种子春化处理、球根低温贮藏、花期控制等等。但是，植物生育过程是极为复杂的生命现象，不仅与植物整体的生理密切相关，还时常受外界环境条件的影响，因此，至今人们还没有对植物每个发育过程的性质和机理了解和掌握。比较清楚和确实掌握的有以下几个方面：

1. 春化作用

某些植物在个体生育过程中要求必须通过一个低温周期，才能继续下一阶段的发育，即引起花芽分化，否则不能开花。这个低温周期就叫春化作用，也称感温性。植物通过该阶段所要求的主要外界环境条件是低温作用，而不同植物所要求的低温值和通过的低温时间各不相同。依据要求低温值的不同，可将花卉分为3种类型：

1) 冬性植物

这一类植物在通过春化阶段时要求低温，约在0～10℃的温度下，能够在30～70天的时间内完成春化阶段。 在近于0℃的温度下进行得最快。 有人称这类植物为春化要求性植物。

二年生花卉，如月见草、毛地黄、毛蕊花等为冬性植物。在秋季播种后，以幼苗状态度过严寒的冬季，满足其对低温的要求而通过春化阶段，使植物正常开花。这些植物若在春季气温回暖时播种，便不能正常开花，因其未经低温的春化阶段。但若春季播种前经过人工春化处理，可使其当年开花，但缺点是植株矮小，花梗较矮，若作为切花是不利的。

对于二年生花卉如需在春季播种时，应于早春开冻后及早播种，可取得较好的效果，也可开花，但不及秋播的好。如延误播种，对开花则不利。罂粟、虞美人、蜀葵及香矢车菊等，如春播，时间应当更早，否则对开花极为不良。

早春开花的多年生花卉也为冬性植物，这些植物（如鸢尾、芍药等）通过春化阶段也要求低温。

2) 春性植物

这一类植物在通过春化阶段时，要求的低温值（5～12℃）比冬性植物高，也就是说，需要较高的温度诱导才能开花，同时完成春化作用所需要的时间亦比较短，约为5～15天。一年生花卉和秋季开花的多年生花卉为春性植物。

3）半冬性植物

在上述两种类型之间，还有许多种类，在通过春化阶段时，对于温度的要求不甚敏感，这类植物在5℃的温度下也能够完成春化作用，但是，最低温度不能低于3℃，其通过春化阶段的时间是15～20天。在花卉栽培中，不同品种间对春化作用的反应也有明显差异，有的品种对春化要求很强，有的品种要求不强，有的则无春化要求。

不同的花卉种类通过春化阶段的方式也不相同，通常有两种方式，以萌芽种子通过春化阶段的称种子春化；以具一定生育期的植物体通过春化阶段的称植物体春化。多数花卉种类是以植物体方式通过春化阶段的，如紫罗兰、六倍利等。而种子春化的种类至今还不太清楚。据日本农学博士阿部定夫等人指出，栽培经过低温催芽的香豌豆种子可以提前开花。

2. 光周期作用

光周期是指一日中日出到日落的时数(也即一日的日照长度)或指一日中明暗交替的时数。植物的光周期现象则指光周期对植物生长发育的反应，它是植物生育中一个重要的因素，不仅可以控制某些植物的花芽分化及其发育开放过程(称作成花)，而且还影响植物的其他生长发育现象，如分枝习性，块茎、球茎、块根等地下器官的形成以及其他器官的衰老、脱落和休眠，所以光周期与植物的生命活动有密切的关系。

通过一系列研究发现，各种植物成花所需要的日长条件不同，也就是说各种植物都依赖于一定的日照长度和相应的黑夜长度的相互交替，才能诱导花的发生和开放。因此常依据植物对日长条件的要求划分为长日照植物、短日照植物和中性植物。每天日照长度超过12 h的为长日照植物，不足12 h的则为短日照植物。

1）长日照植物

这类植物要求较长时间的光照才能成花。一般每天有14 h～16 h的日照时，可以促进开花，若在昼夜不间断的光照下，则有更好的促进作用。相反，在较短的日照下，便不开花或延迟开花。二年生花卉秋播后，在冷凉的气候条件下进行营养生长，在春天长日照下迅速开花。瓜叶菊、紫罗兰于温室内栽培时，通常7−8月播种，早春一二月便可开花，若迟至九十月播种，在春季长日照下也可开花，但因植株未及充分成长而变得很矮小。

早春开花的多年生花卉，如锥花福禄考若在冬季低温条件下满足其春化要求，也能在春季长日照下开花。

2）短日照植物

这类植物要求较短的光照就能成花。在每天8～12 h的短日照条件下能够促进开花，而在较长的光照下便不能开花或延迟开花。一年生花卉在自然条件下，春天播种发芽后，在长日照下生长茎、叶，在秋天短日照下开花繁茂。若春天播种较迟，当进入秋天后，虽植株矮小，但由于在短日照条件下，仍如期开花。如波斯菊通常4月份播种，9月中旬开始开花，株高可达2 m，如迟至六七月份播种，至9月中旬仍可开花，但株高仅1 m。

秋天开花的多年生花卉多属短日照植物，如菊花、一品红等在短日照下方能开花，因此为使它们在“十一”国庆节开花，必须进行遮光处理。

3）中性植物

这类植物在较长或较短的光照下都能开花，对于光照长短的适应范围较广。大约在10～

16 h 光照下均可开花，这类花卉有：大丽花、香石竹、扶桑、非洲紫罗兰、花烟草、非洲菊等等。但是荷兰的维恩（R.V.D.Veen）和梅杰（G.Meijer）及日本某些教授都认为上述假定极限是不确切的，并指出应按照临界日照长度划分为宜。临界日照长度即为能诱导开花的日照长度。并根据临界日照长度的不同，将植物分成下列 6 种类型。

(1) 短日照植物　即指在少于临界日照长度下进行花芽分化的植物。如为一年生草花的凤仙花和波斯菊、牵牛、金莲花、冬性金鱼草等。

(2) 长日照植物　即指在长于临界日照长度下进行花芽分化的植物。如为二年生花卉的金盏菊、矢车菊、天人菊、罂粟等。

(3) 中性植物　即指不受日照长短影响而开花的植物。如紫茉莉属植物。

(4) 定日或中间性植物　即指在短日照或长日照下都不进行花芽分化，必须在特定的日照长度下才进行花芽分化的植物。

(5) 长短日照植物　即指花原基在长日照下形成，在短日照下花原基才能发育成花者。如翠菊，在长日照过程中形成花芽和莲座，并开始伸长，如继续用长日照，莲座则继续伸长。如改用短日照，莲座则停止伸长，提前开花。

(6) 短长日照植物　即指花原基在短日照下形成，在长日照下才能开花者。如大花天竺葵及风铃草，只有当短日照周期之后跟随着另一个长日照周期才能被诱导开花。

不同品种的花卉对日照长度的反应也不相同。根据日本冈田1957年对菊花开花温度和日照长度影响的调查，在6个品种群中，花芽分化和花蕾发育对光周期的要求分为：①短日，短日；②中性，中性；③中性，短日；④短日，中性等 4 个类型。

植物的春化作用和光周期反应两者之间有密切的关系，既相互关联又可相互取代。许多春化要求性植物，往往对光周期反应也很敏感，如不少长日照植物，如果在高温下，即使在长光照条件下也不会开花或大大延迟花期，这是由于高温“抑制”了长光照对发育影响的缘故。

一般在自然条件下，长日和高温(夏季)、短日和低温(冬季)总是相互伴随着。另外，短日照处理在某种程度上可以代替某些植物的低温要求；在某些情况下，低温也可以代替光周期的要求，因此应当把光周期和温度因子结合起来进行分析。

2.2　花芽分化

花芽分化和发育在植物一生中是关键性的阶段，花芽的多少和质量的高低不但直接影响观赏效果，而且也影响到花卉事业的种子生产。因此，了解和掌握各种花卉的花芽分化时期和规律，确保花芽分化的顺利进行，对花卉栽培和生产具有重要意义。当前不少国家在花卉生产上广泛采用遮光生产(短日照处理)、电照生产、移地栽培等技术措施，对菊花、一品红、兰花等花期控制，进行周年生产，达到周年供应的目的，这是正确掌握每种花卉花芽分化规律，制定合理栽培技术的结果。

1. 花芽分化的理论

近年来，随着花卉生产事业的迅速发展，大大促进了植物开花生理学科的研究和发展，不少中外学者多方面探讨有关花芽分化的机理问题并发表了不少有关的学说，如碳氮比（C/N）学说、“促花激素”学说等等，这些理论都对进一步促进花卉学及花卉生产事业的发展做出了一定的贡献。

碳氮比学说，即认为花芽分化的物质基础是植物体内糖类(即碳水化合物)的积累，并以C/N率来表示。这种学说认为植物体内含氮化合物与同化糖类含量的比例，是决定花芽分化的关键，当糖类含量比较多，而含氮化合物少时，可以促进花芽的分化。中外学者都支持这一观点。多数试验结果和事实证明：C/N率对于花芽分化有其特殊的重要性。在同化养分不足的情况下，也就是营养物质供应不足时，花芽分化将不能进行，即使有分化，其数目也甚少。一些花序花数较多的种类，特别是一些无限花序的花卉，在开花过程中，通常基部的花先开，花形也最大，愈向上部，花形渐小，至最上部，花均发育不全，花芽停止分化，这说明同化养分的多少决定花芽分化与否和开花的数目。同化养分的多少，也决定花的大小，如在菊花、芍药、香石竹的栽培中，为使花朵增大，常将一部分花芽疏去，以便养分集中于少数花中，使花朵增大。“成花素”(也可称开花激素)学说则认为花芽分化是由于成花素的作用，认为花芽的分化是以花原基的形成为基础的，而花原基的发生则是由于植物体内各种激素趋于平衡所致。形成花原基以后的生长发育速度也主要受营养和激素所制约。综合有关的研究和报道，目前都广泛认为花原基的发生与植物体内的激素有重要关系。但有关成花素的形成、运转机理至今尚未搞清，有待进一步探讨和研究。除上述学说外，也有一些研究认为植物体内有机酸含量及水分的多少，也与花芽分化有关。不管哪一种学说，根据研究的结果都承认这样一点，即花芽分化必须具备组织分化基础、物质基础和一定的外界条件，也就是说，花芽分化是在内外条件综合作用下产生的，而物质基础是首要因素，激素和一定的外界环境因子则是重要条件。

2. 花芽分化的阶段

当植物进行一定的营养生长，并通过春化阶段及光照阶段后，即进入生殖阶段，营养生长逐渐缓慢或停止，花芽开始分化，芽内生长点向花芽方向形成，直至雌、雄蕊完全形成为止。整个过程可分为生理分化期、形态分化期和性细胞形成期，三者顺序不可改变，缺一不可。生理分化期是在芽的生长点内进行生理变化，通常肉眼无法观察；形态分化期进行着花部各个花器的发育过程，从生长点突起肥大的花芽分化初期，至萼片形成期、花瓣形成期、雄蕊形成期和雌蕊形成期。有些花木类其性细胞形成期是在第二年春季发芽以后、开花之前才完成，如樱花、八仙花等。

3. 花芽分化的类型

由于花芽开始分化的时间及完成分化全过程所需时间的长短不同(随花卉种类、品种、地区、年份及多变的外界环境条件而异)，可分以下几个类型：

1) 夏秋分化类型

花芽分化一年一次，于6–9月高温季节进行，至秋末花器的主要部分已完成，第二年早春或春天开花。但其性细胞的形成必须经过低温。如许多木本类的花卉，牡丹、丁香、梅花、榆叶梅等等。球根类花卉也在夏季较高温度下进行花芽分化，如郁金香、风信子、水仙等秋植球根在进入夏季后，地上部分全部枯死，进入休眠状态停止生长，花芽分化在夏季休眠期间进行，此时温度不宜过高，超过20℃，花芽分化则受阻，通常最适温度为17～18℃，但也视种类而异。春植球根则在夏季生长期进行分化。

2）冬春分化类型

原产温暖地区的某些木本花卉及一些园林树种多属此类型。如柑桔类在12月至翌年3月完成，特点是分化时间短并连续进行。一些二年生花卉和春季开花的宿根花卉仅在春季温度较低时进行。

3）当年一次分化的开花类型

一些当年夏秋开花的种类，在当年枝的新梢上或花茎顶端形成花芽。如紫薇、木槿、木芙蓉等以及夏秋开花的宿根花卉，如萱草、菊花、芙蓉葵等。

4）多次分化类型

一年中多次发枝，每次枝顶均能形成花芽并开花。如茉莉、月季、倒挂金钟、香石竹等四季性开花的花木及宿根花卉，在一年中都可继续分化花芽，当主茎生长达一定高度时，顶端营养生长停止，花芽逐渐形成，养分即集中于顶花芽。在顶花芽形成过程中，其他花芽又继续在基部生出的侧枝上形成，如此在四季中可以开花不绝。这些花卉通常在花芽分化和开花过程中，其营养生长仍继续进行。一年生花卉的花芽分化时期较长，只要在营养生长达到一定大小时，即可分化花芽而开花，并且在整个夏秋季节气温较高时期，继续形成花蕾而开花。决定开花的早迟依播种出苗时期和以后生长的速度而定。

5）不定期分化类型

每年只分化一次花芽，但无一定时期，只要达到一定的叶面积就能开花，主要视植物体自身养分的积累程度而异，如凤梨科和芭蕉科的某些种类。

4. 各类花卉的花芽分化实例

万寿菊高温下，仅在短日照下开花；在12～13℃条件下，仅在长日照下开花。

百日草短日照下，花芽形成的早，但是花朵小而茎细，植株分枝不多；长日照下虽然开花迟，但株丛紧密，花朵也大。

香堇在短日照和低温条件下，可促进花芽的形成。

大岩桐花芽的形成没有特定的日照和低温的要求。植株成长后，花芽开始形成，因此，生长愈迅速，开花愈早。温度低，生长缓慢时，侧枝增多，花数也相应增多。

映山红短日照条件下，可促进花芽的形成，但品种之间有差异。40～50天左右的短日照，效果最好。花芽形成的适温也因品种而异，有些品种在高温下能促进花芽的形成，而有些品种在不太高的温度下可促进花芽的形成。

报春花在低温下，无论长日照或短日照均可开花，但是温度高时，仅在短日照下开花。

大丽花在10～12 h短日照下，花芽发育速度快，开花也早。长日照下，侧枝多，花也多，但是，花的发育比较慢。在短日照下，生育结束的早也能促进块根的形成。

叶子花在高温和短日照下进行花芽分化，但在15℃条件下，无论在长日照或短日照下都能进行花芽分化。经过赤霉素处理，在长日照和低温下，能促进花芽分化，但在短日照下无效果。

花卉的花芽分化条件见表2-1

表2-1　花卉的花芽分化条件

种　类	花芽分化适温／℃	花芽生长适温／℃	其　他　条　件
郁金香	20	9	
风信子	25～26	13	
喇叭水仙	18～20	5～9	
麝香百合	2～9	20～25(花序完全形成)	
球根鸢尾	13		
唐菖蒲	10以上		花芽分化和发育要求较强光照
小苍兰	5～20		分化时要求温度范围广
旱金莲	15		17～18℃，长日照下开花，超过20～21℃不开花
菊　花	大于13～15(某些品种)	13～15(某些品种)	

3 花卉与环境的关系

花卉同其他生物一样，在生长发育过程中除受自身遗传因子影响外，还与外界环境因子有着密切的关系，这些因子包括温度（气温与地温）、光照（光的组成、光的强度和光周期）、水分（空气湿度与土壤湿度）、土壤（土壤组成、物理性及土壤pH值）、营养元素以及大气等等，它们相互关联、相互制约，综合影响着花卉的生长发育。另一方面，花卉在长期的系统发育过程中，对环境因子的变化也产生各种不同的反应和多种多样的适应性。因此，正确了解和掌握花卉生长发育与外界环境因子有关的相互作用机理，是花卉生产和应用的基本理论及基本课题。

3.1 花卉与温度

3.1.1 花卉对温度三基点的要求

温度是影响花卉生长发育最重要的环境因子之一，关系也最为密切，因为它影响着植物体内的一切生理变化。每一种花卉的生长发育，对温度都有一定的要求，都有温度的“三基点”：即最低温度、最适温度和最高温度，亦即最低点、最适点和最高点。花卉种类不同，原产地气候型不同，温度的“三基点”也不同。原产热带的花卉，生长的基点温度较高，一般在18℃开始生长；原产温带的花卉，生长基点温度较低，一般在10℃左右就开始生长；原产亚热带的花卉，其生长的基点温度介于两者之间，一般约在15～16℃开始生长。如热带水生花卉王莲的种子，需在30～35℃水温下才能发芽生长；仙人掌科的蛇鞭柱属多数种类则要求28℃以上的高温才能生长。原产温带的芍药，在冬季低于−10℃条件下，地下部分不会枯死，次春10℃左右即能萌动出土。生长最适温度是最适于生长的温度。这里所指的生长最适温度不同于植物生理学中所指的最适温度，即生长速度最快时的温度，而是说在这个温度下，不仅生长快，而且生长很健壮、不徒长。

3.1.2 温度对花卉分布的影响

不同气候带中有不同的植被类型，也分布着不同的花卉。如气生兰类主要分布在热带、亚热带；百合类绝大部分分布在北半球温带；仙人掌类大多数原产于热带、亚热带干旱地区的沙漠地带或森林中。不同的海拔高度也分布着不同的花卉。著名的高山花卉如雪莲、各种龙胆、绿绒蒿、杜鹃、报春等分布在高海拔地区。有些广泛分布的品种，如龙芽菜可在多种海拔高度出现，既生长于华东浙江天目山下，也常出现于华北的一些山地。

由于不同气候带，气温相差甚远，花卉的耐寒力也各不相同，通常依据耐寒力的大小可将花卉分成如下3类：

1. 耐寒性花卉

如原产于温带及寒带的二年生花卉及宿根花卉，抗寒力强，在我国寒冷地区能在露地越冬。一般能耐0℃以上的温度，其中一部分种类能忍耐 -5 ~ 10℃以下的低温。在南京如三色堇、诸葛菜、金鱼草等能在露地越冬。多数宿根花卉如蜀葵、玉簪等，当冬季严寒到来时，地上部分全部干枯，到翌年春季又重新萌发新芽而生长开花。二年生花卉在生长时期不耐高温，因此，在炎夏到来之前完成其结实阶段而枯死。

2. 半耐寒性花卉

这一类花卉多原产于温带较暖处，耐寒力介于耐寒性与不耐寒性花卉之间，在北方需加防寒才可越过冬季。如金盏花、紫罗兰等，通常在秋季露地播种育苗，在早霜到来前移于冷床（阳畦）中，以便保护越冬，待春季晚霜过后定植于露地。此后在春季冷凉气候下迅速生长开花，在初夏较高温度中结实，夏季炎热时期到来后死亡。

3. 不耐寒性花卉

一年生花卉及不耐寒的多年生花卉属此类，多原产于热带及亚热带，在生长期间要求高温，不能忍受0℃以下的温度，其中一部分种类甚至不能忍受5℃左右的温度，在这样的温度下则停止生长甚至死亡。因此，这类花卉的生长发育能在一年中无霜期内进行，在春季晚霜过后开始生长发育，在秋季早霜到来时死亡。

3.1.3 温度对花卉生长发育的影响

温度不仅影响花卉种类的地理分布，而且还影响各种花卉生长发育的每一过程和时期。如种子或球根的休眠、茎的伸长、花芽的分化和发育等，都与温度有密切关系。同一种花卉的不同发育时期对温度有不同的要求，即从种子发芽到种子成熟，对于温度的要求是不断改变的。以一年生花卉来说，种子萌发可在较高温度下进行，幼苗期间要求温度较低，但从幼苗到开花结实阶段，对温度的要求逐渐增高。二年生花卉种子的萌芽在较低的温度下进行，在幼苗期间要求温度更低，否则不能顺利通过春化阶段，而当开花结实时，则要求稍高于营养生长时期的温度。栽培中为使花卉生长迅速，最理想的条件是昼夜温差要大。白天温度应在该花卉光合作用的最佳温度范围内；夜间温度应尽量在呼吸作用较弱的温度限度内，以得到较大的差额，使积累的有机物质更多，才能生长迅速。

不同花卉昼和夜的最适温度不相同。一些主要花卉的昼、夜最适温度如表 3-1。

表 3-1 一些主要花卉的昼、夜最适温度

种 类	白天最适温度／℃	夜间最适温度／℃
金鱼草	14 ~ 16	7 ~ 9
心叶藿香蓟	17 ~ 19	12 ~ 14
香豌豆	17 ~ 19	9 ~ 12
矮牵牛	27 ~ 28	15 ~ 17
彩叶草	23 ~ 24	16 ~ 18

续表 3-1

种　类	白天最适温度 / ℃	夜间最适温度 / ℃
翠菊	20 ~ 23	14 ~ 17
百日草	25 ~ 27	16 ~ 20
非洲紫罗兰	19 ~ 21	13.5 ~ 15.5
月季	21 ~ 24	13.5 ~ 16

植物对昼、夜最适温度的要求，是植物生活中适应温度周期性变化的结果，即季节变化和昼夜变化。这种周期性变温环境对许多植物的生长和发育是有利的，而不同气候型植物，其昼夜的温差也不相同，一般热带植物的昼夜温差为 3 ~ 6℃，温带植物为 5 ~ 7℃，沙漠地区原产的植物，如仙人掌类则为 10℃或以上。当然昼夜温差也有一定范围，并非温差愈大愈好，否则对生长也不利。

温度对花卉的发芽分化和发育有明显的影响，如前所述，春化阶段的通过是花芽分化的前提，但通过春化阶段以后，也必须在适宜的温度条件下，花芽才能正常分化和发育。花卉种类不同，花芽分化和发育所要求的适温也不同，大体上有两种情况:

1. 在高温下进行花芽分化

许多花木类如杜鹃、山茶、梅、桃和樱花、紫藤等都在 6 ~ 8 月气温高至 25℃以上时进行分化，入秋后，植物体进入休眠，经过一定低温后结束或打破休眠而开花。许多球根花卉的花芽也在夏季较高温度下进行分化，如唐菖蒲、晚香玉、美人蕉等春植球根于夏季生长期进行，而郁金香、风信子等秋植球根是在夏季休眠期进行。

2. 在低温下进行花芽分化

许多原产温带中北部以及各地的高山花卉，其花芽分化多要求在 20℃以下较凉爽的气候条件下进行，如八仙花、卡特兰属和石斛属的某些种类在低温 13℃左右和短日照下促进花芽分化;许多秋播草花如金盏菊、雏菊等也要求在低温下分化。

温度对于分化后花芽的发育有很大影响，荷兰的 Blaauw 和一些共同研究者在“温度对几种球根花卉花芽发育的影响”研究中，认为花芽分化以高温为最适温度的有郁金香、风信子、水仙等。花芽分化后的发育，初期要求低温，以后温度逐渐升高能起促进作用，此时的低温最适值和范围因花卉种和品种不同而异，郁金香为 2 ~ 9℃，风信子为 9 ~ 13℃，水仙为 5 ~ 9℃，必要的低温时期为 6 ~ 13 周。

温度是影响花色的主要环境条件，有很多花卉，特别是温度和光强作用，对花色有很大影响，它们随着温度的升高和光强减弱，花色变浅，如落地生根属和蟹爪属，尤其是落地生根的品种不同，对不适环境条件的反应非常明显，有些品种在弱光、高温下所开的花，几乎不着色，有些品种的某些花色变浅，但仍很鲜艳。产生这些现象的原因一时还不清楚。据 Harde 等人研究，在矮牵牛蓝和白的复色品种中，蓝色部分和白色部分的多少，受温度影响很大，如果在 30 ~ 35℃高温下，开花繁茂时，花瓣完全呈蓝色或紫色，可是在 15℃条件下，同样开花很繁茂时，花色呈白色，而在上述两者之间的温度下，就呈现蓝和白的复色花。蓝色和白色的比例随温度而变化。温度变化近于 30 ~ 35℃时，蓝色部分增多；温度变低时，白色部分增多。

原产墨西哥的大丽花，如果在暖地栽培，一般炎热夏季不开花，即使有花，花色暗淡，至秋凉后才变得鲜艳；在寒冷地区栽培的大丽花，盛夏也开花。月季的花色在低温下呈浓红色，在高温下呈白色。还有菊花、翠菊以及其他草花于寒冷地区栽培时，其花色均比在暖地时浓艳。

上述均为规律性温度变化对花卉生长发育的影响。而自然界的一些非规律性温度变化，如骤然的高温与低温对花卉生长和发育也有很大影响，温度过低、过高都会使花卉受到损害或死亡。

低温可使花卉生理活性停止，甚至死亡。当温度低于5～10℃时，一些温室花卉就会死亡，忍受低温的能力常以植物的生长状况而异，休眠的种子可以耐极低的温度，而生长中的植物体其耐寒力很低，但经过秋季和初冬冷凉气候的锻炼，可以锻炼植物忍受较低温度的能力，可是在春季新芽萌发后，耐寒力即失去。因此，耐寒力在一定程度上是在外界环境条件作用下获得的。增强花卉耐寒性是一项重要工作，在温室或温床中培育的盆花或花苗，在移植露地前，必须加强通风，逐渐降温以增强其耐寒力。在早春寒冷时播种，幼苗对于早春的霜冻有显著的抵抗力。增加磷钾肥料，减少氮素肥料的施用，也是增强抗寒力的栽培措施之一。

常用的简单防寒措施是于地面覆盖稻草、落叶、马粪、塑料薄膜等。

另外，低温又是很多种子打破休眠期的关键。

高温同样会伤害花芽，当气温升高到生长的最适温度以上时，生长速度反而下降，如温度继续升高，就会引起植物体失水，产生原生质脱水、蛋白质凝固，使植株死亡。不同的花卉种类其耐热性也不同，一般耐寒力强的花卉种类其耐热力弱，而耐寒力弱的其耐热力较强，但在温度高于该种花卉的最高温度时，则该种花卉必将受到损害。一般花卉种类在35～40℃温度下生长就缓慢下来，虽然有些花卉种类在40℃以上仍能继续生长，但再增长至50℃以上时，除热带干旱地区的多浆植物外，绝大多数花卉种类的植株便会死亡。为防止高温的伤害，应经常保持土壤湿润，以促进蒸腾作用的进行，使植物体温降低。叶面喷水可以降低叶面温度6～7℃。在栽培中常用灌溉、松土、地面铺草或设置荫棚等措施免除高温对植物的损害。

3.2 花卉与光照

阳光是花卉赖以生存的必要条件，是植物制造有机物质的能量源泉，它对花卉生长发育的影响主要表现在3个方面：即光照强度、光照长度和光的组成。

3.2.1 光照强度对花卉的影响

光照强度常依地理位置、地势高低以及云量、雨量的不同而变化，其变化是有规律性的：随纬度的增加而减弱，随海拔的升高而增强。一年之中以夏季光照最强，冬季光照最弱；一天之中以中午光照最强，早晚光照最弱。光照强度不同，不仅直接影响花卉光合作用的强度，而且还影响到一系列形态上和解剖上的变化，如叶片的大小和厚薄，茎的粗细、节间的长短，叶肉结构以及花色浓淡等等。另外，不同的花卉种类对光照强度的反应也不一样，多数露地草花，在光照充足的条件下，植株生长健壮，着花多，花也大；而有些花卉，如玉簪、万年青等在光照充足的条件下生长极为不良，在半阴条件下始能健康生长。因此常依花卉对光照强度要求的不同分为以下几类：

1. 阳性花卉

该类花卉必须在完全的光照下生长，不能忍受若干蔽荫，否则生长不良。原产于热带及温带平原上、高原南坡上以及高山阳面岩石的花卉均为阳性花卉，如多数露地一、二年生花卉及宿根花卉、仙人掌科、景天科等多浆植物。

2. 阴性花卉

该类花卉要求在适度蔽荫下才能生长良好，不能忍受强烈的直射光线，生长期间一般要求有50%～80%蔽荫度的环境条件。它们多生于热带雨林下或分布于林下及阴坡，如蕨类植物、兰科植物、凤梨科、姜科、天南星科以及秋海棠科等植物都为阴性花卉。许多观叶植物也多属于此类。

3. 中性花卉

该类花卉对于光照强度的要求介于上述二者之间，一般喜欢阳光充足，但在微阴下生长也良好，如萱草、耧斗菜、桔梗、白芨等。

一般植物的最适需光量大约为全日照的50%～70%，多数植物在50%以下的光照时生长不良。就一般植物而言，2 000～4 000 lx已可达到生长、开花的要求。在夏季各月的平均照度可达50 000 lx，一半的照度即为植物所需要的最适照度，过强的光照会使植物的同化作用减缓。只有在冬季温室内，由于天气不良而有光照不足的情况。当日光不足时，因同化作用及蒸发作用减弱，植株徒长，节间延长，花色及花的香气不足，分蘖力减弱，且易感染病虫害。

光照强弱对花蕾开放时间也有很大影响。酢浆草花必须在强光下开花，紫茉莉、晚香玉在傍晚时盛开且香气更浓，昙花更需在夜间开花，牵牛只盛开于每日的晨曦中，而大多数花卉则晨开夜闭。

光照强度对花色也有影响，紫红色的花是由于花青素的存在而形成的，花青素必须在强光下才能产生，在散光下不易产生，如春季芍药的紫红色嫩芽以及秋季红叶均为花青素的颜色。花青素产生的原因除受强光影响外，一般还与光的波长和温度有关。春季芍药嫩芽显紫红色，这与当时的低温有关，白天同化作用产生的碳水化合物，由于春季夜间温度较低，在转移过程中受到阻碍，滞留叶中，而成为花青素产生的物质基础。

光照强弱对矮牵牛某些品种的花色有明显影响，如前所述，Harder等人的研究指出：具蓝和白复色的矮牵牛花朵，其蓝色部分和白色部分的比例变化不仅受温度影响，还与光强和光的持续时间有关，用不同光强和温度共同作用的实验表明：随温度升高，蓝色部分增加；随光强增大，则白色部分变大。

3.2.2 光照长度对花卉的影响

光照长度是每一种植物赖以开花的必需因子，但除开花以外，植物的其他生长发育过程，如植物种类的分布 、植物的冬季休眠、球根的形成、节间的伸长、叶片发育以及花青素的形成等等都与光照长度有一定关系。

日照长度与植物的分布：日照长度的变化随纬度而不同；植物的分布也因纬度而异，因此日照长度也必然与植物的分布有关。在低纬度的热带和亚热带地区（赤道附近地区），由于全年日照长度均等，昼夜几乎都为12 h，所以原产该地区的植物必然属于短日照植物；偏离赤道南北较高纬度的温带地区夏季日照渐长而黑夜缩短，冬季日照渐短而黑夜渐长，所以原产该地区的植物必然为长日照植物。也就是说，长日照植物仅分布在南温带和北温带，而短日照植物常分布于热带和亚热带。

日照长度还能促进某些植物的营养繁殖，如某些落地生根属的种类，其叶缘上的幼小植物体只能在长日照下产生，虎耳草腋芽发育成的匍匐茎，也只有在长日照中才能产生。另外，长日照还能促进禾本科植物的分蘖。根据Van de Sande Bakhuizen的研究，短日照能促进某些植物块茎、块根的形成和生长，如菊芋块茎的发育是在短日照中发生的，于长日照下只在土层下产生匍匐茎，并不加粗。反之，在短日照下匍匐茎是短的，膨大起来形成块茎。大丽花块根的发育对日照长度也很敏感，某些在正常日照中不能很快产生块根的变种，经短日照处理后也能诱导而形成块根，并且在以后的长日照中也能继续形成块根。具有块茎类的秋海棠，其块茎的发育也为短日照所促进。

日照长度对温带植物的冬季休眠有重要意义和影响；短日照通常促进休眠，长日照通常促进营养生长。因此，休眠能够在短日照处理的暗周期中间曝以间歇光照，从而获得长日照效应。

3.2.3 光的组成对花卉的影响

光的组成是指具有不同波长的太阳光谱成分。根据测定，太阳光的波长范围主要在150～4 000 nm，其中可见光（即红、橙、黄、绿、蓝、紫）波长在380～760 nm，占全部太阳光辐射的52%；不可见光即红外线占43%，紫外线占5%。

不同波长的光对植物生长发育的作用不同。经实验证明：红光、橙光有利于植物碳水化合物的合成，加速长日照植物的发育，延迟短日照植物的发育。相反，蓝紫光能加速短日照植物发育，延迟长日照植物发育。蓝色有利于蛋白质的合成，而短光波的蓝紫光和紫外线能抑制茎的伸长和促进花青素的形成，紫外光还有利于维生素C的合成。

植物同化作用吸收最多的是红光和橙光，其次为黄光，而蓝紫光的同化作用效率仅为红光的14%，在太阳直射光中红光和黄光最多只有37%，而在散射光中却占50%～60%，所以散射光对半阴性花卉及弱光下生长的花卉效用大于直射光，但直射光所含紫外线比例大于散射光，对防止徒长，使植株矮化的效用较大。一般高山上紫外线较多，能促进花青素的形成，所以高山花卉的色彩比平地的艳丽，热带花卉的花色浓艳亦因热带地区含紫外线较多之故。

另外，光对花卉种子的萌发有不同的影响，有些花卉的种子，曝光时发芽比在黑暗中发芽的效果好，一般称为好光性种子，如报春花、秋海棠等，这类好光性种子，播种后不必覆土或稍覆土即可。有些花卉的种子需要在黑暗条件下发芽，通常称为嫌光性种子，如喜林草属、伐塞利阿花属等。这类种子播种后必须覆土，否则不会发芽。

3.3 花卉与水分

3.3.1 花卉对水分的要求

水为植物体的重要组成部分，也是植物生命活动的必要条件。植物生活所需要的元素除碳和少量氧外，都来自水中的矿物质，这些矿物质被根毛所吸收后供给植物体的生长和发育。光合作用也只有在水存在的条件下，光作用于叶绿素时才能进行，所以植物需水量很大。由于花卉种类不同，需水量有极大差别，这同原产地的雨量及其分布状况有关。为了适应环境的水分状况，植物体在形态上和生理机能上形成了特殊的要求。通常依花卉对水分的关系分为以下几类：

1. 旱生花卉

这类花卉耐旱性强，能较长期忍受空气或土壤的干燥而继续生活。为了适应干旱的环境，它们在外部形态上和内部构造上都产生许多适应的变化和特征，如叶片变小或退化变成刺毛状、针状，或肉质化；表皮层角质层加厚，气孔下陷；叶表面具厚茸毛以及细胞液浓度和渗透压变大等等，这就大大减少了植物体水分的蒸腾，同时该类花卉根系都比较发达，能增强吸水力，从而更增强了适应干旱环境的能力。多数原产炎热而干旱地区的仙人掌科、景天科等花卉即属此类。

2. 湿生花卉

该类花卉耐旱性弱，生长期间要求经常有大量水分存在，或有饱和水的土壤和空气，它们的根、茎和叶内多有通气组织的气腔与外界互相通气，吸收氧气以供给根系需要。如原产热带沼泽地、阴湿森林中的植物，一些热带兰类、蕨类和凤梨科植物，还有荷花、睡莲、王莲等水生植物。

3. 中生花卉

该类花卉对于水分的要求和形态特征介于以上两者之间。此外，有些种类的生态习性偏向旱生花卉特征；另一些种类则偏向湿生花卉的特征。大多数露地花卉属于这一类。

在园林中，一般露地花卉要求适度湿润的土壤，但因花卉种类不同，对抗旱能力也有较大的差异。凡根系分枝力强，并能深入地下的种类，能从干燥土壤里及下层土壤里吸收必要的水分，其抗旱力则强。一般宿根花卉根系均较强大，并能深入地下，因此多数种类能耐干旱。

一、二年生花卉与球根花卉根系不及宿根花卉强大，耐旱力亦弱。

3.3.2 同一种花卉在不同生长时期对水分的要求

同一种花卉在不同生长时期对水分的需要量亦不同。种子发芽时，需要较多的水分，以便透入种皮，有利于胚根的抽出，并供给种胚必要的水分。种子萌发后，在幼苗时期因根系弱小，在土壤中分布较浅，抗旱力极弱，必须经常保持湿润。到成长时期抗旱能力虽较强，但若要生长旺盛，也需给予适当的水分。生长时期的花卉，一般都要求湿润的空气，但空气湿度过大时，植株易徒长。开花结实时，要求空气湿度小，不然会影响开花和花粉自花药中散出，使授粉作用减弱。在种子成熟时，更要求空气干燥。

水分对花芽分化及花色的影响：控制对花卉的水分供给，以控制营养生长，促进花芽分化，在花卉栽培中应用很普遍。广州的盆栽年桔就是在 7 月份控制水分，使花芽分化，开花结果而获得的。球根花卉，凡球根含水量少，则花芽分化也早，早掘的球根或含水量高的球根，花芽分化延迟。球根鸢尾、水仙、风信子、百合等可用 30～35℃的高温处理，使其脱水而达到提早花芽分化和促进花芽伸长的目的。

花色的正常色彩需适当的湿度才能显现，一般在水分缺乏时花色变浓，在水分不足的情况下，色素形成较多，所以色彩变浓，如蔷薇、菊花。

在花卉栽培中，当水分不足时，即呈现萎蔫现象，叶片及叶柄皱缩下垂，特别是一些叶片较薄的花卉更易显露出来。中午由于叶面蒸发量大于根的吸水量，常呈现暂时的萎蔫现象，此时若使它在温度较低、光照较弱和通风减少的条件下，就能较快恢复过来。若让它长期在萎蔫状况下，老叶及下部叶子就先脱落死亡。如果采取措施能迅速补救，可避免进一步损害。多数草花在干旱时，所呈现的症状虽没有上述明显，但植株各部分由于木质化的增加，常使其表面粗糙而失去叶子的鲜绿色泽。相反，水分过多时，植株呈现的情况极似干旱，这是由于水分过多使一部分根系遭受损伤，同时由于土壤中缺乏空气，使根系失去正常作用，吸水减少而呈现生长不正常的干旱状态。水分过多，还常使叶色发黄或植株徒长，易倒伏，易受病菌侵害。因此，过干、过湿对植株生长都不利。

3.4 花卉与土壤

土壤是花卉生长的主要基地之一。它能不断地提供花卉生长发育所需要的空气、水分和营养元素，所以土壤的理化性质及肥力状况对花卉的生长具有重要意义。

3.4.1 土壤性状与花卉的关系

土壤性状主要由土壤矿物质、土壤有机质、土壤温度、水分及土壤微生物、土壤酸碱度等因素所决定。衡量一种土壤的好坏，必须分析上述各因素的状况，它们对花卉根系、球根及地上部分的生长发育都起重要作用。

土壤矿物质为土壤组成的最基本物质，其含量不同，颗粒大小不同，所组成的土壤质地也不同。通常按照矿物质颗粒粒径的大小将土壤分为沙土类、粘土类及壤土类3种。沙土类土粒间隙大、通透性强、排水良好，但保水性差；土温易增易降，昼夜温差大；有机质含量少，肥劲强但肥效短。常用作培养土的配制成分和改良粘土的成分，也常作为扦插用土或栽培幼苗和耐干旱的花卉。粘土类土粒间隙小，通透性差，排水不良但保水性强；含矿质元素和有机质较多，保肥性强且肥效也长；土温昼夜温差小，尤其是早春土温上升慢，对幼苗生长不利，除适于少数喜粘质土壤的种类外，对大多数花卉的生长不利，常与其他土类配合使用。壤土类土粒大小居中，性状介于二者之间，通透性好，保水保肥力强，有机质含量多，土温比较稳定，对花卉生长比较有利，适应大多数花卉种类的要求。

土壤有机质是土壤养分的主要来源，在土壤微生物的作用下，分解释放出植物生长所需要的多种大量元素和微量元素，所以有机质含量高的土壤，不仅肥力充分而且土壤理化性质也好，有利于花卉的生长。

土壤空气、土壤温度和水分直接影响花卉的生长和发育，如根系的呼吸、养分的吸收、生理生化活动的进行以及土壤中一些物质的转化等等都与这些因子有密切的关系。

土壤酸碱度对花卉的生长发育有密切关系，由于酸碱度与土壤理化性质和微生物活动有关，所以土壤有机质和矿质元素的分解及利用，也与土壤酸碱度紧密相关。土壤反应有酸性、中性和碱性3种情况，过强的酸性或碱性对花卉的生长都不利，甚至使花卉无法适应而死亡。各种花卉对土壤酸碱度的适应力有较大差异。当前栽培的花卉种类来自世界各地，因此对土壤反应要求不一，大多数露地花卉要求中性土壤，仅有少数花卉可以适应强酸性（pH值4.5～5.5）或碱性（pH值7.5～8.0）土壤。温室花卉几乎全部种类都要求酸性或弱酸性土壤。各种花卉对土壤酸碱度的要求如表3-2所示。

表3-2　花卉最适土壤酸碱度表

花　卉　名　称		适宜pH值
藿香蓟	*Ageratum*	5.0～6.0
金鱼草	*Antirrhinum*	6.0～7.0
香豌豆	*Lathyrus odoratus*	6.5～7.5
金盏花	*Calendula*	6.5～7.5
桂竹香	*Cheiranthus cheiri*	5.5～7.0
紫罗兰	*Matthiola*	5.5～7.5
雏　菊	*Bellis perennis*	5.5～7.0
勿忘草	*Myosotis*	6.5～7.5
三色堇	*Viola tricolor*	6.3～7.3
石　竹	*Dianthus*	7.0～8.0
紫　菀	*Aster*	6.5～7.5
香　堇	*Viola odorata*	7.0～8.0
野　菊	*Dendranthema indica*	5.5～6.5
风信子	*Hyacinthus*	6.5～7.5
百　合	*Lilium*	5.0～6.0
水　仙	*Narcissus*	6.5～7.5
郁金香	*Tulipa*	6.5～7.5
美人蕉	*Canna*	6.0～7.0
仙客来	*Cyclamen*	5.5～6.5
孤挺花	*Amaryllis*	5.0～6.0
大岩桐	*Sinningia*	5.0～6.5
文　竹	*Asparagus plumosus*	6.0～7.0
四季报春	*Primula obconica*	6.5～7.0
紫鸭跖草	*Tradescantia*	4.0～5.0
倒挂金钟	*Fuchsia*	5.5～6.5
蟆叶秋海棠	*Begonia rex*	6.3～7.0
蹄纹天竺葵	*Pelargonium zonale*	5.0～7.0
盾叶天竺葵	*P.peltatum*	5.5～7.0
八仙花	*Hydrangea*	4.0～4.5
兰科植物	*Orchidaceae*	4.5～5.0
凤梨科植物	*Bromeliaceae*	4.0
蕨类植物	*Filices*	4.5～5.5
仙人掌科	*Cactaceae*	5.0～6.0

土壤酸碱度对某些花卉的花色变化有重要影响，八仙花的花色变化即由土壤pH值的变化而引起。著名植物生理学家Molisch的研究结果指出，八仙花蓝色花朵的出现与铝和铁有关，还与土壤pH值的高低有关，pH值低，花色呈现蓝色；pH值高，则呈现粉红色。另外，随着pH值的减少，萼片中铝的含量增多(表3–3)。

表3–3　土壤pH值和八仙花花色、花中铝的含量的关系

土壤pH值	花　色	铝的含量 /$(mg \cdot kg^{-1})$
4.56	深蓝色	2 375
5.13	蓝色	897
5.50	紫色	338
6.51	红紫色	214
6.89	粉红色	180
7.36	深粉红色	100

3.4.2　各类花卉对土壤的要求

花卉的种类极为繁多，其生长和发育分别要求最适宜的土壤条件，而同一种花卉在不同发育时期对于土壤的要求也有差异，同时花卉对土壤的要求有时又决定于栽培的目的。但是各类花卉都有一些共同特性，下面就各类花卉对土壤的要求作概括地说明。

1. 露地花卉

一般露地花卉除沙土及重粘土只限于少数种类能生长外，其他土质大致均可适应多数花卉种类的要求。

(1) 一二年生花卉在排水良好的沙质壤土、壤土及粘质壤土上均可生长良好，在重粘土及过度轻松的土壤上生长不良；适宜的土壤是表土深厚、地下水位较高、干湿适中、富含有机质的土壤。夏季开花的种类最忌干燥的土壤，因此要求灌溉方便。秋播花卉如金盏菊、矢车菊等，以表土深厚的粘质壤土为宜。

(2) 宿根花卉的根系较一二年生花卉的根系更为强大，入土较深，应有40～50 cm的土层；栽植时应施入大量有机质肥料，以维持长期良好的土壤结构。这样，一次栽植后可以多年继续开花。当土壤下层土中混有沙砾，排水良好，而表土为富含腐殖质的粘质壤土时，花朵开得更大。宿根花卉在幼苗期间与成长植株对于土壤的要求也有差异，一般在幼苗期间喜腐植质丰富的轻松土壤，而在第二年以后以粘质壤土为佳。

(3) 球根花卉对于土壤的要求更为严格，球根花卉一般都以富含腐植质而排水良好的沙质壤土或壤土为宜。尤以下层为排水良好的砂砾土，而表土为深厚之沙质壤土最为理想。但水仙、晚香玉、风信子、百合、石蒜及郁金香等，则以粘质壤土为宜。

2. 温室花卉

温室盆栽花卉通常局限于花盆或栽培床中生长，所用盆土容量有限，因此，营养物质丰富、物理性质良好的土壤，才能满足其生长和发育的要求，所以温室花卉必须用经过特制的培养土来栽培。培养土的最大特点是富含腐殖质。由于大量腐殖质的存在，土壤松软，空气流通，排

水良好，能长久保持土壤的湿润状态，不易干燥；丰富的营养可充分供给花卉的需要，以促进盆花的生长和发育。

(1) 温室一二年生花卉如瓜叶菊、蒲包花、报春、蝴蝶草等，所用培养土腐殖质含量应较多；需要多次移植时，幼苗初期所用培养土中腐叶土含量要更多，在培养土中约占5份，而园土占3.5份，河沙占1.5份。定植时腐叶土的含量约为2～3份，壤土占5～6份，河沙占1～2份。

(2) 宿根类花卉对腐叶土的需要量较少，配比为腐叶土3～4份，园土5～6份，河沙1～ 2份。

(3) 温室球根如大岩桐、仙客来及球根秋海棠等，所用培养土中腐叶土的含量应略高，约为3～4成。实生苗要用更多的腐叶土，通常为5成左右。

(4) 温室木本花卉所用培养土，在播种苗及扦插苗培育期间，要求较多的腐殖质，待植株成长后，腐叶土的量应减少，河沙应有1～2成。

主要花木培养土的配合比例如下：

实生苗和扦插苗：腐叶土4份，园土4份，河沙2份。

橡皮树、朱蕉等：腐叶土3份，园土5份，河沙2份。

棕榈、椰子等：粘质园土5份，河沙2份。

桩景及盆栽树木：腐叶土及堆肥土适量，河沙必须有1～2成，以主要解决排水问题。随着现代无土栽培技术的发展，各种新的轻质无臭栽培基质，如蛭石、珍珠岩、岩棉、苔藓、木屑、树皮、蚯蚓粪等得到广泛使用，对花卉生长起到了良好作用。

3.5 花卉与营养

3.5.1 花卉对营养元素的要求

维持植物正常生活所必需的大量元素，通常认为有10种，其中构成有机物的元素有4种，即碳、氢、氧、氮等，形成灰分的矿物质元素有6种，即磷、钾、硫、钙、镁、铁等。在植物生活中，氧、氢两元素可自水中大量取得，碳素可取自空中，矿物质元素均从土壤中吸收。氮素不是矿物质元素，天然存在于土壤中的数量通常不足以满足植物生长所需。

除上述大量元素外，尚有为植物生活所必需的微量元素，如硼、锰、锌、铜、钼等，在植物体内含量甚少，约占植物体重的0.000 1%～0.001%。此外尚有多种超微量元素，亦为植物生活所需要。近来试验证明，如镭、钍、铀及锕等天然放射性元素，也是植物所必需，有促进植物生长的作用。

在植物栽培中，除大量元素以不同形态作为肥料供给植物需要外，各种微量元素已开始应用于栽培中。

主要元素对花卉生长的作用如下：

(1) 氮　促进植物的营养生长，增进叶绿素的产生，使花朵增大、种子丰富。但如果超过花卉的生长需要就会延迟开花，使茎徒长，并降低对病害的抵抗力。

一年生花卉在幼苗时期对氮肥的需要量较少，随着生长的需要而逐渐增多。二年生和宿根花卉，在春季生长初期即要求大量的氮肥，应该满足其要求。

观花的花卉和观叶的花卉对氮肥的要求是不同的，观叶花卉在整个生长期中，都需要较多的氮肥，以使在较长的时期中，保持美观的叶丛；对观花种类来说，只是在营养生长阶段需要较多的氮肥，进入生殖阶段以后，应该控制使用，否则将延迟开花期。

(2) 磷　磷肥能促进种子发芽，提早开花结实，这一功能正好与氮肥相反。磷肥还能使茎发育坚韧，不易倒伏；能增强根系的发育；能调整氮肥过多时产生的缺点；增强植株对于不良环境及病虫害的抵抗力。因此，花卉在幼苗营养生长阶段需要有适量的磷肥，进入开花期以后，磷肥需要量更多。

(3) 钾　钾肥能使花卉生长强健，增进茎的坚韧性，不易倒伏；促进叶绿素的形成和光合作用的进行，因此在冬季温室中，当光线不足时施用钾肥有补救效果。钾能促进根系的扩大，对球根花卉如大丽花的发育有极好的作用。钾肥还可使花色鲜艳，提高花卉的抗寒抗旱及抵抗病虫害的能力。

但过量的钾肥使植株生长低矮，节间缩短，叶子变黄，继而变成褐色而皱缩，以致在短时间内枯萎。

(4) 钙　钙用于细胞壁、原生质及蛋白质的形成，促进根的发育。钙可以降低土壤酸度，在我国南方酸性土地区亦为重要肥料之一。钙可以改进土壤的物理性质，粘重土施用石灰后可以变得疏松；沙质土施用钾肥后，可以变得紧密。钙可以为植物直接吸收，使植物组织坚固。

(5) 硫　硫为蛋白质成分之一，能促进根系的生长，并与叶绿素的形成有关。硫可以促进土壤中微生物的活动，如豆科根瘤菌的增殖，可以增加土壤中氮的含量。

(6) 铁　铁在叶绿素的形成过程中有重要作用，当铁缺少时，叶绿素不能形成，因而碳水化合物不能制造。在通常情况下不发生缺铁现象，但在石灰质土或碱土中，由于铁易转变为不可给态，虽土壤中有大量铁元素，仍会发生缺铁现象。

(7) 镁　在叶绿素的形成过程中，镁是不可缺少的，镁对磷的可利用性有很大的影响，因此植物的需要量虽少，但有重要的作用。

(8) 硼　硼能改善氧的供应，促进根系的发育和豆科根瘤的形成；还有促进开花结实的作用。

(9) 锰　对叶绿素的形成和糖类的积累转运有重要作用；对于种子发芽和幼苗的生长以及结实均有良好影响。

3.5.2　花卉的营养贫乏症

在花卉的生长发育过程中，当缺少某种营养元素时，在植株的形态上就会呈现一定的病状，这称为花卉营养贫乏症。但各元素缺少时所表现的病状，也常依花卉的种类与环境条件的不同，而有一定的差异。为便于参考，将主要元素贫乏症检索表分列如下。

花卉营养贫乏症检索表（录自 A.laurie 及 C.H.Poesch）：

(1) 病症通常发生于全株或下部较老叶子上。

(2) 病症经常出现于全株，但常是老叶黄化而死亡。

① 叶淡绿色，生长受阻；茎细弱并有破裂，叶小，下部叶比上部叶的黄色淡，叶黄化而干枯，呈淡褐色，少有脱落，缺氮。

② 叶暗绿色，生长延缓；下部叶的叶脉间黄化，而常带紫色，特别是在叶柄上，叶早落，缺磷。

(3) 病症常发生于较老、较下部的叶上。

① 下部叶有病斑，在叶尖及叶缘常出现枯死部分。黄化部分从边缘向中部扩展，以后边缘部分变褐色而向下皱缩，最后下叶和老叶脱落,缺钾。

② 下部叶黄化，在晚期常出现枯斑，黄化出现于叶脉间，叶脉仍为绿色，叶缘向上或向下反曲，而形成皱缩，叶脉间常在一日之间出现枯斑,缺镁。

(4) 病症发生于新叶。

(5) 顶芽存活。

(6) 叶脉间黄化，叶脉保持绿色。

① 病斑不常出现。严重时叶缘及叶尖干枯，有时向内扩展，形成较大面积，仅有较大叶脉保持绿色,缺铁。

② 病斑通常出现，且分布于全叶面，极细叶脉仍保持为绿色，形成细网状；花小而花色不良,缺锰。

③ 叶淡绿色，叶脉色泽浅于叶脉相邻部分。有时发生病斑，老叶少有干枯,缺硫。

(7) 顶芽通常死亡。

① 嫩叶的尖端和边缘腐败，幼叶的叶尖常形成钩状。根系在上述病症出现以前已经死亡，缺钙。

② 嫩叶基部腐败；茎与叶柄极脆，根系死亡，特别是生长部分,缺硼。

3.6 花卉与气体

空气中各种气体对花卉生长有不同的作用，在栽培过程中所遇到的问题一般能用栽培技术解决。关键是在工矿绿化地区应选择适宜的花卉，因为有害气体的危害，会严重影响花卉的生长，甚至使之不能正常成活。

3.6.1 氧气(O_2)

植物呼吸需要氧气，空气中氧含量约为21%，足够植物的需要。在一般栽培条件下，出现氧气不足的情况较少，只在土壤过于紧实或表土板结时才引起氧气不足。当土壤紧实或表土板结层形成时，才会影响气体交换，致使二氧化碳大量聚集在土壤板结层之下，使氧气不足，根群呼吸困难。种子由于氧气不足，停止发芽甚至死亡。松土使土壤保持团粒结构，空气可以透过土层，使氧气达于根系，以供根系呼吸，也可使土壤中二氧化碳同时散发到空气中。

3.6.2 二氧化碳(CO_2)

空气中二氧化碳的含量虽然很少，仅有0.03%左右(约300 ml/m^3)，但对植物生长影响却很大，是植物光合作用的重要物质之一。增加空气中二氧化碳的含量，就会增加光合作用的强度，从而可以增加产量。多数试验证明，当空气中二氧化碳的含量比一般含量高出10～20倍时，光合作用则有效地增加，但当含量增加到2%～5%以上时就会引起光合作用过程的抑制。早在1939年已成功地在温室中施用干冰(固体二氧化碳)以增高二氧化碳的含量。在温室内1 m^3的空气中，每日干冰用量为10 g；又据Wittwer（1964）试验，温室中二氧化碳浓度增加到8 000 ml/m³可大大增加黄瓜的产量，但此浓度对人体有危害，而人体对二氧化碳的安全极限为5 000 ml/m³，因此人为施用二氧化碳的浓度绝对不能近于5 000 ml/m³的安全极限，一般温室可以维持在1 000～2 000 ml/m³。花卉种类繁多，栽培设施也多种多样，究竟施用多大浓度既安全又能增加光合作用强度，需进行试验。国外已大量应用二氧化碳施肥，收到良好的效果。根据日本阿部定夫博士的资料：月季增施到1 200～2 000 ml/m³就有增收效果；菊花和香石竹也因增施二氧化碳而大大提高了产品的质量。

过量的二氧化碳，对植物有危害，在新鲜厩肥或堆肥过多的情况下，二氧化碳含量会高达10%左右，如此过量的二氧化碳，会对植物产生严重危害。在温室或温床中，施过量厩肥，会使土壤中二氧化碳含量增多至1%～2%，若土壤中的二氧化碳浓度维持时间较长，植物将发生病害现象。给予高温和松土，可防止这一危害的发生。

3.6.3 二氧化硫(SO_2)

二氧化硫主要是由工厂的燃料燃烧而产生的有害气体。当空气中二氧化硫含量增至0.002%（20 ml/m³）甚至为0.001%（10 ml/m³）时，便会使花卉受害，浓度愈高，危害愈严重。因二氧化硫从气孔及水孔浸入叶部组织，破坏细胞叶绿体，使组织脱水并坏死。表现症状即在叶脉间发生许多褪色斑点，受害严重时，叶脉变为黄褐色或白色。各种花卉对二氧化硫的敏感程度不同，常发生不同的症状，综合一些报道材料，对二氧化硫抗性强的花卉有金鱼草、蜀葵、美人蕉、金盏花、百日草、晚香玉、鸡冠、大丽花、唐菖蒲、玉簪、酢浆草、凤仙花、扫帚草、石竹、菊花等。

3.6.4 氨(NH_3)

在保护地中大量施用有机肥或无机肥常会产生氨，氨含量过多，对花卉生长不利。当空气中含量达到0.1%～0.6%时就可发生叶缘烧伤现象；含量达到0.7%时，质壁分离现象减弱；含量若达到4%，经过24 h，植株即中毒死亡。施用尿素后也会产生氨，最好在施后盖土或浇水，以避免发生氨害。

3.6.5 氟化氢(HF)

氟化氢是氟化物中毒性最强、排放量最大的一种，主要来源于炼铝厂、磷肥厂及搪瓷厂等厂矿地区。它首先危害植株的幼芽和幼叶，先使叶尖和叶缘出现淡褐色至暗褐色的病斑，然后向内扩散，以后出现萎蔫现象。氟化氢还能导致植株矮化、早期落叶、落花及不结实。抗氟化氢的花卉有：棕榈、大丽花、一品红、天竺葵、万寿菊、倒挂金钟、山茶、秋海棠等。抗性弱的有：郁金香、唐菖蒲、万年青、杜鹃等。

3.6.6 其他有害气体

其他有害气体如乙烯、乙炔、丙烯、硫化氢、氯化氢、氧化硫、一氧化碳、氯、氰化氢等等，它们多从工厂烟囱中散出，对植物有严重的危害。即使空气中含量极为稀薄，如乙烯含量只有1 ml/m³，硫化氢含量仅有40～400 ml/m³时，也可使植物遭受损害。冶炼厂放出的沥青气可使距厂房附近100～200 m地面上的花草萎蔫或死亡。此外，从冶炼厂放出的烟尘中含有铜、铅、铝及锌等矿石粉末，常使植物遭受严重损害。因此，在工厂附近建立防烟林，选育抗有害气体的树种、花草及草坪地被植物，用于净化空气是行之有效的措施。

各种花卉对有害气体的抗性差异很大。大家都希望选用抗性强的种类，但是，决不能忽视那些对有害气体特别敏感的植物。在低浓度的有害气体下，往往人们还没有感觉时，它们已表现出受害症状，如二氧化硫在1～5 ml/m^3时人才能闻到气味，在10～20 ml/m^3时才感到有明显的刺激，而敏感植物则在0.3～0.5 ml/m^3时便产生明显受害症状；有些剧毒的无色无臭的气体(如有机氟)很难使人察觉，而敏感植物能及时表现出症状，所以在污染地区还应重视和选用敏感植物作为“报警器”以监测预报大气污染程度，起指示植物的作用。

常见的敏感指示花卉有：

监测二氧化硫：向日葵、波斯菊、百日草、紫花苜蓿等。

监测氯气：百日草、波斯菊等。

监测氮氧化物：秋海棠、向日葵等。

监测臭氧：矮牵牛、丁香等。

监测过氧乙酰硝酸脂：早熟禾、矮牵牛等。

监测大气氟：地衣类、唐菖蒲等。

4 花卉栽培设施

花卉栽培比一般农作物栽培要精细复杂，同时必须有一定的栽培设施保障。首先因为花卉种类繁多，要在同一个地区栽培各种花卉，除要具有相应的花圃地外，还要配备相应的设施。其次就是生产某一种花卉，在提高花卉质量的同时，要达到四季有花，周年供应的目的，也必须配备设施。主要的栽培设施有温室、大棚、荫棚和相关的灌溉设施及加温设施等，还包括其他一些栽培设备，如机械化、自动化设备，各种机具和用具等。人们将设施内进行的花卉栽培称为花卉设施栽培。

花卉设施栽培和露地栽培相比有以下许多优点：

(1) 不受季节和地区限制，可全年生产多种花卉。

(2) 能集约化栽培，提高单位面积产量，实现工厂化生产。

(3) 能生产出优质高档花卉，经济效益显著，一般是露地花卉产值的5～10倍。

其缺点是：

(1) 设备费用大，初期投资大，生产成本高。

(2) 栽培管理技术要求严格。

(3) 消耗能源多，要有一定的经济实力和条件。

4.1 温　室

温室是花卉栽培中最重要的，同时也是应用最广泛的栽培设施，与其他花卉栽培设施(如大棚、荫棚等)相比，它对环境因子的调节和控制能力更强、更全面。

4.1.1 温室栽培的作用

人们对于花卉有周年供应的要求，因此，在冬春寒冷季节，在自然条件不适合植物生长的场合，应用温室创造适于植物生长的环境，可在缺花季节供应鲜花，满足市场的需要。

对热带和亚热带植物而言，它们原产地的气温较高，年温差小，如在温带地区栽培，必须在冬季设置温室以满足对温度的要求。

通常在露地栽培的花卉，在冬季利用温室进行促成栽培，可提早并延长花期。一些原产于温暖地区不能露地越冬的花卉，常利用低温温室来保护越冬，也用于春播花卉的提前播种。

4.1.2 温室发展概况

1. 我国温室发展概况及存在的问题

我国早在唐代就出现温室栽培杜鹃花的记载。以后到明清时期，劳动人民就用简易的土温室进行牡丹和其他花卉的促成栽培。20世纪50年代以前，我国一直沿用风障、阳畦、地窖、土温室等简易保温、保湿设施栽培花卉。

到20世纪50年代初才大量应用土温室，后来出现了日光温室以及废热加温温室，并在60年代得到很大发展。至1970年，全国温室面积达1 330 hm^2，1978年达5 330 hm^2。20世纪80年代，各地温室事业发展很快，在结构设计、设备改进和栽培管理技术各方面都有显著的进展，同时也从国外引进温室20多公顷。进入90年代，也就进入了我国有史以来花卉业发展最快的时期，遍及全国的“花卉热”带起了“洋温室引进热”，至1997年，引进温室已达100 hm^2，它们来自荷兰、美国、日本、法国、保加利亚、罗马尼亚、意大利和以色列等国家。从几年的应用情况看，有成功的经验，也有惨痛的教训，因为有些洋温室，如海洋气候条件下的荷兰温室并不适合温带、亚热带季风条件下的中国大地和国内目前紧张的能源状况，造成亏损经营，以至闲置。相比之下，美国温室值得借鉴。因为中美两国气候很相似，美国温室较好地解决了“冬季加温，夏季降温”这一顽症，而且其造价和运行成本也较低。

美国独资企业——胖龙温室工程有限公司把降低温室的运行成本融汇到各项技术的引进、开发和设计中，他们在充分消化吸收国际先进技术的基础上，自主开发出适合中国国情的温室，推出的“双层充气薄膜”又大大降价了温室的运行成本，目前可提供以玻璃、聚酯板、塑料薄膜为覆盖材料的三大类，十几种温室产品。能够适应从海南岛到哈尔滨、从华北平原到青藏高原的所有气候条件。

由北京农业机械研究所成立的超越京鹏温室工程公司推出的新型高效节能日光温室，以轻质保温材料作墙体围护，采用计算机优化采光曲线，轻型无柱式钢架桁架，新型复合保温被作覆盖，卷铺机构实现保温被的整体卷放作业，具有结构设计合理、外形美观、采光好、保温性能优越、室内作业方便等突出优点，被同行专家誉为“我国节能日光温室技术的新突破”。使用这样的温室，我国北方广大地区即使冬季不加温，也可以生产出喜温果菜，符合今后的能源发展方向。他们还在现代化连栋温室开发方面，结合中国国情，研制出现代化智能连栋温室系列，还有特色双连栋、三连栋温室，南方型塑料大棚、遮荫棚等满足了不同地区广大用户的要求。同时因地制宜，根据不同的需要，设计不同结构的新产品，如符合华南沿海地区要求的抗台风的温室等。

总的看来，目前我国花卉生产温室，虽有引进的洋温室，也有利用国外技术改良的温室，但大多数仍是结构较简单，设备较陈旧，生产效率较低的温室，因这些温室能因地制宜，节省能源和投资，故在一定时期内仍有利用价值。为适应花卉产品愈来愈高的质量要求，温室发展一定会立足国情，逐步实现专业化、现代化。

2. 国外温室发展历史概况

17世纪，当今的“花卉王国”荷兰使用了单斜面玻璃日光温室，这是西方世界最早的温室结构类型。以后随着美洲大陆的移民，温室技术传到了美国。1764年，美国出现了第一家商业温室。至20世纪，随着科学技术日新月异的发展，温室的结构和设备不断完善，机械化、自动化水平日益提高。1949年，美国加利福尼亚州Farhort植物实验室，创建了世界上第一个完全由人工控制环境条件的人工气候室。人工气候室的发明，是温室业划时代的成果，促进了温室花卉产业的不断发展。世界上一些工业比较发达的国家，如荷兰、日本、意大利、美国和英国等国，其温室事业发展很快，目前已呈现3个明显的趋向：即温室大型化、温室现代化和花卉生产工厂化，简略介绍如下：

1）温室大型化

其优点为：第一，在结构相同的条件下，温室越大型化，室内温度越稳定，夜间最低温度不太低，白天最高温度不太高，即日温差较小。第二，便于机械化操作，实现温室作业机械化。第三，造价低，单位面积的建筑费和设备费都较低。

由于有以上优点，温室建筑有向大型化、超大型化发展的趋向。如荷兰，着重发展超大型温室，小的一栋1 hm^2，中型的3 hm^2，大型的6 hm^2；而日本由于防风、防雪、寒冷等问题，未发展超大型温室，90%的温室1栋不超过0.3 hm^2，70%为面积0.13 hm^2左右的轻型钢架和钢木混合结构温室；罗马尼亚在布加勒斯特建有1栋6 hm^2的超大型温室。但是，大型温室常有日照较差和空气流通不畅的缺点，应当注意。

2）温室现代化

通常包括以下几个方面：

(1) 温室结构标准化　根据当地的自然条件、栽培制度、资源情况等因素，设计适合当地条件，能充分利用太阳辐射能的一种至数种标准型温室。构件由工厂进行专业化配套生产。

(2) 温室环境调节自动化　根据花卉种类在一天的不同时间或不同条件下对温度、湿度及光照的要求，定时、定量地进行调节，保证花卉有最适合的生长发育条件，并用电子计算机自动控制。目前，日本、荷兰、美国、以色列等发达国家可以根据温室作物的要求和特点，对温室内的诸多环境因子进行自动调控。美国和荷兰还利用差温管理技术，对花卉、果树等产品的开花和成熟期进行控制，以满足生产和市场的需要。研究的现状正朝着完全自动化和无人化方向发展。此外，对自动化温室环境优化控制研究正在进行。日本还利用传感器和计算机技术，进行多因素环境远距离控制装置的开发；英国伦敦大学农学院研制的温室计算机遥控技术，可以观测50 km以外温室内的光、温、湿、气、水等环境状况，并进行遥控。此外，英国农业部正在一些农业工程研究所里进行温室环境(温室小气候、温、光、湿、通风、二氧化碳、施肥等)与植物生理、温室自动控制技术研究。

(3) 栽培管理机械化　灌溉、施肥、中耕及运输作业等，都应用机械化操作。

(4) 栽培技术科学化　温室现代化本身就要求我们对花卉的生态习性有更深一步的认识。花卉在不同季节、不同发育阶段、不同气候条件下，对各种生态因子的要求都有一整套具体指标。一切栽培管理都按栽培生理指标进行。温度、光照、水分、养分及二氧化碳的补充等措施都要根据当时测定的数据进行科学管理。

温室环境条件的调节和控制已经由一般的机械化、电气化发展到电子计算机控制，并生产了专门适用于温室管理的园艺电子计算机。可以控制温室的小气候，控制温室附设的各种设备，进行远距离操纵。做到节省人力、提高效率、及时精确管理，创造更稳定、更理想的栽培环境。

3）花卉生产工厂化

1964年在维也那建成了世界上第一个绿色工厂，主要种植花卉。这条“植物工业化连续生产线”采用三维式光照系统，植物用营养液栽培，室内温度、湿度、营养液和水分的供给，二氧化碳的补充等均自动监测和控制。

这种“植物工业化连续生产线”具有许多优点：应用范围广，可生产花卉、蔬菜、树苗，青饲料、蘑菇、草莓等多种植物；占地面积小，单位面积产量高（可比露地高10倍）；周年连续均衡生产；厂房是密闭的，并采用无土栽培方式，通常不用杀虫剂，所以产品基本没有污染；操作机械化、自动化，节省人工；连续生产供应市场，产品有良好的新鲜度；建于消费中心地带，可减少贮存运输的消耗和损失；大大缩短生产周期，如树苗，在常规栽培下3年的生长量，这里1年即可达到。

这种绿色工厂不用日光能，全靠人工光照，能源消耗很大，被称为第二代人工气候室（相对于美国1949年创建的人工气候室而言）。后来进行改进，采用了自然光照系统，被称为第三代人工气候室。

20世纪90年代中期发展起来、面世不过10年的活动屋面温室，在国际上发展速度很快，通过对屋面的卷起、折叠或推向一边（有的温室侧墙也可卷起），保证获得最大的通风量，使室内保持适中的温度和湿度。同时，关闭的屋面又可保证作物免受极端气候的影响及雨雪、冰雹的危害。该设施最大限度地利用了外界光、热等资源，从而大大降低了运行费用，并能改善温室的适用性。其最大特点是灵活的屋面系统，屋面柔性覆盖材料能满足方便卷放和易于折叠的功能要求。瑞典研制开发的增强编织复合塑料膜和防雨复合塑料膜，具有很高的抗拉强度和良好的柔韧性。

4.1.3 温室的种类

温室的种类很多，通常依据温室应用的目的、栽培用途、温度、植物种类、结构形式及设立的位置等区分。

1. 依应用目的而区分

1）观赏温室

这种温室专供展览、观赏、普及科学知识之用，一般放置于公园及植物园内，外形要求美观、高大，吸引和便于游人流连、观赏、学习。如北京中山公园的唐花坞、中国科学院北京植物园的温室等。在一些国家更设有大型的温室，内有花坛、草坪、水池、假山、瀑布等，冬季供游人游览，特称“冬园”。如美国宾夕法尼亚州的郎乌德（Longwood）花园的大温室花园即属此类。

2）生产栽培温室

以花卉生产栽培为主，建筑形式以合于栽培植物的需要和经济实用为原则，不追求外形美观与否。一般建筑低矮，外形简单，热能消耗少，室内生产面积利用充分，有利于降低生产成本。根据栽培花卉种类的不同可分为：切花温室、盆栽温室等。

3）繁殖温室

这种温室专供大规模繁殖之用，温室建筑多采用半地下式，以便维持较高的湿度和稳定的温度环境。

4）促成或抑制栽培温室

供温室花卉催延花期，保证周年供应使用。要求温室具有较完善的设施，如温度和湿度调节、加光、遮光、增施二氧化碳等。

5）人工气候室

即室内的全部环境条件，皆由人工控制。一般供科学研究用，在国外已有大型人工气候室用于花卉生产。

2. 依温度而区分

1) 低温温室

室温保持在3～8℃，用于保护不耐寒植物越冬，也作耐寒性草花栽培。夜间应保持在3～5℃，如报春花、瓜叶菊、小苍兰 、紫罗兰、倒挂金钟等一般在低温温室中生长良好。

2) 中温温室

室温保持在8～15℃，用来栽培亚热带植物及对温度要求不高的热带花卉。夜间温室需要8～10℃以上，如仙客来 、香石竹、天竺葵等适于在中温温室中生长。

3) 高温温室

室温在15℃以上，也可高达30℃左右，主要栽培热带植物，也用于花卉的促成栽培。夜间温度需要10～15℃，如筒凤梨、变叶木、发财树等需在高温温室中生长。

3. 依栽培植物而区分

植物种类不同，对温室环境条件有不同的要求，常依一些专类花卉的特殊环境要求，分别设置专类温室，如棕榈科植物温室、兰科植物温室、蕨类植物温室、仙人掌科和其他科多浆植物温室、食虫植物温室等。

4. 依建筑形式而区分

温室的形式决定于观赏或生产栽培上的需要。观赏温室的建筑形式很多，有方形、多角形、圆形、半圆形及多种复杂的形式等，尽可能满足美观上的要求，屋面也有部分采用有色玻璃的。栽培温室的形式只要求满足栽培上的需要，通常形式比较简单，基本形式有4类(图4–1)。

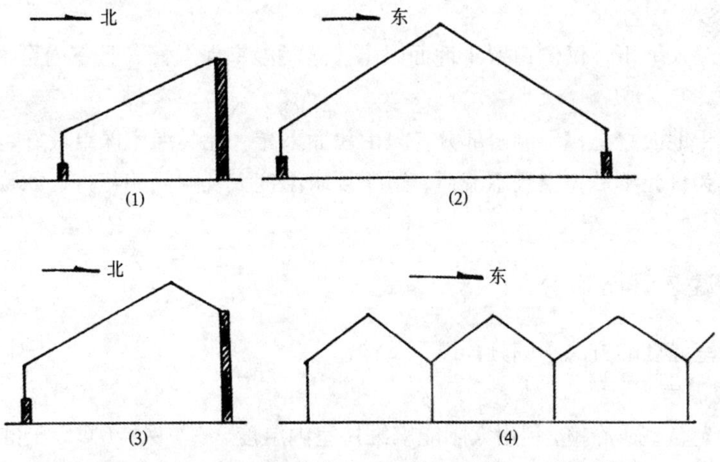

1. 单屋面温室　2. 双屋面温室　3. 不等屋面温室　4. 连栋式温室

图4–1　温室建筑形式

1) 单屋面温室

温室屋顶只有一向南倾斜的玻璃屋面，其北面为墙体。

2) 双屋面温室

温室屋顶只有2个相等的玻璃屋面，通常南北延长，屋面分向东、西两方，但也偶有东西延长的。

3）不等屋面温室

温室屋顶具有2个宽度不等的屋面，向南一面较宽，向北一面较窄，两者的比例为4∶3或3∶2。

4）连栋式温室

又名连续式温室，由相等的双屋面或不等屋面温室借纵向侧柱或柱网连接起来，相互通连，可以连续搭接，形成室内串通的大型温室。

5. 依温室设置的位置而区分

以温室在地面设置的位置可分为3类(图4−2)。

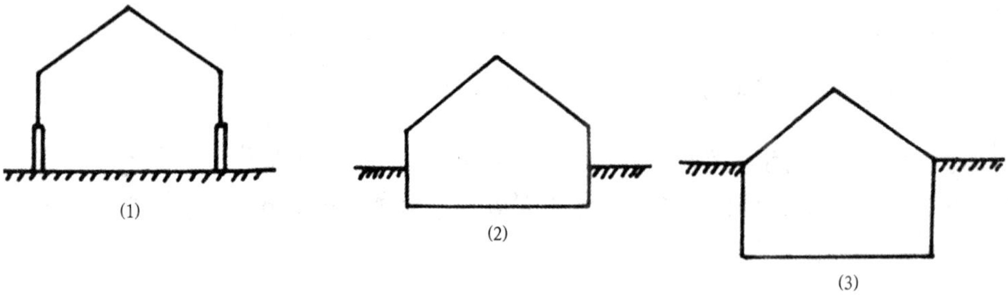

1. 地上式　　2. 半地下式　　3. 地下式

图4−2　温室设置位置

1）地上式

室内与室外地面近于水平。

2）半地下式

四周短墙深入地下，仅侧窗留于地面以上。这类温室保温好，且室内可维持较高的湿度。

3）地下式

仅屋顶露于地面之上，无侧窗部分，只由屋面采光。此类温室保温最好，也可保持很高的湿度。其缺点为日光不足，空气不流通，适于要求湿度大及耐阴的花卉，如蕨类植物、热带兰花等。

6. 依加温来源而区分

由维持温室温度的方法不同分为以下2种：

1）不加温温室

也称为日光温室或冷室，利用太阳能来维持室内温度，冬季保持0℃以上的低温。通常作为低温温室来应用。

2）加温温室

除利用太阳热力外，还采用热水、蒸汽、烟道、电热等人为加温的方法来提高温室温度，中温温室与高温温室多属此类。

7. 依建筑材料而区分

1）木结构温室

结构简单，屋架及门窗框等都为木制。所用木材以坚韧耐久、不易弯曲者为佳。木结构温室造价低，但使用几年后，温室密闭度常降低。使用年限一般为15～20年。

2）钢结构温室

柱、屋架、门窗框均用钢材制成，坚固耐久，可建筑大型温室。用料较细，遮光面积较小，能充分利用日光。缺点是造价较高，容易生锈，由于热胀冷缩常使玻璃面破碎。一般可用20～25年。

3）钢木混合结构温室

此种温室除中柱、桁条及屋架用钢材外，其他部分都为木制，由于温室主要结构应用钢材，可建较大的温室，使用年限也较久。

4）铝合金结构温室

结构轻、强度大，门窗及温室的结合部分密闭度高，能建大型温室。使用年限很长，可用25～30年。但是造价高，是国际上大型现代化温室的主要结构类型之一。荷兰此种结构温室应用较多。

5）钢铝混合结构温室

柱、屋架等采用钢制异形管材结构，门窗框等与外界接触部分是铝合金构件。这种温室具有钢结构和铝合金结构二者的长处，造价比铝合金结构的低，是大型现代化温室较理想的结构。

8. 依屋面覆盖材料而区分

1）玻璃温室

以玻璃为屋面覆盖材料。为了防雹有用钢化玻璃的。玻璃透光度大，使用年限久。

2）塑料温室

设置容易，造价低，更便于用作临时性温室，近20年来应用极为普遍。形式多为半圆形或拱形，也有采用双屋面等形式的。

另外，用玻璃钢(丙烯树脂加玻璃纤维或聚氯乙烯加玻璃纤维)可建大型温室。在日本应用较为广泛。目前国际上大型现代化温室多用塑料板材(玻璃纤维塑料板、聚氯乙烯塑料板、丙烯硬质塑料板等)覆盖。

4.1.4 各类温室的特点

依建筑形式作为分类依据的各类温室，其特点分述如下。

1. 单屋面温室

这种温室仅有一向南倾斜的玻璃屋面，构造简单，小面积温室多采用此种形式。一般跨度约3～6 m，玻璃屋面倾斜角度可较大，以便充分利用冬季和早春的直射光线；温室北墙可以阻挡冬季的西北风，温度容易保持。通常北墙高270～350 cm，前墙60～90 cm，前墙不宜过高，否则会遮挡光线，通常以栽培种类的高矮而定；如植株较矮，且要定植于地床者，前墙以矮为宜，所以也有前墙全都改为玻璃窗者；栽培植株低矮的盆花，而放置于植物台上者，则可较高。这种温室以光线充足、保温良好、建筑容易为其优点，但其光线仅自南面一面射入，因此植株有向南一面弯曲的缺点，尤其对生长迅速的花卉种类，如草花影响较大，要经常进行转盆，以调整株态；而对木本花卉影响较小。

2. 不等式温室

由于南北两屋面不等，向南一面较宽，日光自南面照射较多，因此室内植物仍有向南弯曲的缺点，但比单屋面温室稍好，北向屋面易受北风影响，保温不及单屋面温室，南向屋面的倾斜角度一般为28°～32°，北向屋面为45°。前墙高60～70 cm，后墙高200～250 cm，一般室宽为500～800 cm，宜于小面积温室用。此式北墙高南墙低，而向南的屋面倾斜角度较北向的屋面为小，因此在建筑上及日常管理上都感不便，一般较少采用。

3. 双屋面温室

这种温室因有向东、向西两个相等的玻璃屋面，因此室内全部面积上有均匀的光照，植物没有弯向一面的缺点。通常建筑较为宽大，一般跨度600～1 000 cm，也有达1 500 cm的。宽大的温室具有很大的空气容积，当室外气温变化时，温室内温度和湿度不易受到影响，有较大的稳定性，但温室过大时有通风不良之弊。双屋面温室四周短墙的高度，在高设栽培床时，高60～90 cm；在低设栽培床时，高40～50 cm。此种温室玻璃屋面倾斜角度较单屋面式为小，一般在28°～35°，由于玻璃屋面较大，散热较快，所以必须有完善的加温设备。

4. 连栋式温室

又名连续式温室。双屋面温室由于建筑设计上的限制，不宜过大。如为玻璃屋面，宽度不宜超过1 000 cm，长度不要超过5 000 cm，即面积不宜大于500 m^2。若为合成树脂屋面者，宽度可增大至1 500 cm，即面积可增至750 m^2。若需面积再大就应选用连栋式。国际上大型、超大型温室皆属此式。大的一栋面积可达6 hm^2。

连栋式温室可以使用简单的屋架结构，造价较低，加温容易，温度也比较容易维持。就一般情况看，对花卉和花木类的栽培尚为适宜。在冬季多降大雪的地区，不宜采用，因为屋面连接处大量积雪容易发生危险。

现代化的连栋式温室土地利用率高，内部作业空间大，每日有充足的阳光直射，自动化程度较高，内部设备配置齐全，便于机械化操作和工厂化生产。内部配置上的设备一般包括自然通风系统、强制通风系统（湿帘／风扇降温系统）、加温系统、外遮阳系统、内保温遮阴系统、灌溉系统、施肥泵系统、二氧化碳施肥系统、苗床系统、补光系统、计算机控制系统、防虫网系统等。

4.1.5 温室设计

1. 温室设计的基本要求

设计温室的基本依据是栽培花卉的生态要求。温室设计是否科学和实用，主要是看它能否最大限度地满足栽培花卉的生态要求。也就是说，要求温室内的主要环境因子，如温度、湿度、光照、水分等等都要符合栽培花卉的生态习性。我们知道，不同的花卉，生态习性不同，如多浆植物，喜强光、耐干燥；而蕨类植物则喜蔽荫又潮湿的环境。同时栽培花卉在不同生长发育阶段，对环境也有不同的要求。因此，要求温室设计者对各类花卉的生长发育规律和不同生长发育阶段对环境的要求有确切的了解，充分运用建筑工程学等学科的原理和技术，才能获得较理想的设计效果。所以说，温室设计实际上是建筑工程学和花卉栽培学密切结合的产物。另外，温室设计要考虑到符合使用地区的气候条件，不同地区气候条件各异，温室性能只有符合使用地区的气候条件，才能充分发挥其作用。如我国南方夏季潮湿闷热，若温室设计成无侧窗，用冷湿帘加风机降温，则白天温室温度会很高，难以保持适于温室植物生长的温度，不能进行周年生产。再如昆明地区，四季如春，只需简单的冷室设备即可进行一般的温室花卉生产，若设计成具有完善加温设备的温室，则完全不适用。因此，要根据温室使用地区的不同气候条件，设计和建造温室。

2. 设置地点的选择

温室设置的地点，必须有充足的日光照射，不可有其他建筑物及树木的遮阴，否则光照不足有碍植物的生长发育。在温室的北面和西北面宜有防风屏障，最好北面有山，或有高大建筑物及防风林等，以防寒风侵袭，形成温暖的小气候环境。要求土壤排水良好，地下水位较低之处，因温室加温设施通常在地面以下，而且有些温室建筑采用半地下式，如地下水位高则难以设置，日常管理及使用也较困难。在选择地点时还应注意水源便利，水质优良，交通方便。

3. 温室的排列

在进行大规模花卉生产的情况下，对于温室群的排列及荫棚等附属设备的设置，应有全面合理的规划。在规划各温室地点时，应首先考虑避免温室之间互相遮阴，但不可相距过远，过远不仅工作不便，而且对防风、保温不利，还因延长敷设管线，增加设备投资和能源消耗。因此，在互不遮阴的前提下，温室间的距离越近越有利。温室间的合理距离决定于温室的高度及各地纬度的不同。当温室为东西向延长时，南北两排温室间的距离通常为温室高度的2倍；当温室为南北向延长时，东西两温室之间的距离应为温室高度的2/3。当温室高度不等时，其高的应设置在北面，矮的设置在南面，工作室及锅炉房应设在温室的北面或东西两侧。若要求温室设施比较完善，建立连栋式温室较为经济实用，温室内部可区分成独立的单元，分别栽培不同的花卉。

4. 玻璃屋面倾斜度的确定

太阳辐射热是温室基本热量的来源之一，温室屋面角度的确定是能否充分利用太阳辐射能和衡量温室性能优劣的重要标志。如单屋面温室太阳辐射热的吸收，主要是通过向南倾斜的玻璃面吸收的，而吸收太阳辐射热的多少，取决于太阳的高度角和向南玻璃屋面的倾斜角度。太阳高度角一年之中是不断变化的，在北半球冬季以冬至(12月22日)的太阳高度角为最小，此时气温最低。所以，通常以冬至中午太阳高度角来确定玻璃屋面倾斜角度。我国境内各纬度地区，冬至中午太阳高度角见表4−1。

表4−1　我国境内各纬度地区冬至中午太阳高度角

纬度(北纬)/(°)	15	20	25	30	35	40	45	50
冬至中午太阳高角度/(°)	51.6	46.5	41.5	36.6	31.6	26.6	21.6	16.6

从表4−1可知，不同纬度的地区，冬至中午太阳高度角不同，而太阳的辐射强度也有差别。

当太阳光射向玻璃屋面的投射角为90°时，其辐射强度最大。以河南洛阳为例，冬至中午太阳高度角约为31°，若投射角为90°，则玻璃屋面的倾斜角应为60°，但在温室结构上不易处理。所以在设计温室时，既要尽量考虑多吸收太阳辐射热，又要处理好温室结构。一般投射角以不小于60°为宜。如洛阳地区，南向玻璃屋面的倾斜角应不小于30°最理想。其他地区可根据此道理做相应的处理。

东西向温室玻璃面的倾斜角不论其倾斜度大小，太阳投射玻璃面的投射角与水平面相同，所以中午前后室温低于南向温室的温度。因此，在设计时可按一般工程建筑处理，保持26°～30°即可。

4.2 塑料大棚

塑料大棚是花卉栽培及养护的主要设施之一，可以用来代替低温温室。由于塑料薄膜有良好的透光性，白天阳光能透过薄膜照到土壤上，地温可提高3℃左右，夜间气温下降时，因薄膜又具有不透气性，使热气散发减少，起到保温作用。在春季气温回升，昼夜温差大时，塑料大棚增温效果更为明显。如早春月季、唐菖蒲、晚香玉等，在棚内生长比露地生长可提早15～30天开花。晚秋时又可延长1个月花期。

4.2.1 塑料大棚的类型

1. 固定式塑料大棚

利用钢材、木料、水泥预制件作骨架，其上盖一层塑料薄膜，这种形式称为固定式塑料大棚。其规格有单栋大棚、连栋大棚等，其结构由立柱、拱杆、拉杆、压杆、薄膜、压杆拉线、门窗等组成(图4-3)。目前国内一些厂家已在生产定型大棚，骨架配套，可长期固定使用。不需拆卸，薄膜需2～3年更换一次。

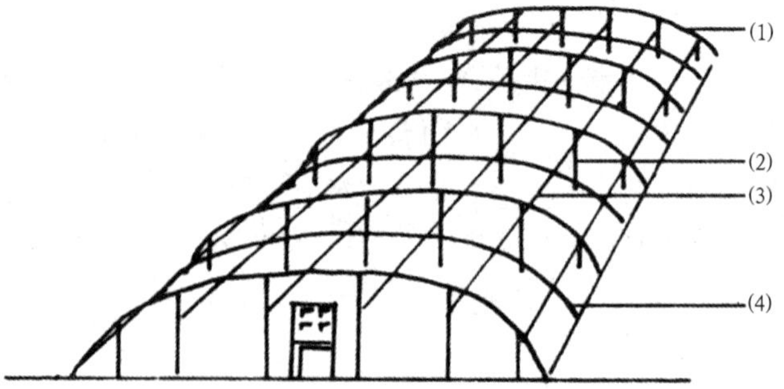

(1) 拱式　(2)立柱　(3)拉杆　(4)压杆

图4-3　固定式塑料大棚

2. 简易式塑料大棚

利用轻便器材如竹竿、木棍、钢筋等，做成半圆形或屋脊形等支架，然后罩上塑料薄膜，就成了简易式塑料大棚，多用于扦插育苗及盆花越冬等使用，用后即可拆除。

上述形式不论哪种，一般出入门留在南侧，薄膜之间连接牢固，接地四周用土压紧，以保持棚内温度，免遭风害。天热时可揭开薄膜通风换气。大棚拆除后，土地仍可继续栽培花卉。

对于温度、湿度要求较高的播种、扦插，还可在大棚内设置塑料小拱棚，以起到增温保湿的效果。

4.2.2 塑料大棚的设计

塑料大棚设计、建造科学合理，才能营造适于花卉生长、发育的综合环境条件，从而栽培出高品质的花卉产品。

1. 建造场地的选择

棚址宜选在背风、向阳、土质肥沃、便于排灌、交通方便的地方。棚内最好有自来水设备。

2. 大棚的面积概算

从光、温、水、肥、气等因素综合考虑，江苏一带单栋式大棚面积一般以300 m^2左右较为有利。当然，不同种类的花卉，对环境要求也不同，大棚的长、宽、高、面积可酌情变动。连栋式大棚较少用，因为不利于各种栽培环境因素的调节。

3. 大棚的方向设置

从光照强度及受光均匀性方面考虑，大棚一般多按南北长、东西宽的方向设置。

4. 棚间距离的确定

集中连片建造大棚，又是单栋式结构时，一般两棚之间要保持2 m以上的距离，前后两排距离要保持4 m以上。当然，也可依棚高等因素酌情确定。总之，以利于通风、作业和设排水沟渠、防止前排对后排遮阴为原则。

4.3 荫　棚

荫棚也是花卉栽培必不可少的设备。大部分温室花卉夏季移出温室后，都要置于荫棚下养护。一部分露地栽培的切花花卉也需要在荫棚下栽培才能保证切花质量。夏季扦插和播种也需要在荫棚下进行。

温室花卉使用的荫棚一般是永久性的，多设在温室近旁不积水而通风良好的地方。用钢管或水泥柱构成主架，一般高度为2～2.5 m，棚架上覆盖竹帘、苇帘或遮阳网等进行遮阴。同时根据不同花卉耐阴程度调整覆盖的密度。有的地方采用葡萄、凌霄等藤本植物作荫棚，也比较经济实用。在荫棚的东西两端还要设荫帘，避免上下午太阳光射入荫棚内。永久棚架下一般设置花台或花架，温室的盆花放在台架上最好，如果要放置在地面，应在地面上铺煤渣或粗沙以便排水，也可防止下雨泥水溅污花盆和枝叶。

切花栽培使用的荫棚多为临时性的。一般多用木材做立柱，棚上用铁丝拉成格，然后覆盖遮阳网。遮阴程度通过选用不同规格的遮阳网即能调整。设置临时性荫棚对切花轮作栽培有利，可根据切花地块变更而拆迁。

夏季扦插和播种床所用荫棚也是临时性的，一般比较低矮，高度为50～100 cm。用木棒支撑，以竹帘或苇帘覆盖。在扦插未生根或播种未出芽前可覆盖厚些；当开始生根或发芽时可减少覆盖物；等根发出，苗出齐后可全部拆除。

4.4　其他栽培设施与栽培容器

4.4.1　灌溉设施

1. 漫灌

漫灌是我国农业上传统的灌溉方式。漫灌系统由水源、动力设备和水渠组成，设备比较简单。灌溉时由水泵将水提至水渠，然后分流至各级支渠，最后送至田间。一般是大水漫灌，水面灌满种植畦。目前仍有部分切花生产者沿用这种灌溉方式。

用这种方式灌溉，无法准确测量田间需水量，也无法有效地控制灌水量；另一方面，当水源通过各级水渠时，渗漏损失严重。因此，这种灌溉方式水资源利用率最低。此外，漫灌方式由于水流浸透整个表土层，在一定时间内，水分充满了所有毛细管，而将其中的空气排出，使花卉处于缺氧状态，无法进行呼吸，影响花卉的正常生长发育。这种缺氧状态对土壤微生物的繁衍亦极为不利。若长期使用这种灌溉方式，表土层会逐渐变得板结，土壤通透性越来越差，对花卉和土壤微生物均十分有害。

2. 滴灌

滴灌是现代花卉栽培广泛采用的灌溉方式。标准滴灌系统应包括水源(要有一定的压力)、过滤器、肥料注入器、输入管道、滴头和控制器等。

使用滴灌系统进行灌溉，水分在根系周围的分布情况与漫灌时的情况大不相同。滴灌时水分仅浸透根系主要分布的局部土壤，保证该区域水分的稳定供应，有效地避免了土壤板结，大大降低了土壤表面蒸发的损失。此外，滴灌常与施肥结合进行，大大提高了肥料的利用率。如胖龙温室工程有限公司生产的滴灌设备与水流驱动水肥混合泵配套使用，使施肥实现了自动定量化。先锋园艺率先引进的适合中国国情的先进的D−M自动滴灌系统，控制概念先进，水肥配比和供给的每一个环节、每一个过程都由一套完整的程序来控制，为中国花卉产品标准化生产提供了条件。

3. 喷灌

与滴灌相仿，喷灌也是现代花卉栽培多用的灌溉方式。其优点在于：水量可以较为准确地控制，节约用水，灌溉均匀；可以增加空气湿度，具有一定的降温作用。

喷灌系统的原则是：喷水速率略低于基质的渗水速率；每次喷水量应等于或略小于基质最

大的持水量，只有这样才能避免水资源的浪费和土壤结构的破坏。

喷灌系统有两种形式：移动式和固定式。移动式喷灌的喷水量、喷灌时间和两次喷灌之间的间隔时间等均能自动控制，且使用方便，故温室花卉栽培中常被采用。相比之下，固定式喷灌的设施较简单。

另外，目前生产上广泛采用的全光自动间歇喷雾装置，能自动控制喷雾次数，在花卉扦插育苗中多采用。

4.4.2 加温设施

在寒冷的冬季，为保证花卉生长发育的适宜温度，温室和大棚也需用人工加温来提高温度。

1. 热水加温

通过锅炉加热，将热水送至热水管，再通过管壁辐射，使室内温度增高。这种加温方法温度均衡持久，缺点是费用大。若能利用附近工厂中冷却排出的废热水，不失为一种较为经济的加温方法。

2. 蒸汽加温

利用蒸汽锅炉发生的蒸汽加热，热量分布均匀，能迅速提高室温，较适应大型的温室。缺点是，停火后散热器冷却快，不易经常维持室温的均衡。其设备费用较高，耗燃料也较多。

3. 电热加温

电热加温是一种比较灵活方便的方法，它是采用电加热元件对温室内空气进行加温或将热量直接辐射至植株上。可根据加温面积的大小，相应采用电加温线、电加温管、电加温片、电加温炉等。但由于电耗费大，大面积还难以推广使用。

4. 热风机加温

近几年，在花卉温室栽培中，多采用热风机加温，其主要燃料为柴油、天然气或液化气，故分别称为燃油热风机或燃气热风机，主要是利用燃料在燃烧室中燃烧产生巨大的热量，将机内空气加热，再由强排风机将热空气排出，通过强迫室内空气循环使热量分配到温室内各处，而起到加温效果。有些较先进的加温机，如意大利产倍利加温机，在机内加装了热能交换器，使燃烧器内的热量不是直接被送入空气中，而是通过交换器与空气进行热量交换，再由强排风机送出，使热效率达到90%，从而可节省大量燃料。与其他加热方式相比，热风机具有安装操作方便、初装和运行成本低、热利用率高的优点。

4.4.3 降温设施

在炎热的夏季，温室需要配置降温设施，以确保花卉免受高温的不利影响，从而生长发育良好。

1. 通风窗降温

我国传统的温室(如单屋面温室)中，一般没有完善的降温系统，仅在温室的顶部、侧方和后墙设置通风窗，当气温升高时，将所有通风窗打开，以通风换气的方式达到降温的目的。

通风窗降温法没有任何能量的损耗，但其降温效果不够理想。

2. 排风扇和水帘降温

现代化的温室，具有高效的降温系统，一般由排风扇和水帘两部分组成。排风扇装于温室的一端(一般为南端)，水帘装于温室的另一端(一般为北端)。水帘由一种特制的“蜂窝纸板”和回水槽组成。启动后，冷水由上水管经“蜂窝纸板”缓缓下流，由回水槽流入缓冲水池。另一端的排风扇同时启动，将热空气源源不断地排出室外。如此，经过水冷的空气进入温室，吸收室内热量之后，又被排出室外，从而有效地降低了温室内的温度，同时增加了空气的湿度。

3. 微雾降温

微雾降温法是当今世界上最新的温室降温技术。其降温原理是：利用多功能微雾系统，将水以微米级或10 μm级的雾滴形式喷入温室，使其迅速蒸发，利用水蒸发潜热大的特点，大量吸收空气中的热量，然后将湿热空气排出室外，从而达到降温目的。

微雾降温法的降温成本较低，降温效果明显，降温能力一般在3～10℃，对自然通风温室尤为适用。

4.4.4 栽培容器

花盆是花卉栽培中广泛使用的栽培容器，其种类很多，通常依质地和使用目的分类。

1. 依质地分类

1) 素烧盆

又称瓦盆，以粘土烧制，有红盆及灰盆两种。虽质地粗糙，但排水良好，空气流通，适于花卉生长，价格低廉，一般都用它。素烧盆通常为圆形，大小规格不一，一般最常用的盆口直径与盆高大致相等，惟栽培种类不同，其要求最适宜的深度不一，如杜鹃盆、球根盆较浅，牡丹盆与蔷薇盆较深，播种与移苗用浅盆，一般深8～10 cm。最小口径为7 cm，最大不超过50 cm。通常盆径在40 cm以上时因瓦盆易破碎而多用木盆，这一类大素烧盆边缘有时需加厚，有一明显的盆边，盆底都有排水孔，以排除多余水分。

2) 陶瓷盆

陶盆有两种，一种叫素陶盆，用陶泥烧制而成，有一定的排水、通气性。还有一种叫釉陶盆，即在素陶盆的外面加一层彩釉，精致美观，主要产于广东及江苏宜兴。瓷盆多为白色高岭土烧制而成，上涂彩釉，质地细腻，加工精巧，以江西景德镇产品最受欢迎。釉陶盆和瓷盆外形美观，但透气性差，不宜花卉栽培，一般多作套盆或作短期观赏使用。陶瓷盆除圆形外，亦有方形、菱形、六角形等。

3) 紫砂盆

以江苏宜兴产品为最好，河南、山西也生产，形式多样，造型美观，透气性能稍差，多用来养护室内名贵盆花及栽植树桩盆景。

4) 木盆或木桶

素烧盆如过大时容易破碎，因此，当需要用40 cm以上口径的盆时，多采用木盆。木盆形状仍以圆形较多，但也有方形的，盆的两侧应设把手，以便搬动。木盆形状也应上大下小，以便于换盆时能倒出土团。盆下应有短脚，否则需垫以砖石或木块，以免盆底直接放置地上而腐烂。木盆用材宜选材质坚硬而不易腐烂的如红松、槲、栗、杉木、柏木等，且外部刷以油漆，既防腐，又美观，内部应涂以环烷酸铜以防腐，盆底需设排水孔，以便排水，此种木盆多用于花木盆栽。

窗饰用盆也多为木制，其形式很多，以长方形为主。

5）塑料盆

质轻而坚固耐用，可制成各种形状，色彩也极多样，是国外大规模花卉生产常用的容器，国内也应用较多。水分、空气流通不良为其缺点，应注意培养土的物理性状，使之疏松通气，以克服此缺点。在育苗阶段，常用小型的软质塑料盆，使用方便。

6）纸盆

仅供培养幼苗之用，特别用于不耐移植的种类，如香豌豆、香矢车菊等在定植露地前，先在温室内纸盆中进行育苗。

2. 依使用目的分类

1）水养盆

专用于水生花卉盆栽之用，盆底无排水孔，盆面阔大而较浅，形状多为圆形。此外，如室内装饰的沉水植物，则采用较大的玻璃槽，以便观赏。

球根水养用盆多为陶制或瓷制的浅盆，如我国常用的“水仙盆”。风信子也可采用特制的“风信子瓶”，专供水养之用。

2）兰盆

兰盆专用于气生兰及附生蕨类植物的栽培，其盆壁有各种形状的孔洞，以便流通空气。此外，也常用木条制成各种式样的兰筐以代替兰盆。

3）盆景用盆

盆景用盆，根据用途分为两大类，即树木盆景和山水盆景用盆，前者盆底有排气孔，形状多样，色彩也很丰富，后者盆底无孔，均为浅口盆，形状单一。

盆景用盆除紫砂陶盆、釉陶盆、瓷盆外，还有石盆、水泥盆等。石盆是采用汉白玉、大理石、花岗岩等加工而成，多见于长方形、椭圆形浅盆，适用于制作山石盆景。

5 露地花卉的繁殖与栽培

5.1 露地一、二年生花卉的繁殖与栽培

5.1.1 习性

几乎所有的一、二年生花卉均为阳性花卉，要求在完全光照下生长，只有少数种类略能耐半阴。对土壤要求不严，除沙土及重粘土外，其他土质均可适应，但以土壤表土深厚、地下水位较高、干湿适中富含有机质的土壤为适宜。大多数要求中性土壤，少数种类可适应强酸性或碱性。

5.1.2 播种繁殖

有性繁殖，也称为播种繁殖，是雌雄两配子结合形成种子而培育成新个体的方法。用播种方法获得的幼苗叫实生苗。有许多优点：

(1) 种子便于贮藏和运输；

(2) 播种操作简单，在短时期内能获得大量植株；

(3) 种子繁殖的后代生命力强，寿命长；

(4) 可以提供无病毒的植株，目前认为种子不传播病毒。

但种子繁殖也有其缺点，如异花授粉的花卉若用播种繁殖，则其后代容易发生变异，易出现性状分离，不易保持原品种的优良种性。所以实际应用中多用杂交一代种子繁殖育苗，能获得优良且整齐一致的观赏性状，但是每年都得用新种，且往往不能自己留种繁殖。

播种繁殖是一、二年生花卉主要的繁殖方法。进行播种繁殖最基本的是如何获得最优良的种子，然后进行种子贮藏、播种，掌握这些环节是十分重要的。

1. 花卉种子及发芽条件

1) 花卉种子及来源

(1) 优良种子的条件　优良种子是花卉栽培成功的重要保证。优良种子应具有以下条件：

① 发育充实　优良的种子具有很高的饱满度，发育已完全成熟，播种后具有较高的发芽势和发芽率。

② 富有生活力　新采收的种子比陈旧种子的发芽率及发芽势均高，所长出的幼苗多半生长强健。

③ 无病虫害　种子是传播病害及虫害的重要媒介，因此，要建立种子检疫及检验制度以防各种病虫害的传播。一般而言，种子无病虫害则幼苗也健康。

(2) 花卉种子的来源　种子是有生命力的生产资料。种子来源最大的3条途径分别为采收、购买、交换。其中购买和交换，基本上是在播种期前的一段时间进行，所得的种子要做一些播种前处理，比如刻伤、浸种、药剂处理、冷热交替、冷藏或低温层积等手段以打破休眠。

购买就是本单位没有而向外单位或种子公司购买，现在国际上一些著名的种苗公司都在进军中国市场，他们纷纷通过国内经销商代理或以合资、独资经营的方式提供最新、最具优良品质的新品种或F_1代杂交种；交换就是外单位有本单位需要的种子，而本单位正好也有外单位需要的种子，便可进行种子交换。

① 种子的采收　花卉种子的采收，要根据果实的开裂方式、种子的着生部位以及种子的成熟度等进行，如：某些种子应在充分成熟之后采收；对于蒴果、荚果、角果等容易开裂的花卉种类，宜在开裂前于清晨空气湿度较大时采收；对种子陆续成熟的花卉种类，宜分批采收；对种子不易散落的、果实不开裂的花卉种类，可在全株种子大部分成熟时，整株拔起晾干脱粒，脱粒后干燥处理，使其含水量下降到一定标准后贮藏。

有些花卉种子是人工采收的，如凤仙花、矮牵牛、三色堇和金鱼草。而有些花卉的种子如翠雀花、飞燕草、蔓长春、美女樱、翠菊和香雪球是在田间收获的，在田间晒干，收集在一起后筛选贮藏。而万寿菊可用真空吸尘器采收，还有一些可从母株上抖落下来，如莴苣。

② 种子的寿命与贮藏　花卉的种类不同，其种皮构造、种实的化学成分不一样，寿命的长短也不同。影响种子寿命的有内部因素也有外部的环境条件。内部因素主要与种皮的性质及种子原生质的活力状况有关；外部的环境条件有湿度、温度、氧气和光照等。下面主要介绍影响种子寿命的外部环境条件。

a．湿度　湿度是影响花卉种子寿命的重要因素，因为种子内部储存的原生质必须在含水量达到一定量时才能启动其生理生化代谢活动。一般来说，只要种子充分干燥，对于温度的适应范围是很广的，当然，低温对于活力保持更有利。而对大多数木本花卉和水生花卉种子不能过度干燥，否则容易丧失发芽力，如芍药、睡莲、王莲等花卉种子，若过度干燥会迅速丧失发芽力。大多数花卉种子贮藏时环境相对湿度适宜维持在30%～60%。

b．温度　低温可以抑制种子内部的呼吸作用，延长其寿命。大多数花卉种子经充分干燥后，贮藏在1～5℃的低温条件下为宜。但种子含水量较高的，在低温条件下也容易降低发芽力。

c．氧气　氧气可以促进种子的呼吸作用，加速种子内部储存物质的分解消耗，使种子寿命降低或丧失。降低氧气含量能延长种子寿命。一些大的种子生产单位或经销单位，通常将种子贮藏在充有氮气、氢气、一氧化碳等的气体环境中，以抑制呼吸作用和种子内部的生理代谢，延长种子寿命和存放时间。

d．光照　一般花卉种子充分干燥后，不能长时间地暴露于强烈光照条件下，否则会影响种子发芽力和寿命。所以通常将种子存放在阴凉避光的环境中。

花卉种子贮藏条件是保证种子寿命的关键。一般花卉种子应存放在低温、阴暗、干燥且通风良好的环境里，最重要的是要保持干燥。

常见的花卉种子贮藏方法有：

a．自然干燥贮藏法　主要适用于耐干燥的一、二年生草本花卉种子，经过阴干或晒干后装入袋中或箱中，放在普通室内贮藏。

b．干燥密封贮藏法　将上述充分干燥的种子，装入瓶罐中密封起来贮藏。

c．低温干燥密封贮藏法　将上述充分干燥密封的种子存放在1～5℃低温环境中贮藏，这样能很好地保持花卉种子的生活力。

d．层积沙藏法　有些花卉种子长期置于干燥环境下，易于丧失发芽力，这类种子可采用层积法贮藏。即在贮藏室的底部铺上一层厚约10 cm的河沙，再铺上一层种子，如此反复，使种子与湿沙交互做层状堆积。如牡丹、芍药的种子采后可用层积沙藏法。但一定要注意室内通风良好，同时要注意鼠害。

e．水藏法　王莲、睡莲、荷花等水生花卉种子必须贮藏在水中才能保持其生活力和发芽力。

2）种子发芽条件

无论什么种类的花卉种子，只有在水分、温度、氧气和光照等外界条件适宜时才能顺利发芽生长。当然，对于休眠种子来说，还得首先打破休眠。

（1）水分　花卉种实萌发首先需要吸收充足的水分。种子吸水后，开始膨胀使种皮破裂，种子呼吸强度加大，其内部各种酶的活性也随之旺盛起来，贮存在种子内部的蛋白质、脂肪、淀粉等贮藏物质即行分解、转化成可被吸收利用的营养物质，输送到胚以保证胚的生长发育，幼芽也随之萌出。不同花卉种子的吸水能力也不尽相同，因此播种期不同种子对水分的需求也不相同。

此外，对于一些种皮较厚、种皮坚硬、吸水困难的种子(通称硬实种子)，通常要在播种前进行刻破、挫伤等预处理，以保证播种后能顺利吸水继而正常发芽，如美人蕉、芍药、香豌豆等。而万寿菊、千日红等种皮外被绒毛的花卉，播种前最好先去除绒毛或直接播种在蛭石里，以促进吸水，提高萌芽率。

(2)温度　花卉种实萌发的适宜温度依种类及原产地的不同而异。通常原产地的温度越高，种子萌芽所要求的温度也越高。基本规律是热带原产的高于亚热带、温带原产的，而温带原产的花卉种子萌发往往需要一定的低温条件渡过春化阶段。一般花卉种子萌芽适温要比生育适温高出3～5℃。大多数春播一、二年生花卉种子萌芽适温为20～25℃，秋播花卉则为15～20℃，而鸡冠花、太阳花等播种期要求25～30℃的较高温度条件。例如：

一串红：发芽温度20～25℃，需10～15天发芽。

百日草：发芽温度20～25℃，需5～7天发芽。

万寿菊：发芽温度20～25℃，需5～8天发芽。

翠　菊：发芽适温15～20℃，需4～7天发芽。

鸡冠花：发芽温度24～26℃，需7～10天发芽。

（3）氧气　没有充足的氧气，种子内部的生理代谢活动就不能顺利进行，因此种子萌发必须有足够的氧气，这就要求大气中含氧充足，播种基质透气性良好。当然，水生花卉种子萌发所需的氧气量是很少的。

（4）光照　大多数花卉种子的萌发对光照要求不严格，但是好光性种子萌芽期间必须有一定的光照，如毛地黄、矮牵牛、凤仙花等；而嫌光性种子萌芽期间必须遮光，如雁来红、黑种草等。

2. 播种时期

1）春播

一年生草花大多为不耐寒花卉，多在春季播种。我国江南地区约在3月中旬到4月上旬播种；北方约在4月上中旬播种。如北方供“五一”节花坛用花，可提前于1–2月播种在温床或冷床(阳畦)内育苗。

2）秋播

二年生草花大多为耐寒花卉，多在秋季播种。我国江南多在10月上旬至10月下旬播种；北方多在9月上旬至9月中旬播种。冬季入温床或冷床越冬。宿根花卉的播种期依耐寒力的强弱而异。耐寒性宿根花卉一般春播、秋播均可，或种子成熟后即播。一些要求在低温与湿润条件下完成休眠的种子，如芍药、鸢尾、飞燕草等必须秋播。不耐寒常绿宿根花卉宜春播或种子成熟后即播。

3. 播种方法

1）整地作床

播种前先要选择富含腐殖质的沙质壤土做播种床，对播种床进行整地作畦。因花卉种子较小，所以整地要求细致。播种床的土壤应深翻30 cm，打碎土块，除去土中的残根、石砾等异物，杀死潜伏的害虫，同时施以腐熟而细碎的堆肥或厩肥做基肥（基肥的施用期最迟在播种前1周），再耙平畦面，做成的苗床土层深度为30 cm，宽1.0 m，高20 cm，步道30～40 cm，对一些不宜移植的直根性花卉，如虞美人、花菱草、香豌豆、羽扇豆、扫帚草、牵牛、茑萝等种子直接播到苗床内，以后只进行间苗，不再移植，以免损伤幼苗的主根。

2）播种方式

根据花卉的种类及种子的大小，可采取撒播法、条播法、点播法3种方式。

(1) 撒播法　即将种子均匀撒播于床面。此法适用于大量而粗放的种类、细小种子，盆播亦多采用。此法出苗量大，占地面积小，但在除草时费劳力较多，而且幼苗拥挤容易发生病虫害。为了使撒播均匀，通常在种子内拌入3～5倍的细沙或细碎的泥土。撒播时，为使种子易与苗床表土密切接触，在播前应对苗床灌水。

(2) 条播法　是种子成条播种的方法。此法用于一般的种类。条播管理方便，通风透光好，有利于幼苗生长。其缺点为出苗量不及撒播法。

(3) 点播法　也称穴播，按照一定的行距和株距，进行开穴播种，一般每穴播种2～4粒。点播用于大粒种子播种。此法幼苗生长最为健壮，但出苗量最少。

3）覆土及覆盖

覆土深度取决于种子大小，就一般标准来说，通常大粒种子覆土深度为种子厚度的3倍左右；细小粒种子以不见种子为宜，最好用0.3 cm孔径的筛子筛土。覆土完毕后，在床面上覆盖芦帘或稻草，然后用细孔喷壶充分喷水，每日1～2次，保持土壤润湿。干旱季节，可在播种前充分灌水，待水分充分渗入土中再播种覆土。如此可保持土壤湿润时间较长，又可避免多次灌水致使土面板结。

4）播后管理

播种后到出苗前后，应经常注意保持土壤的湿润状态，当稍有干燥现象时，应即用细孔喷壶喷水，不可使床土有过干或过湿现象。播种初期可稍湿润一些，以供种子吸水，以后水分不可过多。在大雨期间为防阵雨，应覆盖玻璃窗等物，以免雨水冲击土面。种子发芽出土后，应及时揭去覆盖物，务使其逐步见光，经过一段时间的锻炼后，才能完全暴露在阳光下，并逐渐减少水分，使幼苗根系向下生长、强大并茁壮成长。

5.1.3 扦插繁殖

无性繁殖即营养繁殖，是利用植物营养体(根、茎、叶、芽)具有再生能力的特性，通过人工培育成新个体的方法。常用的营养繁殖方法有分株、压条、扦插、嫁接等。扦插繁殖是植物无性繁殖的方法之一，是利用植物营养器官具有的再生能力，发生不定根、不定芽的习性，切取其茎、根、叶的一部分，插入沙或其他基质中，使其生根或发芽成为新植株的繁殖方法。用这种方法培养的植株比播种苗生长快、开花早，短时间内可育成多数较大的幼苗，并能保持原有品种的优良特性。对不易产生种子的花卉，多采用这种繁殖方法。在露地一、二年生花卉的繁殖中，一般不采用扦插繁殖，但有些花卉如美女樱、波斯菊、一串红、五色草、半支莲、万寿菊等为了保存优良母株特性或种子不足时，常采用扦插繁殖方法，一般常采用取自生长强健或年龄较幼的母本枝梢部分为插穗，并保留一部分叶片，在生长期进行。

5.1.4 栽培管理

露地一、二年生花卉对栽培管理条件要求比较严格，在花圃中要占用土壤、灌溉和管理条件最优越的地段。

1. 整地

可参考播种的整地。

2. 间苗

在子叶发生后即应进行，不宜过迟。间苗即对苗床幼苗去弱留壮、去密留稀，使幼苗之间保持一定距离，分布均匀，故俗称疏苗。幼苗出土至长成定植苗期间应分2～3次进行间苗，每次间苗量不宜大，最后一次间苗称定苗。通过间苗使幼苗都有适当的营养面积，从而生长健壮。间苗时同时拔除杂草和杂苗，间苗后需向苗床浇水，使床面幼苗根与土壤密接。间苗后幼苗在苗床上的密度，每平方米约有苗400～1 000株。间苗时需注意重瓣性强的苗常生长缓慢。

3. 移植

经间苗后的花卉幼苗生长迅速，为了扩大营养面积继续培育，还须分栽一二次，这就是移植，通常当幼苗具五六枚真叶时进行，苗不宜过大，对于一些较难移植的花卉，应于苗更小时进行。经过移植，使幼苗地上、地下部分都有充足的营养面积以保证其正常生长；移植过程损伤了根系，伤口愈合后易产生许多不定根，进而形成发达的根系；还有暂时抑制生长、促进分枝的效果。幼苗移植后立即向苗床浇一次透水，经3～4天缓苗期后茎叶舒展，此时追施液肥，勤松土、除草，为形成壮苗提供良好的条件。移植时，可采用裸根移植和带土移植，以在水分蒸发量极低时进行最适宜。花卉幼苗的株间距离约为15～25 cm。

4. 定植

将具有10～12枚真叶或苗高约15 cm的幼苗，按绿化设计的要求定位栽到花坛、花境等绿地里，移植最后一次称定植。一般使幼苗根部带土栽植，以利于成活，定植后必须浇足“定根水”。定植时花卉幼苗的株行距，以长成的成龄花株冠幅互相能衔接又不挤压为度，一般一、二年生花卉为 30 cm × 40 cm。

5. 施肥

1）肥料的种类及施用量

花卉栽培常用的肥料种类及施用量依土质、土壤肥分、前作情况、气候、雨量以及花卉种类的不同而异。花卉不宜单独施用只含某一种肥分的单一肥料，氮、磷、钾 3 种营养成分应配合使用，只是在确知特别缺少某一肥分时，方可施用单纯肥料。

2）施肥的方法

花卉的施肥，有基肥、追肥和根外追肥 3 种。

(1) 基肥　一般常以厩肥、堆肥、油饼或粪干等有机肥料作基肥。这对改进土壤的物理性质有重要的作用。厩肥及堆肥多在整地前翻入土中，粪干及豆饼等则在播种或移植前进行沟施或穴施。目前花卉栽培中已普遍采用无机肥料作为部分基肥，与有机肥料混合施用。基肥与追肥相比较，就一般花卉来说，基肥中所含氮、磷、钾的总量多于追肥；如一年生花卉基肥每百平方米施用量（kg）：硝酸铵 1.2，过磷酸钙 2.5，氯化钾 0.9。

化学肥料作基肥施用时，可在整地时混入土中，但不宜过深，亦可在播种或移植前沟施或穴施，上面盖一层细土。

(2) 追肥　在花卉栽培中，为补充基肥的不足，满足花卉不同生长发育时期对营养成分的需求常进行追肥。一、二年生花卉在幼苗时期的追肥，主要目的是促进其茎叶的生长，氮肥成分可稍多一些，但在以后的生长期间，磷、钾肥料应逐渐增加，生长期长的花卉，追肥次数应较多。如一年生花卉追肥每百平方米施用量（kg）：硝酸铵 0.9，过磷酸钙 1.5，氯化钾 0.5。

6. 灌溉

小面积可用喷壶、橡皮管引自来水进行喷灌；大面积则可采用抽水机抽水、沟灌法、滴灌法、喷灌法等。灌水量及灌水次数，常依季节、土质及花卉种类不同而异，一、二年生花卉容易干旱，灌溉次数应多。

7. 中耕除草

因幼苗移植后不久，大部分土面暴露于空气中，土壤极易干燥，而且易生杂草，在此期间，中耕应尽早且及时进行。幼苗渐大，根系已扩大于株间，这时中耕应停止，否则根系易切断，使生长受阻碍。幼苗期间中耕宜浅，随苗生长而逐渐加深，或长成后由浅耕到完全停止中耕，株行中间处中耕应深，近植株处应浅。

8. 摘心

摘除枝梢顶芽，称之摘心。可使植株呈丛生状而开花繁多。同时能抑制枝条生长，促使植株矮化并能延长花期。草本花卉一般可摘心 1～3 次。

适于摘心的花卉有：百日草、一串红、翠菊、波斯菊、千日红、万寿菊、霍香蓟、金鱼草、桂竹香、福禄考及大花亚麻等。但主茎上着花多且朵大的种类不宜摘心，如鸡冠花、蜀葵等。

9. 采收与贮藏

一、二年生花卉品种容易退化，为了保持品种的优良性状，防止生物学混杂，在生长过程中应采取隔离措施。播种常宜选母株上最先开花的种子，并注意“选优去劣、选纯去杂”。为了降低种子呼吸作用，保存种子生命力，应密封贮藏于低温(2～3℃)干燥环境中。

10. 防寒

主要指二年生花卉中一些耐寒力较弱的种类，如矮牵牛，冬季过于寒冷时需稍加防寒越冬。一般常采用以下几种措施：

1）覆盖法

即在霜冻到来之前，在畦面上用干草、落叶、马粪及草席等将苗盖好，晚霜过后再清理畦面，耐寒力较强的花卉小苗，常用塑料薄膜进行覆盖，效果较好。

2）灌水法

即利用冬灌进行防寒。由于水的热容量大，灌水后可以提高土壤的导热量，将深层土壤的热量传到表面。同时，灌水可以提高附近空气的温度，即提高植株周围的土壤和空气的温度。因此，可起到保温和增温的效果。

3）烟熏法

即利用熏烟进行防寒。为了防止晚霜对苗木的危害，在霜冻到来前夕，南方在寒流到来之前，可在苗畦周围或上风向点燃干草堆，使浓烟遍布苗木上空，即可防寒。

5.1.5 实例

1. 万寿菊

1）概述

万寿菊又名臭芙蓉，是夏秋季不可缺少的花坛和花境用花，因其色彩鲜艳亮丽，通常被用作切花、盆花栽培。近年来从日本引进的大花万寿菊 F_1 代，更受人们的青睐。只要温度满足，万寿菊可作周年栽培，设施的利用率也能提高。

2）形态特征与习性

万寿菊（*Tagetes erecta*）属菊科万寿菊属，一年生草本花卉。矮生种，株高 30 cm，普通种株高 40～60 cm，茎粗、丛生。叶对生或互生，羽状复叶。花序头状，单生枝顶，花期 5–10 月。原产墨西哥，性喜阳光充足和温暖的气候环境，不耐寒冷，怕湿热，稍耐阴，较耐旱，但阳光不足会使枝干软弱，在夏季酷暑时，有伏天小休眠现象，适应性强。冬季夜间温度保持在 10℃以上，亦能开花。对土壤要求不严。

3）栽培技术

(1) 环境条件的选择　根据万寿菊的习性，栽培地应选择温暖、阳光充足、昼夜温差较大的环境。对土壤要求虽然不严格，但选择排水良好而肥沃的土壤栽培万寿菊开花较大。为使万寿菊提早投入市场，应在大棚提前育苗。

(2) 品种选择　常见栽培的只有万寿菊（*Tagetes erecta*)、孔雀草（*T.patula*)。孔雀草株高 20～30 cm，分枝繁茂，匍匐状，花序头状，花径 2～4 cm，花色黄色、橘红色，花形丰富，花期较长。我国栽培的万寿菊多为普通种，株形高大，近年从日本引进F_1代的大花万寿菊品种有：'Doubloon'，花淡黄色；'Seve Reign'，花金黄色；'Double Eagle'，花橙色。这3个品种花朵大，花容端正，值得推广。

(3) 种苗繁殖

① 播种繁殖　万寿菊通常在3月下旬至4月初进行露地播种，种子发芽的适温为20℃，播后约7天便可出苗，6月中旬可供花。为使万寿菊早日应市供花，可于2月间在大塑棚内播种，为提高温度，在大棚内再套盖小塑料弓棚。以后随着气温的增高，先后揭去小大塑棚，进行调温。播种苗床整地要精细，可拌些砻糠灰，加点钾肥，使土壤疏松，出苗粗壮，播前需轻轻镇压一下土壤，然后撒播种子。万寿菊种子小，覆土要薄，以不裸露种子为度，苗长出真叶后，需视苗的情况，酌施淡淡的肥料，助苗生长，待苗长出2～3枚真叶约20天时便可移植，移植苗长到5～7枚真叶时，可定植于花盆内。

② 扦插繁殖

a．一般扦插法　本法一般于4月下旬开始至小满、夏至，在露地苗床进行。扦插床要精细整地，拣去石子与草根异物。选取发育充实的枝条作插穗，长8～10 cm，剪去下部3～4 cm叶片，留上部2～3枚真叶，插入土中，株行距10 cm × 15 cm，播后浇透水，盖上60%遮阳度的遮阳网，一般7天左右发根，发根后揭去遮阳网，注意肥水管理，幼苗迅速成年，15天后及时定植于花盆内，30～40天即可开花。

b．大枝扦插法　在7–8月，选用生长健壮、组织充实、顶端带密集花蕾、髓部未发白的大枝，长度可达15～20 cm，按照常规扦插法，直接扦入盆内，上盖遮阳率达80%以上的遮阳网，注意浇水保湿，在天气晴朗的日子里，每天进行3次（10时、12时、14时）遮阳网外的间接喷水，起到降温保湿作用，提高插穗的成活率，待发根后及时揭除遮阳网，加强肥水管理，所带的花蕾就会迅速成长，不到一个月即可供花。此时繁殖的万寿菊，植株高度受到一定的控制，形成具有株形矮小、花朵兴旺特色的新植株。

(4) 养护管理要点

① 肥水管理　万寿菊植株粗壮，枝叶茂密，开花周期短，因此，施足基肥十分重要。在整个生长期，视土壤的肥沃程度确定是否追肥，若土壤肥沃，过多的追肥会引起徒长甚至倒伏，失去商品价值。天气干燥时注意充分浇水，使枝叶延缓衰老，长期保持青枝绿叶、花朵硕大。

② 摘心　万寿菊在定植上盆时就要进行摘心，一经摘心就会提前萌生侧枝，使株形长得浑圆可爱，从而提高观赏价值。

③ 修剪　及时剪除谢花与残花，避免与减少养分的浪费，并结合反季修剪控制植株高度。

④ 种子采取　由于夏季高温，万寿菊所结的瘦果发芽率很低。采种时应采用9月以后开花所结的果实，当舌状花已卷缩失色，总苞发黄时即可摘取，晒干脱粒收藏。

2. 一串红

1) 概述

一串红又名墙下红、西洋红。它花序修长，花萼、花冠鲜红色。每朵花像一个小爆竹，密集成串，酷似一串串鞭炮，故又称"爆竹红"。它的自然花期从夏至秋开花不绝，除严冬、酷暑季节暂停开花外，随时都可供花。一串红用于大型花坛、花境的成片布置种植，远远望去一片艳红，鲜艳夺目。在草坪边缘、树丛外围成片种植效果也很好，摆放于盛大的会场，整个场景十分壮观，也可作阶前、屋旁的摆设。在新春的3–4月、“五一”、“六一”、“七一”、“国庆”等各个节日都能开花，增添节日气氛。它适应性强，为我国园林中普遍栽培的花卉。

2）形态特征与习性

一串红（*Salvia splendens*）属唇形科鼠尾草属。多年生草木，因性畏寒，常作一年生植物栽培。株高70 cm左右，茎四棱光滑，叶对生，卵形至阔卵形。总状花序顶生，萼筒及唇形花冠均为鲜红色。小坚果卵形，黑褐色。

原产南美巴西。喜光，喜温暖湿润的气候，不耐霜寒，生长适温为20～25℃，夏季气温超过35℃以上或连续阴雨，叶片黄化脱落。特别是矮性品种，抗热性差，对高温阴雨特别敏感。喜疏松、肥沃、排水良好、中性至弱碱性土壤。

3）栽培技术

（1）环境条件的选择　根据一串红的特性来选择栽培环境，种植前施足基肥。它的常规播种期一般在3月下旬至6月上旬，但随着需求量的增加和需求面的拓宽，从夏、秋用花扩展为春季用花，所以必须具备大棚等保护设施，提前育苗，才能达到如期供花的目的。

（2）品种特征　常见的栽培变种有：

a．一串红　花冠及萼片均为红色。

b．一串紫　花冠及萼片均为紫色。

c．一串粉　花冠及萼片均为粉色。

d．一串白　花冠及萼片均为白色。

e．矮一串红　株高仅20 cm，植株矮壮，枝叶密集，花冠与萼片均为红色。

f．小探戈品种　具有抗热特点。

（3）种苗繁殖　一串红可用播种和扦插繁殖。花期随繁殖时期不同而异，采取分期播种，就可达到如期用花的目的。

① 播种繁殖　一串红的常规播种期为3月中下旬。因怕雨水过多影响种子发芽与幼苗生长，故一般都在塑棚内播种，播种前将土壤用托布津、多菌灵0.1%浓度消毒，作精细整地，保持湿润疏松状态，均匀地播下种子，经充分喷水，使种子与土壤密切结合，然后覆上一层薄土，再覆经消毒的秸草，既保温又保持土壤疏松，播后一般7天左右种子发芽，在此期间视土壤具体情况来决定浇水与否，一般毋需浇水，发芽后及时揭除覆草，进入日常管理。由于供花日期不同，如需“五一”供花，则播种期就要提前到上一年的10月间，此时的播种苗要在棚内度过严寒的冬天，因此，在大棚内还要套盖塑膜弓棚，必要时加草片保暖。若“国庆”供花，则播种期要延至6月间，夏季育苗应在大棚顶暂加塑膜与遮阳网，四面透风，待移植抚育一段时间后揭去塑膜，以利幼苗生长。

在育苗期管理中，浇水既保持土壤湿润又要防止水分过多引起猝倒病的发生，待幼苗发出2～3枚真叶时移植，6枚真叶时进行摘心，以促分枝，并进行上盆（定植）。

② 扦插繁殖　一串红扦插繁殖，一般于5–6月进行（根据用花需要，除严寒、酷暑季节外，在保护栽培下随时可以进行）。从母株上剪取组织充实的枝条，摘去顶端，长5～6 cm，插入已准备好的培养土中，插入深度1～2 cm，插后浇透水，注意遮阳网遮阳，覆盖率在80%以上，经常保持床土湿润，插后10天发根，发根后用50%覆盖率的遮阳网遮阳至秋凉。插后一个月上盆（定植）。10月间在大棚内或温室内扦插，可提供春季或“五一”用花，此时的扦插苗要

在棚内度过严寒的冬天，与播种苗一样要做好保暖工作。

(4) 定植与栽培管理要点

① 培养土配制　一串红喜肥，上盆（定植）前要配好培养土，培养土一般由园土与腐熟厩肥、豆饼等混合而成，土质疏松富含肥力，苗定植后根据生长情况施几次薄肥作追肥，助生长，使叶茂花繁。

② 庇荫度夏　一串红性畏炎热，特别是矮种一串红，在炎热的盛夏季节要加强管理。当天气持续高温、干燥，气温高达35℃时，一串红生长处于不适应状态，过强的光照抑制叶绿素的形成，致使叶片发黄并导致灼伤，必须进行遮阳，叶面直接喷水和荫棚四周喷水降温，使一串红安全越夏。

③ 排水防涝　一串红在过阴的环境中，一方面是茎徒长，另一方面土壤水分过多，根的呼吸还会因土壤供氧不足而减弱，持续时间长了，根系就会因缺氧窒息，腐烂死亡。因此要采取排涝防涝等措施，使雨后无积水，以降低地下水位和过高湿度；适时中耕松土，改善通气状况；大雨或暴雨后要及时排除盆内积水。

④ 摘心与修剪　一串红萌发力强，摘心打顶有利于促进发新技，使植株丰满、开花繁茂和控制花期，从小苗6枚真叶开始摘心，一般每隔10～15天摘心一次，一直控制至花期前25～30天停止摘心，一般摘心后30天左右，新的花蕾即可盛开，6月花后就要进入高温天气，应于花后全修剪，有目标地留下植株下部健壮的叶芽，可望在10月再度开花。

3. 夏堇

1) 概述

夏堇又名蓝猪耳，在漫长炎热的夏季里，百花几乎都进入半休眠状态，收起花朵来度过不适应的环境以延续生命。惟有夏堇这种小花战高温、顶烈日，张开笑脸迎着骄阳开放了。它花期长，初开于5月，花儿越开越旺，特别是盛夏季节，可谓独占鳌头，一直开到初霜降临前的11月。它植株矮小，花形奇特，花色雅致，可为夏季园林中赏花的主要花卉之一。宜作花坛布置，特别是夏秋的花坛布置，也可用于其他方面的环境布置。

2) 形态特征与习性

夏堇（*Torenia fournieri*）属玄参科夏堇属。一年生草本。株高20～30 cm，披散多分枝，叶对生，卵形或卵状披针形，质薄，边缘有锯齿。花序顶生或在茎上部腋生，花冠筒二唇，上唇2裂，下唇3裂，花冠呈淡蓝紫色、粉红色、白色。

原产我国华南及东南亚。不耐寒，性喜温暖湿润，喜阳光，不畏炎热，以排水良好的中性或微碱性土壤为宜。夏播，花期6～11月，夏季播种对开花无碍。由于夏堇种子细小，而子叶茎又特别短，所以种子播种后不必覆土，这样能提高出苗率。苗期宜摘心，促使多分枝。播种苗前期生长缓慢，进入距开花尚有20天的日子时，长势迅速，形成完整的株形。这充分说明根系的形成与地上部生长成正比。

3) 栽培技术

(1) 环境条件的选择　夏堇的特性是不畏炎热与高温，适应性极强，因此，在栽培管理中，对环境条件的选择要求不高，但在育苗过程中设置保护措施更为有利。在肥沃、排水良好的土壤中栽培，则生长更好。

(2) 品种特征　本种园艺品种不多，常见的有淡蓝色、粉红色和白色3个品种。

(3) 种苗繁殖

① 播种繁殖　夏堇的春季播种期为3月下旬至4月上旬，播后5~7天发芽出土，经60~70天的培育即能开花，可提供“六一”、“七一”用花。第二期可于6月下旬至7月上旬播种，播后2~3天种子即发芽出土，本期播种，可提供“十一”国庆用花。由于夏堇种子特别细小，而子叶茎又特别短，如何使幼苗能顺利出土，提高出苗率，确是个关键的技术问题。因此，最好在保护栽培下进行箱播或畦播。种子播种后，均匀地轻压土壤，喷透水，使种子与土壤密切结合，不必覆土，上覆经消毒过的秸秆，对夏播育苗起到保温与庇荫降温的作用。在多雨水的情况下，棚顶尚需盖上临时塑膜，夏季还应用遮阳网庇荫，防止与避免幼苗受雨水冲击而死苗，随着幼苗的成长撤除保护措施。在3~4片真叶时移植，去劣存优。

② 扦插繁殖　夏堇的扦插繁殖一般于5–8月间进行，选择长势粗壮的枝条作插穗，一般带2对叶子，通常3~5天发根，在发根前要适当遮阳，发根后应除去庇荫物，让植株逐渐接受阳光，迅速成长，扦插至开花出售只需45天。

(4) 定植与栽培管理要点

① 当夏堇3~4对真叶出现时，就要进行移植或上盆。此时，结合摘心，促使叶腋间萌发侧枝。

② 在栽培过程中，灌水不应过多，施肥亦不能过量，一般10~15天施薄肥作追肥已足够。

③ 在整个生长过程中应勤摘心，促进多分枝，多开花。

④ 夏堇虽不畏炎热，但在大暑天稍加庇荫还是必要的。我们在实践中清楚地看到，稍加庇荫的，保持青枝绿叶，开花自如；若不庇荫对开花虽没有影响，但叶片呈现黄绿色；若太阴则会出现徒长而延缓开花。

4. 金盏菊

1）概述

金盏菊又名金盏花，为华东地区露地普遍栽培的花卉，现在世界各地亦已广泛栽培。金黄色的花朵，圆盘形，婷婷向上，犹如金色的灯盏。花期特长，从12月到翌年3–5月，是晚秋、冬、早春少花季节装点园林花坛、花境必不可少的花卉之一。它栽培容易，成本亦低，是一种不可忽视的花卉。

2）形态特征与习性

金盏菊（*Calendula officinalis*）属菊科金盏菊属。为二年生花卉。株高30~50 cm，叶互生，头状花序单生。种子呈星月形。

原产南欧及伊朗。喜阳光，耐低温，耐移植，适应性强，但忌高温。在生育期如频遭0℃以下之低温，就会延缓开花，亦会由于冻害而发生花瓣损伤或褪色等情况。长、短日照均能开花。

3）栽培技术

(1) 环境条件的选择　根据金盏菊的特性，栽培环境应选择阳光充足、排水良好的沙质壤土为宜。

(2) 品种区别

① 依花色来分，常见的品种有金黄、乳黄、橙黄、橙红等。

② 近年来日本国推荐的两个良种是:

a．安房真黑金盏花　为“安金盏菊”与“房州真黑”的早生系杂交育成的品种。花为鲜明的橙色，重瓣率高，叶带长圆形直立，花径粗而短，株形良好，植株强健，尤其对炭疽病的抗性特强。

b．中安金盏花　为明亮的橙色大花，重瓣率亦高，叶带长圆形直立，侧枝发生少，株形优美，但抗病力较差。

(3) 种苗繁殖　一般秋冬用花宜于9月上旬播种，早春用花于9月下旬或10－11月初播种为妥。选择阳光充足、排水良好、土壤肥沃的场所作苗床，土壤经消毒后作精细整地，最好拌些焦泥灰，使土壤更疏松并起到消毒作用。

播种前将苗床略镇压一下，将种子稀疏撒播，播种后浇透水，使种子与土壤密切结合，覆上薄薄一层土，再在床面盖上有双层遮阳网的小弓棚遮光，一般种子4天左右发芽，发芽后揭去一层遮阳网保留一层，待子叶开展后全部揭去，连续晴天需喷水保湿，待真叶长至3～4枚时进行移植，株行距6 cm × 7 cm，30天左右即可定植或上盆，或不经移植直接上盆，则视苗的生长情况而追肥。待真叶长至6～7枚时，及时摘心，促分枝。

(4) 栽培与养护管理要点　因易发生湿害，故种植畦宜稍高，并开好排水沟，种植地尽量避免连作，若土地紧张需连作时，必须进行土壤消毒。

① 上盆　经移植培育一段时间后，就要进入上盆阶段，上盆前制作好疏松肥沃的盆土，上盆时选好健康的壮苗，淘汰有病之苗，上盆后遮光3～4天，则可促进成活，其后生长亦会良好。

② 追肥　视植株生长情况酌情施用追肥，肥料过多易徒长。

③ 保暖　对提供早春用花的金盏菊要做好保暖工作，冬季，在大棚顶加盖塑料薄膜的环境里生长，这样可保持植株青枝绿叶，花团锦簇。但不宜在封闭式大棚里生长，否则易产生徒长而降低商品价值。

④ 修剪　在开花期间若能及时剪除残花则可延长花期。

(5) 病虫害防治

① 炭疽病　在发病前用百菌清1 000倍稀释液进行防治。

② 白粉病　在发病初期喷施25%粉锈宁（三唑酮）可湿性粉剂2 000倍液，或粉锈宁乳剂4 000倍液，托布津或多菌灵500～1 000倍稀释液。

③ 蚜虫　喷施40%氧化乐果1 000倍稀释液或40%硫酸烟精800～1 200倍液。

5. 三色堇

1) 概述

三色堇又有“猫脸花”、“蝴蝶花”之称。早春，三色堇迎着严寒开花，它花色鲜艳，有绒质感，一花三色，这些色彩又协调地分布在5枚花瓣上，构成一幅栩栩如生的滑稽笑脸，迎来了百花盛开的春天。其花期长，在百花中名列前茅，从早春一直开到5月。为我国早春园林中常见的栽培花卉，也是世界各国普遍栽培的花卉。矮性品种为园林中布置花坛的优良材料，常与金盏菊、雏菊搭配，也是盆栽的好材料。其高性品种高达1 m，是切花的良好材料，日本常用三色堇作花篮，也被用来做花束和女服的胸饰方面的花材。

2) 形态特征与习性

三色堇（*Viola tricolor*）属堇菜科堇菜属。为一、二年生草本花卉。真叶6～8枚时开始花芽分化，从真叶之下部开始分枝，且连续反复分枝并开花。自主枝分枝的第三分枝上所开的1～2朵花上采得的种子质量最好。果熟5−6月，蒴果椭圆形，在蒴果下垂、果皮呈黄色时及时采收，果实易裂，弹射散落种子。种子有自播能力。

原产北欧。性耐寒，喜凉爽气候，畏夏季高温烈日，喜生长在疏松、肥沃、湿润而排水良好的土壤中。如秋播能在积雪覆盖下越冬，也可早春在温室（大棚）播种，以节省时间和养护，但在连续30℃以上高温下则花芽消失而发生盲花现象，故一般进行二年生栽培。室内栽培，在日温15～25℃，夜温3～5℃气温条件下可以发育良好，因此室内（大棚内）栽培通风换气非常重要。

3）栽培技术

(1) 栽培环境的选择　根据三色堇甚耐低温的特性，栽培环境要选择凉爽之处。但若需在冬季取得优质的花，必须保护栽培，以年平均气温15℃的暖地较为有利。栽培土壤要求含有机质、排水良好。在保护栽培下繁殖育苗，才能提高种苗品质。

(2) 品种选择　三色堇栽培历史悠久，园艺品种很多，近几年来欧美、日本各国不断进行人工杂交育种，新品种层出不穷。

① 大花品种：花径达10 cm。

② 纯色品种：纯色品种中尤以纯黄、紫色、桃红、棕红、纯白等色为上品。

③ 双色品种：由黄白、蓝黄、白紫等双色组成。

④ 花瓣波状品种。

⑤ 有香味品种。

(3) 种苗繁殖

① 播种繁殖　三色堇播种期为8月中下旬，由于种子细小，适于箱播。用土以腐叶土、砻糠灰等轻松材料配合后装箱，将种子稀疏撒播于箱内，充分喷水，轻轻拍实，使种子与土壤密切接触，上覆一层薄薄的细土，盖上一层消毒过的秸秆保湿、遮阳，播后将播种箱摆放于阴凉处，5～7天发芽，发芽后揭去秸秆，接受光照，当幼苗长出2～4枚真叶时进行第一次移植，株行距5 cm × 6 cm，带宿土露地栽或上盆，露地越冬亦无妨，但在严寒的冬天生长缓慢，花期推迟，若进入大棚管理，可生长自如，春节期间便可赏花。

② 扦插繁殖　三色堇的扦插繁殖一般用于优良品种的繁殖，以保留其优良种性，选取当年生从植株中心萌发的、生长健壮、组织充实的新枝为插穗，开花枝不宜做插穗。扦插时间一般为4−6月，插穗长度一般6～8 cm，插入已准备好的培养土内，深度1～2 cm，插好后浇透水，若箱插，置于阴凉处，若床插，需用遮阳网遮阳，保持土壤湿润，7～10天发根，经1个月后上盆，翌年早春可开花。秋季扦插，入冬后扦插苗仍细嫩，要保护过冬。

(4) 定植与栽培管理要点

① 三色堇播种在8月中下旬至10月上旬，真叶5枚左右定植（上盆），用土一般是园土加充分腐熟的基肥。

② 定植前湿润土壤，在含水状态下进行定植十分重要，在养护管理中注意浇水，勿使干燥。

③ 成活后真叶6～7枚时开始放第一朵花，宜摘除，至10月之前要继续摘花、摘蕾。

④ 保护栽培时，随着气温的下降，保持最低温度5℃，花的质量就可提高。

⑤ 肥料80%用于基肥、20%用于追肥为宜。氮、磷、钾混合施用。

(4) 主要病虫害防治

① 立枯病发生于育苗初期，要严格进行土壤消毒，避免过湿，应以预防为主。

② 在育苗期中较为显著的病害有斑点病、黑斑病等，尤其在排水不良的情况下发生，除改善环境条件外，还需药物防治。

③ 开花初期发生的病害有灰霉病，应于发生初期摘除花朵，彻底通风换气，并喷洒好连杀1 000倍稀释液。

6. 矮牵牛

1）概述

矮牵牛又名碧冬茄、杂种撞羽朝颜。植株矮小紧凑。开花繁茂而花形玲珑小巧像喇叭，花色丰富，有紫、蓝、紫红、粉和蓝白、红白相间等色，花瓣富有变化，有单瓣、半重瓣和花瓣边常呈皱褶或波浪状，可谓多姿多彩。它迎着朝阳而开放，给人们一种清新幽雅之感，花期极长，从4月下旬至10月下旬开花不绝。现世界各国广泛栽培，以日本栽培最盛，也是我国各地群众喜爱的花卉之一。既适于大面积花坛和公共绿地栽植，也适于庆典活动和楼、堂、馆、所摆花及家庭阳台装饰。

2）形态特征与习性

矮牵牛（*Petunia hybrida*）属茄科矮牵牛属，多年生草本花卉，常作一年生栽培。株高30 cm左右，全株被覆腺毛，叶互生、上部对生。原产南美洲。性喜温暖、喜阳光，不耐寒，适应性强，耐瘠薄，但在湿润肥沃的土壤中生长特别好，土壤过肥，则易生长过于旺盛致使枝条徒长倒伏。

3）栽培技术

(1) 环境条件的选择　矮牵牛对栽培环境条件要求不高，属多季开花的植物，为了调节花期，达到变季开花的目的，如立秋后播种可在5月开花，6月播种则可在国庆开花，必须具备保护栽培设施，才可达到预期的目的。

(2) 品种选择　目前我们常见的矮牵牛，均为园艺栽培品种，大体可分为：

① 单瓣种　矮生种‘Nana Compacta’：株高约20 cm，花小。
大花种‘Grandiflora’：瓣边缘卷曲。
卷边型‘Grandiflora Superbissima’：瓣边缘卷曲。
皱边型‘Grandiflora Fimbriata’：瓣边缘起皱。

② 长枝种　枝条长，适宜攀援，可装饰门廊、窗台等。花径5～7 cm。

③ 重瓣种　重瓣性很强，雄蕊往往瓣化，雌蕊亦多成畸形。花径为7～8 cm，大型者10～15 cm，瓣边缘变化有波线、卷缘及皱缘。1996年美国选种组织向园艺界及有关新闻媒介宣布了获AAS奖的两个矮牵牛品种。

“梦幻粉月”：被美国称为开“千花”矮牵牛品系之先河，开花繁盛而花形小巧，且植株矮小紧凑，只有通常矮牵牛品种的2/3，花型小，花径为2.54～3.18 cm，花色从边缘的粉红色向花心逐渐转淡，直至中心的奶油白色，花瓣质地有一种丝绸的质感。密集型开花习性不用经常摘心和修剪，就能在生长季节不断开花。极适于大面积花坛和公共绿地栽植。

“可爱熏衣草”：就是在传统重瓣矮牵牛基础上经重大改进后推出的。它具有大花、突出的重瓣特性，花径达5.08～6.35 cm，最大可达7.2 cm；可称为三(重)瓣矮牵牛，花瓣上几乎没有脉纹，漂亮纯净的熏衣草蓝色在花瓣上浑然一体，使人心醉。该品种在阳光充足的地方生长良好，引人注目。

(3) 种苗繁殖　矮牵牛主要是播种繁殖，也可扦插繁殖。

① 播种繁殖　播种期一般根据用花期来安排，如“五一”开花，其播种期通常在上一年的9−10月至当年的1−2月进行，盆苗在大棚或温室内培育成长；若迎国庆用花，则播种期为6月。苗期应在保护栽培下成长。3−4月播种提供平时用花。矮牵牛种子极细小，播种前必须精细整地，去除杂物，保持土壤处于湿润疏松状态，用0.1%百菌清喷于土中消毒，然后撒上适量种子，浇透水，使种子与细土密切结合，再覆上一层薄薄的细土，最好在细土上盖上一层稻草（经百菌清消毒），既保温又保持土壤疏松。夏季播种必须加盖阴凉纱庇荫，冬季播种在大棚内尚需加盖弓形小塑膜保暖。若采用盆播，覆土后罩玻璃盖，用浸水渗透法保温。种子在20℃的温度条件下5～7天即可发芽，夏季播种3天可发芽，出苗后及时除去覆盖物，注意通风换气，用细喷雾给水，小苗长出5～6枚真叶时，行第一次摘心，待发出新芽时可移植于8 cm的花盆中或移植于畦中，随着花苗的成长进行定盆出售，亦可不经中间移植手续，直接定苗于盆内出售。

② 扦插繁殖　重瓣的矮牵牛品种均用扦插繁殖，取花后重新萌生的枝作为插穗，在5月和9月进行为宜。或根据需要除严寒、酷暑外均可进行。选用新芽枝，长5～6 cm，每插穗保留3对叶子，去掉基部部分叶片，带节扦插于蛭石、蛭石与土混合或疏松优质土中，插后喷透水，用遮阳网遮光，经常注意喷水保湿，在22～23℃的土温下，15天左右可生根发芽。长出3～4片新叶后，带土移栽，加强水肥管理，约1个月后可开花。

(4) 定植与养护管理要点

① 当真叶5～6枚时进行移植，间距5 cm × 5 cm或移植于约8 cm的花盆中，此时进行摘心，待苗成长20天后，盆栽的矮牵牛换上12～14 cm的花盆，培育至开花提供市场。

② 矮牵牛在栽培过程中，要经常进行摘心，这样可限制株高，还能促使其萌发新芽，使盆栽矮牵牛更显丰满。

③ 移栽、定盆后，一般每隔10～15天施复合肥一次，直至开花。施肥不要过多，盆土不宜太湿，否则容易徒长倒伏。

④ 矮牵牛在生长期间，需注意修剪整形、施肥等管理措施，开花可至霜降。如果在霜降前两天入温室或大棚，重新换盆、疏根、施肥和分期进行修剪、摘心，这样就可继续生长开花，变成多年生的花卉。

⑤ 栽培中常有蚜虫危害，可用除虫菊酯乳剂1 000倍稀释。

5.2　露地宿根花卉的繁殖与栽培

5.2.1　习性

大多数种类要求阳光充足，少数种类要求半阴，如玉簪、麦冬、日本鸢尾等。宿根花卉适应环境的范围广，耐旱的有紫菀、萱草，耐潮湿的有玉簪，耐瘠薄土壤的有耧斗菜，且具有发达的根系或明显的萌蘖，能够在地下茎或根部发生新芽，继续生长多年不枯死。

5.2.2 繁殖

宿根花卉可进行播种繁殖，但却常以营养繁殖为主，在营养繁殖中又以分株、扦插为主，一般压条及嫁接应用得相对比较少。

1. 播种繁殖

一般不采用，因很多种自播种到开花年限太长，如芍药要5～6年才能开花，而一些重瓣品种，如重瓣玉簪不易结籽等。但对一些容易得到种籽并播后一、二年就能很快开花及培育新品种时，则常采用种子繁殖，如蜀葵、耧斗菜、槭葵、紫松果菊等。

播种时间，分耐寒种与不耐寒种。对耐寒力较强的宿根花卉可春播、夏播及秋播，但以种子成熟后立即播种为佳，因这样播后至当年冬季植株生长健壮，越冬力强，对来年开花有好处，使花美而大。对于一些要求低温与湿润条件，以完成种子休眠期的花卉，如芍药、鸢尾、宿根飞燕草，种子有上胚轴休眠现象，这些则需秋播。对不耐寒宿根花卉宜春播，或种子成熟后即播。

2. 分株繁殖

这是宿根花卉的主要繁殖法。宿根花卉能从母体上发生一些不同类型的营养器官，如根蘖、茎蘖、走茎、匍匐茎、根茎芽，分株法是分割母株上所发生的这些小植株，然后分别将它们栽植而成为一个独立的新的植株，这种方法称为分株法。

1) 萌蘖

这些萌蘖可从地下茎或根上发生，从根颈部或地下茎所长出的萌蘖，称为"茎蘖"，如菊花、萱草、玉簪、加拿大一枝黄花。从根上发生的，称根蘖，如玉簪、蜀葵、菊花。

2) 走茎

是从叶丛中生出，走茎则为细长之地上茎，有节且节间较长，在节上发生幼株，并且通常是根叶丛生状，把此根叶丛生的幼株采摘下来进行繁殖，极易成活，如虎耳草。

3) 根茎

这一类有鸢尾、泽兰、紫苑等，具有细长的根茎，节上生根生芽，用它繁殖，形成幼株。

分株时间根据花卉种类而定，一般在分株时，幼苗已具完整的根、茎、叶各个部分，因而比较容易成活。凡是在春季开花的花卉，一般在秋季分株，如芍药、萱草等，凡在秋季开花者，一般则在春季分株，如桔梗、金光菊、除虫菊等（图5−1）。

1. 植株

2. 剪去叶片

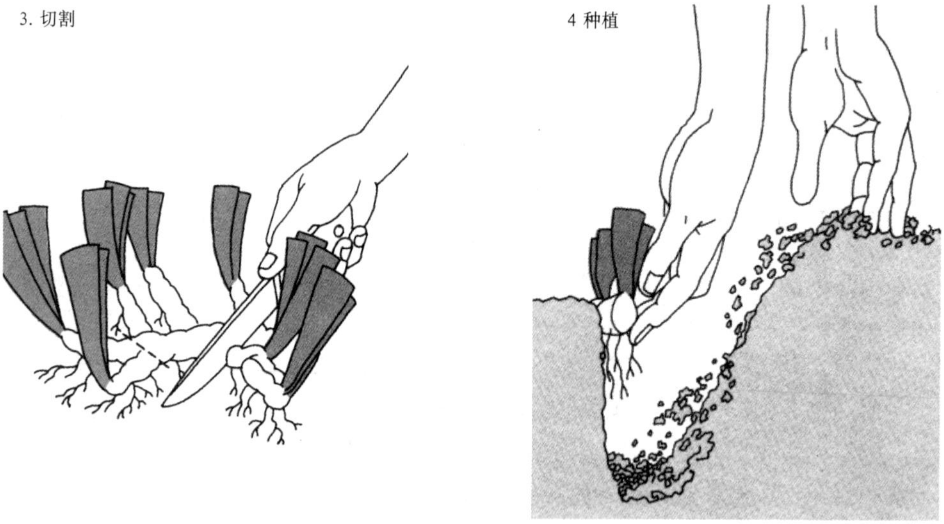

图 5–1　鸢尾分株示意图

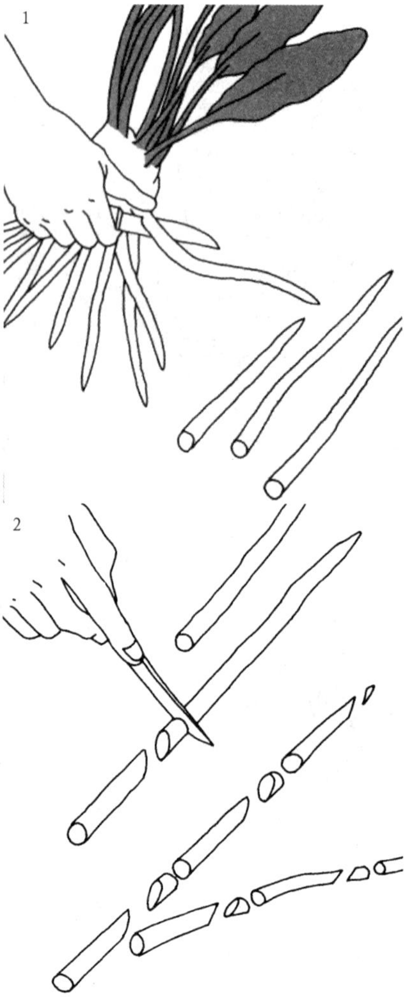

秋季进行分株时，在地上部分已进入休眠，而地下的根系仍未停止活动这一时期进行；春季分株在发芽前进行。但对耐寒力较弱的植物，如在冬季很冷的地区，则不宜在秋季分株，否则易受冻。

分株的方法是将植株挖起，把泥土抖掉，然后找出根系部分自然的分叉处，用手掰开或用刀切开，但一般认为用手掰开为好。分株不宜分得过小，每丛至少带3个芽，这样在分栽后能迅速形成一丛植株。

3. 扦插繁殖

1）茎插

宿根花卉的茎插，从春季发芽后一直到秋季生长停止前均可进行茎插，为软材扦插，但在露地或冷床中进行，最适宜的时间是在七八月雨季时期进行。

2）根插

有些宿根花卉能自根上发生不定芽而形成幼株。可进行根插的花卉，大多数具有较粗的根，其根的粗细度一般不小于2 mm，才能作插条，长度3～15 cm不等。根据种类不同而定，根插时间在晚秋或早春，亦可秋季掘起母株后，将根系贮藏过冬，翌年春季时再进行扦插，冬季也可在温室的温床内进行，如荷包牡丹、芍药等（图5–2）。

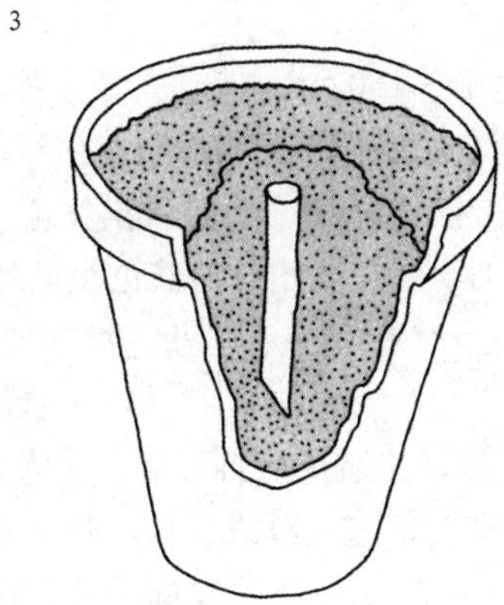

1. 用锋利的刀切割植物的根
2. 分段切割根
3. 扦插

图 5–2　根插示意图

5.2.3　栽培管理

宿根花卉的根系均较强大，并能深入地下，要求土壤耕深40～50 cm。并且整地同时施入大量有机质肥料，如厩肥、饼肥等，以便维持较长时期的良好土壤结构。一般在幼苗期喜腐殖质丰富的疏松土壤，而定植后以粘质壤土为佳。在整个育苗期间，需注意灌水、施肥、中耕除草等养护管理，但在定植以后，管理就较简单了。为了使花卉生长茂盛，花多而大，一般在生长期间要进行3次追肥，第一次追肥在春季开始生长后进行，第二次追肥则在开花前，第三次追肥在开花后进行，除此之外，在秋季叶枯后，对已经定植了几年的植株，也可在其四周施以堆肥、厩肥、豆饼等有机肥料，加强土壤肥力，使花卉生长良好。

宿根花卉对环境要求不高，生活力强，适应环境的范围广，能力也强，管理粗放，适于大面积种植，又因其花卉的品种较多，且具有每一季节都有部分植物开花的特点，且养护费用较低，适用于花坛布置和花境、花丛、切花、岩石园及作地被植物之用，也可盆栽观赏。不少种又具有重要的经济价值，因而在园林结合生产方面非常具有发展前途。

宿根花卉栽培管理较粗放，应特别注意的技术要点是：

(1) 栽植前应深翻土壤，并施入足量的有机肥料作基肥，以保证营养和保持良好的土壤结构。

(2) 适地适种。即根据应用目的及栽培地的立地条件(土壤、光照、水源状况等等)，选择适宜的花卉种类和品种。如墙脚、较蔽荫的路基等地作基础种植时多选择玉簪、紫萼、垂盆草等；贫瘠干旱向阳地段通常选用萱草、蜀葵、野菊、毛华菊等等。

(3) 花前花后追施肥料，以保证花大色艳及花期长久。

(4) 及时清除残花、病叶、枯叶枯枝、落叶等，以减少病虫害侵染源。

(5) 入冬前灌深水防寒，并施以充分腐熟的厩肥或堆肥，以保证来年花多花好。

5.2.4　实例

1. 菊花

1）概述

菊花属菊科，菊属，学名*Dendranthema morifolium*，别名秋菊、黄花、鞠、帝女花。

2）形态特征与习性

菊花为多年生草本植物，茎基部半木质化，高可达60～150 cm。茎直立多分枝，小枝绿色或带灰褐色，全株被灰色柔毛。单叶互生，叶片卵形至广披针形；羽状浅裂至深裂，边缘粗锯齿；形状变化较大为品种性状之一。头状花序顶生或腋生，持有香气；舌状花数轮，单性，形、色、大小多变；筒状花密集成盘状，黄色或黄绿色，两性，结实。花色除蓝色少见外，黄、白、红、橙、紫等色，浓淡皆备。花期10–12月。种子(实为瘦果)褐色、细小，成熟期在12月下旬至翌年2月。

原产我国，现南北各地普遍栽培。喜阳光充足，但夏季应避免烈日照射。耐寒，喜凉爽的气候，宿根能耐 −30℃的低温，但地上部分在 −1℃时即受冻害；要求疏松、肥沃、排水良好的沙质壤土，忌连作，忌涝。菊花为短日照花卉，生长发育适温18～22℃，气温下降到15℃左右利于花芽分化。虽为宿根花卉，但因一个生长期后，长势和开花较差，故需每年重新繁殖新株。

3）栽培技术

以扦插为主（图5–3），其次为嫁接、分株和播种。通常于早春挖取留种植株的萌蘖芽(脚芽)另行栽植或扦插培育母株，夏季剪取嫩枝扦插或嫁接培育各种艺菊。入冬，选留种株并剪去残花，移植于背风向阳处越冬；翌春加强管理，对脚芽所长枝条经多次摘心，使枝条粗壮供扦插用。培育新品种时，常采用种子播种法繁育，分株时注意每小株要带有脚芽和白根。

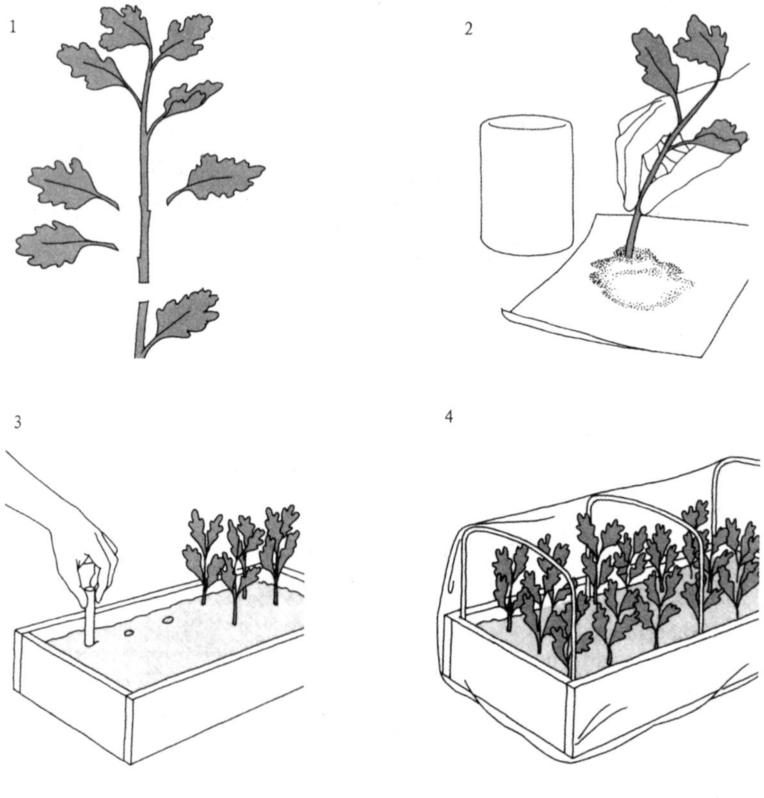

1. 剪取插穗 2. 蘸生根粉 3. 扦插 4. 插后保护

图5–3 菊花扦插

4）常见的菊花形式

（1）盆菊　又称多头菊、立菊，为常见的盆栽菊花。选大花系或中花系品种养成每盆3～9枝，每枝1花。盆土用园土5份、腐叶土2份、厩肥土2份、草木灰1份加少量石灰、骨粉配置而成。骨粉不宜多，防止磷的含量偏高引起茎叶老化。具体的过程是，4–6月上旬剪取种株上由脚芽苗形成的粗壮嫩梢作插穗，长约8～10 cm，切口平整，除去基部叶片，或上部大叶片剪去一半，扦插深度3 cm左右，扦插基质采用陈砻糠灰或蛭石等，遮阴、保湿，经2～3周生根成活。

上盆后半月当株高15～20 cm具6～7枚叶时进行第一次摘心，保留下部3～4枚叶。3～4周后腋芽萌发出新枝，这时进行第二次摘心；最后一次摘心一般在立秋前1周左右，称定头。定头太早，枝条细长；定头过迟，花期迟而花序小。定头后抹去所有腋芽，仅保证顶部一芽生长发育。9月中下旬花蕾出现，每枝顶端保留正蕾，剔去侧蕾，使养分集中于主花蕾。生长期要定期浇水、追肥宜用腐熟饼肥水、人粪尿等，夏季高温及花芽分化时宜停止施肥，现蕾后四、五天施一次，浓度可逐渐增大并增加磷、钾成分。10月初始直至开花，用0.1%尿素加0.1%磷酸二氢钾液混合进行根外追肥，半月一次。为了抑制高生长可喷洒0.5%矮壮素或B_9的水溶液。10月下旬转动花盆以使受光均匀，11月初见花微开时就可出圃供观赏了。浇水、施肥时注意忌污水、污物溅入叶面，如溅入，应立即用清水洗净。

（2）独本菊　又称品种菊、标本菊，每株1枝1花。可进行冬插(11–12月)，也可于6–7月上中旬进行扦插。冬插繁殖成的菊株至翌年5月摘心。每次摘心保留新枝3枚叶；侧芽膨大时除保留顶端1芽分枝外，其余抹去，7月中旬停止摘心。一般要分3次剥蕾，第一次留3个蕾，第二次留2个蕾，第三次即最后一次留1个蕾。

（3）悬崖菊　选节长、分枝多、枝细软坚韧的小花品种，如一捧雪、金满天星、白星球、玫瑰龙眼等进行培育。头年11月扦插或分脚芽置于低温温室越冬，翌年2月上旬换入大孔底菊花盆中，盆土配制同盆菊；3月下旬或4月上旬出温室。

造型：3月中下旬株高30 cm时用长2 m的细竹(棒)或宽2 cm的竹片一端约30 cm处烘弯，插入植株的盆土中，另一端固定在横架上，竹片与园地呈45°角，然后将主枝每隔2～3节用麻皮绑缚在竹片上，引导菊枝斜卧向前生长。除主枝及基部两旁最长的两根侧枝不摘心外，其余侧枝都要适时摘心，形成小枝密集、顶部侧枝短小、基部侧枝长的孔雀尾似的冠形。具体做法是，基部侧枝9～10枚叶时摘心保留5～6枚叶；梢部侧枝5～6枚叶时摘心保留2～3枚叶。摘心从4月至7月中旬，每半月一次；对生长快的品种，亦可在处暑(8月23日)前进行最后一次摘心。由于小菊顶端先开花，欲使花期一致，基部先停止摘心，梢部后停。9月下旬至10月上旬分两次把生长特高的花蕾摘去，并修剪整形，使株形整齐，花朵(花序)高低相近。

（4）大立菊　其特点是株大花多，能在一棵植株上同时开放出成百上千朵大小整齐、花期一致的花朵(花序)。培养一株大立菊要有一年的时间，宜选用抗性强、枝条软、节间短、易分枝且花大鲜艳并易于加工造型的品种进行培植，如白莲、东方亮。通常于11月挖取菊花根部萌发的健壮脚芽，然后在温室内扦插育苗。翌年三四月移植于露地苗床，株距130～150 cm，多施基肥。待苗高20 cm有7～8枚叶片时即可开始摘心，连续5～7次直至7月下旬止，每次摘心后要培养出3～5个分枝，这样就可以形成数百个至上千个花头。为了便于造型，植株下部外围的花枝要少摘心一次，养成长枝以使枝条开展。大立菊冠幅阔大，周围要立支撑的竹竿，再用细绳缚扎固定。

要使大立菊花朵大小花期一致，必须注意选蕾。每个枝顶出现的花蕾，在第一次剥蕾时，凡顶蕾大的要多留几个侧蕾，使养分分散以抑制顶蕾的发育。通过几次分批摘除侧蕾，调整顶蕾生长的速度，在最后一次剥蕾时每枝顶端仅留1蕾，大小基本相似。大立菊在8月中旬即可移栽于缸盆或木盆中，9月中下旬定蕾，为了使花朵分布均匀，设立正式竹架，竹圈上扎铜丝，将花茎引向固定的地方，称作“上竹圈架”，10月上旬平头，将花朵逐个进行缚扎固定，在竹圈架的统一高度上，10月中旬用铜(铁)丝做成盘状花托称“盘铜丝”，形成一个微凸的球面。

培育大立菊除用扦插苗外，还常用嫁接法。夏秋之际，挖取野生粗壮的黄蒿或青蒿作砧木，在温室内栽培。蒿的茎干直径达3 mm时便可用劈接法接上菊株，可以在砧木的基部或长成数十个侧枝时进行劈接，于1月下旬至2月进行，接穗套上塑料袋，嫁接苗要遮阴并经常浇水。黄蒿或青蒿性强健，茎粗壮，根系发达，用砧木嫁接菊花可以培育出特大型大立菊，或构成多层次高大的塔菊。

用途　菊花是我国十大名花之一，品种繁多，花型丰富，色彩娇艳，是秋季花坛、花境、花台及岩石园的重要植物材料。又常盆(缸)栽制作成多种艺菊，用来举办大型的菊花展览。菊花也是世界四大切花之一，可以制作瓶花、花束、花篮、花环等。

2. 鸢尾

1）概述

鸢尾属鸢尾科，鸢尾属，学名*Iris tectorum*，别名蓝蝴蝶、扁竹叶

多年生草本，地下根茎短粗、多节并分支。株高30～40 cm。叶片剑形，直立，嵌叠状排成2列，基部互相抱合。花茎自叶丛中抽出，单一或2分枝，稍高于叶丛，顶端着花1～2朵。花被片6，蓝紫色；外轮3枚大，称垂瓣，倒卵形，正面基部中央有鸡冠状突起；内轮3枚小，称旗瓣，呈拱形直立；雄蕊3；雌蕊的花柱3裂呈花瓣状，与花被片同色并反褶覆盖着雄蕊。花期4—5月。蒴果长椭圆形，果熟期5—6月。

变种有白花鸢尾（var.*alba*），花朵纯白色，花期5—6月。

2）形态特征与习性

原产我国中部，缅甸、日本亦有分布。喜光、耐寒、耐干燥，性强健；不择土壤。

分株时间宜在花后新根萌发前，用利刀切断地下根茎，使每段根茎带芽2～3个，去除衰老根茎，一般每隔2～3年分株一次。也可用种子育苗，应在秋季种子成熟后立即进行，随采随播，翌春发芽，培育2～3年才能开花。为了提前发芽，则在种子成熟后(9月上旬)浸水24 h，再冷藏10天，后播于冷床，这样10月可发芽。待幼苗4～5片叶时带土移栽。

3）繁殖与栽培

分株定植时株行距40 cm，园地必须深翻施足基肥，清理排水沟。花前追施磷钾肥并松土除草，花后剪除残花减少养分的消耗。对母株丛定期进行分株，能使植株复壮。

用途　植株低矮，叶形秀丽，花姿别致，色彩淡雅，宜布置春季花坛、花境；或作地被、路边、石旁、水边的栽植材料，也可布置鸢尾专类园及供切花用。

5.3 露地球根花卉

5.3.1 习性

大多数要求阳光充足，少数喜半阴，如铃兰、石蒜、百合等。阳光不足不仅影响当年的开花，而且球根生长不能充实肥大，以致影响第二年的开花。对土壤要求更严，一般喜含腐殖质多、表土深厚、下层为沙砾土、排水良好的沙质壤土，而水仙、晚香玉、郁金香、风信子、百合等喜粘质壤土，由于球根花卉种类不同，因而对温度要求不同，生长季节不同，这样造成栽植时期也不同，有春季栽植，又称春植球根，如唐菖蒲、美人蕉、大丽花、晚香玉、葱兰、韭兰等；有在秋季栽植，又称秋植球根，如水仙、风信子、百合、葡萄风信子等。

5.3.2 繁殖

有性繁殖与无性繁殖，但常以无性繁殖中的分球繁殖为主。

1. 有性繁殖

播种法。此法采用较少，因往往播种后要4～5年才能开花，如郁金香。有些种类不易得到种子或在某个地区不易结籽，如晚香玉则在我国大部分地区种子不易成熟，只有在培育新品种时及需大量繁殖时采用此法。但也有播种后当年或第二年即开花的，如大丽花、王百合(14个月开花)、花毛茛等。

2. 无性繁殖

利用球根的芽或茎上的芽进行扦插。

1）脚芽插

以大丽花为例，用事先已在温室床中进行过催芽的块根，当幼芽长到6～7 cm时，将芽基部留一对叶，剪下上部芽扦插，用沙壤土或草炭土作基质。苗株行距3 cm × 3 cm，地温控制在20～22℃。留下的一对叶的叶腋过几天萌发出新芽，长至6～7 cm高时再切取扦插，插后一般2周左右生根。

如何催芽—把大丽花块根放在电热温床上，用沙土或腐叶土覆盖在根颈上部，每天喷水，地温保持在20℃，约15天方能生长出嫩芽供扦插用，一年四季均可进行，一般在2—4月进行。

2）切插(枝插)

花圃地栽植的大丽花，利用靠近基部或整枝时所修除的侧枝作插条枝，插条长度为7～10 cm，含有3节，切口在第三节下方。时间夏秋。9月初至10月优良品种需要大量增殖时亦可扦插，但必须有温室设备，年内为幼苗，地下部分不能形成块根，幼苗在温床内越冬，第二年春移植露地，夏季开花。

3）鳞片插

秋季选成熟之百合大鳞茎，阴干数日，待表面稍有皱缩时，将肥大而健全的鳞片剥下，第二三轮(层)鳞片肥大、质厚、贮存的营养物质最丰富，是最好的繁殖材料。剥取鳞片时，手要轻，以免压伤鳞片表面，否则易腐烂。同时每鳞片基部带上一部分茎盘组织，利于形成小新鳞茎，留下的中心小轴可单独栽培，自成一个新的鳞茎。基质为干净河沙、红土、珍珠岩，容器为木箱或盆钵均可，以颗粒直径0.2～0.5 cm的泥炭为最好，利于鳞片的成活，伤口处形成子球，新子球的增大也最快。斜插于基质中，基质应消毒，鳞片顶端稍露，株行距（2～3）cm ×（2～3）cm。地温20℃左右50天能培育出直径1 cm的小种球。如秋季扦插，放在15～20℃室内越冬，这样可在春季从鳞片基部伤口处产生子球，同时生根，后进行分栽，自鳞片生长、发芽至植株开花，一般约3～4年。注意鳞片内侧向上。

4）分球繁殖法

此法为球根花卉的主要繁殖方法，是分生繁殖方法之一，即按照球根有自然增殖的性能，一个老球会产生数个大球和子球，利用母株所形成的新鳞茎、球茎、块茎、块根及根茎分别栽植。有鳞茎繁殖、球茎繁殖、块茎繁殖、块根繁殖及根茎繁殖等。

(1) 鳞茎繁殖

地下茎变态呈鳞茎，内贮藏营养物质。（图5-4-1）鳞茎萌发后抽生叶片和花序。鳞片之间的腋芽可形成一至数个幼鳞茎，包在老鳞茎内或靠在老鳞茎旁。鳞茎根系处或鳞茎与地上茎交接处产生数个小籽鳞茎。当地上部停止生长后，挖出老鳞茎，分离幼鳞茎和小籽鳞茎栽植即能形成新株。如百合、郁金香、水仙、石蒜、葱兰、绵枣儿、朱顶红、文殊兰、球根鸢尾、老虎花、乌乳花、葡萄风信子、百合、贝母等用此法繁殖。

(2) 球茎繁殖

地下茎变态呈球状，并贮藏营养物质。（图5-4-2）球茎上有节和芽，球茎萌发后在基部形成新球，新球旁生籽球，待地上部生长停止后，分离或分割新球或籽球，另行栽植即能形成新株。如唐菖蒲、番红花、秋水仙、小苍兰、魔芋、狒狒花等均用此法繁殖。

(3) 块茎繁殖

地下茎变态呈外形不一的块状，内贮一定的营养物质。（图5-4-3）根系自块茎底部发生，块根顶端通常具几个发芽点，块茎表面也分布一些芽眼可生侧芽。利用块茎繁殖的花卉有仙客来、大岩桐、球根秋海棠、马蹄莲、花叶芋、银莲花。

(4) 块根繁殖

地下根变态呈块状，数个着生在茎的下端。（图5-4-4）地上部停止生长后，挖出块根切割成数块，每块块根必须带一段根颈部，栽植后即成新株。如大丽花、花毛茛、等用此法繁殖。

(5) 根茎繁殖

地下茎肥大呈粗而长的根状，并贮藏营养物质。（图5-4-5）待地上部生长停止后，把根茎挖出，从连接点分开，并要求每一块根茎节应具有1～2个芽，然后进行栽植即能形成新株。如美人蕉、铃兰、香蒲、海芋、观音莲等用此法繁殖。

5）切球法

依大球侧芽发生的位置用刀纵切，使每一切片上至少有一芽和一部分茎盘，这样栽植后同样可形成大球。如唐菖蒲在春季栽植前，将球茎之外皮除去，认清生长点，用利刀纵切，把母球分成2～3块，每块上至少需有一个芽，定植于花圃，当年夏季即生长新球及子球。行切球繁殖时需注意：

(1) 该工作需在定植前切截。

(2) 切口需以硫磺、草木灰或石灰涂抹防腐。

(3) 栽植地需选排水良好处，切口近旁放置少量河沙为宜，否则易腐败。

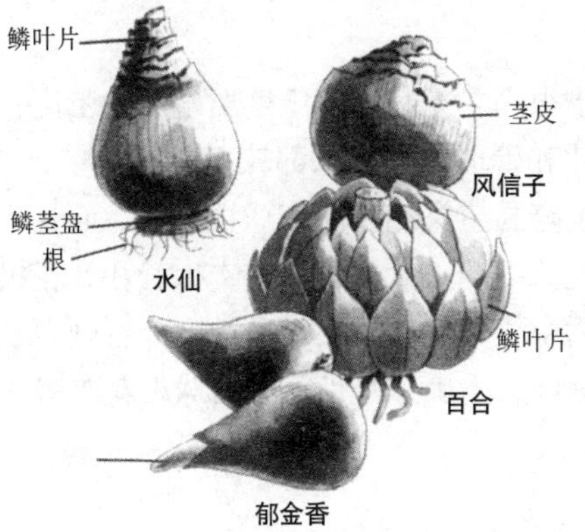

图 5–4–1　球根的形态—鳞茎类

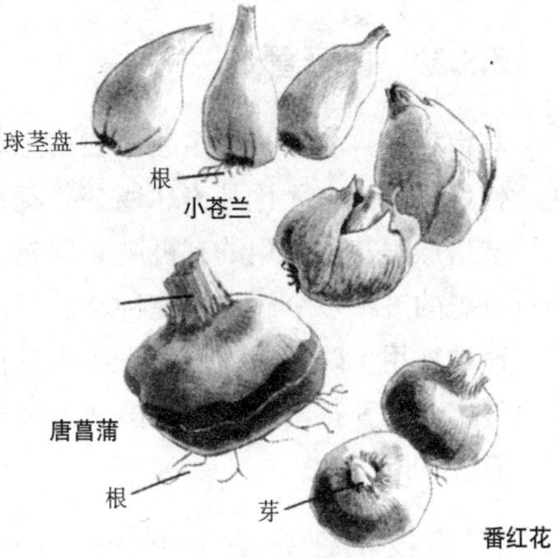

图 5–4–2　球根的形态—球茎类

图 5–4–3　球根的形态—块茎类

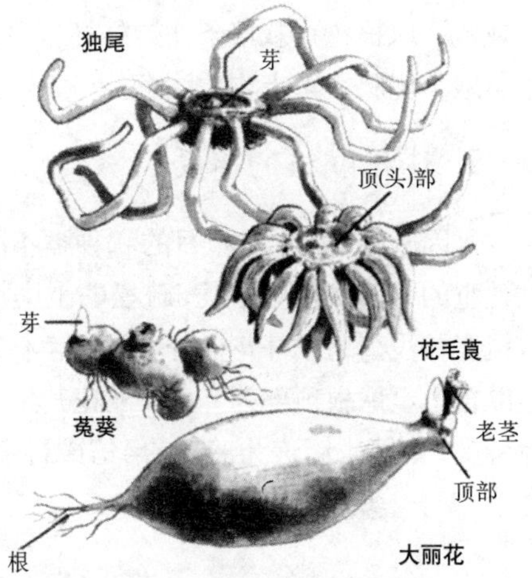

图 5–4–4　球根的形态—块根类

6) 小鳞茎繁殖

如百合的鳞茎在生长栽培过程中，能不断形成新球和子球，经一年栽培，可分生3～4个较大的新球和几个小球，将它与母球分离栽培，大球当年就可开花，而子球一般需培养2～3年才能开花。还可在地下茎的节上产生子球，可用来繁殖（方法：每年9–10月间，当采收百合时，就可取小鳞茎栽于苗床进行繁殖）。

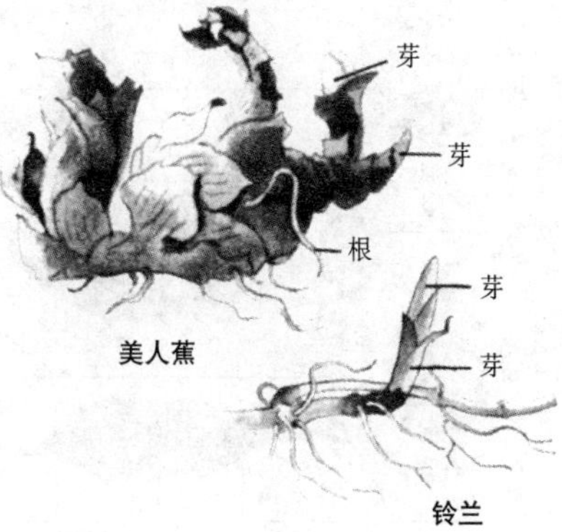

图 5–4–5　球根的形态—根茎类

7) 珠芽(珠鳞)繁殖法

珠芽，即指在百合类中有少数种类如卷丹和淡黄花百合，常在地上部分叶腋间产生小鳞茎(黑紫色)，这些小鳞茎称珠芽。应在珠芽充分长大成熟且尚未脱落时采集，采下后立即栽植(11 月上旬至 12 月下旬)，当年可萌发生根，第二年春长出土面，第二年后小鳞茎形成，珠芽需经过 2～3 年才开花。这种繁殖法限于能产生珠芽的种类。

5.3.3　栽培管理

与宿根花卉相反，大多数球根花卉对水肥等要求很高，尤其要求土壤腐殖质含量高、土壤通透性好。因此，无论是养球还是养花，对栽培条件和管理养护要求都较高。

栽培球根花卉使用的有机肥必须充分腐熟，否则容易感染病菌而使球根腐烂，而且还会因为有机肥的进一步分解放热使种球被烧伤腐烂或坏死。因磷肥对球根的充实生长和开花极为有利，通常施用含磷量较高的骨粉等作基肥。钾肥只需中等数量，氮肥切忌过多，否则容易遭受病虫侵害，且开花不良。在我国南方和东北大部分地区，土壤呈酸性，栽培球根花卉时应施用适量石灰加以中和。

1. 球根花卉栽植

秋植球根栽培在9—10月，春植球根栽培则在4月进行。3月上中旬可利用温室、温床等进行栽植。球根花卉栽培条件的好坏，对于新球的生长发育和第二年开花都有很大影响，所以对于整地、施肥、松土均需注意。

2. 球根栽植的深度

这因土壤情况、栽植目的和种类不同而不同，一般栽植的深度通常为球高的3倍（图5−5）。粘性重的土壤栽植应略浅，疏松的土壤可略深。为繁殖而能得到多子球，或每年需掘起采收者，栽植宜较浅。为了开花良好，拟多年才采收时，则需略深些。但种类不同，栽植深度也不同。葱兰以覆土至球根顶部为宜，大丽花其生长点在地面下17 cm，美人蕉10～12 cm，百合类中的多数种类，则要求深度为球高的4倍或再多些，一般为18～25 cm。朱顶红则需要露出球根上部1/4～1/3于土壤上面。

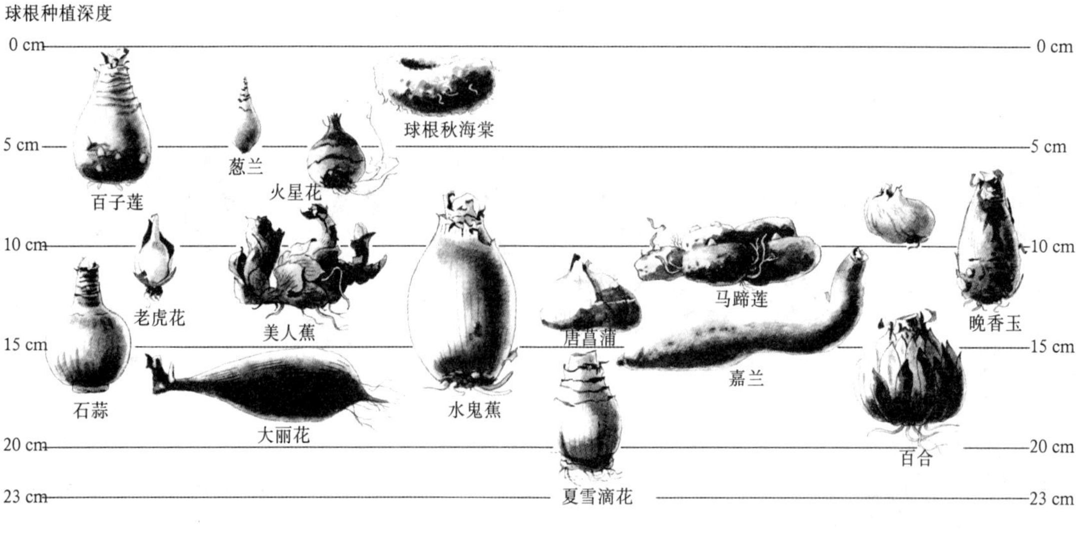

图5−5　球根种植深度

3. 球根花卉栽培管理的几个主要问题

大致归纳起来有以下几点：

(1) 栽植球根时要分离大球侧面的小球，也即在栽植时大球与小球要分别栽植，这样可避免由于养分的分散而造成开花不良的影响。

(2) 大多数种类的球根花卉，能吸收养料水分的根少并脆而嫩，碰断后不能再生新根，因而球根一经栽植以后，在生长期间不可移植。

(3) 球根花卉大多数叶片甚少或有定数，如唐菖蒲在长出一定数量的叶片(通常8片左右)后，便不能再发出新叶，所以在栽培中应当注意保护，不要损伤，否则会影响光合作用，不利于新球的成长。

(4) 许多球根花卉又是良好的切花，因而在进行切花栽培时，在满足切花长度要求的前提下，应尽量多保留植株的叶片。

(5) 开花后正值地下新球成熟充实之际，要加强肥水管理，这是很重要的。

(6) 花后应立即剪除残花，不使结实，以减少养分消耗，有利新球之充实。如果是专门作为球根生产栽培时，通常在见花蕾发生时即除去，不使其开花，保证养分供应新球生长。

4. 采收与贮藏

球根花卉在其停止生长进入休眠期后，大部分种类之球根需要采收，并进行贮藏，在专业栽培中每年都得采收，并合理贮藏，休眠期过后再行栽培。这样既可实行轮作，减少病虫害，又可选优汰劣，使生长开花更整齐一致，品质更高。有些种类可留植于土中生长数年，在园林应用中，如作地被覆盖、多年生花境及其他自然式布置时，一些适应性较强的球根花卉，可隔数年掘起和分栽一次，如水仙类可隔5～6年，番红花、葱兰、石蒜及百合可隔3～4年。

1）采收方法

采收应在生长停止(休眠后)、茎叶虽枯黄而尚未脱落时进行。球根在掘起后应按各种品种分别贮藏，除去附土，放于通风处阴干后，进行贮藏。因种类不同，如唐菖蒲、晚香玉可利用日晒、干燥；而大丽花、美人蕉等只要阴干至外皮干燥即可，切勿过干而致球根表面皱缩。大多数秋植球根于夏季采收，采收后不可放在烈日下暴晒。球根花卉在生长停止后即进入休眠期，采收应在生长停止、茎叶枯黄而尚未脱落时进行。采收时土壤应适度湿润，掘起球根后，去除附土，阴干后进行清理贮藏。清理是为了去除病残球根，对于有病斑的球根，若病斑不大且为名贵品种，可用利刀将病斑部分切除并涂以防腐剂、半溶的石蜡或草木灰等，以控制病菌蔓延。对于易感染病害的球茎，最好是先行消毒处理，或混入药剂再进行贮藏。

2）贮藏方法

春植球根贮藏，室温保持在4～5℃，不低于0℃或高于10℃，秋植球根贮藏保持室内高燥、凉爽，正值花芽分化期，温度不宜过高，最适温度为17～18℃，超过20℃，花芽分化受阻。最为关键的是保持贮藏环境的干燥和凉爽，切忌闷热和潮湿。球根的贮藏方法：对通风要求不高，且要求保持一定湿度的种类(如大丽花、美人蕉等)，可用干沙或锯末堆藏或埋藏；对要求通风良好、环境干燥的种类(如唐菖蒲、郁金香、球根鸢尾等)，应在室内设架贮藏，而且一定要保持通风良好。

5.3.4 实例

1. 水仙

水仙（*Narcissus tazetta var.chinensis*），别名中国水仙、凌波仙子、金盏银台、天葱、雅蒜，属石蒜科，水仙属。

1）形态特征

为多年生草本，地下鳞茎肥大呈扁球形，横径6～8 cm，皮膜褐色。株高约30 cm。叶片2列，狭长带状，稍肉质，先端钝；自鳞茎顶端长出。花葶从叶丛中央抽出，中空，顶端着生伞形花序，有花6～12朵，芳香，总苞膜质。花被片6枚，高脚碟状，边缘6裂，白色；副冠浅杯状，鲜黄色；雄蕊6，子房下位。花期1～3月。蒴果。

2）品种与习性

中国水仙是法国水仙的变种，有两个园艺品种：

(1) 金盏银台　花单瓣，白色，具浓香。

(2) 玉玲珑　花重瓣，花被裂片9枚以上，副冠瓣化，呈黄白相间色，花形大，香气淡。

分布在我国东南沿海地区，以福建漳州、上海崇明、浙江舟山栽培为多，尤以漳州产水仙最为驰名。喜温暖、空气湿润、阳光充足、冬无严寒、夏无酷暑之环境，略耐寒，耐半阴及耐肥，要求富含腐殖质、湿润而排水良好的沙壤土。也能在浅水中生长。

3）繁殖与栽培

分球法，将地下当年长出的鳞茎侧球(子球)掰下，继续培育二三年，长成大球，方能栽培开花。由于水仙是同源3倍体，不结实，不能采用种子育苗。也可用组织培养法繁育水仙。

生产性栽培繁育出大量种球，尔后作为商品销售，有两种栽培法。

(1) 露地栽培法　即通常秋植球根的栽培方法。选择背风向阳、土层深厚处作园地，9月中下旬栽种，基肥充足，生长期间追施1～2次液肥，6月叶片枯萎休眠时，掘起鳞茎，置通风阴凉处度夏；如喇叭水仙、红口水仙、崇明水仙常采用此法。

(2) 露地灌水法　漳州水仙即采用此法。在管理上要求严格、细致，具体栽培方法是：

① 经过耕地溶田，于8～9月，翻耕土地，放水漫灌，浸泡1～2周，排水、多次翻耙、晒干，打碎石块，对园地施足基肥。筑起高床，苗床四周挖掘约30 cm深的灌水沟，沟内经常保持一定深度的水。

② 种球进行消毒。

③ 栽植，对一年生小鳞茎(侧球)撒播入床；对二、三年生较大的鳞茎采用开沟条植法，株行距20 cm × 40 cm，植球深度约10 cm，行距中施入腐熟饼肥液或人粪尿后耙平。栽植后即引水入灌水沟，使水分自苗床底部渗透至床面。隔1～2天后用稻草覆盖床面，并将稻草的两端垂入水沟，保持床面湿润。秋季植球，翌年初夏起球，如此循环栽培2年。因漳州培育的水仙种球形大花多，常含4～7个花芽(混合芽)，于第三年栽培前数日要对鳞茎先行阉割，去除种球内两侧的侧芽，只保留中央主芽。经一年的细致养护后，发育成硕大的种球，并有数个侧球排列有序呈笔架形姿态。培育了3年的种球，地栽或水养，便能开花供观赏。

含有花芽的水仙鳞茎即种球，常作室内水培。常见的有企头水仙和蟹爪水仙。10月下旬选取大而饱满的种球，清除根部的护根泥和枯根，剥除表层的褐色皮膜；用刀在球顶部划一“+”

字形切口，深度以不伤及鳞片内芽眼为度，以利芽、叶长出，是企头水仙的分割方法。蟹爪型雕刻需经过剥鳞片、刻叶苞片、削叶缘和雕花梗等步骤。

放入清水中浸泡24 h，然后洗净切口上流出的胶状粘液；把种球直立摆入水盆中，盆中注入清水使种球底部完全浸入水中；将盆置室内有光处，3天后球底白色须根长出，球顶芽眼也渐渐萌出叶片。每隔1～2天换水一次，并每日进行喷水。

如此养护，在常温下经2个月才能抽葶开花，花朵萎谢后种球内养分消耗殆尽，已无再利用价值，弃之，所以，每年水养水仙花，必须重新选取种球。养护过程中要求光照充足，室内温度不宜超过15℃。

水仙种球进行雕刻造型，培育成壶型、花篮型、象型、鸟型等，栩栩如生，提高了观赏价值。据实践，雕刻后的种球，白天光照4 h，15℃左右的室温，夜间室温约8℃，水养25天，经加工、整理，便能成型开花。水养的水仙须根脆弱，极易触断；为固定种球可用小卵石压住须根。

用途　水仙花凌波吐艳，花形奇特，芳香馥郁，是元旦、春节期间的重要观赏花卉，既适宜室内案头、几架、窗台点缀，又可布置花坛、花境或在草坪上成丛成片种植。由于水养方便，深受广大群众的喜爱。当前，我国南北各地普遍水培，作为冬春季室内观赏花卉。

2. 百合

百合（*Lilium* spp.）是新兴的大宗切花之一，主要分布于中国、日本、北美和欧洲等温带地区。目前常见的百合花主要是3个种系，即亚洲系、东方系和麝香百合（铁炮百合）。百合耐寒，但生育、开花的适温为15～20℃；性喜肥沃、多孔隙疏松的沙质土壤，pH值为5.5～6.5，忌土壤高盐分；为长日照植物，虽然在短日照下也能开花，但长日照能促进花芽分化。

1) 土壤准备

土壤以富含腐殖质、土层深厚疏松而又排水良好者为宜。最忌连作，故以选新地种植为好。东西向做高畦或栽培床，畦高25 cm左右，宽100 cm，通路60 cm。

2) 品种选择与种球繁育

百合的园艺品种很多，北美百合协会曾将百合园艺品种划分为10个种系，该系统已在所有的百合展览中采用。目前，切花生产的观赏栽培品种主要是3个种系。亚洲百合杂种系，包括卷丹、川百合、山丹等；麝香百合杂种系，包括麝香百合与台湾百合衍生的杂种或杂交品种；东方百合杂种系，包括鹿子百合、天香百合、日本百合、红花百合及其与湖北百合的杂种。市场上的主要百合切花品种如表5-1。

表5-1　市场上的主要百合切花品种

种系	品种原名	花色	花数/朵	茎高/cm	生育期/周
亚洲型	Avignon	橘红	3～5	105	14
	Elite	橘红	7～10	125	11
	Mirella	亮橘红	4～6	125	15
	ConnecticutKing	深黄	7～10	90	15
	HerGrace	纯黄	5～7	100	15
	London	纯黄	6～9	130	14
	Mona	鲜黄	5～8	95	13

续表 5-1

种系	品 种 原 名	花 色	花 数/朵	茎高/cm	生育期/周
亚洲型	NoveCento	鲜黄	4～6	120	14
	Pollyanna	暗黄	5～8	135	15
	Sarina	鲜花	5～7	120	16
	SunRay	柠檬黄	4～8	65	15
	Chianti	亮粉红	7～9	95	11
	Vivaldi	粉红	7～9	120	14
	Daniela	象牙白	5～7	115	15
	Navona	纯白	6～8	110	12
	Gelria	白	2～4	105	16
	Lorina	白	2～4	130	16
	Rocco	白	3～5	100	16
	SnowQueen	白	2～4	115	17
	WhiteEurope	白	1～3	95	16
	Casablanca	纯白	3～4	115	14
	MarcoPolo	淡粉	2～3	105	13
	RoyalDream	白	5～7	95	15
	SalmonQueen	橘红	2～4	90	11
	StarGazer	粉红	2～4	110	15

百合鳞茎的良种繁育主要依靠自然分球法，也可利用鳞片进行扦插。一般将百合6～9 cm规格的优质种球作为种源，选择冷凉地或海拔800 m以上山地，于秋季10月中旬至11月上旬下种，适当深栽20 cm左右，翌年春追施肥水，及时中耕除草并摘除花蕾，10月至11月中旬收获。

商品种球依鳞茎周茎进行分级，通常亚洲型和麝香百合分成周径10～12 cm、12～14 cm、14～16 cm等规格，东方系则分成12～14 cm、14～16 cm、16～18 cm、18～20 cm、20～22 cm等。

3）定植

选用周径至少为10 cm的百合鳞茎，东方百合周径则至少在12 cm。9—11月均可进行秋植，早春2—3月也可定植，但最忌在春末移栽种植，此时移栽成活率、开花均受损。种前施入充分腐熟的厩肥，或每平方米施蹄角粉50 g、骨粉100 g、硫酸钾30 g，百合所需的氮、磷、钾比例应为5∶10∶10。无论富含营养的土壤或是贫瘠的土壤，一般都应施氮肥，以每平方米1 kg硝酸钙的标准计，可在种植后3周施入。施氮主要是防止百合生长期间，由于氮不足而引起的植株茎干生长不够粗壮，但为了避免氮肥的烧叶现象，应在施氮后用清水洗净植株。

百合的种植深度宜稍深为好，一般种球顶端到土面距离为8～10 cm，夏季种植可为6～8 cm。土壤应疏松、稍湿润，种植冷藏球时，不要破坏已发出的根系，因为百合生长的初期是要靠这些根系吸收水分和营养的。当百合茎开始长出土壤时，所谓的“茎根”迅速生长并很快替代老根，为植株提供90%以上的水分和营养。

百合的种植密度随种系和栽培品种、种球大小等不同而不同。一般来说，亚洲型和麝香百合的12～14 cm规格种球，每平方米可种植40～50头，30 m × 6 m的标准大棚每棚种植4 800～6 000头；东方型百合14～16 cm规格的种球，每平方米只能种植30～40头，每个大棚可种植

3 600～4 800头。

4）定植后的管理

12月到翌年3月初为百合鳞茎的休眠期，9～13℃低温条件下已充分发根。早春开始发叶，注意保持土壤湿润，但不可渍水。

百合至春暖时抽苔，开始花芽分化，这时视天气情况决定灌溉次数，追施2～3次饼肥水等稀薄液肥以使生长旺盛。4月下旬进入花期，增施1～2次过磷酸钙、草木灰等磷钾肥，施肥应离茎基稍远。孕蕾时土壤应适当湿润，花后水分减少。及时中耕、除草，并设立支柱、拉网，以防花枝折断。

百合属长日照植物，但在生长过程中需注意防止过强光照，生产上普遍采用遮阳设备。江浙一带，5月后遇强光照时开始进行遮阳，亚洲型和麝香百合可遮去50%的光照，东方型百合则应遮去70%左右的光照，并保证栽植地充分通风透气。

5）病虫害防治

危害百合切花生产的主要病害是真菌类病害和病毒病。由青霉菌、灰霉菌、尖孢镰刀菌、丝核菌、疫霉菌、葡萄球菌等真菌引起的病害，往往在高温多湿的环境下迅速感染根部、鳞茎及叶片，影响开花甚至导致植株死亡。防治方法首先是在种植前，检查百合鳞茎的鳞茎盘部分是否已被真菌侵染；消毒土壤，并严格防止连作；虽然商品种球一般已经过消毒，但必要时还应在种植前再消毒一次；注意避免土壤及空气过分潮湿；生长旺期后尽量勿向叶面浇水，当叶片存有露水时，避免栽植地内气温突然升高；及时喷施百菌清、代森锰锌等杀菌剂，发现病株应及时拔除。

百合栽培中易出现生理性的叶烧病，主要是根系生长不良或土壤盐分过高所致，或大气过于干燥、阳光过强使叶面蒸腾过大等也易导致发病，应注意适当深植，淋洗土壤盐分，阳光过强时应遮阳、喷水、通风。

6）百合的促成栽培技术

百合普通栽培，9–10月定植，翌年4月下旬至6月中下旬产花，如欲在10月至翌年4月开花，则可采用促成栽培技术。

在百合的促成栽培中，首先需在定植前进行充分的种球冷藏处理。一般取周径12～14 cm以上规格的大球，在13～15℃条件下处理6周，在8℃下再处理4～5周。冷藏时用潮湿的碎木屑等填充物与种球同置于塑料箱内，并用薄膜包裹保湿。冷藏时，百合种球已充分发根，若发现新芽有5～6 cm长时，应尽快下种。百合种球的长期冷藏或远距离运输，需在 −1～2℃条件下进行。经冷藏处理的百合，自下种到开花，一般只需60～80天。

在长江流域地区，需在国庆节前后开花的百合，必须于7月中旬至8月中下旬定植，而此时正值夏季高温，植株生长发育不良，严重影响切花品质。可选择海拔600 m能上能下的冷晾山地种植鲜切花，实践证明这样的鲜切花品质优。尤其在浙江省，山地立体资源丰富，利用自然气候条件进行百合切花的露地夏花生产，经济效益明显。

为获得优质的百合花，温度管理相当重要。通常在10月下旬后需加薄膜保温或加温至15℃以上，最理想的是保持昼温20～25℃、夜温10～15℃，尤其要防止出现白天持续25℃以上的高温及夜晚持续5℃以下的低温。考虑到冬季加温效果的均匀恒定，最好是利用热气管道的加温方式。东方型百合的温度需要较高，加温设备不良，很难保证其正常开花。

冬季促成栽培时，注意在保护地内通风送气，避免温度、湿度的剧烈变化，并在花期内少浇水。

很多百合品种对光照比较敏感，特别是亚洲型百合，多数会因光照不足引起落芽或消蕾现象。为防止出现盲花，冬季促成栽培中通常采用人工照明补光的方法。百合的适宜补光时期以花序上第一个花蕾发育为临界期，即花芽0.5～1 cm之前，加光一直到采收为止。在温度16℃条件下，大约维持5周光照，每天从夜间20点至凌晨4点，共加光8 h，对防止百合消蕾和提早开花、提高切花品质效果明显。

3. 郁金香

1）定植前准备

首先检查郁金香鳞茎有无病虫害，若已感染病害或开始腐烂者，必须检出焚毁。病球根浸泡于杀真菌剂的溶液中消毒，如百菌清600倍稀释液中浸泡20～30 min。于8月中旬左右，切开3～4个郁金香鳞茎，观察其内部鼻头（即已完成分化的花芽）的发育，以鼻头长达3～4 mm，呈象牙色而健壮者为好，白色的不算好，扁平者亦不理想。

选择富含腐殖质、排水良好的沙质壤土，做20 cm以上的高畦，并于定植前一个月用1%～2%的福尔马林溶液浇灌，覆盖以消毒土壤。栽培床底层最好用炉渣等粗颗粒物铺垫，施入充分腐熟的堆肥作基肥，充分灌水，定植前2～3天仔细耕耙，确保土质疏松。

2）品种选择与良种保存（见表5-2）

表5-2　郁金香品种表

色系	品种名	花色	花形	株高	备注
红色	Abba	大红	重瓣型	中	9℃或5℃
	Apeldoorn	橙红	杯型	长	9℃或5℃
	Bastogne	血红	杯型	长	9℃或5℃
	Capri	鲜红	杯型	中	5℃
	Cassini	大红	杯型	中	9℃
	ChristmasMarvel	玫红	杯型	中	9℃或5℃
	IdedeFrance	深红	杯型	中	9℃或5℃
	MerryChristmas	大红	杯型	中	9℃或5℃
	Oscar	深红	杯型	中	不适冷处理
	Oxford	鲜红	杯型	长	不适冷处理
	Parade	亮红	杯型	长	5℃
黄色	Apeldoorn'sElite	橙黄	杯型	长	9℃或5℃
	GoldenApeldoorn	鲜黄	杯型	长	9℃或5℃
	GoldenMelody	纯黄	杯型	中	9℃或5℃
	GoldenParade	鲜黄	杯型	长	5℃
	MonteCarlo	纯黄	重瓣型	中	9℃或5℃
	Yokohama	亮黄	杯型	中	9℃或5℃
粉色	Angelique	亮粉	重瓣型	中	9℃
	ChinaPink	粉红	百合花形	中	不适冷处理
	DonQuichotte	橙粉	杯型	长	9℃或5℃
	Gander	粉红	杯型	长	9℃或5℃

续表 5-2

色系	品 种 名	花 色	花 形	株 高	备 注
粉色	Gander`sRhapsody	粉红	杯型	长	9℃或5℃
	UpStar	粉红	杯型	中	5℃
紫色	Attila	紫红	杯型	中	9℃或5℃
	Negrita	亮紫	杯型	中	9℃或5℃
白色	Casablanca	纯白	重瓣型	中	5℃
	Inzell	纯白	杯型	中	9℃或5℃
	Pax	纯白	杯型	中	9℃或5℃
	WhiteDream	纯白	杯型	中	9℃或5℃m
黑色	BlackParror	紫黑	鹦鹉花型	长	不适冷处理
	BlackSwan	紫黑	杯型	长	不适冷处理
	QueenofNight	紫黑	杯型	长	不适冷处理
复色	Aladdin	红花白边	百合花型	长	9℃或5℃
	Blenda	红花白边	杯型	中	9℃或5℃
	FlamingParror	黄花红斑	鹦鹉花型	长	不适冷处理
	KeesNelis	红花黄边	杯型	中	9℃或5℃
	LeenvanderMark	红花白边	杯型	中	9℃或5℃
	LuckyStrike	粉红白边	杯型	中	9℃或5℃
	LustigeWitwe	红花白边	杯型	中	9℃或5℃
	PrincessVictoria	红花白边	红花白边	中	5℃
	Rococo	红花黄斑	鹦鹉花形	短	5℃
	Rosario	粉花白底	杯型	中	9℃或5℃

郁金香种球经栽培后，极易发生退化现象，表现为鳞茎变小、开花率降低、花色浅、花形小等。为有效地保存良种，选择气候冷凉地或海拔800 m以上山地进行种球的复壮栽培，在浙江多年试验结果表明，种球增重、增大效果较为明显，开花性状良好。

3）定植

在长江流域，9月下旬至11月下旬均可定植，定植深度一般为种球高的2倍，株行距为9 cm × 10 cm，切花栽培还可采用露出球肩的浅植方法。注意定植前需消毒种球，用托布津或高锰酸钾溶液浸泡15 ~ 20 min。

由于地温高，郁金香会发生脱春化现象，因此，与其早植不如稍稍晚植，一般在10月下旬至11月定植为好。虽然自然花期栽培不会因定植早晚影响开花期，但因为郁金香的根系在整个冬季吸收并贮藏大量氮元素，如种植太晚则会因地温过低而影响植株根系的正常发育。定植后早期应充分灌水，促使其生根。

4）定植后的管理

郁金香发根后经过一个自然低温阶段，此期间应注意保持土壤湿润，但要防止土壤积水。2月初开始发叶后，应进行田间除草，并及时检出病株，拔出销毁。当植株发生2片叶后，追施1 ~ 2次稀薄液肥或复合肥。因郁金香对钾、钙较为敏感，适当施用磷酸二氢钾、硝酸钙等，可提高花茎的硬度。待5月初花后，追施1 ~ 2次磷酸二氢钾或复合肥，以利于地下更新鳞茎的膨大发育。

郁金香一般在3月下旬至4月下旬盛花，花期应控制肥水，并通过遮雨、遮阴等措施以延长花期，同时避免阳光直晒。

5）收球

待郁金香叶片基本枯黄后，择干燥晴天掘球。注意掘球时勿伤球根，否则伤口极易染病腐烂。掘起后摘叶，将球根大小分开，置阴处充分晾干或风干。若置强光下晒干，亦易罹病。

将种球适当摊开，或装箱时只装半箱，在通风良好、20～25℃的条件下贮藏越夏。梅雨季节尤其要注意贮藏室的通风、凉爽，夏季应翻箱2～4次，并检出腐烂球。

6）郁金香的5℃和9℃促成栽培

郁金香切花的促成栽培特点为：将球根贮藏于低温库中，在设施栽培的轮作体制中，可利用50天左右的时间来进行种植一季，10月中旬到3月底之间均可种植。

鳞茎花芽分化完成后，于8月10日左右置于13～15℃条件下预冷处理2～3周，再以2～5℃进行正式冷藏8周左右。5℃冷藏处理技术适合大部分品种，5℃冷处理以8周为准。郁金香有些品种可用9℃冷藏处理，其方法是在9℃条件下冷藏12～16周，其中最后6周需将种球种在木箱或塑料箱内，浇水后进入9℃冷库，在冷库内植株发根、抽芽。5℃促成栽培时，自种球下种到开花约50～60天，而9℃箱式栽培的温室时间仅为25天左右。

若发叶后，叶横向展开，且伸长缓慢，则表示其低温感受不足；反之，叶若直立而细，看似徒长，花药枯死，表示低温过度。一般而言，预冷低温约70天后，休眠打破。若低温感觉不足，可以400 mg/L的赤霉素液滴于叶筒间的方法加以促进。注意，由于赤霉素最易由叶腋吸入植株体内，故用喷洒法难以见效。在郁金香促成栽培中，因冷藏处理，有些品种易发生盲花现象，亦可用400 mg/L赤霉素溶液在叶筒中滴入0.5～1 ml加以防止。

郁金香促成栽培的管理方法如同常规，其生长的最适温度为15～18℃。当气温降至5℃以下时，郁金香停止生长，惟当夜温降至10℃以下时，必须加塑料布覆盖，并开始保温及加温，使保护地内昼温保持在25℃以下，夜温14℃左右。但温度、湿度过高时，又易徒长及发生灰霉病、畸形花，应注意保护地内的通风透气。一旦发现病株，应及时拔除、焚毁。

郁金香5℃和9℃促成栽培中，还应注意以下几点：

(1) 种植前，通过遮阴、浇水等措施，努力使地温降至10℃左右，并在下种后2周内保持此地温，以利种球发根。

(2) 种植前除去郁金香鳞茎外基部附近的鳞皮。

(3) 若土壤盐分含量过高，种植前两周应充分浇水，以冲洗盐分。

(4) 郁金香严禁连作，必须轮作。

(5) 5℃球种植后覆土5 cm左右；9℃球一般采用箱式栽培，浅植可至露肩，并高密度种植达每平方米100粒以上。

(6) 收获应在花苞充分显色，并在花朵闭合时进行。

5.4　草坪的繁殖与种植

5.4.1　草坪的播种繁殖

1. 草坪种子的处理方法

一般色泽正常、干燥的新鲜草籽，即可直接播种，但对一些发芽困难的种子(如我国所产的结缕草种子)，则需于播种前进行种子催芽处理。

1) 冷水浸种法

如白颖苔草、细叶苔草等，可在播种前，将种子浸泡于冷水中数小时，捞出晾干，随即播种，目的是让干燥的种子吸到水分，这样播后容易出苗。

2) 机械处理法

如羊胡子草等，可采用搓揉的方法，一般将种子装入布袋内揉搓，则可提高种子的发芽率。

3) 层积催芽法

如结缕草的种子，可采用积沙催芽，将种子装入纱布袋内，投入冷水中浸泡48h或72h左右，然后用两倍于种子的泥炭或河沙拌和均匀，再将它置入铺有8 cm厚度河沙的大口径花盆或木箱内摊平，最后在盆口处或木箱上口处，覆盖湿河沙厚8 cm。装妥后，移至室外用草帘覆盖，经5天后再移至室内(室温增至24℃)，掺有河沙的种子，湿度始终保持在70%左右，约经12～20天时间的积沙催芽，湿沙内的结缕草种子大部分开始裂口，或显露出嫩芽，此时即可连同拌和的河沙或泥炭一起播种。这种古老的传统催芽方法，最近经过一些地方和单位试用，出苗率良好。

4) 堆放催芽法

适用于进口的冷季型草籽，如草地早熟禾、黑麦草、紫羊茅、剪股颖类等草籽。方法简单，即将种子掺入10～20倍的湿河沙中，堆放在室外全日照下，沙堆上覆盖塑料地膜，主要防止水分蒸发及适当保温。堆放催芽的时间一般1～2天即可。由于冷季型草籽一般干播亦能出苗，采用堆放催芽，可大大提高其出苗率，因此推广后，深受人们的欢迎。

5) 化学药物催芽法

由于结缕草种子的外皮具有一层附着物，水分和空气不易进入，直接播入土中，发芽极为困难。为提高其发芽率，国际上最常用的化学药物催芽方法是，将1 000 kg的水，加入5 kg的氢氧化钠（即烧碱）中，将结缕草种子分数批倒入已经配好的溶液中，浸泡24 h，浸泡过程中必须用木棍搅和，捞出后用清水冲洗干净，然后再用清水浸泡6～10 h，捞出略晒干，即可播种。

国外近年来，利用机械装置可日处理结缕草种子1 000 kg，主要是加大了氢氧化钠的浓度和水温，缩短了药物的浸泡时间，能使种子发芽率提高到90%以上。

另外，加入少量碱性双氧水浸泡种子，也能提高结缕草种子的发芽和出苗率。

6) 变温催芽处理法

有些草籽直接播种发芽率很低，因此，可将种子保持70%的湿度，放入40℃的高温处堆积处理数小时，或者采用40℃高温及5℃的低温，变温处理4～5天。采用此法，则可使发芽率提高1倍以上。

2. 播种时期

大多数的草坪草均适于春季或秋季播种，只有少数几种草坪草，如狗牙根、结缕草需要在初夏气温稍高时播种，温度过低则不利于发芽。一般杂草较多的地区，冷季型草进行秋播比春播好，因为此时杂草种子已进入休眠期，故草籽播后，杂草较少。我国各地气候变异很大，具体的播种时间，各地应根据本地区的特点，灵活掌握应用。

3. 草籽的播种量

大粒种子如黑麦草，120～150 kg/hm²；细小种子如小糠草、草地早熟禾，60～90 kg/hm²；中粒种子如结缕草、假俭草，90～120 kg/hm²。发芽率高，场地平整，土质疏松，有喷雾灌溉条件的，播种量可适当减少。可参考胡叔良编著的《草坪种植》一书提供的播种量（表5-3）。

表5-3　常见草坪草的播种数量

草坪草名称	播种量 /g · m^{-2}	
	正　常	密度加大
匍茎剪股颖	3～5	7
草地早熟禾	6～8	10
狗牙根	6～7	9
苇状羊茅	25～35	40
多年生黑麦草	25～35	40
结缕草	8～12	20
假俭草	16～18	25

4. 种子撒播方法

(1) 为了使种子撒播均匀，应将播种地区划成若干等面积的块或长条，把单位播种量与实地播种面积计算准确，这样就可以逐条均匀撒播。

(2) 为了做到播种更均匀，又可将每一长条应播的种子再分成2份，以其中1份顺方向撒种，另一份逆方向撒播。对于细小的种子撒播前先掺入部分细沙或细土，拌和均匀后再进行撒播。

(3) 种子或掺沙的种子，撒好后，应立即覆土，厚约1 cm，并进行滚压。如覆土困难，尤其是大面积播种时，可改用细齿耙，往返拉松表土层，帮助细小草籽落入土粒下面。

5. 出苗前后的管理

为了让草籽出苗快、出苗齐，首先要加强播后场地的喷水。每次喷水，应以喷湿表土层为度，要求做到连续喷水，确保播下的草籽能吸收到水分。各种草籽的出苗期不同，如冷季型草中的黑麦草，播后5天左右即可出齐；草地早熟禾，则需10～12天时间；而假俭草、结缕草和狗牙根等暖季型草类，最好是初夏地温稍高时进行，出苗期10～15天左右。苗期以内，清除杂草，是一项费时的工作，最好的办法是撒播草籽以前，先在播种区浇足水分，让土层表面的杂草种子出苗，将杂草的幼苗铲除以后，再撒播草籽，这是一项很好的经验，能大大节约苗期管理人工。

6. 促进出苗整齐的措施

在场地平整后，计划播种的前一天，将场地全面灌透水一次，使播种地土壤湿润至10～15 cm以下。灌水的第二天及时检查，在地面无积水和地表半干半湿的情况下，重新拉松表土，趁土层湿润将草籽撒下，草籽由于容易吸到水分，发芽和出苗率可以大大提高。这是一项行之有效的好办法，受到人们的欢迎。

5.4.2 草坪的营养繁殖

1. 匍匐茎及根状茎撒播法

将选取的优良草皮连根铲起，除去根部泥土，将它的匍匐嫩茎及根状茎切成3～5 cm长短的草段，均匀地撒铺在整平的繁殖场地上，上面覆盖一层薄薄的细土，并压紧压平整，不让草段露出土面。以后经常喷水，保持地面湿润。一般情况下，在草坪草旺盛生长期内，护理30～45天，埋撒在土层内的草段会萌发出新嫩芽。

用此方法繁殖的适宜时间，一般在3月下旬至6月中旬，或8月下旬至9月下旬，但其中以春末夏初为最合适。

使用此法，1 m^2结缕草、细叶结缕草、马尼拉草等，能扩大繁殖新草坪约6～9 m^2，其中马尼拉草比其他结缕草要多一些。

2. 匍匐茎及根状茎分栽法

一般在早春草坪返青后，将草皮铲起，抖落或洗去根部附土，然后将草块根部拉开，将撕拉开的匍匐茎及根状茎等营养枝，分栽到新的繁殖草场或苗床。按30 cm的距离开沟，每隔20 cm分栽一段营养枝，沟深4～6 cm。栽好后，覆土压实，及时浇透水。干旱时经常浇水，约经3个月左右的养护管理，新生出的匍匐茎枝又会蔓延覆盖地面，形成新的草坪。用此法，1 m^2马尼拉草能扩大繁殖新草坪10～15 m^2，结缕草、中华结缕草略低一些。

3. 草块分栽法

此法在我国南方地区，常用于繁殖细叶结缕草、马尼拉草。一般将铲起的母本草皮，切成5 cm × 5 cm大小的方块，或5 cm × 15 cm大小的长条状草块，以20 cm × 30 cm，或30 cm × 30 cm的株行距离进行分栽。栽好后立即滚压浇水，以后必须经常保湿。此法比以上几种方法容易成活，而且成活后，很快又会蔓延滋生出新的匍匐枝，向小草块四周伸延，并迅速形成新的草坪。此法容易养护管理，省工省时；其缺点是形成草坪时间比铺植法慢，且有时平整度稍差，影响美观。为避免草块之间出现条痕，可采用梅花形栽植。

4. 草坪铺植法

是我国各地最常用的铺设草坪方法。即将生长健壮的优良草坪，用平板铲铲起，一般按照一定的大小规格，铲起装车运至铺设地，在整平的场地上重新铺设，使之迅速形成新草坪。具体操作如下：

1）铲运草块

即将选定的优良草坪，一般以30 cm × 30 cm的方块状，使用薄形平板状的钢质铲，先向下垂直切3cm深，然后再用铲横切。草块的厚度约3 cm，整块必须均匀一致。这样就可以一块又一块地连泥带草根重叠堆起，并可随时装车运出。

上述方形草块在国外已改变为长条状草皮，像蛋卷似的，铲起成卷运走。

2）铺栽草块

草块搬运至铺设场地后，应立即进行栽种。铺设草块前，应先清除场地上的石块、垃圾等杂物，增施基肥，力求表土层疏松、平整。更重要的是排水坡度的整理，面积大的场地，为了达到2‰～3‰的斜坡排水，最好使用仪器测定。

草块铺前，场地再次拉平，并增加1～2次压平，以免铺后出现泥土下沉所带来的不平整或者积水等不良现象。

铺栽草块时，块与块之间应保留0.5～1 cm的间隙，以防在搬运途中干缩的草块遇水浸泡后膨胀，形成边缘重叠。块与块之间的隙缝应填入细土，草块铺完后滚压，并进行浇水，要求灌透。一般浇水后2～3天再次滚压，则能促进块与块之间的平整。

一般说来，新铺设的块状草坪，压滚一二次是压不平的，以后每隔1周滚压浇水一次，直到草坪完全平整为止。在滚压过程中，如发现草块部分下沉不平，应把低凹下沉部分的草块掀起，用土填平。

3）草块铺设后管理

新铺草块必须加强管理，防止人畜车辆入内，靠近道路、路口的应设置临时性指示牌，减少和防止人为破坏所造成的损失。

新铺的草坪返青后，可增施一次尿素氮肥，用量约120～150 kg/hm^2。当年的冬季可适当增施堆肥土或土屑土等疏松肥料，则能迅速促进新铺草坪的平整度。

4）铺种草块的时间

方块草坪铺设，不论是冷季型还是暖季型草种，都忌在冬季进行。因为禾草在冬季大部分停止生长或者休眠，铺后容易遭干冻。早春草坪萌发嫩芽，若经移栽，会影响其正常生长，因此也不宜在早春进行。在华东地区，最适宜的草块铺植时间是春末夏初，或者在秋季进行。

5.4.3 草坪植生带

草坪植生带是工厂化生产草坪的一种新方法。它是用再生纤维通过一系列工艺加工，制成具有一定拉力、透水性能良好、质地很薄的无纺布，然后在无纺布上喷施肥料，并均匀地撒播优质的草籽，再在上面覆盖一层无纺布，将草籽夹在两层无纺布中间，最后经过A−80型针刺机的针刺，将棉网上的纤维交织在一起，即成植生带，最后成卷。

用植生带铺设草坪操作简便，运输方便，而且发芽快，出苗齐，杂草少，现已在许多城市推广应用。

1. 草籽选择

选择适宜的草籽是生产草坪植生带的一个关键问题。为了适应不同地区、不同气候、不同立地环境及不同用途的需要，必须选择相应的草种。在植生带上所播的草籽，必须发芽率高，出苗迅速，形成草坪速度快，可采用单播或混播，混播的草种以2～3种为宜，不宜过多，以免影响出苗后的草坪质量。国外通常采用狗牙根、紫羊茅、小糠草、草地早熟禾和白三叶等作为植生带的播种材料。上海市花木公司与上海长宁区物资回收公司合作，曾以多年生黑麦草、草地早熟禾和白三叶作为播种材料。

2. 铺设技术

使用植生带铺设草坪必须要有相当的铺草技术要求，应掌握以下几点：

(1) 植生带铺好后，要充分压平，使植生带与土壤紧密结合。

(2) 覆盖土必须用无杂草根、茎和种子的心土，一般可选用表层15 cm以下的土壤，最好打碎过筛后使用。覆盖土以沙壤土为好，忌用粘土，以防在浇水后覆盖土板结，影响幼苗出土。

(3) 如果在有自动化喷灌装置的地区或在雨季铺设，只要能保持植生带湿润，可以不覆盖土壤。植生带与植生带交接处需有适当的重叠，以免露出地面，并适当地用“U”形钉固定，以植生带不让风刮起为佳。但在坡地铺设，为防止暴风雨冲刷或吹走，“U”形钉需打入土壤15 cm为好。

(4) 浇水每天早晚各一次，根据天气情况可适当增减，以保持土壤湿润为原则，以利于种子发芽，雨季铺设可以不浇水。

(5) 铺设时间春、秋两季均可。冷季型草种以秋季为佳，因此时杂草即将枯萎，翌年当杂草滋生时，新草坪已形成，可以抑制杂草生长。

5.4.4 草坪的种植技术

草坪的种植大体包括种植前场地的准备、草坪草种的选择、种植和种植后的养护管理四个主要环节。

1. 场地的准备

1) 清理及翻耕

包括清理树桩、树根、砖石及杂草等，并进行土壤翻耕，翻耕的深度一般为30～35cm，并要求打碎土块。翻耕过浅，会影响植物根部的生长；过深，则容易使表层肥土翻到深处，影响土壤肥力。

2) 平整

在平整地形中，遇到土方移动量大时，需将原表土层铲起，暂时堆置保存在另一处，然后移去底土，或者填高地形。地形平整完后，再把堆置保存的原表层土放回原地段的最上层。由于原表层土壤已经过风化，其土质成分内含有大量腐殖质，土壤肥力较佳。此项移土基础工作，虽然投资略大，但对植物今后的生长十分有利，尤其需要大量移土时，必须及早列入计划之内。

在平整场地的同时，应考虑建成后的地形排水。因为草坪与地被植物的根系很浅，建成后一旦场地积水，不仅植物生长欠佳，严重时还会使成片场地的植物空秃、死亡。

草坪的地形排水，一般要求场地中心稍高，四周逐步向外倾斜，通常形成2‰～3‰的排水坡度，最大不宜超过5‰，坡度太大容易出现泥土流失。如果建设场地的边缘靠近道路或建筑物，则应从路基或屋基处向外倾斜，以利雨雪水向外排出。

草坪除利用地形排水外，对要求略高的纪念性广场中心，或体育运动性草坪，则应设置排水设施来解决排水。目前通用的方法是采用暗管排水和鼠道排水两种。一般面积不大的，多采用对角线埋设主要暗管排水管道，而在主管道左右，斜埋副排水管，构成状似肋骨的地下排水系统。草坪面积较大的，排水主管应平行排列。埋设的暗管为管径6～8 cm的陶土管，埋管时，开宽30～45 cm、深40～50 cm的沟，放入管后，管的上面先平铺一层石块，然后填入碎石和煤屑，最上一层填入表土，厚度为20 cm，以利种植草坪草。

鼠道排水系统，就是采用一种钢质的弹簧状顶管，管端装有犁刀式的拨土机具，在一定深度下通过，压缩土壤而留下管状隧道，形如鼠道，故而得名。但这种隧道式鼠道，不像陶土管道那样持久，一般仅可使用5～10年。

3）施肥

肥料是保证各类植物生长发育的可靠基础。如在种草施工中，发现原表层土壤肥力不足，应力求做到合理增施肥料。

根据我国的实际情况，不少地区在平整土地时多增施堆肥和厩肥等作为基肥。如南方地区，常常将风化过的河泥混入表土层内。

增施基肥，还必须根据土壤的不同结构、肥瘠程度施用不同肥源。我国南北各地常用的有机肥料种类较多，除了上述堆肥、厩肥、河泥三者之外，还有人粪尿、饼肥、绿肥、腐叶土多种。一般说来增施有机肥料，对草坪的持久不衰以及抗病等有利。

4）土壤改良

首先应测定土壤的酸碱度(即pH值)，通常中性和微酸性(pH值6～7)的土壤，对多数草坪草植物生长有利，如测定后发现偏碱(pH值7.5以上)，在我国南方地区，可施用硫磺粉或可湿性硫磺粉等来降低土壤的含碱成分，其效能持久，用量可参考表5-4。

表5-4　硫磺粉施用量

pH值界限	施用量/kg · 100m^{-2}	pH值界限	施用量/kg · 100m^{-2}
从8.0降至6.5	1.5-2.0	从7.5降至6.0	2.0-3.0
从8.0降至6.0	2.0-3.0	从7.0降至6.0	1.0-2.0
从7.5降至6.5	1.0-1.5	从7.0降至5.5	2.0-3.0

若土壤偏酸，可施入石灰，以提高pH值。

另一种土壤改良是使土壤形成良好的结构。主要是在土壤中加入改良剂，以调节土壤的通透性及保水、保肥的能力。如泥炭加在粘性土壤中可降低土壤的粘性；加在沙性土壤中，则可提高土壤保水、保肥的能力。

2. 草坪草的选择

选择适宜的草坪草是建坪成败的关键。所选的草坪草首先应适应当地的气候条件及土壤条件(包括水分、酸碱性、土壤性质等)，同时还应考虑光照条件、使用目的、养护水平、所期望的草坪质量和资金情况等等。例如计划建一个游憩草坪，就要选用管理容易、不需要经常修剪、抗病虫害以及耐践踏等方面有特长的草坪草。

观赏草坪一般不允许人进入，管理精细，草坪品质要求高。因此要选择耐低修剪、叶子质地细致、密集、平整、翠绿、绿色期长等特性的草坪草。

运动场草坪的草种通常需要有耐践踏、耐频繁修剪、根系发达、再生能力强等特性。另外，资金充足的可以选择需要精细管理、品质优良的草坪草；资金不足的则选用管理粗放的草坪草。

总之，草坪管理者应充分了解各草坪草的特性及当地的气候和土壤条件，以做出最佳的选择。

3. 种植

详见本节的繁殖部分。

4. 种植后的养护管理

草坪植物种植后要及时浇透水，并经常保持土壤湿润，直至出苗或成活。植株成活后可视情况适当减少浇水，多雨时要及时排涝。

在草坪植物种植前，要清除杂草，种植后也要勤除杂草，以保障草坪植物健壮地生长，尽早成坪或郁闭。

草坪植物在种植前如已适量施肥，一般短时期内不会缺肥，但如肥力明显不足，则必须施以追肥。

新植草坪或地被应及时进行修剪，以促使其枝叶密集，提高覆盖效果。另外，新植草坪要控制人畜进入，以减少人畜对植株的损伤。

5.4.5 草坪的养护管理

1. 土壤管理与增加肥力

施肥加土是保持人工草坪生命力强、叶色优美、生长茂盛的重要养护措施。一是由于长期生长，土壤肥力不足；二是由于修剪次数增多，消耗养分必须补充。另外，加土不仅能改良土壤，保护草根安全越冬，且能防止水土流失。

1) 草坪施肥

草坪施用的肥源有化学肥料与有机肥料两种。化学肥料施用时期，长江流域各地，以梅雨季节为宜。施用化肥多以氮素肥料为主，以促进其茎叶繁茂。施用磷、钾肥则能增加草坪的抗病与防病能力。氮、磷、钾3种化肥的施用比例，通常应控制在5∶4∶3为宜。施用化肥应在阴天或在雨前撒于草坪场地，或与草坪灌溉结合进行，以防施用不当而损坏禾苗。

目前我国在草坪养护中常用的氮素化肥主要有硫酸铵、尿素、碳酸铵等；磷肥有过磷酸钙、磷酸铵等；钾肥有硫酸钾、氯化钾等。各类化肥性状不同，应在施用前查阅肥料基础知识，以防止施用不当造成的损失。

有机肥料过去在我国常用厩肥与堆肥两种。近年来由于草坪施用厩肥有碍观瞻，且容易散发臭气，施用后会给草坪增添杂草种子，因此扩大了施用堆肥的范围。

增施堆肥多在秋冬草坪休眠期进行，它不仅能促进草坪草根部土壤疏松，且对草坪草越冬有利。堆肥施用量一般为1.5万～2.25万 kg/hm^2。堆肥一般每隔2～3年施用一次。

草坪施肥常与加土结合进行。我国华东以南地区，因池塘、河道较多，人们可因地制宜地将河池的肥泥经过风化成粉状后，均匀撒入草坪表面土层，或用其填垫坑洼不平处。

2) 草坪刺孔、加土与滚压

这项养护操作常被人们忽视，希望能引起注意。

草坪经过践踏会使土壤紧实，而刺孔不仅能促进水分渗透，还能使土壤内部空气流通，有利于草坪草根系和土壤微生物的生长。因此，应在秋冬季使用钉齿滚(带有粗钉的滚筒)在草坪上滚动刺孔，或用打孔机进行打孔。草坪面积不大的可以使用叉土的叉子在草坪上扎洞眼。打孔后可在孔洞内加肥土。粘性大的土壤，在孔洞内加沙子以改良土壤。

早春草坪土壤解冻以后，土壤含水量适中，不干不湿时，应抓紧进行滚压。滚压不仅能使松动的禾草根茎与下层的土壤密切结合起来，而且又能提高草坪场地的平整度。在滚压前应检查一次，必须将低洼不平之处先用堆肥垫平，然后滚压。

耘耙能将枯死的草叶，连同幼小的野草除掉。如苔藓之类经耘耙之后不容易滋生。耘耙也能使草坪土壤疏透气，保持湿度，促使土层中养分分解等。

据国外调查，凡是实行叉土、刺孔或耘耙的草坪，均较抗旱，而且降雨时雨水也容易下渗，对草坪草根系生长发育十分有利，许多新的根须常在叉土的孔道周围形成。

2. 草坪的抗旱与浇水

让草坪生长良好，正常的养护浇水是十分必要的，它能及时解除草坪草因干旱出现的“旱象”，促进其正常生长发育。一般说来，浇水能提高茎叶的韧度，使草的茎叶经得起人们踩踏，而茎叶缺水干燥，则容易断裂破碎。草坪施肥后，及时浇水，会促进养分的分解和禾草的吸收。

在南方，草坪进行春灌，能促进其提早返青。

运动场草坪白天被踩之后，傍晚如能及时浇水，数小时后新损坏的茎叶即可复苏，并可免予遭受次日烈日暴晒而干枯，其效果是十分明显的。

1）草坪浇水的操作要求

草坪浇水，最重要的是一次浇足浇透，避免只浇表土，至少应该达到湿透土层5 cm以上。如草坪过分干旱，土层的湿润度则应增至8 cm以上，否则就难以解除旱象。

如草坪踩踏严重，表层土壤已干硬坚实，浇水一时难以渗透，则应于浇水前先用滚齿耙使草坪表面增添许多刺孔，然后再浇水。

草坪浇水最忌在中午阳光暴晒下进行，应尽可能安排在早上与傍晚进行。

为了使浇水喷洒均匀，免于遗漏，可将大面积的草坪区分为若干小区或长条状进行。设有移动喷灌设备者，可根据情况控制速度。

久旱不雨时，可连续浇水2～3次，否则难以解除旱情。正常情况下，无雨季节每周可浇水1～2次。使用水压皮带者，应安装喷头，使喷水均匀。无固定喷灌设备者，浇水应先远后近，逐步后移，这样可以避免重复践踏。

在南京地区，近年种植冷季型草者逐渐增多，如苇状羊茅、草地早熟禾、匍茎剪股颖和多年生黑麦草等，这类草种，最突出的是怕气候炎热，即越夏困难。如能采取傍晚浇水降温措施，则能使嫩草在夏季高温下安全度过，而使其在南京地区四季常青。

2）浇水工具

草坪浇水常用工具主要有高压橡胶或塑料水管；接头；固定或可以移动的传动式喷灌喷头；松土用的钉齿滚；无自动水源的携带机动提水设备潜水泵；抽水机，或运输水车。

目前，国外技术发达的国家和地区，均在绿地中的重点草坪内，安装自动化喷灌设备，草坪浇水基本上实现自动控制。国内开发区不少单位和外资企业，已经引入安装应用。

3. 草坪的修剪

草坪修剪能够控制草坪草的生长高度，使草坪经常保持平整美观，以适应人们游憩活动的需要。修剪还可以抑制草坪中混生的杂草开花结籽，使杂草失去繁衍后代的机会，而逐渐消除。

修剪的最大优点是：促进禾草根基分蘖，增加草坪的密集度与平整度。修剪次数越多，草坪的密集度也越大。

草坪修剪，还能增加“弹性”。这也是由于多次修剪留下的“草脚基部”增多了，踩踏其上，不仅能使人产生“弹性感受”，而且能增强草坪草的耐磨性能。

草坪草的最佳观赏期是幼苗期，采用修剪的方法能够控制和防止草坪草枯黄与老化。如对于暖季型草，在入冬前即其枯黄以前，合理地修剪草坪，能延长其绿色期。

1）修剪次数

草坪养护修剪次数，常因季节、地区、草种用途不同而不同。一般处于生长旺盛期的修剪次数多，一般草坪一年最少要修剪4～5次，高度养护管理的草坪(如高尔夫球场草坪)，一年的修剪次数可高达百余次。

2）修剪高度

草坪的修剪是有限度的，如剪得过低，首先是使草坪草根基受到伤害，大量生长点被剪除，使草坪草丧失再生能力；其次是大量叶组织被剪除后，植物的光合作用能力受到严重限制，草坪草处于亏供状态，使草坪衰败。在草坪实践中，把草坪的这种极度去叶的现象称“脱皮”或“蜕皮”，草坪严重“蜕皮”后，将使草坪只留下褐色的残茬和裸露的地面。

草坪修剪留茬过高，将产生蓬乱、不整洁、不平整的外观，还会使草坪密度下降，并降低品质，最后失去其坪用功能。所以草坪的修剪一定要适度。

一般草坪草适宜的留茬高度为3～4 cm，具体的因草种不同而不同（表5−5）。

表5−5　南京地区常见草坪草的修剪留茬高度

草　种	留茬高度/cm	草　种	留茬高度/cm
狗牙根	1.3～3.8	匍匐剪股颖	0.5～1.3
杂种狗牙根	0.6～2.5	草地早熟禾	3.8～6.4
假俭草	2.5～5.0	多年生黑麦草	3.8～6.4
结缕草	1.3～5.0	苇状羊茅	3.8～7.6

每次修剪时，剪掉的部分应不超过叶片自然高度的1/3，即必须遵守“1/3原则”。如果一次修剪过量，将会由于叶面积的大量损失而导致草坪草光合作用能力急剧下降，而影响草坪草的生长。所以最好当草坪草长到要求留茬高度的1.5倍时，就应遵循“1/3原则”进行修剪。如某一草坪要求留茬高度为3 cm，那么当草长到4.5 cm时就要修剪。如果草长得过高，不应一次就将草剪到标准高度，这样将使草坪草受到严重危害。应增加修剪次数，逐渐修剪到要求的高度，几次修剪要有一定的间隔时间。这种逐渐降低的方法虽然比一次修剪费工、费时，但常会因获得良好的草坪而得到补偿。

当草坪受到不利因素影响时，最好提高修剪的留茬高度，以提高草坪的抗性。如在夏季，冷季型草坪草的留茬应较高，以增加草坪草对炎热和干旱的耐受度。树下遮阴处也应提高草坪的留茬高度。

3）修剪方式

同一草坪每次修剪应避免以同一种方式进行，要防止永远在同一地点、同一方向多次重复修剪，否则草坪草将趋于瘦弱和发生“纹理”现象(草叶趋向于同一方向的定向生长)。纹理将使草坪不平整，出现层痕，如在高尔夫球场的球盘区则会影响球进洞。一般修剪习惯采用条状平行方向进行，面积较大的大型草坪则多采用环条形方向运行，以免遗漏或重复，要经常改变方向进行修剪。

有些运动场草坪的修剪方法，不同于一般草坪。如足球场草场，为了让运动场草坪减少磨损，或者磨损以后能够迅速恢复，球场养护者常习惯于采用条状花纹形式间歇修剪草坪。所谓间歇修剪，即将草坪的剪草分成两次来完成，第一次剪草车运行时，先修剪其中的单数线条花纹，间歇一段时间后，再修剪其中的双数线条花纹。两次修剪时间不同，草坪球场看上去显示出明显的条状花纹。两次修草的间歇时间一般应随季节变化而调整，各地可在试验中自己摸索而定。

江湖水库、铁路、公路的护坡草坪，通常坡度在30°以下的斜坡，仍能使用剪草机作水平方向运行，超过30°时，不利于使用60 cm以上的宽幅剪草机，一般可改用背负式电动割灌机来代替。

4）草坪的切边

草坪切边是用来清除观赏花坛草坪边缘杂草用的“切边”工序。特别是种植了匍匐类草种，在华东地区常使用月牙铲来进行草坪切边。中山高尔夫球俱乐部从国外购入的电动切边机，重仅2～3 kg，以手提之，操作简便。

草坪切边操作十分简便。一般在规定的草坪边缘，或花坛花纹边缘，向外斜切，斜坡仅3 cm左右，切到斜坡的草坪根部为止，凡是斜坡之外的乱草一律铲除，最好连草根清除。

4. 草坪杂草的防除

清除草坪场地上混入的各类杂草方法较多，有化学药物灭除杂草法、物理机械灭草法和以草制草的生物灭草法等。

1）物理机械防除草坪杂草法

据草坪工作者调查分析，草坪上大量存在的杂草是一二年生杂草，其中大部分的杂草种子依靠风力飘入草坪，随着雨水钻入草坪土壤，又萌芽危害草坪。当发现杂草危害严重时，即在剪草的同时，使用机具，将它们的花茎切断，使这些杂草失去开花结果、繁衍后代的机会。有时花茎切断后，它又会萌发新的嫩茎，则必须连续多次使用机具剪除，最后仍能达到消灭的目的。

进行物理机械灭除草坪上存在的部分杂草，应根据杂草的高度，调整机具刀片间距，切下的花果穗及部分杂草茎端，必须收集处理，不可随意丢弃在草坪上。

手工拔草和锄草是一种古老的除草法，沿用至今，仍不失为一种有效的方法。

2）化学除莠法

通常使用选择性药物除莠与土壤处理(即毒土法)等多种化学药物灭草方法。

(1) 选择性化学药物除莠法　选择性化学除莠方法是采用具有选择性能的化学药剂来杀死属于双子叶性质的杂草。此类药物只对双子叶类植物有杀伤能力，对禾本科的单子叶植物则无药害。

目前除莠剂的种类较多，并且在不断创新。我国目前常用的除莠剂，主要有西玛津、扑草净、敌草隆(绿麦隆)、二甲四氯、2，4—D类(如2，4—D丁酯)、草甘膦、百草枯等多种。其中二甲四氯施用简便安全，成本较低，应用者较多。一般用药量为15～30 kg/hm^2，配水比例无一定标准。

喷洒药剂应注意以下几点：

① 2，4−D类除草剂主要用于防除阔叶类杂草，此药对附近树木、花果、蔬菜均能产生伤害。喷施应尽量选在无风、干燥天气进行，并宜低喷。施用量为1 500 g/hm^2。

② 在气温18～29℃时，即杂草处于最旺盛生长状态，或者在阔叶杂草幼小多汁时用药，效果最佳。如气温过高，杂草叶面气孔关闭，则不利于吸收药物。

③ 气候过于干燥，应灌溉后再施药，以利于除莠剂吸收和传导。

④ 刮风时喷药，药粒易于飘失。

⑤ 喷药后8～24 h，不宜淋雨和灌水。

⑥ 施药2天后方可剪草。

⑦ 新建立的草坪，幼苗期内喷药对禾草幼苗生长有伤害。一般草坪经过1～2次修剪后再使用除莠剂。

⑧ 使用敏感性药剂2，4−D类后，机具应用清水冲洗多次后存放备用。

(2) 毒土法　毒土法防除杂草，又称“土壤封闭法”、“土壤处理法”。

施用西玛津、扑草净、敌草隆等药剂，对土壤均起一定的“封闭作用”。当稀释的药液均匀分布于土壤表层后，犹如在地表罩上了一层毒网，可以抑制杂草的萌生，或杀死已萌生的杂草幼苗。

一年生杂草如蟋蟀草、牛筋草、稗草等均宜于萌前施药。

对杀灭夏生一年生杂草，施药时间以夏季为宜。早春一年生杂草，可在早春杂草萌发前1～2周投施药剂，不要晚于杂草种子萌芽期。

施药最佳土温为13～16℃。

对恶性杂草，在一般情况下，需施药2次或多次方能根除。

对冬性草坪一年生杂草，一般应在秋初杂草萌发前施药。

对莎草科香附子等多年生单子叶杂草，一般多用有机砷除莠剂进行防除。国外新生产一种名叫Pentazoni的新除莠农药对黄香附子防除有良好效果，且对草坪毒性甚小。

草甘膦和百草枯属于灭生性的除草剂，它们对任何植物都具有杀伤作用，主要用于建立新草坪前的坪床处理。药效一般2周左右，用药半个月以后，药力已过，即可播种草种。

草坪除莠剂的使用一般按单位面积计算。20%的二甲四氯乳剂用量为0.2～1.0 ml/m^2，50%西玛津粉剂与50%扑草净粉剂的用量为0.2～1.0 g/m^2。

5. 草坪病虫害防治

1) 草坪病害

(1) 炭疽病　由禾炭疽利盘孢菌引起。最初叶片上为红斑块。病原菌以黑色菌核越冬，春季发芽，气温18～25℃时病状加剧。

(2) 伏草菌红线病　在病叶上产生红线或粉红色的不规则斑块。病原菌为腐生菌，18～23℃气温条件下传染蔓延，生长缓慢。

(3) 猝倒病和幼苗凋萎病　为腐霉菌、镰刀霉菌丝核菌侵入引起，一般在幼菌出土前引起草种腐烂，幼苗出土后猝倒，最后枯萎。

(4) 镰刀霉枯萎病　由粉红镰孢霉引起，是6月末最严重的病害之一，一般在气温26～32℃的干旱天气下发病。

(5) 叶斑病　由虫害核斑梨孢霉引起，首先在叶和茎上出现灰白色的斑，然后扩大形成圆状或长形的斑块，斑块具灰白色中心，红棕色到紫色的边缘，随之叶部枯萎。

(6) 长蠕孢菌病　为长蠕孢腐生菌引起，是冷季型和暖季型草坪的重要病害之一。早春到仲春此病加重。一般可用敌菌灵、升汞、代森锌、福美隆等防治。

(7) 白粉病　由白粉菌引起。先生长在阴处环境下出现白菌丝的斑块，病株呈灰色，犹如撒上的面粉。该病原菌为寄生性真菌。在春季或秋季气温18℃时发病。可用杀菌剂来防治。

(8) 腐霉菌枯萎病　由多种腐霉菌引起。是冷季型草和狗牙根的重要病害，在湿润和气温在26～32℃条件下，一昼夜能毁灭一块草坪。菌丝体灰白色，当禾草干燥时，菌丝体即消失。

(9) 丝核菌褐斑病　病块呈淡褐色或稻草色。病原体为寄生性真菌，可用敌菌灵、百菌清、代森锰锌、苯菌灵等杀菌剂来防治。

(10) 锈病　由几种锈病菌引起，是草坪的重要病害。发病时叶上呈淡黄色斑点，接着叶的角质和表皮层破裂，后发展成红棕色或枯黄色的点，最后叶片变成黄到棕色。

(11) 核盘菌线斑病　是低刈草坪最有破坏性的病害之一，对匍茎剪股颖的危害尤甚。单叶呈红棕色边缘，春季及初夏萌发。

(12) 粘菌病　病原菌为表面腐生性真菌。最初分泌奶油白色到油脂般黑色的粘性产物，最后由于过分生长，变成粉状、灰白色、红灰白色、棕色到橘黄色。

(13) 黑粉病　是冷季型草种的严重病害之一。感病时叶变硬，生长受阻，在气温10～15℃低温时开始发病，为黄绿色条纹，随之条纹变成淡灰白色，不久条纹处的表皮破裂，叶尖向下变成棕褐色，并枯萎。

(14) 木雪腐病　由多种雪腐病菌及镰孢霉线菌引起，一般秋末至仲春的低温发病严重，危害冷季型草种。

(15) 赤霉病　草坪的苗、茎、穗患病时，出现粉红色霉点，以后呈紫黑色小粒，严重时草坪植株枯死。主要危害多年生黑麦草。防治可用1%石灰水浸种后播种。

2) 病害防治方法

(1) 培育抗病品种　培育抗病品种是最有效的防治手段，一般通过人工选育取得。如美国培育出瓦巴斯草地早熟禾代替易感病的Merion草地早熟禾，使白粉病、条纹黑粉病等大大减少。

(2) 通过改变环境条件来控制病害　尽量为草坪创造适合的栽培环境，促使禾草生长茂盛、健壮。如改善土壤透气性能，加强肥水管理，改进排水状况等，能大大降低霉菌、凋萎病毒等发生的可能性。

(3) 使用杀菌药剂　常用的杀菌剂有触杀型与内吸型两类。触杀型杀菌剂喷洒到草坪叶面和茎上，能够直接防止真菌感染植株，而且药效快，使用范围广。在病害活动时期，常使用触杀型杀菌剂来防治病害，能有效地防治侵染茎叶的一些真菌病，但不能防治草根上的病害。

内吸型杀菌剂药效慢，但作用大，被草坪草的根及其他器官吸收后，可被送到植物各部分，不易受到修剪、雨水等影响，能够干扰真菌代谢过程，所以比触杀型杀伤范围大。

(4) 使用杀菌剂的方法

① 种子处理法　是用药剂来处理种子，以消灭种子内外的病原物，保护幼苗免受病原物的侵染。具体有拌种、浸种和闷种等方法。常用的杀菌剂有代森铵、福美双、敌克松、萎锈灵和六氯苯等多种。使用克菌丹或福美双处理种子可防治猝倒病和幼苗凋萎病。

② 土壤施药　是将药剂施入土壤里，以消灭土壤中的病原物或保护幼苗使其免受病原物的感染。一般使用有挥发性的或有熏蒸作用的药剂。施用的方法是以颗粒状用撒播机均匀撒入土内。此法常用于防治长蠕孢菌病、丝核菌褐斑病、蘑菇圈等病害。土壤经处理后，应在半个月至1个月后才可播种，以防发生药害。

③ 植株表面喷药　是在草坪草表面喷药。施药的方法有喷雾和喷粉。常用的药剂有代森锌、福美双、百菌清、克菌丹、多菌灵等。

在药物使用中，为了能获得良好的防治效果，应该注意药剂的使用浓度。多菌灵喷雾时用50%可湿性粉剂1 000～1 500倍液。代森锌喷粉用量为4.5～105 kg/hm^2，喷雾用60%可湿性粉剂的400～600倍液。福美双喷洒时用500～800倍液。克菌丹喷洒时用50%可湿性粉剂的300～600倍液。

a．喷药时间　过早会造成浪费或降低药效，过迟大量病原物已侵入寄主，即便喷内吸性杀菌剂，收效也不大，应根据发病规律或根据短期预测及时地在没有发病或普遍发病以前喷药保护，一般草坪叶片保持干燥时，喷药效果好。由于结缕草的冠腐病和根腐病主要发生在仲春和初秋，所以要在发病以前喷药。草地早熟禾的白粉病在春天和秋天多云天气发病，所以也要及早喷药。防治狗牙根、结缕草和苇状羊茅的锈病时，要在叶片发现淡黄色斑点时及时喷药。狗牙根在春季有死斑病，应在初春进行防治。

b．喷药次数　主要根据药剂残效期的长短来确定，一般7～10天喷药一次，共喷2～5次，雨后还需补喷。

c．喷药量　过多造成药害，过少起不到作用。如人工喷药，要求喷雾器有足够的压力。同时还要防止抗药性的产生，许多药剂在同一地区同一草种连续使用一段时间后，病原菌菌体会产生抗性。尽可能交替使用多种杀菌剂，以防止抗药菌丝的产生和发展。

3) 草坪虫害

(1) 线虫　线虫是土壤中最丰富、最活跃的一类动物。在土壤中以真菌、细菌、小的脊椎动物及高等植物的某些组织、器官为食。某些草坪常因线虫群体寄生，而产生严重危害。线虫危害通常发生在亚热带和热带沙质土壤中。

线虫分布于草坪草的根上或根内，因而给防治带来一定的困难。

常用的杀线虫药剂有熏杀剂和触杀剂两种。熏杀剂是在土壤中迅速产生有毒气体，杀灭效果较好。常用的药剂有溴化钾、三氯硝基甲烷和氰土利。触杀剂必须接触草根才有作用。常用药剂有二嗪农、内吸磷、灭克灵、克线灵等。喷洒线虫药液后，应立即灌水，以减少草坪草的灼伤。施用杀线虫剂一般在春季植物开始生长，或秋季土温在12～16℃时进行较宜。

(2) 尖头负蝗　直接咀嚼禾草的叶片和嫩茎，严重时被食一空，只剩少数根茎。危害时间5−9月。负蝗的若虫或成虫都能危害草坪。

可用90%晶体敌百虫1 kg加水1～1.5 kg稀释喷杀。或早晨草未干前，捕捉成虫或若虫，因此时该虫行动缓慢。

(3) 小地老虎　专食禾草嫩茎叶，危害极大，造成草坪成片空秃。可喷施90%晶体敌百虫1 000倍稀释液，喷药最有效时间是其夜间爬出觅食之时。人工捕捉最好在凌晨4时前后，太阳出来后它就躲藏在土壤中。

化学诱杀，可用糖、醋加入敌百虫拌成薄浆糊状，放于盆底，晚上放置在草坪危害地区，诱引成虫食用而中毒死亡。

另外还可采用堆草诱杀，于次日凌晨检查，集中杀死。

(4) 蝼蛄　若虫和成虫都是夜间出来觅食。主要危害禾草近地面的根茎处，使植株枯黄。防治采用诱杀法。

(5) 蛴螬（金龟子的幼虫）　一般躲藏在腐殖质较丰富的肥沃土壤中。虫体 10 mm 大小，主要嚼食禾草根部，危害严重时，也能造成草坪空秃。防治方法同小地老虎。

(6) 草地螟虫　此虫蛀食草根及茎部，使禾草水分供应中断，茎叶发黄，植株枯死，对草地早熟禾危害较重。

防治方法除参照小地老虎防治外，亦可采用黑光灯诱杀其成虫。

(7) 粘虫　近年来各地从国外引进的多年生黑麦草中，已发现有粘虫危害。

防治采用 90% 晶体敌百虫 1 000 倍稀释液喷杀之，效果明显。

(8) 麦长蝽　常以刺吸式口器吸取草坪茎叶汁液，使茎叶松软、易卷、死亡，受害草坪一块块变成淡灰褐色。扒开将死的草坪，可见到许多小型的、有光泽的橙黄色昆虫，背上具有发育不完全的翅。麦长蝽在垃圾杂物、灌木篱以及留存的草坪枯草里越冬。

可施用 2.4 ml/m^2 西维因乳剂或 2 g 50% 可湿性粉剂，也可施用 2.4 ml 氯丹 4E 乳剂，或 25% 地亚农乳液 1.2～2.4 ml。

(9) 蚂蚁　草坪上最常见的是铺地蚁、阿根廷蚁、玉米田蚁等。它们拱掘土壤，对禾草生长很不利，对人们在草地上游憩也有妨碍。

驱除蚂蚁必须找到蚁穴，喷撒农药地亚农毒杀之，或灌入 1～2 汤匙二硫化碳熏杀。

(10) 螨类　它们具有 4 对非常小的腿，采食草坪叶，引起叶斑，不断危害会引起褪绿，甚至死亡。

(11) 其他小动物危害　除以上虫害外，草坪还遭受蜗牛、鼠、鸟、兔等危害。蜗牛属于夜出性小动物，白天躲在砖石下面，傍晚爬出来破坏草坪根茎，可在蜗牛活动地区喷洒敌百虫稀释液消灭之。鼠一般在草坪潮湿的草根下活动，可喷洒敌百虫稀释液消灭。其他鸟类、兔类等多在大面积的草坪上发生，应加强防范驱除。

6. 草坪的休养生息和更新

1) 草坪的休养生息

草坪踩踏过度，会出现板结、空秃，严重时寸草不生。应根据不同情况采取休养生息等养护措施。

如发现较早，受害较轻，应立即用绳柱圈围起来，必要时设置“养草期间请勿入内”等的标牌，同时对践踏板结地段，进行必要的松土、施肥、浇水等特殊护理，让土壤内留存的部分根茎，尽快恢复正常生长。

对开放活动频繁的草坪，应在早春草坪返青前期，预先采取措施加以保护，必要时应停止使用一段时间，并设置标牌劝说，等恢复生长后，再对外使用。

对一些游人较多的公园、广场大草坪，可采取轮流开放的办法，让草坪自然恢复。

对践踏损伤严重的草坪，应有计划地在休养期内，对空秃地段进行补种，也可用同类草块移栽补铺，使之迅速恢复使用。

2) 草坪的更新复苏

更新复壮是保证草坪长期持久不衰的一项重要护理工作。草坪虽属多年生，但植株的生命期很短，必须依靠不断分蘖，自我更新繁殖恢复。有时由于草丛密集，土壤肥力有限，必须人为创造条件，帮助它延长生命期。

(1) 添播草籽　此法在国外常用于冷季型草坪中，因冷季型草寿命期最多7～10年，养护差的3～4年即进入衰退期。人们常常每隔3～4年，在草坪上采取松土刺孔的办法，将肥料和种子撒在洞眼内，浇水让其萌发，增加草坪活力。

(2) 条状更新　一些具有匍匐茎的草，如结缕草、假俭草、马尼拉、狗牙根等，均能节间生根，向外伸延。但到了一定年限后，草根密集老化，蔓延能力退化。因此可以每隔数年，在平整密集的草地上，每隔50～60 cm挖走50 cm宽度的一条草坪，增施泥炭土或堆肥泥土，重新垫平空条土地，两侧具有匍匐能力的草茎，在生长期内，很快爬入肥土中，并迅速生出新草苗，填补空缺。这样再过1～2年，就可以把余下的另一条老草坪连草根挖起运走，进行更换肥土。如此循环往复，3～4年就可以全部更换一次。

(3) 断根更新法　定期在建成的草坪上，使用特制的钉筒（钉长10 cm左右，可以自己制作，目前国内尚无商品出售），来回滚压草坪，将草坪地面扎成许多洞孔，切断草根，洞孔内施入肥料，促使新根更新生长。或者使用滚刀，每隔20 cm将草坪划切一道缝隙，也能将老根切断，然后在草坪上撒施肥土，促其萌发新芽，均可达到更新复壮的目的。

(4) 一次更新法　当草坪出现衰老时，可以全部翻挖起来，选择其中一部分生命力强的匍匐茎或根状茎重新栽种，或增添一些新的嫩草根，并在翻松的泥土中加入肥料。栽种后，加强养护管理，翻种的草坪，很快就能复壮起来。

草坪更新复壮，是草坪延长年限，保证草坪整齐、平坦、美观的重要技术措施，各地应联系本单位的实际情况，选择适合自己的更新复壮办法，使本地区草坪的栽培水平提高一步。

5.4.6　温暖潮湿地区的草坪季节性管理措施

这一地区通常包括西南部分地区和华东、华南及华中大部分地区，其草坪管理措施有其特别之处。

1. 冬季

1) 检修设备和机器

仔细检查生长季节所需的各种设备和机器，定购适当的修理部件以满足正常的替换。这项工作主要包括清洁和修理机器及设备，使其外观整洁，防止生锈和老化，从而保证所有的工具在需要时都能正常运行。

2) 提供下一个生长季节所必需的存货清单

列出即将来临的季节所需的货物清单——特别是肥料、石灰、杀菌剂、杀虫剂、除草剂、种子和特殊草坪的表施材料。可能的话，要求在生长季节的适当时候列出以后所需清单。若所需货物清单已经定下来，供货者应予以满足。紧急情况需要马上交货时，决不能因为没有所需的存货而不予提供。如果这些确定的货单无法预定下来，至少要口头告知供货者所需的货物。把估计所需货物的清单告知你的管理员。

3) 季节性的劳动力分配

确定完成任务所需要的所有季节性的劳动力。最好的劳动力要放在最需要的位置上。提早许诺丰厚的薪水将大大减少工人的怠工问题。管理中的机械化使用程度越高，就越需要懂技术的专业工人。若有未受过培训的工人，则必须由技术工人帮带，表现较好的人员可成为长期的雇工。

4）学习先进的科学技术

要花费一定的时间来学习草坪管理领域中各种新的科学知识，了解所有设备和机器的更新发展状况，以提高其使用水平。同时还要特别警惕出现新型病虫害，掌握其防治方法及关于农药、肥料和草坪草草种的新型材料或配方。在生长季节，需要有一批熟练工人，以保证质量地及时完成所有工作。

5）土壤取样和测试

如果原先没有做过这项工作，在冬天土壤还未冻结时，取样测定土壤的酸碱性以及当前的土壤肥力等。把土样送往有关土壤测试实验室进行测试，最好在春天以前拿到结果。

2. 春季

温暖和寒冷地区最大的不同是其使用的草坪草种不同。另外一个不同就是于秋季在暖季型草坪上直接补种冷季型草坪草，如黑麦草，以使该类草坪在冬季和早春暖季型草返青前仍能保持绿色。根据这一要求，建议实施以下措施：

1）冬季危害的修补

要求对冬季危害早一点做出评价，以采取措施进行修补。一些情况，像排水不良(在表层或土壤中)、土壤侵蚀、草坪表皮死亡、人为的破坏以及类似的危害应准确及时地加以处理。

2）重新种植草坪

当温度升高到足以使草坪草生长时，立即重新种植草坪。重新播种和重铺暖季型草坪草可经相对较长的春季而获得成功。

3）疏松土壤

在温暖地区，任何条件引起的紧实及渗透性差的土壤表层，疏松土壤都是重要的。这些措施能提高雨水和肥料的渗透能力，同时也可刺激深层根系的生长发育。

4）施肥

温暖地区的土壤一般需要大量施肥。在正常生长季节之前施肥，比其他时候施肥更能促进草坪草的生长，使之形成致密的草坪。施肥要与土壤测试结果相一致。

5）滚压

在温暖地区，草坪对于滚压的需要大大降低。如果草坪长得不平，那是因为其他因素，而不是因为冻害使草坪草根茎发生变化而引起的。应针对直接引起的因子进行处理。

6）修剪

修剪的次数、原则、高度及方式可参照草坪的养护管理。

7）病害防治

暖季型草坪草对各种病菌都很敏感，并且在持续炎热潮湿的气候下，这些病菌更容易传染。当严重的病害蔓延时要迅速予以处理。若需要，可取样送往有关科研单位或高校进行鉴定，以获得处理病害的最佳措施。

8）灌溉

暖季型草坪草比其他种类草坪草更易忍耐干旱。但几乎在所有温暖地区都有一个降雨不足的周期，此时就需要补充灌溉。草坪使用的次数越多，就越需要及时补充降雨量的不足。

9）除杂草

一旦见到阔叶杂草长出来，就应立即施用除草剂进行消除。对蟋蟀草，出苗前就应进行处理。而其他夏季型杂草，则应在多年生草坪草开始旺盛生长之后立即进行处理。

3. 夏季

1）修剪

当草坪草长到适当高度时，就应进行持续有规律的修剪，以保持草坪生长的速度。当剪下的草屑太多足以滋生病菌时，就应清除掉。

2）灌溉

当表层 10 cm 的土壤出现干旱时，就应该补充灌溉。

3）病害防治

在炎热潮湿的气候下，一定要警惕发生病害，并及时采取防治措施。对有病害发生记录的草坪，要采取预防措施。

4）虫害防治

当发现不健壮的草坪时，就要进行调查，以防害虫危害。抓住虫害即将蔓延的时机，于害虫大量繁殖之前及时采取适当的防治措施。发现任何种类的五月金龟子或类似害虫，都应在成虫从卵中孵化出幼虫时将其杀死。对于危害人类的昆虫，如恙螨、黄蜂和扁虱等，在生长季节开始时就应该用杀虫剂杀死。如有必要，可再重复施用。

5）除杂草

如果出苗前的处理工作做得不很充分或根本没有做，就应使用芽后除草剂防除蟋蟀草和其他夏季一年生杂草。一旦草坪草开始旺盛生长，就得更加注意杂草的蔓延。在生长季节的任何时候都要对阔叶杂草进行防治。

6）施肥

第二次施肥应该在仲夏，这样肥料将继续维持草坪草的生长，直到秋季寒冷气候来临。此时所施肥料的数量和种类可以与春季的相同。

4. 秋季

1）修剪

只要草长高了，就应继续修剪。

2）灌溉

像夏季一样灌溉，但仅在土壤需要时才进行。

3）病害防治

警惕温暖和较为凉爽气候下发生的病害。

4）虫害防治

调查在夏季没有被人们注意到的害虫，它们可以在秋季大量繁殖而危害草坪。当虫害蔓延时，要及时予以处理。

5）补播

在温暖地区，草坪管理者有权决定在持久的草坪上再播种黑麦草，以使暖季型草坪草休眠时，草坪仍保持绿色。划破草皮，增施肥料，这对于黑麦草的定植是必要的。

6）清除落叶

建议在所有的草坪上都实施这一工作。即使当有落叶时暖季型的草坪草已休眠，也应清除落叶，否则这些落叶将成为害虫的聚集藏身地，同时将促进寒冷型病菌的发展。另外，落叶还会破坏草坪外观。

7）土壤取样和测试

在生长季节，每一片重要的草坪都应取土样，并把土样送往可靠的土壤测试实验室。根据基本的分析报告，制定最有效的处理措施。

有时亦可在早春和秋末或植物休眠期前后，采用撒施方法，可结合加土进行，对植物根部越冬有利，而且可以因地制宜，充分利用各地的堆肥、厩肥、饼肥、河泥及其他有机肥源。

5.5 水生花卉

5.5.1 水生花卉概况

园林中的水生花卉，不仅限于植物体全部或部分在水中生活的植物，还包括适应于沼泽或低湿环境中生长的一切可观赏的植物。其种类极其繁多，全国大约有50多种，园林中常用的有20多种，既有蕨类植物，又有单子叶植物，还有双子叶植物。主要有睡莲科、千屈菜科、莎草科、雨久花科、香蒲科、泽泻科、龙胆科、天南星科、莼菜科、柳叶菜科、鸢尾科、苋科、水蕨科等。

5.5.2 水族箱植物

是用来美化水族箱的水生植物（俗称水草）。主要为沉水植物，其根或根茎固定在水底土壤中，茎、叶沉于水中生长。也可选用部分浮叶植物，其根、茎在水下，叶浮在水面。水族箱植物种类很多，世界上用来装饰水族箱的沉水植物达300多种，多产于热带、温带，通气组织发达，花序或花常伸出水面开放，授粉后果实在水中成熟。多用扦插、分株或播种繁殖。水族箱植物通过光合作用，可增加水中含氧量，吸收鱼类的排泄物、剩余的食物和鱼类呼吸排出的二氧化碳，净化水质，同时还可作为观赏鱼类的产床和栖息场所。

5.5.3 水生花卉的生活型

水生花卉多为宿根、球根植物，根据对水分的要求，依生态习性及与水分的关系，生活型主要有以下 4 类。

1）挺水植物

根生于泥中，茎叶挺出水面之上，因种类不同可生于沼泽地以至1 m左右的水深处。如荷花、香蒲、芦苇、水葱、千屈菜、菖蒲、水生鸢尾等。

2）浮水（叶）植物

根生于泥中，叶片浮于水面或略高出水面。因种类不同，可生于浅水面以及2～3 m的深水中。如睡莲、王莲、萍蓬草、芡实、菱、荇菜等。

3）沉水植物

根生于泥中，茎、叶全部沉于水中，如金鱼藻。

4）漂浮植物

根伸展在水中，叶浮于水面，随水漂浮滚动在浅水处，也可生根于泥中。如满江红、浮萍、大藻、凤眼莲、水鳖等。

5.5.4 水生花卉的栽培管理

水生花卉多采用分生繁殖，有时亦采用播种法。分株一般在春季萌芽前进行，适应性强的种类，初夏尚可分栽，方法与宿根花卉类似。播种法应用较少，大多数水生花卉种子干燥后即丧失发芽能力，成熟后即行播种，或贮在水中。水生鸢尾类、荷花及香蒲等少数种类，其种实可干藏。

耐寒的水生花卉，直接栽在深浅合适的水边和池中时，冬季不需保护。休眠期间对水的深浅要求不严。

半耐寒的水生花卉，栽在池中时，应在初冬结冰前提高水位，使根丛位于冰冻层以下即可安全越冬。少量栽植时，也可掘起贮藏，或春季用缸栽植，沉入池中，秋天连缸取出，倒除积水，冬天保持土壤不干，放在没有冰冻之处即可。

栽植水生花卉的池塘，缸栽后沉到池中布置，也可直接栽于池中，秋冬掘起贮藏。

栽植水生花卉的池塘，最好选用池底有丰富的腐草烂叶沉积，并为粘质土壤者。新挖掘的池塘常因缺乏有机质，栽植时必须施入大量的肥料，如堆肥、厩肥等。盆栽用土应以塘泥等富含腐殖质的粘质土为宜。

为防止鱼类噬食水生花卉，常在水中围以铅丝网，上缘稍露出水面即可，以免影响观瞻。

水体常因流动不畅、水湿过高等原因引起藻类大量滋生，水质混浊，小范围内可撒布硫酸铜除之，大范围内则需利用生物的相互制约作用来防治。

5.5.5 水生花卉的作用

园林景色只有当水面栽种了各种水生花卉后，才能使景色生动。不仅如此，多种多样的水生植物及一些藻类等低等植物，对于水体的净化卫生与生产利用都有很大的作用。

水生花卉因种类不同，在低湿或沼泽地以及1 m左右的浅水中都可生长。少数可在2～3 m或更深的水中生活。因此，必须根据花卉对水深的要求筑砌栽培槽来布置水生花卉，也可用缸架设水中以控制栽植面积。在不需栽植水生花卉的地方，水应较深，以防水生花卉自然蔓延而影响设计景观，并妨碍对水中倒影的欣赏。多数水生花卉要求在静水或稍有流动的水中生长，但有些必须在流水中，如在溪涧中才能成活，这在布置上也应予以注意。

水生花卉常植于湖水边点缀风景，也常作为规则式水池的主景；在园林中也有专设一区，创造溪涧、喷泉、跌水、瀑布等水景，汇于池沼湖泊，栽种多样水生花卉，布置成水景园或沼泽园；在有大片自然水域的风景区，也可结合风景的需要，栽种大量既可观赏又有经济收益的水生植物。

水生植物在园林中还有其特殊功能。不少沉水植物虽无观赏价值，却可增加水中氧的含量，有些是食虫性或能制约某些有害藻类，这对净化水质及水体卫生与美观有很大作用。所以在应用水生花卉时，对那些有助于水体生物平衡的其他水生植物（包括菌藻类）也要有适当考虑，对大面积水域更应注意培植。

5.5.6 荷花

1. 概述

荷花是我国十大名花之一，具有悠久的栽培历史。经考古学家考证，已有7 000多年的栽培历史。在我国古籍文献记载中，至少也有3 000多年的历史。

荷花浑身是宝，它既是著名的观赏植物，又是重要的经济植物。花大色艳，清香四溢，鳞波翠盖，赏心悦目。其茎中通外直，不蔓不枝，出污泥而不染，成为古往今来诗人墨客歌咏绘画的题材之一，是观赏名花中的佼佼者。

自古以来，荷花就成为宫廷园苑或庭院中的一种珍贵水生花卉，在近代园林应用中日趋广泛。切花可美化居住环境，增添生活情趣。

其种子营养丰富，可作甜品及滋补品。它的地下茎—藕是水生蔬菜和水果，营养丰富，食法甚多。嫩藕和莲蓬，生食香甜爽口，是难得的夏令水果。叶片除入药外，还可供作包装材料用，叶茎、根茎可作饲料等用。

荷花病虫害少，抗氟能力强，对二氧化硫毒气具有一定的抗性，适宜于工厂绿化、净化、彩化。

荷花是我中华原产和特产，在中国几乎是家喻户晓。而在欧美等国，却极少栽培，甚至不知其为何物。随着改革开放和对外交流的不断扩大，荷花已逐渐被欧美等西方国家引种，成为友谊使者。

在印度，荷花被视作佛教的圣花(莲花)，将荷花盛泽的地方视作佛国净土的象征。

日本种植荷花的历史也有2 000余年。在近代，随着中日友好交流的加深，双方常将各自培育的新莲种赠予对方，作为友谊的使者。

荷花在我国几乎遍及全国，并且资源丰富，品种繁多。经过近几十年来科技工作者的长期科研和生产实践，已培育出花莲、子莲、藕莲三大类群三百余个品种，碗莲品种四五十种。在全国各大中城市的公园、景区，如深圳的洪湖公园、北京的北海、哈尔滨的太阳岛、济南的大明湖、南京的玄武湖、武汉的东湖、杭州的西湖等等都有大片荷花景观，那“接天莲叶无穷碧，映日荷花别样红”的美景，令人心旷神怡、赏心悦目。

2. 形态特征与习性

荷花（*Nelumbo nucifera*）是睡莲科莲属植物。本属植物有两种：即亚洲莲（*Nelumbo nucifera*）和美洲黄莲（*Nelumbo lutea*）。

荷花原产中国，我国是世界荷花分布中心和栽培中心。

荷花喜夏日高温，盛开于高温炎热季节。在它的生长期内，单花依次而出，边开花，边结果。蕾、花、莲蓬同时并存。花终后随终止叶的出现，长出新藕。

荷花喜相对稳定的静水，湖塘栽植以60～110 cm水深为宜。盆缸栽种，则需保持5～10 cm的水层。高温和强光是荷花开花的主要因子。荷花生长最适气温为28～32℃。强光照射，不仅提高了水温，而且能加速荷花的生殖生长。pH 值以6.5～7.0为好。

3. 栽培技术

1）环境条件的选择

根据荷花喜光、喜温和畏风的特性，荷花栽培的环境应选择背风向阳的地方，栽植地还必须保证有8 h以上的光照，否则，会影响开花质量和数量。湖塘栽种简单，要求选择有充足的水源，水流缓慢，水位相对稳定，水质无严重污染，水深在150 cm以内，排水便利的湖塘。

荷花对土壤的适应性较强，以富含有机质的塘泥，土壤肥沃，土层深厚为宜。此外，荷花易被草鱼等鱼类吞食，因此，在种植前，应先清除湖塘中的有害鱼类，四周用围栏加以围护，以防鱼类侵入。

2) 种与品种的选择

荷花在我国自然分布十分广泛，其覆盖跨度是其他名花不能比的。几千年来，荷花由食用逐渐发展为观赏，由湖塘发展到缸盆、碗植。目前仅观赏荷花（花莲）品种就达200余种。荷花品种分类，亦是以长期人工栽培的历史演进为依据，从荷花的观赏、食用等用途，中国莲系统分为花莲、子莲、藕莲三大类群。

(1) 花莲类

① 单瓣　单瓣红花花莲品种群，如“中国古代莲”；单瓣白爪红花花莲品种群，如“红荷头”；单瓣白花花莲品种群，如“白君子小莲”。

② 半重瓣　半重瓣红花花莲品种群，如“红茶碗莲”；半重瓣白爪红花花莲品种群，如“锦边莲”；半重瓣白花花莲品种群，如“向樱莲”。

③ 重瓣　重瓣红花花莲类品种群，如“红千叶”；重瓣白爪花花莲品种群，如“寿星桃”；重瓣红花花莲品种群，如“白千叶”；重瓣洒锦花莲品种群，如“大洒锦”。

④ 重台　重台红花花莲品种群，如“红台莲”。

⑤ 千瓣　千瓣红花花莲品种群，如“千瓣莲”。

(2) 子莲类

① 单瓣　单瓣红花子莲品种群，如“湘莲”；单瓣白爪红花子莲品种群，如“白湘莲”；单瓣白花子莲品种群，如“白花建莲”。

② 半重瓣　半重瓣红花子莲品种群，如“百叶莲”。

(3) 藕莲类

① 单瓣　红花藕莲品种群，如“崖城藕”；白爪红花藕莲品种群，如“花香藕”；白花藕莲品种群，如“大毛节”。

② 无花　无花藕莲品种群，如“六月报”。

另外还有中美杂交莲系统，主要的品种有：

① 单瓣　单瓣红黄花花莲品种群，如“舞妃莲”。近年来，随着科学技术的不断发展，荷花品种的选育工作也加快了步伐，杭州、武汉、江苏、江西等地的科技工作者运用各种新技术、新方法，培育出更多新品种（见表5-6）。

② 碗莲（小型）　是指凡在26cm的盆内开花者，且花径、花茎、立叶分别在12，33，24 cm以下者均为碗莲品种。如其中一项未能达标者，则列入大、中型品种。杭州曲院风荷荷花资源圃已培育出30多个碗莲新品种。

此外，浙江省武义的“宣莲”、建德里叶的“白莲”都是闻名国内外的珍品。

3）种苗繁殖

荷花用分藕和播种繁殖均可，能保持亲本遗传性状，当年能赏花和采莲。在园林应用及商品化生产中，能达到一定的规模。

播种繁殖应用于新品种培育。在20世纪七八十年代，多采用人工杂交育种，但这类育种，变异不明显。现已采取辐射育种，种子经^{60}钴（^{60}Co）处理后，容易产生新的变种，且性状稳

表 5-6 荷花的品种

品种名	叶面	花型	花瓣数／枚	花径／cm	特性	类别	栽培条件	品种产地	奖级及其他
花欲笑	光滑	花半重瓣，粉红色碗状	94	94 5～8	雄蕊，多数瓣化成花瓣，雌蕊不结实	碗莲品种	适宜于缸、盆栽种	杭州曲院风荷	中国花协荷花分会碗莲新品种三等奖
贵妃	略粗	花重瓣，桃红色，碟状	102	10～12	花瓣边缘及瓣尖鲜红色，雌蕊不易结实	碗莲品种	适宜于缸、盆栽种	杭州曲院风荷	中国花协荷花分会碗莲新品三等奖
粉珠	光滑	花重瓣，粉红色，球状	118	9～14	雄蕊部分瓣化，雌蕊不结实，先蕾后立叶，初花不易盛开	碗莲品种	适宜于缸、盆栽种	杭州曲院风荷	中国花协荷花分会碗莲新品种二等奖
云蕾	光滑	花重瓣，白色球状	129	9～12	雄蕊极少，多数瓣化成管状或瓣状，雌蕊不结实	碗莲品种	适宜于缸、盆栽种	杭州曲院曲荷	中国花协荷花分会碗莲新品种三等奖
镶玉	粗糙	花半重瓣，粉红色，碟状	78	17～22	花初开形似球状，盛开花瓣大而平整，雄蕊部分结实	大型品种	适宜于湖塘栽种或池、缸栽种	杭州曲院风荷	中国花协荷花分会碗莲新品种三等奖
彩玉	略粗	花单瓣，爪红色，碟状	20	10～15	花期早，开长繁密，花姿优美	中型品种	适宜于池、缸栽种	杭州曲院风荷	中国花协荷花分会碗莲新品种三等奖
娇丽	略粗	花重瓣，粉色，碗状	121	12～16	花初开时，以绿白色为主，盛开时呈粉色	中型品种	适宜于池、缸栽种	杭州曲院风荷	荷花分会第十届全国荷花新品种三等奖
酣醉	粗糙	花重瓣，红色，碗状	108	11～14	花色艳丽，雌蕊不易结实	中型品种	适宜于池、缸栽种	杭州曲院风荷	荷花协荷花分会二等奖
西湖红莲	粗糙	花单瓣，红色，碗状	16	16～21	千花繁密，结实率高	大型品种	适宜于湖塘栽植及池、缸栽种	杭州曲院风荷	杭州西湖曲院风荷公园栽种
白干叶	粗糙	花重瓣，红色，碗状	118	18～21	花期较迟，雌、雄蕊发育正常，能结实	大型品种	适宜于湖塘栽植及池、缸栽种	杭州传统品种	杭州西湖曲院风荷公园栽种
玉蝶虎口	略粗	花半重瓣，红色，碗状	93	16～20	花瓣以白色为主，瓣尖瓣基镶嵌不规则状紫色斑纹	大型品种	适宜于湖塘栽植及池、缸栽种	杭州传统品种	杭州西湖曲院风荷公园栽种
千瓣莲	光滑	花千瓣型，红色，杯状	2000～4000	18～21	雄蕊瓣化，花托消失，不结实	大型品种	适宜于湖塘栽植及池、缸栽种	杭州传统品种	杭州西湖曲院风荷公园栽种
红台莲	粗糙	花重台型，红色，碗状	200	14～19	雌、雄蕊瓣化，雌蕊瓣呈珠状，雄蕊瓣化，呈长瓣	大型品种	适宜于湖塘栽植及池、缸栽种	杭州传统品种	杭州西湖曲院风荷公园栽种

定，是良好的育种手段。但必须掌握辐照剂量的适度，超过临界剂量，种子不易发芽；反之，达不到预期的效果。随着我国航天事业的迅速发展，将莲子载入太空，进行太空育种，定能培育出更多、更新的奇特品种。荷花组织培养技术尚待全面突破，因此，荷花新品种的工厂化生产尚受到制约，需进一步开发和利用。

(1) 播种繁殖　莲子的寿命很长，几千年前的种子，也能发芽生长。由于莲子的萌发力很强，无休眠期，当莲子充分成熟，果皮呈黑褐色时，即可采收播种。播种最适温度以18～20℃为宜。播种之前先破壳，在种子顶端的凹口处，破一小洞，然后将种子浸泡于清水中，每天换水一次，1周后发芽。当幼苗长出4片叶时，即可移栽。按品种大小选择适当容器，进行栽培。一般缸栽直径45～55 cm，高度35～45 cm；盆栽直径20～26 cm，高度10～20 cm。

(2) 分藕繁殖　选取健壮、无病虫害，具有顶芽的主藕、子藕或孙藕。一般在清明前后分藕栽种。杭州地区多在3月20日以后，进行全面翻种。日气温在20～25℃，随挖随种。将顶芽斜插在淤泥中，后尾略翘。种植完毕，将缸土保持湿润。1周后，缸（盆）必须保持每天有水，否则会影响植株的正常开花。

4) 栽培管理

(1) 水的管理　因荷花对水分的要求在各生长期各不相同，如缸栽荷花在生长前期即线叶生长期，水不宜多，以5 cm左右为宜，这既能提高土温，又能促进荷花生长。随着浮叶、立叶的生长，可逐渐提高水的深度，达到10～30 cm。入秋，荷花逐渐进入休眠期，不必每天浇水，但需保持盆土湿润。冬天，当气温达到−5℃时，缸栽荷花若要在露地安全越冬，就必须注满缸水，以防其受冻腐烂。盆栽碗莲，应加强防冻措施，适当覆盖草帘等保温材料。

(2) 合理施肥　荷花喜肥，但忌浓肥。池塘栽种荷花，一般不施追肥，但有时为促进塘荷的开花率，可追施些以磷钾肥为主的复合肥。将粉状或粒状复合肥，5～10 g一包，用纱布包裹，埋入泥中。缸、盆栽植的荷花、碗莲，以长效有机肥为基肥。进入立叶生长期，适当追施缓效磷钾肥，能使茎干粗壮，提高抗倒伏性，延长其植株的绿色生长期。盆栽碗莲，进入开花盛期，叶片出现发黄症状，可在叶面喷施浓度为20～60 mg/L的铁、锰、钾液肥。

(3) 除草与修剪　杂草是危害荷花的劲敌之一，如不及时清除，既与荷花争光夺肥，又影响观赏效果。荷花的杂草以青苔、浮萍、藻类为主，可采用人工清除法及时打捞。塘荷杂草，一般以化学除草为主，每月2次。植株出现残花败叶，应尽早修剪。发生病叶，及时剪除烧毁，以保持良好的生长环境和充足的养分资源。

(4) 病虫及防治　荷花常见的病害有叶斑病、根腐病。主要害虫以蚜虫、夜蛾为最。荷花遭受病虫害会严重影响植株的正常生长、发育及观赏效果。可用40%乐果乳油、80%敌敌畏乳油、20%灭多威乳油、75%百菌清可湿性粉剂、70%甲基硫菌灵、50%多菌灵可湿性粉剂或50%多菌灵超微可湿性粉剂等800～1 200倍稀释液喷施。

① 叶斑病　主要发生在叶面，呈不规则状褐斑或黑斑，尤以低温多雨少光季节为严重。杭州地区发病于5月至7月上旬，可用70%甲基硫菌灵或50%多菌灵超微可湿性粉剂喷施。

② 根腐病　发病部位在地下茎，但叶片、叶柄、花蕾亦表现出相关症状。尤以花蕾特别明显，逐渐干枯，直至死亡。发病原因与温度、光照和土壤有关。低温、日照不足、土壤带菌，使生长较弱的植株雪上加霜，易导致植株死亡。为避免病害发生，可进行土壤消毒，增施追肥，以低氮多磷、钾为主，增强抗性。一般采用50%多菌灵加75%百菌清喷施。

③ 蚜虫　蚜虫是荷花主要害虫之一。每年繁殖20多代，在杭州地区发生于5–8月。主

要危害未展开的嫩叶、花蕾，吸取汁液，损坏新生组织，造成幼叶皱缩变形，花蕾枯萎。采用40%乐果乳油800～1 200倍液喷施。

5）无土栽培

在荷花盆栽的近2000多年历史中，一直是停留在土培这一传统的栽培方式上。仅就久负盛名的西湖荷花而言，近年来不断从外地引进多种荷花品种，经几年种植后，也都陆续产生退化现象，因此，有必要通过无土栽培进一步探明荷花生长发育与环境条件的关系。既为种好、养好荷花，提高荷花对环境的适应性，减少或防止退化，也为大面积栽培荷花，提高莲、藕产量和质量，提供科学依据。

荷花无土栽培也为种藕出口创造有利条件。按植物检疫规定，藕种出口不能携带泥土，出口时要把藕身的泥土洗净，又不能伤及芽，费工费时。而无土栽培的种藕出口极为方便，可随时翻取，冲净基质即可。杭州曲院风荷公园在1992年和1993年先后利用无土栽培藕种出口，创汇颇丰。

用无土栽培的盆栽荷花来点缀环境、美化居室，更是妩媚动人，洁丽高雅。其次，家庭种养无土栽培荷花，无需复杂设备，操作与土培几乎一样，所不同的只是用基质代替塘泥，但不用施有机肥水，保证了居室环境美好、清新，不被污染。在整个荷花生长过程中，只需加注6次荷花营养液（半月一次），就能使荷花正常地生长开花。这也为盆栽碗莲进入千家万户，满足人们需要，开拓了广阔的前景。

荷花的无土栽培优势明显。因荷花是叶、花、莲蓬共生的水生植物。无土栽培的荷花，需较为全面的营养供应，才能使植株生长健壮，叶片中全氮和叶绿素含量比土培分别高20%和14%以上，同时花色艳丽，质地厚实，叶片绿叶期和群花期较长，开花数也比常规的多20%～40%，大大提高了荷花的观赏价值。根据杭州曲院风荷荷花种质资源圃内进行的研究表明，选用以泥炭和卵石混合的基质为最好。采用直径0.5～2.0 cm的卵石压盖于泥炭之上，具有较强的保肥性能，pH值能保持在5.0～5.5，非常有利于荷花对各离子的吸收。而卵石又起到覆盖泥炭和固定植株的作用，而且惰性较强，栽培过程中不与营养元素起反应，因此泥炭和卵石（各50%）的组合，是荷花无土栽培较为理想的基质。农用岩棉也是无土栽培很好的基质，岩棉上仍然要覆盖一层卵石，以锚定藕种。

荷花无土栽培营养液配方中各离子浓度（mg/L）如下：

大量元素:	NO3-N	NH4-N	P	K	Ca	Mg	S
	43	7	10	40	40	10	15
微量元素：	Mo	B	Zn	Cu	Mn	Fe	
	0.05	0.2	0.05	0.02	1.0	2.0	

其营养离子总浓度在0.015%～0.02%范围波动，低于其他花卉的营养液浓度。同时，氮、磷、钾、钙、镁的配比以1∶0.25∶0.8∶0.7∶0.2为佳，远低于钾浓度要求高的其他花卉。这主要是由荷花的生长特点所决定，荷花体内氮、钾含量比一般在1∶1.5～1∶0.8。在整个生长期，对氮的需求始终最高。鉴于锰对荷花生长有明显的效应，属特耐高标植物，故应特别注意营养液中锰的浓度。有条件的，在种植过程中，可定期测定锰的含量，当低于0.5 mg/L时，需及时补充。

盆栽荷花的无土栽培，更有利于商品化生产，也为种藕出口的规模化生产开拓了前景。

6　温室花卉的栽培

6.1　温室花卉的繁殖

6.1.1　有性繁殖

1. 播种时期

温室花卉播种通常在温室中进行，这样，受季节性气候条件的影响较小，因此播种期没有严格的季节性限制，常随所需要的花期而定。大多数种类在春季，即1–4月播种，少数种类如瓜叶菊、仙客来、蒲包花等通常在7–9月播种。

2. 播种方法

1) 播种用盆及用土

常用深10 cm的浅盆,以富含腐殖质的沙质土为宜。一般配合比例如下：

细小种子：　腐叶土5、河沙3、园土2。

中粒种子：　腐叶土4、河沙2、园土4。

大粒种子：　腐叶土5、河沙1、园土4。

2) 播种方法

用碎盆片把盆底排水孔盖上，填入碎盆片或粗沙砾，为盆深的1/3，其上填入筛出的粗粒培养土，厚约1/3，最上层为播种用土，厚约1/3。盆土填入后，用木条将土面压实刮平，使土面距盆沿约1cm。用“盆浸法”将浅盆下部浸入较大的水盆或水池中，使土面位于盆外水面以上，待土壤浸湿后，将盆取出，过多的水分渗出后，即可播种。

细小种子宜采用撒播法，播种不可过密，可掺入细沙，与种子一起播入，用细筛筛过的土覆盖，厚度约为种子大小的2～3倍；秋海棠、大岩桐等细小种子，覆土极薄，以不见种子为度；大粒种子常用点播或条播法。覆土后在盆面上覆盖玻璃、报纸等，以减少水分的蒸发。多数种子宜在暗处发芽，像报春花等好光性种子，可用玻璃盖在盆面。

蕨类植物孢子的播种，常用双盆法。把孢子播在小瓦盆中，再把小盆置于大盆内的湿润水苔中，小瓦盆借助盆壁吸取水苔中的水分，更有利于孢子萌发。

3) 播种后管理

应注意维持盆土的湿润，干燥时仍然用盆浸法给水。幼苗出土后逐渐移至日光照射充足之处。

6.1.2 无性繁殖

1. 分生繁殖

1）分株

将根际或地下茎发生的萌蘖切下，另行栽植，使其形成独立的植株。如春兰。园艺上通常砍伤根部促其发生根蘖，以增加繁殖系数。

2）吸芽

即为某些植物根际或地上茎叶腋间自然发生的短缩、肥厚呈莲座状的短枝。吸芽的下部可自然生根，故可自母株分离而另行栽植。如多浆植物中的芦荟、景天、拟石莲花等在根际处常着生吸芽；凤梨的地上茎叶腋间也生吸芽，均可用此法繁殖。园艺上常用伤害其根部的方法，刺激其发生吸芽。

3）走茎

为自叶丛抽生出来的节间较长的茎。节上着生叶、花和不定根，也能产生幼小植株。分离小植株另行栽植即可形成新株。如吊兰等。

4）叶生芽

某些植物具有特殊形式的芽，生于叶缘缺刻处，如落地生根叶生芽落地即可生根，园艺上常利用这一习性进行繁殖。

5）分球

有些球根花卉可用分球法进行繁殖，即将母球四周形成的小球分离并另行栽植。如马蹄莲、朱顶红等。也可将块茎分割成数块，每块带1个芽眼，待切口干燥或涂以草木灰后进行栽植。如大岩桐、球根秋海棠等。

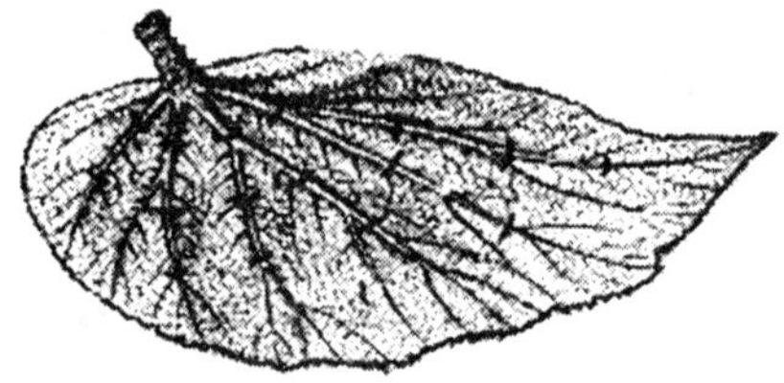

1 取材叶片

2 叶插后长芽

图 5-6　全叶插

2. 扦插繁殖

1）扦插的种类及方法

一般多为叶插和茎插。

(1) 叶插　用于能自叶上发生不定芽及不定根的种类。凡能进行叶插的花卉，大都具有粗壮的叶柄、叶脉或肥厚之叶片。叶插须选取发育充实的叶片，在设备良好的繁殖床内进行，以维持适宜的温度及湿度，才能得到良好的结果。

① 全叶插　以完整叶片为插穗。依扦插位置分为两种（图 5-6）。

a．平置法　切去叶柄，将叶片平铺沙面上，以铁针或竹针固定于沙面上，下面与沙面紧接，如落地生根则从叶缘处产生幼小植株；秋海棠则自叶片基部或叶脉处产生植株；蟆叶秋海棠叶片较大，可在各粗壮叶脉上用小刀切断，在切断处发生幼小植株。

b．直插法(也称叶柄插法)　将叶柄插入沙中，叶片立于沙面上，叶柄基部就发生不定芽。大岩桐进行叶插时，首先在叶柄基部发生小球茎，之后发生根与芽。用此法繁殖的花卉还有非洲紫罗兰、耐寒苣苔、苦苣苔、豆瓣绿、球兰等。

② 片叶插　将一个叶片分切为数块，分别进行扦插，使每块叶片上形成不定芽。用此法进行繁殖的有蟆叶秋海棠、大岩桐、椒草、千岁兰等。将蟆叶秋海棠叶柄从叶片基部剪去，按主脉分布情况，分切为数块，使每块上都有一条主脉，再剪去叶缘较薄的部分，以减少蒸发，然后将下端插入沙中，不久就从叶脉基部发生幼小植株。大岩桐也可采用片叶插，即在各对侧脉下方自主脉处切开，再切去叶脉下方较薄部分，分别把每块叶片下端插入沙中，在主脉下端就可生出幼小植株。椒草叶厚而小，沿中脉分切左右两块，下端插入沙中，可自主脉处发生幼株。千岁兰的叶片较长，可横切成5 cm左右的小段，将下端插入沙中，自下端可生出幼株。千岁兰分割后应注意不可使其上下颠倒，否则影响成活。

⑵ 茎插　一般多为芽叶插和软材扦插。硬材扦插(即休眠期扦插)多用于园林树木育苗。但一品红等也可用硬材扦插，但以软材扦插生根快，成活率高。

① 叶芽插　插穗仅有一芽附一片叶，芽下部带有盾形茎部一片，或一小段茎，然后插入砂床中，仅露芽尖即可。插后最好盖一玻璃罩，防止水分过量蒸发。叶插不易产生不定芽的种类，宜采用此法，如橡皮树、天竺葵等（图5–7）。

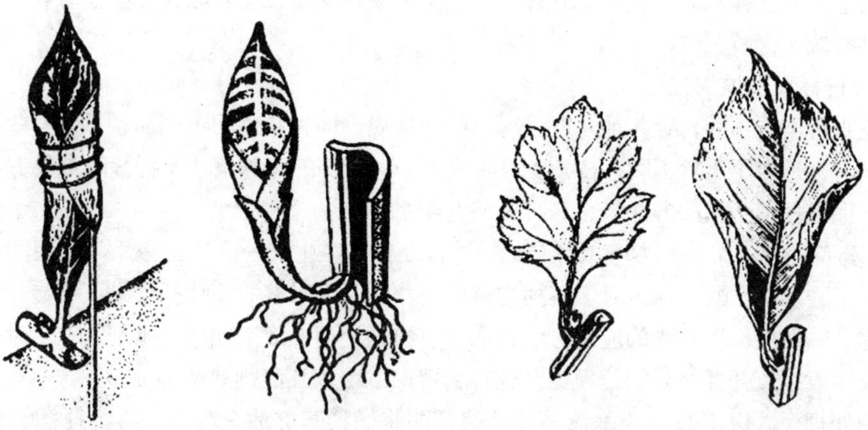

图5–7　单芽插

② 软材扦插(生长期扦插)　选取枝梢部分为插穗，长度依花卉种类、节间长度及组织软硬而异，通常5～10 cm长。组织以老熟适中为宜，过于柔嫩易腐烂，过老则生根缓慢。若采自生长强健或年龄较幼的母本枝条，生根率较高。软材扦插必须保留一部分叶片，若去掉全部叶片则难以生根。对叶片较大的种类，为避免水分蒸腾过多，可把叶片的一部分剪掉。插穗切口位置宜靠近节下方，切口以平剪、光滑为好。多汁液种类应使切口干燥后扦插，多浆植物使切口干燥半日至数天后扦插，以防腐烂。对多数花卉宜在扦插之前剪取插条，以提高成活率。如紫背万年青、广东万年青等。

2) 扦插时期

在花卉繁殖中以生长期的扦插为主。在温室条件下，可全年保持生长状态，不论草本木本均可随时进行，但依花卉的种类不同、各有其最适时期。

3) 扦插生根的环境条件

⑴ 温度　因花卉的种类不同，要求不同的扦插温度，其适宜温度大致与其发芽温度相同。

多数花卉的软材扦插宜在20～25℃之间进行；热带植物可在25～30℃以上；耐寒性花卉可稍低。基质温度(底温)需稍高于气温3～6℃，因底温高于气温时，可促使根的发生，气温低则有抑制枝叶生长的作用，也就是说要先生根后枝叶生长，以保证植株成活。因而特制的扦插床及扦插箱均有增高底温的设备。

(2) 湿度　插穗在湿润的基质中才能生根，基质中水分的适宜含量，依植物种类的不同而不同，通常以50～60%的土壤含水量为适度。水分过多常导致插穗腐烂。扦插初期，水分较多则愈合组织易于形成；愈合组织形成后，应减少水分。为避免插穗枝叶中水分的过分蒸腾，要求保持较高的空气湿度，通常以80～90%的相对湿度为宜。

(3) 光照　软材扦插一般都带有顶芽和叶片，并在日光下进行光合作用，从而产生生长素并促进生根。但强烈的日光也对插穗成活不利，因此在扦插初期应给予适度遮荫。一些试验证明，夜间增加光照有利于插穗成活，在扦插床(箱)上面可装置电灯，以增加夜间照明。日光灯光度较强，而温度低，不至使气温增高，更适于扦插用。

(4) 氧气　当愈合组织及新根发生时，呼吸作用增强，因此要求扦插基质具备供氧的有利条件。理想的扦插基质既能经常保持湿润，又可做到通气良好，因此河沙、泥炭及其他疏松土壤可作为适宜的扦插基质。扦插不宜过深，愈深则氧气愈少，通常靠盆边扦插者容易生根，即因氧气供应较多之故。

4) 促进插穗生根的方法

因花卉种类的不同，对各种处理也有不同的反应。同种花卉的不同品种，对一些药剂的反应也不同，这是由于年龄不同、枝条发育阶段不一、母株的营养条件及扦插时期等方面也有差异之故。促进扦穗生根的方法较多，现简略介绍如下：

(1) 药剂处理法　用植物生长素(激素)进行处理，在生产上已广泛应用，常用的有吲哚乙酸、吲哚丁酸及萘乙酸三种。对于茎插均有显著作用；但对根插及叶插效果不明显，处理后常抑制不定芽的发生。生长素的应用方法较多，有粉剂处理、液剂处理、脂剂处理、对采条母株的喷射或注射以及扦插基质的处理等。花卉繁殖中以粉剂及液剂处理为多。

粉剂处理时，以滑石粉为基质最为普遍，即将插穗基部沾上粉末，再行扦插。混入生长素之量视扦插种类及扦插材料而异。吲哚乙酸、吲哚丁酸及萘乙酸等应用于易生根之插穗时，其浓度为500～2 000 mg/kg，此浓度适于软材扦插。对生根较难之插穗，浓度约10 000～20 000 mg/kg。两种生长素混合应用时，常比单一生长素处理的插穗生根较快，根数也多。配粉剂时，由于吲哚乙酸、吲哚丁酸及萘乙酸均不易溶于水，应先溶于酒精(95%)，然后调在滑石粉内，充分搅拌，再摊在瓷盘里，在黑暗中晾干，最后磨成极细的粉末，即可使用。

液剂处理时，用吲哚乙酸、吲哚丁酸及萘乙酸处理的适宜浓度，草本植物5～10 mg/kg，木本半硬材扦插40～200 mg/kg，各浸24 h。水溶液调制后易失效，临用时配制为好。酒精液剂可制成浓缩溶液，如吲哚丁酸50%的酒精溶剂，其浓度可达4 000～10 000mg/kg，将插穗浸入一、二秒钟，取出即行扦插。

高锰酸钾、蔗糖及醋酸等也有应用。高锰酸钾对多数木本植物效果较好，一般浓度在0.1%～1.0%，浸24 h。蔗糖对木本及草本植物均有效，处理浓度为2%～10%。草本植物在较低浓度中就有良好效果，一般浸24 h，处理时间不宜过长，因糖液有利于微生物活动，处理完毕后，应用清水冲洗后扦插。

(2) 物理处理方法　环状剥皮可应用于较难生根的木本植物。在生长期中，切取插穗的下端，进行环状剥皮，使养分积聚于环剥部分的上端，插穗的下端，然后在此处剪取插穗进行扦插，则易生根。

软化处理对一部分木本植物效果良好。即在插穗剪取前，先在剪取部分进行遮光处理，使之变白软化，预先给予生根环境和刺激，促进根原组织的形成。用不透水的黑纸或黑布，在新梢顶端缠绕数圈，新梢继续生长到适宜长度时，遮光部分变白，即可自遮光部分剪下扦插。

增加底温是极广泛的应用方法，如前所述。此外，喷雾处理等也可大大促进扦插生根。

3. 嫁接繁殖

此法多应用于扦插难以生根或难以得到种子的花木类。仙人掌科的植物常采用嫁接法进行繁殖。

4. 压条繁殖

这种方法的优点是容易成活，能保持原有品种的特性，能解决其它方法不容易繁殖的种类。

一些温室花木类有时采用高压法繁殖。如叶子花、变叶木、龙血树、朱蕉、露兜树等。

压条生根所需时间，依花卉种类而异。草本花卉甚易生根，花木类生根时间较长，从几十天到一年不等，一年生枝条较老枝容易生根。当根系充分地自切伤处发生后，即可自生根部下面与母本剪离重新栽植。自母本分离后，宜置于背阴处，有利于生长。

6.2 温室花卉的栽培管理

在温室花卉栽培中，适用的温室，为温室花卉栽培提供了良好的物质环境条件。但是要取得良好的栽培效果，还必须掌握全面精细的栽培管理技术。即根据各种温室花卉的生态习性，采用相应的栽培管理技术措施，创造最适宜的环境条件，取得优异的栽培效果，达到质优、成本低、栽培期短、供应期长、产量高的生产要求。

温室花卉栽培有温室盆栽和温室地栽两种栽培方式。生产上以盆栽为主。

6.2.1 培养土的制备与配制

温室花卉种类很多，习性各异，对栽培土壤的要求不同。为适合各类花卉对土壤的不同要求，必须配制多种多样的培养土。

温室盆栽，盆土容积有限，花卉的根系局限于花盆中，因此要求培养土必须含有足够的营养成分，具有良好的物理性质。一般盆栽花卉要求的培养土，一要疏松，空气流通，以满足根系呼吸的需要；二要水分渗透性能良好，不会积水；三要能固持水分和养分，不断供应花卉生长发育的需要；四要培养土的酸碱度适应栽培花卉的生态要求；五不允许有害微生物和其他有害物质的滋生和混入。

在培养土中应含有丰富的腐殖质，这是维持土壤良好结构的重要条件。培养土中含有丰富的腐殖质则排水良好，土质松软，空气流通；干燥时土面不开裂，潮湿时不紧密成团，灌水后不板结；腐殖质本身又能吸收大量水分，可以保持盆土较长时间的湿润状态，不易干燥。因此，腐殖质是培养土中重要的组成成分。

1. 常见的温室用土种类

1）堆肥土

系由植物的残枝落叶、旧换盆土、垃圾废物、青草及干枯的植物等，一层一层地堆积起来，经发酵腐熟而成。堆肥土含有较多的腐殖质和矿物质，一般呈中性或微碱性（pH值6.5～7.4）。

2）腐叶土

是配制培养土应用最广的一种基质。是由落叶堆积腐熟而成。秋季收集落叶，以落叶阔叶树最好。针叶树及常绿阔叶树的叶子，多革质，不易腐烂，延长堆积时间。

堆制的方法　是将落叶、厩肥（牛、马、鸡、羊或猪粪等）与园土层层堆积。先在地面铺一层落叶，厚度为20～30 cm；上面铺一层厩肥，厚度为10～15 cm；厩肥上最好再撒一层骨粉（或米糠）；然后铺一层园土（壤土），厚约15 cm；每堆积10份体积的厩肥材料，可撒入3份体积的人粪尿或粪水，前后撒2～3次，最后堆成高150～200 cm的肥堆，上小下大，堆的顶端中央部分稍成凹形，以便在堆积物干燥时，便于自上部灌入人粪尿或水分。堆完以后，上加覆盖物，以防雨水浸入。在堆积期间，应每隔数月上下翻倒1次，并灌入稀薄人粪尿，使堆积物均匀分解。如此堆积到第2年秋季，即可筛取应用。制备完成的腐叶土，要贮存在室内，若放置露地，因分解过度，会失去腐殖质的多孔性和弹性，并使一部分养分散失。堆积用的园土，以富含腐殖质的壤土为宜，土质过于粘重，应混入部分细沙。

腐叶土土质疏松，养分丰富，腐殖质含量多，一般呈酸性反应（pH值4.6～5.2），适用于多种温室盆栽花卉。尤其适用于秋海棠、仙客来、地生兰、蕨类植物、倒挂金钟、大岩桐等。

此种腐叶土除人工制备外，亦可在天然森林中的低洼处或沟内采集。

3）泥炭土

是由泥炭藓炭化而成。

（1）褐泥炭　是炭化年代不久的泥炭，呈浅黄至褐色，含多量有机质，呈酸性反应(pH值6.0～6.5)。褐泥炭粉末加河沙是温室扦插床的良好床土。泥炭不仅具有防腐作用，不易生霉菌，而且含有胡敏酸，能刺激插条生根，比单用河沙效果好得多。

（2）黑泥炭　是炭化年代较久的泥炭，呈黑色，含有较多的矿物质，有机质较少，并含一些沙，呈微酸性或中性(pH值6.5～7.4)反应，是温室盆栽花卉的重要栽培基质。

4）沙土

即一般的沙质土壤，排水良好，但养分含量不高，呈中性或微碱性反应。

另外，蛭石、珍珠岩亦可作栽培基质。

2. 培养土的配制

温室花卉的种类不同，其适宜的培养土亦不同，即使同一种花卉，不同的生长发育阶段，对培养土的质地和肥沃程度要求也不相同。例如播种和弱小的幼苗移植，必须用疏松的土壤，不加肥分或只有微少的肥分。大苗及成长的植株，则要求较致密的土质和较多的肥分。花卉盆栽的培养土，因单一的土类很难满足栽培花卉多方面的习性要求，故多为数种土类配制而成。例如一般播种用的培养土的配制比例为：腐叶土5、园土3、河沙2。

温室木本花卉所用的培养土，在播种苗及扦插苗培育期间要求较多的腐殖质，大致的比例为腐叶土4、园土4、河沙2。植株成长后，腐叶土的量应减少。

各地区培养土的配制多有不同，华东常用腐叶土；但上海多用砻糠灰、草木灰、塘泥及黄泥等配制。虽然各有不同的应用习惯，但配制出来的培养土都要符合花卉的生长发育需要。

6.2.2 盆栽的方法

1. 上盆

是指将苗床中繁殖的幼苗，栽植到花盆中的操作。具体做法是按幼苗的大小选用相适应规格的花盆，用一块碎盆片盖于盆底的排水孔上，将凹面向下，盆底可用由培养土筛出的粗粒或碎盆片、砂粒、碎砖块等填入一层排水物，上面再填入一层培养土，以待植苗。用左手拿苗放于盆口中央深浅适当位置，填培养土于苗根的四周，用手指压紧，土面与盆口应有适当距离，栽植完毕后，用喷壶充分灌水，暂置阴处数日缓苗。待苗恢复生长后，逐渐放于光照充足处。

2. 换盆

换盆就是把盆栽的植物换到另一盆中去的操作。换盆有两种情况：其一是随着幼苗的生长，根群在盆内土壤中已无伸展的余地，因此生长受到限制，一部分根系常自排水孔穿出，或露出土面，应及时由小盆换到大盆中，扩大根群的营养容积，利于苗株继续健壮地生长；其二是已经充分成长的植株，不需要更换更大的花盆，只是由于经过多年的养植，原来盆中的土壤，物理性质变劣，养分丧失，或为老根所充满，换盆仅是为了修整根系和更换新的培养土，用盆大小可以不变。

由小盆换到大盆时，应按植株发育的大小逐渐换到较大的盆中，不可换入过大的盆内，因为这样做不仅费工费料成本高，而且水分不易调节，苗株根系通气不良，生长不充实，花蕾形成较迟，着花亦较少。温室一、二年生花卉生长迅速，一般到开花前要换盆2～4次，开花前最后一次的换盆，又称为定植。宿根花卉多为1年换盆1次，木本花卉多2年或3年换盆一次，依种类不同而定。如温室条件适合，管理周到，一年当中随时均可以换盆，但在花芽形成及花朵盛开时不宜换盆。

换盆时，分开左手手指，按置于盆面植株的基部，将盆提起倒置，并以右手轻扣盆边，土球即可取出；如不易取出时，将盆边向他物(以木器为宜)轻扣，则可将土球扣出。土球取出后，如为宿根花卉，应将原土球肩部及四周外部旧土刮去一部分，并用剪将近盆边的老根、枯根及卷曲根全部剪除。通常宿根花卉换盆时，同时进行分株。一、二年生花卉换盆时，土球不加任何处理，即将原土球栽植，并注意勿使土球破裂；如幼苗已渐成长，盆底排水物可以少填一些，或完全不填，在盆底填入少许培养土后，即将取出的土球置于盆的中央，然后填土于土球四周，稍稍镇压即可。木本花卉依种类不同将土球适当切除一部分，如棕榈类的修根，可剪除老根1/3。橡皮树则不宜修剪。盆花不宜换盆时，可将盆面及肩部旧土铲去换以新土，亦有换盆效果。

换盆后，须保持土壤湿润，第一次应充分灌水，以使根与土壤密接，此后灌水不宜过多，保持湿润为度，因换盆后根系受伤，吸水减少，特别是修剪过的植株，灌水过多时，易使根部伤处腐烂。特新根生出后，再逐渐增加灌水量。初换盆时盆土亦不可干燥，否则易在换盆后枯死，因此换盆后最初数日宜置阴处缓苗。

3. 转盆

在单屋面温室及不等式温室中，光线多自南面一方射入，因此，在温室中放置的盆花，如时间过久，由于趋光生长，则植株偏向光线投入的方向，向南倾斜。这样偏斜的程度和速度，又与植物生长的速度有很大的关系。生长快的盆花，偏斜的速度和程度就大一些。因此，为了防止植物偏向一方生长，破坏匀称圆整的株形，应在相隔一定日数后，转换花盆的方向，使植株均匀地生长。

双屋面南北向延长的温室中，光线自四方射入，盆花无偏向一方的缺点，不用转盆。

4. 倒盆

有两种情况。其一是盆花经过一定时期的生长，株幅增大从而造成株间拥挤，为了加大盆间距离，使之通风透光良好，盆花茁壮生长，必须进行倒盆。如不及时倒盆，会遭致病虫危害和引起徒长。其二是在温室中，由于盆花放置的部位不同，光照、通风、温度等环境因子的影响也不同，盆花生长情况各异。为了使各盆花生长均匀一致，要经常进行倒盆，将生长旺盛的植株移到条件较差的温室部位，而将较差部位的盆花，移到条件较好的部位，以调整其生长。通常倒盆常与转盆同时进行。

5. 松盆土

松盆土可以使因不断浇水而板结的土面疏松，空气流通，使植株生长良好，同时可以除去土面的青苔和杂草。青苔的形成影响盆土空气流通，不利于植物生长，而土面为青苔覆盖，难于确定盆土的湿润程度，不便浇水。松盆土后还对浇水和施肥有利。松盆土通常用竹片或小铁耙进行。

6. 施肥

在上盆及换盆时，常施以基肥，生长期间施以追肥。现将花卉常用肥料及施用方法分述于后。

1）有机肥料

(1) 饼肥　为盆栽花卉的重要肥料，常用作追肥，有液施与干施之分。液肥的制备：饼肥末18 L、加水9 L，另加过磷酸钙0.09 L，腐熟后的原液，施用时，按花卉种类加水稀释。其中需肥较多及生长强健的花卉，原液加水10倍施用；花木及野生花卉，原液加水20～30倍施用；高山花卉、兰科植物，原液加水100～200倍施用。

饼肥亦可做干肥施用。加水4成使之发酵，而后干燥，施用时埋入盆边的四周，经浇水使其慢慢分解不断供应养分。未发酵的饼肥使用过多时，易伤根系，应予注意。饼肥发酵干燥后，亦可碾碎混入培养土中用作基肥。

(2) 人粪尿　粪干为盆栽常用肥料，大粪晒干，用石滚压细过筛，制成粪干末施用。粪干末与培养土混合可做基肥，其混入量依花卉种类而异，大致的标准如小苗宜混入1成，一般草花2成，木本花卉3成。粪干末又可做追肥，混入盆土表面，或埋入盆边四周，肥力可达半年。若用作液肥使用，易被植物利用，即人粪尿加水10倍，腐熟后取其清液施用。

(3) 牛粪　为温室花卉常用肥料，尤常用于香石竹、月季、热带兰等栽培；牛粪充分腐熟后，可施用于温室地床中。即牛粪加水腐熟后，取其清液用作盆花追肥。

(4) 油渣　榨油后之残渣，一般用做追肥，油渣可混入盆面表土中，特别适用于木本花卉。因其无碱性，为白兰花、茉莉所常用。即油渣加水腐熟后，取其清液做追肥。

(5) 米糠　含磷肥较多，应混入堆肥发酵后施用，不可直接用做基肥。对于茎叶柔软的草花，在播种或移植前使用未发酵的米糠，常使植物受害。

(6) 鸡粪　鸡粪含水少，为浓厚的有机肥料，含磷丰富，适用于各类花卉，尤适于香石竹、菊花及其他切花栽培。施用前，混入土壤1～2成，加水湿润，以便发酵腐熟，可用做基肥，亦可加水50倍做液肥。

2) 无机肥料

(1)硫酸铵　温室月季、香石竹、菊花及其他花卉都可应用，但施用量切勿过多。月季可稍多些，而菊花、香石竹要少些。硫酸铵仅适于促进幼苗生长。切花花卉多施硫酸铵易使茎叶柔软，而降低切花品质。一般用作基肥时1 m^2放30～40 g，液肥施用量需加水50～100倍浇施。

(2) 过磷酸钙　温室切花栽培施用较多，常做基肥施用，1 m^2施用40～50 g；做追肥时，则加水100倍施用。由于磷肥易被土壤固定，可以采用2%的水溶液行叶面喷洒。

(3) 硫酸钾　切花及球根花卉需要较多，基肥用量为1 m^2施用15～20 g，追肥用量为1 m^2施用2～7 g。

7. 浇水

花卉生长的好坏，在一定程度上决定于浇水的适宜与否。其关键环节是如何综合自然气象因子、温室花卉的种类、生长发育状况、生长发育阶段、温室的具体环境条件、花盆大小和培养土成分等各项因素，科学地确定浇水次数、浇水时间和浇水量。现择要说明如下：

1) 花卉的种类不同，浇水量不同

蕨类植物、兰科植物、秋海棠类植物生长期要求丰富的水分；多浆植物要求较少水分。每一种花卉又有不同的需水量，同为蕨类植物，肾蕨在光线不强的室内，保持土壤湿润即可；而铁线蕨属的一些种，为满足其对丰富水分的要求，常将花盆放置水盘中或栽植于小型喷泉之上。

2) 花卉的不同生长时期，对水分的需要亦不同

当花卉进入休眠期时，浇水量应依花卉种类的不同而减少或停止。从休眠期进入生长期，浇水量逐渐增加。生长旺盛时期，浇水量要充足。开花前浇水量应予适当控制，盛花期适当增多，结实期又需要适当减少浇水量。

幼苗期，如四季秋海棠、大岩桐等一些苗很小的花卉，必须用细孔喷壶喷水，或用盆浸法来湿润。

3) 花卉在不同季节中，对水分的要求差异很大

今就一般花卉在不同季节中对水分的要求说明如下：

(1) 春季　天气渐暖，花卉在将出温室之前，应逐渐加强通风。这时的浇水量要比冬季多些。

(2) 夏季　大多数花卉种类在夏季已放置在荫棚下，但因天气炎热，蒸发量和植物蒸腾量仍很大，一般温室花卉宜每天早晚各浇水1次。夏季雨水较多，有时连日阴雨，应注意盆内勿积雨水，可在雨前将花盆向一侧倾倒，雨后要及时扶正恢复原来位置。雨季要观察天气情况来决定浇水的多少和浇水的次数。

(3) 秋季　秋季天气转凉，放置露地的盆花，其浇水量可减至每2～3天浇水一次。

(4) 冬季　盆花移入室温，浇水次数依花卉种类及温室温度而定，低温温室的盆花每4～5天浇水一次；中温及高温温室的盆花一般1～2天浇水一次；在日光充足而温度较高之处，浇水要多些。

4）花盆的大小及植株大小对盆土的干燥速度有关系

盆小或植株较大者，盆土干燥较快，浇水次数应多些；反之宜少浇。

浇水的原则是盆土见干才浇水，浇水就应浇透，要避免多次浇水不足，只湿及表层盆土，而形成“腰截水”，使下部根系缺乏水分，影响植株的正常生长。

6.2.3　盆花在温室中的排列

在温室中栽培花卉，特别是在一间温室中同时栽培多种花卉时，为了获得生长发育良好的植株，就要考虑在温室中如何放置。放置不当，把喜光的植物放在温室内背阴处，而把喜阴的植物放在阳光充足的地方，这不仅影响花卉的生长发育，而且对温室的利用亦极不经济。因此，必须了解温室的性能和植物的生态习性。

温室内的小气候是随着季节、温室类型、人工管理情况（如加温、通风、浇水等）而改变的。在一个温室中各个部位的微气候也有差别，所以温室内盆花的放置部位决定于它们对于日光、温度、湿度和通风等因子的要求，满足和保证各种花卉正常生长发育所必需的适宜环境条件，是花卉栽培的首要原则。

在一个温室中，随着与玻璃面距离的增大，光照强度也随着减弱，因此应把喜光的花卉放到光线充足的温室前部和中部，尽可能接近玻璃窗面和屋面，这也是应用级台来放置盆花的主要原因；耐阴的和对光线要求不严格的花卉放在温室的后部或半阴处。

在进行盆花排列时，要使植株互不遮光或少遮光，应把矮的植株放在前面，高的放在后面。

走道南侧最后一排植株的阴影，可投射在走道上，以不影响走道另一侧的花卉为原则。

温室各部位的温度不一致，近侧窗处温度变化大，温室中部较稳定。近热源处温度高，近门处因为门常开闭，温度变化亦较大。因此应把喜温花卉放在近热源处，把比较耐寒的强健花卉放在近门及近侧窗部位。

有些花卉放在潮湿处容易徒长，故应放在高燥、通风良好的部位，在花盆下面放一倒置的花盆，有助于通风。

花卉在不同生长发育阶段，对于光线、温度、湿度等条件有不同的要求，应相应地移动位置或转换温室，为使播种、扦插速度加快，应放在接近热源的地方。当生根放叶后，需移到温度较低而阳光充足的地方。

休眠的植株对光线、温度要求不严格，可放在光照、温度条件较差处，密度可以加大；植株发芽后，移到有适宜光照的部位；随着植株生长、株幅不断扩大，应给予较大的空间。

在满足花卉生长发育的要求和管理方便的前提下，生产上必须尽量提高温室的利用率，以降低生产成本。提高温室利用率，不外从平面排列和立面排列两方面来考虑。

在一个温室的平面上，除走道、水池、热源（火炕、火道、暖气道）外，其他面积为有效面积，在国外有移动式种植床，平时温室内可布满种植床，不留走道。管理时，推开栽培床，即成走道，这样，可以提高温室的平面利用率。在栽培中如果安排合理，可以提高有效面积的使用率，如在白兰花的大盆间，放一些对光线要求不严格的或进入休眠的盆花，并将之迭置起来。另外要作好温室面积的利用计划，安排好一年中花卉生产的倒茬、轮作计划。一年当中，为使温室面积得到充分使用，当一种花卉出圃后，应用另一种花卉及时将空出的温室面积使用上，不使其空闲。

除平面利用外，也应把空间（立面）利用起来，过矮的温室没有这方面的有利条件，在较高的温室中，可把下垂植物在走道上方悬挂起来；低矮的温室，可把下垂的蔓性花卉如吊兰等花卉放在植物台的边缘。在单屋面温室中，可利用级台，在台下放置一些耐阴湿的花卉。

6.2.4 温室环境的调节

温室环境的调节主要包括温度、日光和湿度3个方面，根据不同花卉的要求和季节的变化来进行，这3方面的调节是相互联系的。

1. 温度

通常霜降（10月下旬）前后就要着手盆花的入室养护，此时，白天温度较高，夜间气温降至10℃左右，所以入室初期不必加温。冬季则必须加温，一般采用烟道、热水、蒸汽加温等方法，热能为煤炭、砻糠、电、太阳能等。现代技术应用电热丝自控加温法，由电脑控制。要求较高温度的花卉可以放在靠近热源处，但热源距离花株至少1 m，防止灼伤。

大型工厂化生产花卉如切花，夏季也在室内进行，除用开窗通风降温外，还用遮阴、淋水等降温措施，使室温降至30℃以下。有条件者可安装空调机，能有效地降低室内温度。

2. 日光

遮阴是调节日光光照强度唯一的方法，兼有调节温度的效果。多浆植物要求充分的日光，不需要遮阴。喜阴花卉如兰花、秋海棠类花卉及蕨类植物等，必须适度遮阴；夏季比冬季要求遮阴时间更长，且因夏季光照强度远比冬季为大，故遮阴的程度也比冬季大。遮阴时间一般在上午9时至下午4时，若遇阴雨天，则不需遮阴。最喜阴的一些蕨类植物，更要求遮去全部直射光线。一般温室花卉，夏季要求遮去日光30～50%，而在冬季需要充足的日光，不要遮阴，春秋两季则应遮去中午前后的强烈光线，晨夕予以充分光照。

温室遮阴的方法，通常采用苇帘或竹帘覆盖在玻璃屋面上。如为短时间的繁殖需要而遮阴时，可在室外玻璃面上喷以薄层的石灰水；如需较长时间遮阴，需在石灰水中加入适量食盐，以增加石灰的附着力。夏季降低温室温度的方法，除充分通风外，遮阴亦可有效地降低温度。

3. 湿度

湿度的调节有增加和降低湿度的作用。为了满足一般花卉对于湿度的要求，可在室内的地面上、植物台上及盆壁上洒水，以增加水分的蒸发量。最好能设置人工或自动喷雾装置，自动调节湿度。对于要求湿度较高的热带植物，如热带兰花、蕨类植物、食虫植物等专类温室的设计，除通路外，所有地面应为水面，更可增加空气的湿度。在冬季利用暖气装置的回水管，通过室内的水池，可以促进水池中水分的蒸发，达到提高室内湿度的目的。温室湿度过大，对花卉生长也不利，可以采取通风的方法来降低湿度。应在冬季晴天的中午，适当打开侧窗，使空气流通，但最忌寒冷的空气直接吹向植株。外界空气的湿度同样较高的时候，则需要同时加温又通风。整个夏季必须全部打开天窗及侧窗，以加强通风。通风除可以降低湿度外，亦可降低室内的温度。

6.3 温室一、二年生花卉

6.3.1 瓜叶菊 *Senecio cruentus*

1. 生态习性

瓜叶菊为菊科瓜叶菊属多年生草本植物，在我国多作二年生花卉栽培。别名千日莲、千夜莲、瓜叶莲等。瓜叶菊性喜凉爽气候，忌炎热，种子发芽适温21℃，生长适温15～20℃。不耐寒，经锻炼的秧苗能忍耐短时间0～3℃的低温。在15℃以下低温处理6周可完成花芽分化，再经8周可开花。温度高茎长得细长影响开花。喜光，但怕夏日强光。长日照促进花芽发育能提前开花，一般播种后的3个月开始给予15～16 h的长日照，促使早开花。瓜叶菊喜湿润的环境，适宜土壤pH值6.5～7.5。怕旱、忌涝。氮肥过多秧苗易徒长。

瓜叶菊花期长，从当年11月至翌年5月，盛花期为2–4月。

2. 繁殖与栽培

以播种繁殖为主，也可扦插繁殖。

1）播种法

瓜叶菊种子小，播种床土要过细筛，进行精细播种。

瓜叶菊从播种到开花一般品种在南方需6个月的时间。从播种到育出大龄苗定植，一般需100天左右。

8月份播种的植株大、花大，10月份播种的植株较小。这主要是由于秧苗不同生长发育阶段处于不同季节所致，8月份播种的环境条件适宜。

瓜叶菊从4–10月份都可以播种，但春播到夏天需在荫棚下栽培，并经常向叶片洒水降温，还不要淋上雨水，否则经过酷暑秧苗会大批死亡。因此，我国多在8月份播种。

用育苗盘播种，少量也可用花盆播种。育苗床土应疏松肥沃，用腐叶土、草炭土兑上等量园土配制作播种床土较好。也可用充分腐熟的马粪和园土等量配制。把配制好的床土装盘后稍压实刮平，然后用喷壶浇足底水，水掺入后撒播。每平方米播种床播种量4 g左右。播后盖细土2～3 mm，上面盖地膜置于阴凉处，播干籽4～5天出苗，出苗后立即揭去地膜，移到遮光率为60%的地方适当见光。籽苗期要防雨，防徒长。当籽苗缺水时最好将育苗盘置于水中，并使水面低于播种盘的上口，通过盘下的条状缝隙渗入，当播种盘中的土面略见湿时将播种盘从水中取出。根据播种密度适时分苗。一般出苗后20天左右，有2～3片真叶时进行第1次分苗，苗距5 cm，或用直径8 cm左右的容器直接培育成苗，开沟分苗的在5～6片叶时装入容器育成苗。

8–9月份瓜叶菊苗应在遮光率60%的荫棚内生长，南方当气温降至21℃时可逐步撤除遮阳网，实行全光照育苗。瓜叶菊叶片蒸腾量大，需水多，苗期应注意防止叶片缺水过度萎蔫。

当有6～7片真叶时，如果温度适宜，秧苗生长迅速，此时对水肥需要量多，应及时浇水追肥，可采用叶面追肥。苗期气温以10～20℃为宜，夜间稍低些以抑制徒长。一般当有9～10片叶时将苗栽植于花盆中。如果受某种条件限制需推迟定植时应适当控水。反之，如条件允许应早些将苗栽植于花盆中，如在7～8片叶时定植。瓜叶菊叶片大，育苗后期将容器适当调开可增大光合面积。

2）扦插法

对于不易结实的重瓣品种或因气候原因没有结实的年份可用扦插方法繁殖。

一般在5月份于花谢后进行，选健壮腋芽扦插，芽长6～8 cm。摘除基部大叶，留2～3枚嫩叶插于砂盘中，20～30天生根，然后放在遮光通风处培养。

瓜叶菊苗期能感染猝倒病。容易受蚜虫、白粉虱、叶螨、潜叶蝇的侵害，应注意防治。

3. 用途

瓜叶菊花色艳丽，且有一般室内花卉少见的蓝色花。花期长，是元旦、春节、“五 · 一”及冬春其它庆典活动的主要花种之一，星型品种适宜作切花，可用它制作花篮或花圈。瓜叶菊也是布置公园早春花坛的主要花卉。

6.3.2 报春花 *Primula* spp.

1. 生态习性

报春花是报春花科报春花属植物的总称，为宿根草本，在花卉生产上多作二年生栽培。喜温暖湿润气候，生长适温13～18℃，在生长充分的条件下，10℃低温处理可促进一些种类的花芽分化，日照中性，忌强烈的直射阳光，忌高温和干燥，喜湿润疏松的床土，适宜pH值6.0～7.0。

2. 繁殖与栽培

以播种繁殖为主，也可分株繁殖。

1)播种法

报春花种子寿命短，采后应及时播种，正常种子发芽率为40%左右。6–7月份播种。

将床土过细筛，装入育苗盘内，稍压实刮平后，用喷壶浇水，撒播，覆土0.1～0.2 cm，播种后将育苗盘置于阴凉处。床土温度控制在15～21℃之间，10天后可出苗。当有2片叶时可先开沟移植一次或直接用容器培育成苗。夏季苗期应适当遮荫并注意通风，床土应保持湿润。当秧苗长大后定植于直径16 cm花盆中。

2)分株法

在秋季将报春花从花盆中倒出，进行分株繁殖，每个子株带芽2～3个。然后移植于直径8 cm的容器中培育，也可以直接栽植于直径16 cm的花盆中培育。分株繁殖可以保持优良品种及重瓣品种的性状。

报春花秧苗易遭蚜虫、叶螨危害，应注意预防。

3. 用途

报春花属植物花期很长，是冬春季节重要的温室盆花，其中较耐寒而适应性强的种类，也常用于花坛、岩石园，少数种类可作切花。

6.3.3 非洲凤仙 *Impatiens holstii*

非洲凤仙又名何氏凤仙、玻璃翠，凤仙花科凤仙花属，多年生常绿草本植物，原产东非热带地区。因其枝繁叶茂，叶秀花雅，花期特长，易于成活，已成为集观叶、观花于一体的优良盆花，近年来受国外先进国家影响，非洲凤仙已成为新型的花坛大宗用花的种类，且有很强的发展势头，因此可作为一种很有潜力的品种来发展，也可作群植、单植、吊盆或吊袋，在高地冷凉地区可作多年生栽培，夏季可植于树荫下，一般只用单色作色带，不用混合色。

1. 形态特征

株高20～30 cm，多分枝，株形紧凑，全株呈柔弱的肉质状，茎干晶莹透明，光滑无毛，故名“玻璃翠”，叶片亮绿秀丽，下部叶片互生，上部叶片轮生，卵状披针形，具肉质短柄。叶缘有锐齿，花大，花径为4～8 cm，单生或2～3朵簇生叶腋，花形奇特，等距细长，向上弯曲宛如飞凤，十分别致，旗瓣阔倒心脏形，花期长且花色丰富，只要温度适宜，可四季花开不断。

2. 习性

喜温暖而湿润的气候，不耐寒，怕霜冻，较耐荫，忌烈日曝晒，不耐旱，怕水渍，对土壤要求不严，在疏松、肥沃土壤中生长良好。夏季温度太高，难以越夏。

3. 播种期的准备

播种基质盐基含量（EC值）应小于0.75ms/cm，基质pH值6.2～6.5。过低的pH值（小于5.5）会导致嫩尖的脱落和铵中毒。基质以泥炭土配蛭石或珍珠岩为宜，可采用农友“壮苗一号”育苗介质。

4. 播种期

播种期一般周年均可进行，只是夏季温度高时存在越夏的困难，最适宜播种在3–5月及8–10月间。播种时期种子上应浅覆盖一层蛭石，来保持水分，也可不盖土，见光发芽快而整齐，生长强壮，播完种后，直接在播种盘上覆盖一层塑料薄膜以保持水分，基质的颜色应为发亮的黑色。此时基质的电导度（EC）值为0.5～0.75ms/cm为宜。最佳发芽温度为22～25℃，超过25℃将引起种子热休眠，从而阻碍发芽。温度低于21℃将降低发芽速度和发芽的整齐统一性，温度低于18℃将导致嫩尖脱落。光照是发芽的必要条件，发芽室中的光照量为10～1 000 lx较好，并且每天保证8 h以上的光照，如果必要，可施加25 mg/kg硝酸钙以促进根系的生长和花茎的强健。

5. 幼苗期

1）从种子萌发至真叶出现

此时应注意提高种苗成活率，温度低于18℃和浸透的基质会导致嫩尖的脱落和叶片的变形。因为此过程有乙烯产生，所以此时应降低基质水分含量，使根系深入基质，基质应稍稍润湿，但不应全部浸透。白天尽早浇水，保持良好的通风环境，如果嫩尖在潮湿环境中4 h以上，会导致脱落，甚至死亡。基质温度维持在22～24℃，如果凤仙花的幼苗生长太快，可把夜间温度降至20℃。2周时间的3 500～4 500 lx的额外光照会促进植株更强健，生长更活跃，但超过2周以上的光照可导致黄叶的出现。在子叶平展时施加25～35 mg/kg的钙肥，不施磷肥，否则会导致叶片向外延展，磷酸的渗入会影响植株的质量。另外，1 000 mg/kg的氮肥会促进植株的生长。

2）从真叶出现至定植止

此时浇水和养分的科学管理将提高植株的质量。此时根系的生长十分活跃，根系不发达或茎干透明则说明基质太湿。植株高度在3～4 cm为宜，因此水分管理应每24 h让基质进行一次干湿周期来协调植株的生长和根群氧气的获得。过多的水分会导致生长过于迅猛，缺水可导致黄叶的出现，基质温度维持在20～22℃，基质EC值在0.75～1.0之间，光照应低于20 000 lx，过多的光照将导致叶片焦灼，低光照可导致叶片充分延展。每2～4周施用75～100 mg/kg的硝酸钙和硝酸钾的混和肥，少量的肥料可使植株强健，并提早花期。此期的重点应放在幼苗的生长协调上。另外，非洲凤仙易小苗开花，且侧芽萌发力强，可边开花边生长，对后期生长并无影响。

6. 生长期

基质pH值6.2～6.5为宜，基质养分不宜过多，EC值在0.75～1.0即可，后期施用75～100 mg/kg的硝酸钙2～3次，最少量的化肥可导致植株的强健，并提早花期。如果植株高，生长旺盛，在叶片下开花或花期过晚，说明化肥大多。湿度管理应进行干湿循环，过多的水分会导致植株生长过猛。温度夜间在16～19℃，白天21～24℃，同时应置于阴凉处。移植后的凤仙花对生长调节剂较敏感，可用水分、光照和化肥的综合运用来控制生长。盆栽植株要及时修剪，使植株浑圆集中。花期较为惧怕暴雨及浇水冲力过大，花瓣对药、肥很敏感。病虫害方面应着重防治蚜虫、蓟马、红蜘蛛、摔倒病、根腐病及病毒病。

6.4 温室宿根花卉

6.4.1 文竹 *Asparagus plumosus*

1. 生态习性

文竹是百合科天门冬属的多年生草本植物。别名云片竹、山草。喜温暖、湿润的气候条件，既不耐寒，也怕暑热，冬季室温不得低于10℃，5℃以下会受冻死亡。夏季室温如超过32℃，生长停止，叶片发黄。对光照条件要求也比较严格，既不能常年蔽荫，也经不起阳光曝晒，在烈日下曝晒半天就会黄枯。在通风不良的环境下会大量落花而不能结实。

文竹的根系为肉质须根，对土壤要求较严，在疏松、肥沃、通气良好的土壤中才能正常生长。不耐盐碱，也不耐强酸，既不耐旱，也怕水涝。

2. 繁殖与栽培

1）播种法

果皮变黑变软后逐渐采摘，搓去果肉，用水掏净，晾干后贮存备用。4月上旬播种，当年秋季即可出售或陈设，多采用“苗浅”盆或木箱播种，将种子按2～2.5 cm的间距放在盆土上，每穴2～3粒。播后覆细沙0.5 cm，随后用细眼喷壶浇透水，盖上玻璃，放在室内见光处，保持盆土湿润。

文竹的种子发芽缓慢，约需40天才能出土，如果室温低，有的2个月才能出土。出苗后应遮光养护并去掉玻璃，盆土应间干间湿。待幼苗长到4 cm以上时，带土团移入“牛眼”或“三号筒”等小型花盆。

2）分株法

文竹的丛生性强，能不断从根际处萌发出根蘖，使株丛不断扩大。可结合翻盆换土把株丛分开上盆。

3）扦插法

在气温20～30℃时，用长势茂盛的文竹外侧枝作插穗，先将表面土扒开，在根茎结合部的上侧约5 mm处，用刀尖将皮层划开一个小口，在通风处曝晒半天，然后敷上一层洗净的苔藓，并注意经常喷雾保湿，12天左右揭去苔藓，枝条伤痕处出现瘤状愈合组织，这时用刀将枝条贴根切下，用此枝条下部的两支分枝并略加修剪，立即插入基质中，基质用河砂。扦插深度2 cm左右。扦插床置于避风遮荫处，3周后长出根系，5周后开始生长新枝。扦插基质的湿度是关键，要及时浇水，又要避免水分过多，早晚向枝条喷雾保湿。

家庭培养文竹不要上大盆，株形小巧不但便于陈设，而且耐人玩味。上盆时应使用富含腐殖质的培养土，以腐叶土为好，把盆底的排水孔凿大，以利排水。每年早春翻盆换土一次，当根系布满全盆后再换入大一号的花盆，同时把外围的黑根撕掉。从第三年开始抽生枝蔓，这时应换入较大的花盆并插设支架供茎蔓攀援。

文竹只能供室内陈设，春、夏两季不要见直射光，秋末和冬季应靠近南窗摆放，可多见些阳光。开花前施肥不要过多，5–6月和9–10月间可分别追施液肥2～3次。浇水的多少应根据植株的大小灵活掌握。

3年生以上的文竹开始进入繁殖阶段，要想使其大量结实，应地栽于温室顶窗的下面，并搭设小型棚架供茎蔓攀援。在玻璃屋面上应盖竹帘遮荫，开花后打开顶窗通气，雨天关窗防雨。要想使盆栽文竹大量结实，首先应当用加肥培养土上入大花盆中以扩大营养面积，4年生的文竹应栽入“三道箍”，6年生应栽入“水桶”盆，同时插设支架。春季应加强追肥，夏季应防暑降温，开花后停止追肥，避免浇大水，注意防雨、防尘和防烟，特别要加强通风换气，更不要向植株上喷水，否则就会大量落花。幼果期也不要大量浇水和追肥，否则亦会落果，待果实成形后再加强肥水管理。冬季室温应保持18℃以上，并应多见阳光。

3. 用途

室内盆栽观叶或切叶。

6.4.2 君子兰属 *Clivia*

1. 生态习性

君子兰属是石蒜科多年生常绿草本植物。同属有三种，我国作为观赏栽培的有两个种类，宽叶大花的叫大花君子兰；窄叶垂花的叫垂笑君子兰，原产南非的好望角。君子兰是我国重要温室花卉。

生长适温为15～20℃，10℃以下生长受到抑制。可耐短时0℃低温，超过30℃易徒长，在8℃以下处于休眠状态。夏季在50%遮荫情况下生长良好，当日照太强时，不经常洒水保湿叶片发黄，秧苗衰弱，在冬季应当有充足的光照。床土湿度70%左右，空气相对湿度60%～80%最适合秧苗生长。床土要求疏松肥沃，具有较强的透气、渗水功能。森林的腐殖土和陈马粪适于君子兰生长，适宜的pH值为6.7～7.6。

2. 繁殖与栽培

1）播种法

果实成熟后，及时从果柄上剪下后再熟10～15天，从果实中剥出种子即可播种，也可以在11月份至翌年1月份播种。用温水浸种24 h，然后放在洗净的河砂中催芽，温度控制在20～25 ℃，半个月出芽，出芽后播种。播种容器用木箱、花盆或育苗盘等。用腐殖土作播种床土，点播，距离2 cm，上面覆土1 cm。盖地膜保湿，每天擦去地膜下的水珠，地温控制在20℃左右。催芽、播种后一个月长出第一片叶子。苗出齐后适当降低地温，气温控制在15～20℃，要适当控制水分和通风以增强苗的抗性。当第一片叶长2～3 cm时进行移植。

多次移植的可先移入直径8 cm的容器中，也可以在16.7 cm或20 cm直径的泥盆中分别移栽10或15株，以后随着秧苗的生长移植于直径13.3 cm花盆中。移植用的床土用腐叶土，也可用腐叶土6份，壤土2份，沙2份配制。将配好的土装盆整平，用木棍扎孔，将苗的肉质根插入土中，把土轻轻按实浇水。当有5～10片叶时移栽于直径16.7 cm花盆中，当有11～15片叶时栽于直径20 cm或23.3 cm盆中，有16～20片叶栽于直径26.7 cm盆中。一般20片叶后开始开花。

2）分株法

君子兰开花后，根茎部常有芽萌发，将此芽与母株分离，就可以培育出新的植株。一般垂笑君子兰芽多，大花君子兰少。

分株最好在采种后开花前进行，用手掰或刀切。一手握住母株基部，一手握住侧芽基部，轻轻地掰下，或用刀从母株上切下，掰芽的成活率高。分株时芽子最好带根才容易成活，无根的要进行扦插生根处理。芽子从母株上取下后，伤口处涂上草木灰，防止感染和阻止水分蒸发。扦插基质用细砂，插入基质2～3 cm深，放在20～25℃处催根，保持沙子湿润，经30～50天就可以长出新根。将带根的芽子移入容器中培育。

3）切根法

春季室温15℃左右的时候，用利刀在君子兰成株的根茎处横向切断，将带叶的短缩茎抹上草木灰，伤口干后栽入盆中，加强养护，约3个月短缩茎长出新根，成为一个完整的植株。原植株留下的根茎部及根系在原盆中不动，以后在根茎部的横切面上形成5～6个愈伤组织，当愈伤组织有2～4 mm大小时，开始长出幼根，10～11个月这些愈伤组织发育成4株20 cm左右高的秧苗。再按上述方法将4株苗切下培植。此法出苗率高，生长势强盛。浙江汤作冲同志以成龄的君子兰植株为试材，用此法在10多个月时间里培育出有8～12片叶的君子兰秧苗。

6.5 温室球根花卉

6.5.1 仙客来 *Cyclamen persicum*

仙客来为报春花科仙客来属，寓意仙客到访，有“单花下垂瓣上翘，凝视月宫仙兔来”之美喻，又称萝卜海棠、兔耳花、一品冠。花期9月到翌年5月，一般用于室内摆放，做迎春花卉，也用作商品切花。仙客来花色从纯白色、粉色到红色100多个品种，近年来日本培植出金黄色系新品种。若根据花朵大小可分为大花型、中花型和小花型；根据花朵及花瓣形状可分为兔耳形、灯笼形、风车形、蝴蝶形；还可分为单瓣、重瓣和花边、皱边。花朵颜色可分为单色、复色。随着仙客来越来越受到人们的青睐，市场上对仙客来的需求量越来越多，相应的就要提高仙客来的育苗数量和质量。

1. 育苗前准备

育苗一般在每年的9–11月份为好，育苗基质要求疏松、透气、保肥、保水、富含营养、无病虫害及杂草种子，颗粒适中，弹性好，如草炭＋珍珠岩、草炭＋椰糠，都是很好的基质，基质要求EC值在0.8～1.2ms/cm之间，pH值5.5～6.3。基质使用前可用高锰酸钾1 500倍液和辛硫磷1 500倍液混匀消毒，有条件的可用100℃水气熏蒸1 h。育苗盒可用普通平板或穴盘式，用过的苗盒应该用1 000倍液高锰酸钾消毒，有条件的可用硫磺熏蒸剂熏蒸1 h。

2. 播种

种子要进行消毒催芽处理，水溶百菌清1 000倍液或高锰酸钾1 000倍液浸泡一昼夜。基质装盒、刮平、浇透水，基质距离苗盒沿1 cm，湿度要求在60～70%，即用手握紧基质稍有水滴渗出为宜，播种间距为2.5 cm × 2.5 cm，覆土0.5 cm，遮光，加薄膜覆盖，保持小环境湿度80～90%，室内温度保持15～22℃，光照保持2 000～3 000 lx。20天后观察，当有60%以上出苗就可以撤去薄膜，逐渐加强通风，使小苗逐渐适应育苗室的大环境。

3. 苗期管理

苗期应注意保持育苗基质的湿润，防止植株干枯，但水分不宜过大，水分过大易造成徒长，易使根部缺氧，感染病菌。待小苗有2～3片真叶长出时可以进行出盒上钵，移栽后立即喷施多菌灵或农用链霉素1 000倍液，防止移栽时根系折断，引起伤口感染。

移栽后可每月喷施氮、磷、钾的比例为1∶0.7∶2的复合肥2 000～3 000倍液，苗期磷、钾肥表现不明显，缺氮肥会出现老叶淡绿色、真叶变红的情况，但氮肥也不宜过多，否则会出现徒长，易感染病菌。

苗期可每10天喷一次1 000倍液百菌清，防治湿腐病，此时保持光照在10 000～15 000lx，温度在12～25℃，湿度在60～75%，当仙客来小苗长到4～6片叶时，应换钵上盆，此时应特别注意根系舒展，不要伤及小根。上钵以球径的最宽处为分界线，1/3以上露出土面（这样做是为了防止球径和叶芽感染细菌，引起腐烂，同样球径埋得过深不利于叶芽接受光照），压实盆土，盆边留2 cm浇水口。

移植后，及时喷施猝倒病钉菌剂，一个月内控制浇水量，此时是生根关键期。每次浇半盆水，一个月后正常浇水，每半月追施氮、磷、钾复合肥3 000倍液。及时去除假花、黄叶。芒种过后气温升高，应注意预防细菌性病害，此时如果想卖球可进行强制休眠，控制浇水，使叶片逐渐萎蔫发黄。当叶片上的营养全部回流到球茎时，将球茎转移进行沙藏，保持湿度在30～40%之间。如果想秋冬见花可进行正常的夏季管理。夏季管理主要是防暑降温，为其创造一个凉爽湿润的环境。首先在温室外加铺65～75%的遮阳网降低光照，加强室内通风，经常向温室地面洒水降温，并增加空气湿度，保证室内最高温度不超过30℃。

4. 仙客来生长期养护

1）肥水管理

浇水掌握间干间湿，干透浇透的原则。浇水应在上午进行，水温应尽可能接近室温，水温过低会引起代谢紊乱，影响植株发育。浇水不要洒到叶子上，否则会引起水浸伤害，发生细菌感染，每月浇施一次复合肥或腐熟豆水，经常注意pH值和EC值的变化，pH值保持在6.5～7.3，EC值保持在1.0～1.2。

2）温度

温度保持在15～26℃之间，最适温度在18～24℃，湿度日间保持在60～80%，夜晚一定要保持叶片干燥和室内空气流畅。在生长季节每天应保证5 h光照，光照强度在2 000～4 000 lx，每半月转盆一次，使其见光均匀。

3）休眠期养护

休眠期剪去多余的根、叶，移植到沙土中，弱光养护，每个月淋少许清水以保持球径湿润不至于干枯，但水不宜过多，以免引起腐烂。

4）病虫害防治

细菌性病害软腐病可用4 000倍百菌清或50%多菌灵1 000倍液防治，也可用1 000倍液农用链霉素防治，同时为避免高温季节应采用上喷方式浇水。灰霉病可用硫酸锌2 000倍液，灰霉灵1 000倍液防治，同时注意通风，减少昼夜温差。红蜘蛛可用三氯化磷、敌百虫、敌杀死轮换使用。螨虫可用三氯杀螨、克螨特、哒螨灵轮换使用。蚜虫可用敌杀死、灭芽松、辛硫磷轮番使用。

6.5.2 球根秋海棠 *Begonia tuberhybrida*

1. 生态习性

喜温暖湿润、日光不过强的环境。夏天不过热，一般不超过25℃，若超过32℃茎叶则枯落，甚至引起块茎腐烂。生长适温15～20℃。冬天温度不可过低，需保持10℃左右。生长期要求较高的空气相对湿度，白天约为75%，夜间约为80%以上。春暖时块茎萌发生长，夏秋开花，冬季休眠。短日条件下抑制开花，却促进块茎生长，长日条件能促进开花。种子寿命约2年。栽植土壤以疏松、肥沃、排水良好和微酸性的沙质壤土为宜。

2. 繁殖与栽培

繁殖以播种为主，也可扦插和分割块茎。

1）播种法

球根秋海棠的种子极为细小，1 g种子约为25 000～40 000粒。在温室周年可以播种。但通常在1–4月进行，1–2月播种，七八月开花；3–4月播种，八九月开花。再晚播当年虽然可以开花，但是块茎形成不良，影响次年的生长，并且当年开花稍小，第二年始达到正常的大小，故宜早播。为了提早花期可行秋播，温室内保持温度7℃以上，冬季可不休眠。

播种在浅箱或浅盆中进行。播种用土为腐叶土1份、沙质壤土1份和沙1份混合，并加约1%

过磷酸钙。其中腐叶土也可用水藓或泥炭土代替。盆底填半盆排水物，播种用土需以细筛筛过，土面务使平整，适度镇压后播种。因种子微细，为使播种均匀，可掺些细沙播。播后一般不行覆土。播种完毕盖以玻璃，置于半阴处。灌水宜采用盆浸法。必须保持土壤湿润，温度20～25℃，约15～25天后发芽。当种子发芽后，即将玻璃移去，并逐渐照射阳光。第一片真叶出现时进行分苗，株距为15 cm，用土与播种时相同，温度维持在18～19℃。移植后最初数日，宜盖玻璃并置荫处。缓苗后，揭去玻璃进行正常管理。幼苗逐渐长大，相互接触时进行第二次移植，距离为2 cm。用土为腐叶土1、壤土2、沙1的比例混合。如施用有机基肥，需为完全腐熟的。此后温度宜稍降低，夜间保持10～13℃，空气与土壤应适度湿润。最后定植于14～16 cm盆中，用土为腐叶土或泥炭土1、壤土3、河沙1的比例混合，也可给予少量基肥。

2）扦插法

用于保留优良品种或不易采收到种子的重瓣品种，一般繁殖不用此法。因此法繁殖系数低，发根困难，且扦插苗生长不如播种苗，分枝力弱。春季球根栽植后，通常块茎顶端发生数芽，选留其中1个壮芽，其它新芽均可采取扦插。整个夏季都可进行，而6月以前扦插为宜。因秋季即可开花并能形成球茎。插穗长约7～10 cm，扦插于河沙或水藓中，温度维持23℃，相对湿度80%，15～20天可生根。植株侧枝也可扦插，惟不易生根，而且扦插期晚，故较少用它。

3）分割块茎法

在早春块茎即将萌芽时进行分割，每块带1个芽眼，切口涂以草木灰，待切口稍干燥后，即可上盆，栽植不宜过深，以块茎半露出土面为宜。过深易腐烂。每盆栽一个分割过的块茎。因分割块茎形成的植株，株形不好，块茎也不整，而且切口容易腐烂，所以很少应用。

块茎通常2−3月在温室催芽，催芽用土为沙与腐叶土或沙及水藓配制而成。栽植时使块茎顶端露出土面，初期宜控制浇水，不可过湿，以免引起块茎腐烂。温度约为15℃。生芽后栽植于10 cm盆中，盆栽用土通气良好，保水力强，可用腐叶土或泥炭土、壤土和沙等量混合，并加适量腐熟厩肥、骨粉或1%的过磷酸钙。芽长10 cm时进行追肥，2个月后定植于17～20 cm盆中。块茎也可不经催芽直接定植花盆内，块茎栽后覆土约1 cm。3年以上的老块茎开花渐衰，可弃之。

土壤应保持适度湿润，叶面不需洒水，秋季叶面留有水滴时，易使叶片腐败。开花期间应保持充足的水分供应，但不可过量，浇水过多易落花，并常引起块茎腐烂。花谢后逐渐减少浇水量。

基肥常用充分腐熟的厩肥、骨粉、羊角、马蹄片、过磷酸钙、大粪干及豆饼等。追肥施常用的液肥均可。追肥时不可浇于叶片上，否则极易腐烂。当花蕾出现以后至开花前，每周追施液肥2次，液肥不可过浓。

入夏后用苇帘遮去中午前后之强光(多花类除外)，若光线太强会使植株矮化，叶片增厚而卷缩、花被灼伤，但过度蔽荫则植株徒长、开花减少。控制温度一般不超过25℃。此时高温多湿，常发生茎腐病和根腐病，事先应控制室温和浇水，并喷洒25%多菌灵250倍液预防，病株拔除烧掉。夏季炎热，日夜均应注意通风，否则常致落花。在通风良好的室内，植株生长较低矮而花梗较长，花朵也大。通风不良时，易罹白粉病，可用波尔多液防治。植株约6−7月即可开花，第一批花后应控制浇水，保持半干，剪去花部不使结实，植株经短期休眠后，可再度发出新枝，这时剪去老茎，留下2～3个壮枝，追施液肥，促其第二次开花。花谢后，果实逐渐成熟，应随熟随采，放置荫处晾干，妥为贮藏，以备秋播或来年春天播用。球根秋海棠可以天然授粉，但有时结实不良。最好于花期进行人工辅助授粉。果熟后，叶逐渐变黄时即逐渐停止浇水。当茎叶完全枯黄后，可自基部剪去，至完全休眠后，将球根取出埋入干沙或干土中，留置原盆中也可。休眠期间应保持温度5～7℃。

6.6 天南星科植物

天南星科（*Araceae*）植物在阴生观赏植物中占有重要地位。它的叶子形状美丽、奇特，花艳丽而持久，除供室内观赏外，还可作切花、切叶，制作花篮、花束之用。种类很多，约100属，1 500余种。分布于热带地区。本科最特殊处在于其"佛焰花序"，它具有一肉质、粗直的花序轴，通常呈直立状，其上密生两性或单性小花，称为肉穗花序。肉穗花序的基部有一片似叶状的苞片，称为佛焰苞。花后结肉质浆果。

观赏的天南星科植物可分为两大类：一是常绿的，如花烛、龟背竹、花叶万年青等。二是休眠期叶子枯萎的，如花叶芋、马蹄莲等。这两大类的栽培管理稍有不同，将在下面分别提到。

天南星科有不少是蔓性植物。除了一般正常地下根系外，地上部茎节处极易发生气生根，用来攀附于物体上，又可用来吸收空气中的水分。生长期间一般都需要遮荫，不宜阳光直晒，由于生长在热带地区，因此要求高温栽培，所需温度视种类不同而异。栽培应以较肥沃、疏松透水、微酸性（pH值5.5～7.0）的壤土为宜。一般为腐叶土、草皮土或泥炭土按1∶1混合，再加适量的沙和干燥的禽畜粪烘干合成。肥料用禽畜粪烘干作基肥，豆饼水等作追肥，要求氮、磷、钾都有的完全肥料，但以斑叶为观赏的植物如花叶万年青等则要少施氮肥，使用化学肥料时，必须用淡溶液（0.1%）。对水分的要求，生长期间要求充足的水分和较高的湿度。休眠的种类在花后逐渐减少水分，促使进入休眠。冬季不休眠的种类，在低温的日子里也要减少浇水。除浇水外，喷水对天南星科植物是很重要的，喷水可以增加蒸发面积，增加空气湿度，也可以使叶面清洁，一般在生长期每天喷水2～3次。常绿的盆栽植株，一般经2～3年换盆一次，时间在春夏间进行。换盆后应放在通风之处，遮荫，经常喷水。保持土壤湿润，生根展叶之后作一般栽培。休眠的种类，应在地下茎刚开始萌动时进行。

天南星科植物的繁殖方法有分株、扦插和播种。播种的种子一般不易获得，但经人工授粉则容易结果。种子经一年后才能成熟，种子成熟后应立即播种。播种时将种子清洗干净，因果皮往往沾染细菌，使种子发霉。播在浅盆中，土壤用疏松、透气的沙质腐叶土，但须经过消毒，稍加覆盖保持湿润，温度稳定在24～29℃之间，经过1～2周种子即可发芽。幼苗生长至能用手移植时即可移植，分栽于小盆内。移植后需要保持高湿度，待生新根后逐渐给予通风。如种子发芽前盆土生霉菌，可用0.1%百菌清或托布津浇灌。

分株繁殖，一般在1–2月进行。分株时小心将植株从盆中取出，除去根系周围泥土，不要损伤根系，根据植株的生长情况进行分别分割、上盆，置于蔽荫不通风、高湿之处，待其生根长叶后，按一般方法栽培。花叶芋等一类有休眠期的植物，需在生长期即将开始时进行换盆及分子球茎的工作。

扦插繁殖，可将茎切成数段，每段8～12 cm，每段需有1～2个节，节上有芽眼，待切口粘液晾干后插在砂床中。温度保持在30℃，经1～2周即可生根。有些种有气生根的，如龟背竹、蔓绿绒等，在切成数段之后即可上盆栽植，不需在沙床发根。

6.6.1 粗肋草 *Aglaonema modestum*

1. 生态习性

粗肋草别名广东万年青，为粗肋草属多年生常绿草本植物。不耐寒，怕暑热，冬季需保持12℃以上的室温，一经落叶就会死亡；生长适温为20～28℃。喜阴湿环境，怕直射阳光，可常年在蔽荫处生长，短时间的曝晒叶面也会变白后黄枯；在干燥的空气中叶片发黄并失去光泽。喜保水力强的酸腐殖土，极耐水湿，不耐盐碱和干旱。

2. 繁殖与栽培

可用扦插和分株法繁殖

1）扦插繁殖

扦插应在5−6月或9月份进行，自节下0.6～1 cm处把茎秆截下，插穗可长可短，但不要少于4节，保留先端2枚叶片，插入干净的素沙土中，入土深度为4～5 cm，始终保持湿润并放在蔽荫处。在20℃左右的室温下15～20天即可生根。也可剪取15 cm长的先端茎秆，直接插入清水中，2天换水一次，同样能从节部生根。

2）分株繁殖

4月中、下旬将多年生老株脱盆后，抖掉外围泥土，把茎秆间相连的地下根茎剪断，分别上盆栽种，极易成活。

盆栽时应使用保水力强的酸性腐殖土。为了提高其观赏价值可直接栽入大小适中的筒状瓷盆或紫砂盆内，2～3年翻盆换土一次。全年都应蔽荫养护，始终保持盆土湿润。春、秋两季每隔15～20天追施一次液肥，夏季应加强通风防暑降温，及时剪除茎秆下面的枯黄老叶。在有供暖设备的室内都能安全越冬。

粗肋草还可进行水培。剪取茎段插入水中，生根后继续在水瓶中培养，或将盆栽植株脱盆后把根上的泥土洗净，然后泡在透明的玻璃花瓶中，2～3天换水一次，让鲜嫩的白根透过瓶壁显现出来，配上翠绿的茎秆和叶片相当美观。为了让其在水中茁壮生长，每隔10天应换用一次营养液。也可用磷酸二氢钾和硫酸铵各1/2，加水1 000～15 000倍稀释后使用。

3. 用途

室内盆栽观叶。

6.6.2 龟背竹 *Monstera deliciosa*

1. 生态习性

龟背竹别名蓬来蕉、龟背蕉、龟背芋、电线草等，为龟背竹属多年生植物。

龟背竹喜凉爽而湿润的气候条件，不耐寒，冬季室温不得低于10℃，不耐高温，当气温升到32℃以上时生长停止，最适生长温度为22～26℃。耐强阴，在直射阳光下叶片很快变黄干枯，可在明亮的室内常年陈设。要求深厚和保水力强的腐殖土，pH值应在6.5～7.5，既不耐碱，也不耐酸。

龟背竹怕干燥，耐水湿，要求较高的土壤湿度和较高的空气湿度，如果空气干燥，叶面会失去光泽，叶缘焦枯，生长减缓。气生根能直接吸收空气中的氮，为了使茎秆坚实，叶片挺拔，施肥应以磷、钾肥料为主。

2. 繁殖与栽培

以播种和扦插法繁殖

1）播种繁殖

播后需保持20～25℃。实生苗的生长速度极慢，需五六年才能达到陈设和观赏程度。

2）扦插繁殖

龟背竹只有一根主茎，随着新叶的抽生，茎蔓不断向前延伸，很少发生侧枝。因此在生产性花圃中应留有专供繁殖用的采条母株。当主茎长到1 m以上时，自地面向上15～20 cm处剪截作为插穗。经过一段时间，母株上隐芽萌发抽生出2个侧茎，待抽长后又可截作插穗。如此周而复始，繁殖材料就会越来越多。

扦插龟背竹需用保水力强的泥炭作基质，并混入1/3的大粒河沙。按2～3节一段截成插穗，切勿伤害叶痕。最先端的一段茎含有新叶原始体，中部茎段虽带有叶片，但无新叶原始体，下部茎段无叶，在扦插时应区别对待。最先端的茎段应直立扦插，中间的茎段应将叶片剪掉1/2进行斜插，下部茎段可集中平埋在一个较大的容器内。

不论采用哪种扦插方法，插前必须把节间的气生根自基部剪掉。扦插于春末夏初进行。插后放在通风良好处背光养护，并保持盆土湿润，每天向空中喷水以增加空气湿度。

上盆时以腐叶土为基质，并混入3%～4%的过磷酸钙，以便供应充足的磷肥，以后不必再进行追肥。每年早春应换土一次，2年换盆一次，如供家庭居室陈设尽量不要换入大盆。除冬季可多见阳光外，全年都应蔽荫养护，掌握“宁湿勿干”的浇水原则，并应经常向叶面喷水。

龟背竹不需要人工整形，如果茎秆过高，而不能直立，可让其靠在墙壁上，或插设粗竹竿绑扎扶持，或进行截茎繁殖，让母株重新萌发新茎和新叶。

在大型室内花园中可靠近室内假山地栽，让其延着山石向上生长。每年春夏两季各追施0.2%的磷酸二氢钾稀释液2～3次。当主茎长到1.5 m左右时进行截顶，促使萌发侧枝，以后2～3年对侧枝截顶一次，如此枝蔓会越长越多，使植株的覆盖面不断扩大，从而创造出热带雨林的宏伟景观。

3. 用途

优良的室内盆栽观叶植物，也可作室内大型垂直绿化材料。

6.7 凤梨科植物

凤梨科（Bromeliaceae）植物，是非常庞大的一群，约有46属，2 000多种，其中一部分可供园艺上栽培。它不但花美，叶亦美，深受人们喜爱。

凤梨科植物主要分布于南美洲雨林区至多岩礁的海岸林带。从大西洋东部到太平洋西部，以及西印度群岛、加勒比海诸岛屿热带高温高湿地区。可分为附生凤梨和非附生凤梨，附生凤梨，幼株逐渐生长时，纤细坚韧的根附在树皮之上，沿着树干的表面伸展，栽培的凤梨科植物大多数属这一类。非附生凤梨（地生）一般都生于开阔、温暖和阳光充足的地方，全无蔽荫，叶缘往往长着尖刺和有钩的锯齿。附生凤梨是美洲森林中最具特色的景观。

凤梨科植物叶片颜色丰富多彩，有红、黄、绿、粉红、褐、紫等色，不少种类具有色彩相间的纵向条纹或横向条纹或横向斑带；有的叶面被银灰色斑粉或绒毛，这些性状被认为是对叶面蒸腾速度的一种适应。叶子的形状大小不一，即使同属的各个品种，外形往往也大不相同，而大多数室内栽培的凤梨都没有茎，叶子弯垂作带状，草质，排列成莲座丛，花茎一般颇长，从中央抽出，茎顶是一枝穗状花序。有些莲座叶丛结构疏松，叶子大致排列成圆形。另一些莲座叶纵排列呈管状。大多数种类叶片的基部相互紧叠，形成一个透水的组织，承担着“贮水器”或“水槽”的作用。“水槽”的口径小的只有几厘米，大的数十厘米，贮水量多的可达5 L。“水槽”不但可以贮水防旱，而且还由于经常掉入落叶、昆虫或动物排泄物等，溶水成肥，再由“水槽”基部的鳞状毛吸收。附生凤梨科植物莲座叶丛吸收养分和水的功能，要远远大于根系。而根系则主要承担固定植株生长，有些甚至不生根或只有数条，用来抓紧附着物，而非摄取营养。目前家庭园艺培育的观赏凤梨，也都要在“水槽”内蓄积水分，以供生长之需。目前栽培的食用凤梨种类很少，常见的如艳凤梨等。

在叶表面，用显微镜可以看到一种叫“吸收鳞片”的微小组织，以叶片基部蓄积水分的部分最多。这种组织能吸收水分和养分，所以常在叶面浇（喷）施稀薄液肥代替浇水。就能够促进发育。简单地说，这种植物由根和叶均可吸收养分。

凤梨科植物几乎可全年开花。花朵一般都很鲜艳，部分常被美艳的鲜红或粉红色的苞片包着，在开花前以及整个开花期间，颜色往往会变得很鲜艳。开过花的植株不再开花，花谢后就会逐渐枯萎（雀舌兰属，又称狄克属*Dickia*例外）。但到开花期前后，从株基部的叶间会发出子株2～3株，这些子株在开花期可以正常开花，同样的开过花的子株，又从其部的叶间发出子株。园艺栽培时，子株生长到某种程度后，将其切除，切除子株的母株，会再发出2～3个子株。这种重复处理，可使一母株在一年半至两年内发出10株左右的子株。开花株在开花终了后仍需要继续施肥和适当的管理。

开花期依种类的不同而异。如要促使自然开花期以外的时间开花，可利用电石10 g泡入1 000 ml水中，将此溶液倒入植株中央生长点凹槽内，而后产生乙烯气体，只要植株够大，便能在几个月后再开花，达到事先控制开花时间的目的。苹果和瓜类的果实在成熟过程中会自然产生乙烯，利用这种果类产生的乙烯也可使凤梨开花。不过利用乙烯开花的植物，只有凤梨一种，这必须特别注意。

凤梨科植物生长发育需要的水分，贮存于簇生叶群所形成的杯状凹槽中，即使根系受伤，只要杯状凹槽内有足够的水分贮存，其生长亦不受太大影响。喜疏松、通透性良好的基质，生长发育期每15天左右需追施一次肥料。

观赏凤梨开花后，母株即枯萎死亡，但此时根际四周已自然形成吸芽，待其长到一定大小，即可分离单独栽植。除以此法繁殖外，亦可用果实顶端的冠芽繁殖或播种繁殖。

凤梨科植物喜温暖、湿润和明亮的散射光环境。

凤梨科植物的种类繁多，花色艳丽，花期一般较短，但果期则较长，而且果色艳丽。

6.7.1 姬凤梨 *Cryptanthus acaulis*

1. 生态习性

姬凤梨别名紫锦凤梨、海星花，为姬凤梨属多年生常绿草本植物。是观叶凤梨中娇小的一种。对环境适应性强，在较明亮的光线和稍阴暗的条件下均能生长良好，喜空气湿润，但土壤不宜湿度过大。

2. 繁殖与栽培

通常用分割吸芽扦插繁殖，扦插后需近百天才能生根。

用腐叶土或泥炭土加少量的河砂作盆土；也可用苔藓、蕨根等材料盆栽。用较小的浅盆栽植或作瓶景的植物材料，种植在瓶中。

由于姬凤梨莲座状叶片扁平，叶筒中贮水较少，耐干旱性较差。生长季节在栽培管理中需注意勤向叶面喷水，并保持较高的空气湿度。冬季少浇水，保持盆土微潮。喜半阴环境。温室栽培，春夏秋3季应遮去阳光的50%左右；冬季不遮光。光线太暗，叶片上的斑纹和色彩会变得暗淡，并最后消失。冬季适宜的温度为15～22℃。低于10℃容易受害。旺盛生长期每2周左右施一次液体肥料。

3. 用途

可供微型盆栽观赏，以观叶为主。也可用于瓶栽及景箱栽植。

6.7.2 五彩凤梨 *Neoregelia carolinae*

1. 生态习性

五彩凤梨别名羞凤梨、彩叶凤梨，为凤梨属多年生附生常绿草本植物。开花前中央叶片转为红色，花序群集，埋于红色叶片中央的凹槽中。春节开花，但仅开放一夜，故花的观赏价值不高，主要观赏部位为红色的叶片，观赏期3～4个月。没有明显的休眠期，只要环境条件适宜，全年都可以生长。最适的生长温度为22～25℃；越冬应放在15℃以上，低于15℃停止生长；长期低于10℃会受害。

2. 繁殖与栽培

通常用分株法繁殖。早春结合换盆进行分株，每盆可分成2至数盆。分开的新株应带有自生的根系。五彩凤梨的吸芽生根能力稍差，必须等吸芽生出根系后才能分割。商品性大量生产，多采用组织培养法繁殖。

温室栽培用苔藓、蕨根、树皮块等作盆栽基质，家庭中可用疏松的腐叶土、泥炭土盆栽。盆底部1/4～1/3深应填充颗粒状的碎砖块等物，以利排水。春、夏、秋三季每1～2周施一次液体肥料，也可进行叶面施肥，肥料浓度是根部施肥浓度的1/2。应经常保持盆土湿润，但不可积水和过湿。并经常向叶面喷水和向叶筒中灌水。喜较多的阳光，叶片色彩在阳光较强时较艳丽。可先在较强的阳光下培养出美丽的叶色，再搬至明亮的室内欣赏。

3. 用途

可供盆栽观赏。

6.7.3 莺歌凤梨 *Vriesea carinata*

1. 生态习性

莺歌凤梨为丽穗凤梨属多年生常绿附生草本植物。总苞大型，鲜艳，为重要的观赏部位。喜温暖，较耐寒；喜半阴；要求疏松、通气及排水好的基质；不耐干旱。

2. 繁殖与栽培

莺歌凤梨生性强健，栽培容易。用植株基部萌芽扦插繁殖。培养土应疏松、透气、排水良好。用蕨根块、腐叶土及泥炭土混合制成的基质较好。室内栽培应置于光线明亮处。不耐干旱，夏季要充分浇水，晴天每日浇水二次，并需保持叶杯中不断清水，肥料应薄肥勤施。越冬温度不得低于5℃。

3. 用途

莺歌凤梨体态小巧玲珑，花叶俱美，可供盆栽观赏及切花。

6.8 蕨类植物

6.8.1 蕨类植物概述

近年来，人们对观叶植物越来越感兴趣，尤其是蕨类植物，它代表着观叶植物的一大潮流，以其优美独特的造型，风靡世界，深受人们的喜爱。

现代蕨类植物约有12 000种，广泛分布于世界各地，尤以热带和亚热带地区最为丰富。我国约有2 500种，其中有观赏价值的不少。它不仅是美化现代庭院、居室的理想植物，还是插花和室内装饰的优良材料。日本、欧美人把蕨类植物视为高贵素雅的象征，他们以客厅、庭院、宾馆、办公室、公园中能配置几盆蕨类植物为荣。为此，这些国家已成立了许多专门生产观赏蕨类的公司和苗圃。我国的花卉事业近年虽有很大发展，但对蕨类植物的开发几乎还是空白。直至1991年，我国才成立蕨类学会，进行研究。根据形势的发展，国内将会掀起种植蕨类观赏植物的热潮，因而，推广普及它们的栽培方法，是十分必要的。

6.8.2 蕨类植物的特性

蕨类植物，也称高等孢子植物。有陆生、附生、少为水生、直立或少为缠绕攀援的多年生草本，或间为高大树形；孢子体，即通常所谓绿色蕨类植物，通常有根、茎、叶的分化（松叶蕨除外）。孢子体的体形，在近代植物界中最为多种多样，有大为乔木状的，也有小仅达0.5 cm^2的，但绝大多数为中型多年生草本。孢子体生有多数孢子囊，内生孢子。最原始的蕨类植物的孢子囊生于枝的顶端，有些生在特化的叶上或叶片上（囊托）成穗状或圆锥状囊序，有的生于孢子叶的边缘，有的聚生于枝顶或孢子叶的下面。孢子有Ⅰ型和Ⅱ型之分。Ⅱ型的在孢子体上生大小两种孢子叶，大孢子叶生大孢子囊，内生大孢子；小孢子叶生小孢子囊，内生小孢子。近代大多数蕨类植物都属于Ⅰ型的。孢子成熟时自孢子囊中散出，落地后萌发生长成为原叶体，称配子体。上生雌雄配子体，经受精作用后，产生配偶子，由此生长发育成为绿色孢子体，也可以称为成长的蕨类植物，在它的叶体上产生孢子囊，内生孢子，孢子落地发芽又发育成原叶体。这棵孢子世代的孢子体和配子世代的配子体相互交替一次，就完成蕨类植物的生活周期。

6.8.3 蕨类植物的栽培管理要点

1. 光线

植物的生长都需要光，以行光合作用。通常蕨类植物怕直射而高热的强光，要求蔽荫。但处于不同生长期，对光线的要求也不一样：生长初期即抽芽期，须防止阳光过强，多加蔽荫；休眠期则须放在光线充足处。

2. 温度

适合蕨类植物生长的温度范围，需视其原生地的环境而有差异。一般来说，原产热带的蕨类植物，生长适温为21～27℃，冬季要求12～15℃，若在10℃以下则生长停顿。原产温带或亚热带的蕨类植物，生长适温为16～21℃，冬季最低可耐7℃。在广东大部分地区越冬不成问题，但盛夏酷热则难熬。北方露地生长的蕨类植物，冬季能耐−16～20℃的低温。一般性的属半不耐寒种类，适生温度为19～24℃，冬季在10℃以下则易受冻害，适合广东大部分地区作室内栽培。

3. 湿度与浇水

蕨类多喜潮湿，要求高空气湿度和土壤湿度，尤其在幼苗期更加重要。盆栽的蕨类植物，生长期每天必须浇水和叶面喷水；地面种植的须洒水，以保持湿度，尤其夜间要注意。若植株由于缺水而凋萎时，必须立即处理将盆浸入清水中，地上部喷雾，若缺水不十分严重，几小时后即可恢复，若24 h内垂凋的叶仍未恢复，这就很难恢复，只有将地上部萎叶全部剪去，可能会重新萌发新叶。若地上部先黄化而后凋萎，这可能是浇水太水，土壤排水不良，此时必须整株拔出，修剪腐根后重新种植。

浇水最好是早晨，而不要晚间浇水。如叶片分裂细碎的更须注意，如水滴滞留在叶隙间，蒸发较慢，很易引起腐叶。

4. 通风

蕨类植物最忌闷热，在夏季须多通风。例如铁线蕨要保持叶色深绿，就须多给空气和光线。通风和保持空气湿度是矛盾的。故通风时必须注意水分的供给，务使空气不致过于干燥而又有适当的新鲜空气。在幼苗期需注意避免“穿堂风”的吹袭。

5. 土壤与肥料

土壤要求富含有机质，疏松透水，一般是泥炭土、腐叶土、珍珠岩（或粗沙）按2∶1∶1配制，或腐熟堆肥、粗沙或珍珠岩按1∶1配制。

土壤中可加入基肥，以微酸性（pH值5.5～6.0）最为适宜（有些蕨类植物，如鞭叶铁线蕨、团羽铁线蕨等喜欢石灰质土壤）。

蕨类植物喜肥，上盆时土壤中可加入腐熟的厩肥。生长期内需要时可使用化学溶液作追肥，但浓度以不超过1%为度，最多每周1次。

6. 换盆

盆栽的蕨类植物经过2～3年后，须进行换盆。换盆时间一般在2–8月，但要注意不要伤根。重新上盆时，先在盆底放约2 cm厚的一层碎砖，以利排水，再铺厚度约2 cm的木炭，以吸收土壤残留的多余盐分与有毒气体等。而后再加一层骨粉（富含磷肥），有利于根部生长。将植株放入盆后再填入上述配方的土壤，不要装得太满，以便浇水时让水有留存的空间，并慢慢向下渗透。

繁殖以分株为主。也可用孢子播种育苗。全年均可进行，但以6–7月最佳，5月对老植株进行分株。也可以收集成熟孢子进行盆播。

6.8.4 蕨类植物举例

鹿角蕨，学名*Platycerium bifurcatum*，别名蝙蝠蕨，科属　水龙骨科，鹿角蕨属。

1. 形态习性

多年生附生性草本，具肉质根状茎，株高可达1 m。叶2型，一种为“裸叶”(不育叶)，圆形呈盾状，径20 cm，边缘波状，绿白色，后为褐色；另一种为“实叶”(生育叶)三角状，丛生，下垂，长60～90 cm，幼时灰绿色，成熟时为深绿色；先端宽而有分叉，形如鹿角，孢子囊群散生于叉裂顶端。孢子成熟期为夏季。

原产澳大利亚；我国各地有引栽。在天然条件下，附生于树干分枝或开裂处、潮湿的岩石或泥炭上。性喜高温、多湿和半阴的环境，根部一定要通风透气，耐旱、不耐寒；要求疏松并通气性能极好的栽培基质。

2. 繁殖与栽培

以分株为主。全年均可进行，但以6–7月最佳，5月对老植株进行分株。也可以收集成熟孢子进行盆播。

3. 用途

叶片形大而奇丽，周年绿色，是良好的观叶花卉，宜作吊挂栽植或贴生树干上。

6.9 兰科植物

兰科植物按其生态习性可分为地生兰和附生兰两大类，还有少数腐生兰。我国是兰属植物的分布中心。

6.9.1 兰属（中国兰花）

中国兰花多指地生兰，这些地生兰皆为兰属。为多年生常绿草本植物，其叶姿秀雅，幽香清远，享有“天下第一香”的美名。按开花季节不同可分为如下种类：

春季开花类　春兰 *Cymbidium goeringii*　别名 草兰、山兰，花期2–3月。

夏季开花类　蕙兰 *C.faberi*　别名 夏兰、九节兰，花期4–5月。

台兰 *C.floribundum var. pumilum*　别名 金棱边，花期4–6月。

秋季开花类　建兰 *C.ensifolium*　别名 秋兰、雄兰、秋蕙，花期7–9月。

冬季开花类　墨兰 *C.sinense*　别名 报岁兰，花期11至翌年1月。

寒兰 *C.kanran*　花期10至翌年1月。

此外，兰属还有一些附生性的兰花，如虎头兰、硬叶兰等。栽培管理与热带兰同。

1. 生态习性

兰花喜温暖湿润气候，春兰及蕙兰耐寒力较强，长江南北均有分布，但以长江以南分布为多。寒兰分布稍南些。建兰及墨兰耐寒力稍弱，自然分布仅限于福建、广东、广西、云南等省南部及台湾。兰花多野生于湿润山谷的疏林下，腐殖质丰富的微酸性土壤中。兰根均分布于表土层中，根长可达50～80 cm。在树下半阴处生长最为繁茂，在南坡日光较充足而干燥处，叶稍黄而着花多；而在阴坡，叶浓绿繁盛而着花少。在栽培中，生长期要保持半阴，冬季应有充足的光照。兰花根系与菌根菌共生，否则生长不良。

2. 繁殖与栽培

1）繁殖

通常以分株繁殖为主，虽可用播种繁殖，但实际应用很少，主要用于杂交育种。近些年来，兰花用组织培养方法进行繁殖，进展较快。

(1) 分株法　春兰在春天开花，分株宜在秋末（9–10月）生长停止时进行；秋季开花的种类如建兰，宜于春季新芽未抽出前进行。一般3～4年分株一次。分株之前，使盆土稍微干燥，根系变软，分株时不易伤根。将植株从盆中取出，抖去盆土，清除枯根，然后从可自然分开处分开，另行栽植。为避免上盆时断根，可在分株后放通风处阴干，稍变软时栽植。

(2) 播种法　通常采用在培养基上播种的方式。培养室保持温度25℃，空气湿度40～60%。种子播种后，要经过半年至一年才能发芽。经分苗、栽植，大约8～10年才能开花。在播种和分苗过程中，必须严格注意消毒，一经霉菌感染，播种即告失败。

(3) 组织培养法　兰属的组织培养一般是以芽为外植体的。外植体是指供组织培养用的植物材料。接种在培养基上以后，约4～6周产生小的圆形的原球体。将它取出，一分为四，重新培养，1～2个月后又可重新分切原球体。原球体生长芽和根，形成新的植株。这样，在不长的时间内，就能生产出成千上万的无性系植株来。国外兰花工厂，概用此法繁殖。

2）栽培

(1) 栽培场所　地生兰一般野生在湿润山谷的疏林下，原产地的主要环境特点是湿润、适当蔽阴、空气洁净、通风良好。栽培地生兰的场所应尽量满足以上环境要求，才可望取得良好的栽培效果。地生兰从春末到秋末在阴棚下栽培，在阴棚下不能过冬者，冬季在兰室培养。

兰室应能人工控制温度、湿度、通风等。冬季白天温度20℃左右，晚间13℃左右，栽培春兰和蕙兰晚间温度可低至5℃，不结冰即可。室内要求光线充足。为保持室内湿度，要设置水池，地面不宜铺装。花盆放花架上，兰室还要安装通风设备和可调节蔽阴程度的荫帘。

阴棚宜设置在树群环绕、靠近水面、空气清新、通风良好的地方。棚架上应装置喷雾设备，阴棚的阴帘要能够调节蔽阴度。从傍晚到清晨应将阴帘完全打开，使兰花早接晨曦，晚送夕阳，夜里接受露水的滋润。早晨将阴帘拉上，以避去白天强烈的日光，但也不宜过阴，否则生长势减弱。夏季日光强烈应增加蔽阴程度，用较密的阴帘，遮阴时间也长；春秋阳光减弱，只避去中午前后阳光即可。兰花的耐阴程度又以种类而异，墨兰耐阴性最强，建兰、寒兰次之，春兰及蕙兰需光照较充足。在遮阴时应予以区分。

(2) 盆栽用土　必须含有足够的，能为兰花吸收利用的营养成分；土壤要疏松、通气、排水良好；土壤酸碱度为中性或微酸性(pH值5.5～7.0)。一般采用江浙一带的山泥，即山上枯枝落叶经多年腐熟而成的腐殖质土。

(3) 上盆　为了排水良好，盆底需多垫碎瓦片或木炭块，四周放碎瓦片或木炭，如有水苔加覆一层更好，最后填入培养土。兰花栽植深度以假鳞茎上端齐土面为度，栽植后，盆土中央稍拱起。为了避免泥土溅于叶面及增加美观，可在土面铺一层碎石或种植翠云草（*Selaginella uncinafa*）。上盆后最初应置阴处，经十几天后逐渐照射日光。养兰以采用瓦盆为宜，因其排水通气良好。

(4) 浇水与喷水　地生兰对空气和土壤均要求湿润，夏季是生长期，除保持土壤湿润外，为增加空气湿度，一天之内有时要喷水或喷雾数次。保持相对湿度为45%～65%。夏季浇水在清晨或傍晚，雨季期间盆土宜稍干，以免因湿度过大引起病害。秋季气温降低，生长逐渐停止，应减少浇水次数，视天气情况停止喷水，以不使盆土干燥即可。墨兰冬季开花，浇水须较多，而建兰宜稍干些。兰花浇水以雨水和雪水最好，河水、池水次之，井水更次之。不可用含矿物质过多的硬水和碱性水。浇水掌握“夏秋不可干，冬春不可湿”的原则（主要指春兰和蕙兰）。

(5) 施肥　兰根内有菌根菌，菌根菌从外部吸收矿质营养供给兰花，而根细胞提供有机养料满足菌根菌的生活需要。二者是互利的共生关系。同时二者之间要保持适当的平衡，兰花才能旺盛生长。菌根菌过少，则兰根不能吸收充足的养料，影响植株的生长；而菌根菌过多，就会破坏根细胞。我们选择调制适宜的栽培用土和施肥，目的就是调节菌根菌和兰根之间的消长关系，取得合乎理想的平衡。

通常兰花每年换盆、换土，盆土中的养分足够当年生长发育的需要。可以不必追肥。

但若几年才换盆一次，就需要追施肥料了。

常用肥料有牛粪、羊粪、豆饼、麻酱渣等有机肥料，但使用时务先充分腐熟。栽培兰花很少用基肥，都是追施液肥。生长期间每5～10天施用一次稀薄的液肥。也可施用硫酸铵、硫酸钾、过磷酸钙等化学肥料，但要特别注意控制浓度。施肥要遵循“宜勤而淡，切忌骤而厚”的原则。盛夏和严冬不追肥。开花前后也不宜施肥。

(6) 其他管理　接连下雨，特别是雨季应注意防雨。盆宜放置通风处。遇大风，要加以防护，以免叶片折伤。秋冬气温下降，如夜间温度降至2～3℃时，应及时移入室内栽培；建兰、墨兰及寒兰耐寒力较弱，更应及早移入室内防寒。

(7) 病虫防治　掌握防重于治的原则。为了使兰花生长强健，对病虫害有较强的抵抗力，栽培兰花的场所要经常保持洁净和适当通风。

雨季高温时期易发生白绢病可用波尔多液或托布津预防。害虫以介壳虫发生最多，可用1059、乐果等药剂防治。

(8) 兰花育种　国外兰花育种已经进行了几十年，目前兰属杂交种已达数百种之多。它们的父本母本多是大花型的。我国有丰富的地生兰种质资源，如春兰、蕙兰、建兰、墨兰等都有不少自然变种和变型。人工杂交育种有广阔的前途。培育花大、美丽又有香气的兰花是兰花育种的光荣课题。

3. 用途

兰花是我国的传统名花，是著名的珍贵盆花，常设置兰圃进行专类栽培。它无花时叶态飘逸，四季常青，有“看叶胜看花”的誉称。开花时花容清秀，色彩淡雅，幽香四溢，耐人寻味。

一些兰属杂交种是国际上名贵的切花，一支花在常温下水插可观赏1个多月。

兰花的花、叶均可药用；花可食用，并用以熏制兰花茶。

6.9.2　附生兰类（热带兰花或洋兰）

附生兰类是生长在热带或亚热带的兰科植物，种类甚多，均具有大型的鲜艳的花朵，观赏价值很高，但一般种类均无香气。如卡特兰、兜兰、石斛等。

1. 生态习性

附生类兰花多附生在森林的树干上或崖壁阴湿之处，其中一部分种类更喜湿气，如卡特兰(*Cattleya labiata*)大部附生于热带雨林的树干上或岩石上，也见于多湿的森林或溪边树木上。在原产地，生长期在春季及夏季，以雨季为生长盛期。在此期间要求高温、高湿。

秋冬为休眠期，宜稍微干燥。对于水分、日照、温度的要求由于种类的不同而异。但一般均要求湿润及半阴的环境。

2. 栽培与管理

附生类兰花，其栽培材料必须具备疏松多孔，排水良好而又保水力强的性能，因此，通常用泥炭藓、紫萁根、水龙骨（*Polypodium*）根，山毛榉的叶子，以及沙、粘土、干牛粪、木炭屑来配制。其配合比例依种类而异。一般配合比例为紫萁根2份、泥炭藓1份、山毛榉叶1/2份；如栽植卡特兰只要紫萁根2份、泥炭藓1份即可；石斛类一般用紫萁根1份与泥炭藓3份配合；栽植材料一般以微酸性反应(pH值4.5～6.0)为适宜，一般兰花每2～3年换盆1次。

附生兰类的栽培，除以种类不同分别给予其适宜的温度外，在生长期间必须给予充分湿润和蔽阴的环境。一般兰室要求空气湿度达85%以上。没有假鳞茎的种类需要湿度更高些。除了湿润栽植材料外，在兰花生长期间，每天应在叶面喷水数次。

对日照的要求，因兰花种类及季节不同而异。一般叶片较大而质软的种类，耐阴性强；有假鳞茎，茎多肉，叶肥厚的，如卡特兰需要日光稍多一些；落叶性种类如一些石斛，则需光更多一些。夏季遮阴程度比春秋要大一些，用二层帘子；遮荫时间也较长；在冬季，一般种类要求有充足的光照，但对于中午前后的强烈日光仍需遮去。

3. 附生兰类举例

大花蕙兰（*Cymbidium*）

又称虎头兰、蝉兰、西姆比兰。通常是指兰科（*Orchidaceae*）兰属中一部分大花附生种类及其杂交品种。大花蕙兰与其它洋兰相比，更具特色，花大而多。姿态优美，色彩丰富艳丽，有红、黄、绿、白以及复色。经过杂交之后，产生黄与红或黄与绿的综合色彩。大花蕙兰花期较长，可达50～80天，生长健壮，容易开花，适应性强，栽培比较容易。大花蕙兰花形大方、壮观，比较耐寒、耐运输，将会成为消费市场上的一大流行趋势。

大花蕙兰通常作盆花种植，可用来布置和美化居室、庭园，大规模生产时亦可作为很好的商品切花，在我国发展前途极大。

大花蕙兰原产中国、韩国、日本及东南亚地区，适于栽种的地域广阔。在亚热带及热带海拔高的地区，可露地栽培，在温带寒冷地区，如我国华中以北地区可在室内或低温温室栽培。根据多年生产经验技术的积累，本篇着重介绍华中以北地区及西南高海拔地区的栽培生产技术。

1）优良品种选育及繁殖

目前在世界各地栽培和销售的大花蕙兰，均为经过百余年杂交选育出的优良品种，商品性极好，容易开花，花型整齐、花瓣宽、花朵丰满、色彩艳丽、花茎直立坚挺，花朵数目多而排列紧密且寿命较长，株形及花有大、中、小不同类型。由于具有杂种优势的特性，它们大多生长健壮，适应性较强，栽培和繁殖均为较原生种容易。

兰属植物在全世界约有50～70种，主要分布于亚洲，常见栽培和用作杂交本的大花蕙兰兰类原生种约20种，主要分布于我国西南部和东南亚国家、韩国、日本等地区，少数分布在我国广东、海南以及马来半岛和澳大利亚。

百余年来，尤其在20世纪四五十年代以后，经过大量的种间和品种间杂交，大花蕙兰的育种事业已经提高到一个新的水平，至今已培育出千余个优良品种，并有大批专利品种在美国、日本、新西兰、荷兰等地注册。优良品种在国外市场的占有率非常高，而且每年有大量新品种出现，而它作为商品兰花的重要地位早已是大家公认的。

目前，育种专家已将某个品种的大花蕙兰与传统的中国兰进行品种杂交，培育出具有中国兰花香味和姿态的大花蕙兰新品种，如黄精灵。新品种集中了国兰与洋兰的优点，即大花蕙兰雍容华贵，国兰优雅飘逸，这将成为国人兰花消费欣赏的一个新热点。

大花蕙兰的繁殖与生产一般采用茎尖培养，即组织培养法。组织培养法可保持原母本的优良性状及植株性状的整齐性。一般情况下不能采用播种法繁殖，因为播种法为有性繁殖的一种方式，种子通过亲本之间的杂交而来，后代种苗性状分离现象十分严重，难以保持母本的优良特性，而且植株不整齐，性状差异大，失去商品价值。家庭栽培大花蕙兰也可采用分株法繁殖，操作简便易行，而且也能保持母株的优良性状。一般专业生产场都不采用分株法，因分株后植株长势软弱，株形过高，又不漂亮，会抢占后面中、小苗的位置，极不经济。而且分株苗到了出货季节又不能及时出货，故建议采用组培苗为上策。

2）大花蕙兰的生育环境及生长习性

大花蕙兰原系高山植物，性喜比较凉爽的气候环境，宜种植在较高地势、昼夜温差大的地方。在国内，华中以北的地区夏天可正常生长，在华南一带海拔600 m以上的地方生育良好，云南一带的气候，较适合大花蕙兰生长。

(1) 温度　大花蕙兰生育适温在10℃～30℃，冬季应放在低温温室内，夜间10℃左右比较好，在高温季节应注意将相对湿度控制在85%。大花蕙兰喜白天温度较高，夜晚温度较低的环境，昼夜温差要在10℃以上才能生长良好。花芽需要在高温期形成，在8月左右，但花芽发育成花蕾到开花却需要在20℃以下，因此若秋季温度过高极易造成落蕾。在热带低海拔地区栽培大花蕙兰的最大问题就是夏秋温度过高，形成的花芽容易落苞。花芽耐低温能力也较差，在花芽生长期间温度过低，就会变黑腐烂。所以，在华北地区栽培大花蕙兰，4–5月初兰花就可移出室外，在10月初气温下降时再移入室内过冬。若有加温措施，就更能准确的控制花期了。

(2) 光照

① 大花蕙兰在光照充足的环境下，叶色黄绿而宽厚，光照不足则叶色深绿而修长软弱，大花蕙兰最适光照强度在15 000～25 000lx。

② 相对于国兰而言，大花蕙兰更喜光，但在夏秋阳光直射或光线过强时易造成叶烧灼伤。叶片局部是火烧状的褐色，严重者枯死，故夏季需要遮阴。若低于15 000lx，则开花率低下，在华北一般夏季用一层50%遮阳网遮阴较好，秋季阳光可稍强一点，以便植株生长得更健壮，利于越冬和花芽的形成、分化。冬季不需要另外添设遮阳网，在两层薄膜的光线下即可。

(3) 湿度与通风　大花蕙兰生长季节多在雨雾朦胧之时，因一般要求较高的湿度，夏秋季节，空气湿度不能低于85%，冬季休眠期50%即可。空气湿度高，还可促进降温，若空气湿度低，则叶片粗糙，无光泽。湿度适宜，则叶面洁润有光泽。在高温高湿的环境下，要注意通风良好，此种环境之下，兰花易感染病害。

因大花蕙兰对水质要求较高，喜微酸性水，对钙镁离子比较敏感，能用雨水浇灌则最为理想。北方地区多为硬水、钙、镁离子含量较高，生产选地时最好能选择水质较好的地方作种植用。浇兰用水雨水最好，河水次之，然后为井水，不得已才用自来水。若要用自来水，必须用存放过的自来水，使水中氯气慢慢挥发，白色粉末沉淀。如水质偏碱，则可用硝酸、冰醋酸等进行调节。

大花蕙兰根系粗壮，故要求介质一定要保持湿润状态。夏秋季节一般每天浇水2次，冬季则宜稍干，一般2～3天浇水一次。

3) 大花蕙兰的栽培管理

栽培介质：栽培大花蕙兰的基质以含有大量腐殖质、疏松透气、排水良好、肥分适宜、微酸性、无病虫害的材料最为理想。常用的配制材料有水苔、细蛇木屑、发泡炼石、碎石、砖块、泥炭土、椰块等，传统上是水苔、碎石混合，但由于水苔价格较高，只是在瓶苗移植到穴盘苗中才用到，其他则以树皮、泥炭土取代。介质配制原则为：

(1) 保水性佳　大花蕙兰幼苗阶段不可缺水，成株喜微湿植材，保水性良好的材料可减少灌水次数。

(2) 介质具有足够的孔隙及排水功能　大花蕙兰的根系为肉质，湿度过大易造成积水，导致根腐，故需使用排水良好的材料。

(3) 介质pH值在5.5左右为宜　基于以上原则，在大花蕙兰盆植阶段，可采用以下三种参考配方：① 粗腐叶土与椰块各50%；② 椰块40%+泥炭粗枝30%+碎石30%；③ 椰块40%+泥炭土40%+碎石20%。

4）盆栽管理

（1）幼苗期　瓶苗移出后种于穴盘时，先将每株小苗根部用水苔包裹，其目的是为了保持其湿润，增加种植后的移植程度。小苗在刚要发根的时候最怕时常不定期的晃动，造成新根的根尖磨损，使新根生长受阻，影响成活率。在这个时期，肥料要求钾肥较高，等到新根基本上扎稳之后，肥料氮、磷、钾比例再改为15∶15∶30，因为小苗不能过早长出侧芽，组培苗必须维持1年以上的时间为单芽状态，等到成苗以后再长侧芽，这样才能保持整盆的株型。

一般穴盘苗培育时间需6～8个月，在这个期间一定要注意浇水均匀，且忌干水，干水后就难以再渗透。

（2）中苗期　穴盘苗经过半年左右的时间，根系发育足够粗壮，长满穴孔后，生长就会受到限制，故需上10 cm软盆。栽培介质配制为小椰块∶腐叶土为1∶2或蛇木屑∶腐叶土为1∶1或椰块40%+泥炭粗枝30%+碎石30%。

这个时期的施肥仍以15∶15∶30为准。在高温季节一定得注意通风良好，否则易患炭疽病。10 cm盆培时间一般为1年至1年半。

（3）成株苗期　经过一定时期的中苗期，需继续换盆，以13.5 cm软盆为佳。

这个时期开始进行成株苗培育，成株苗培育约需1年时间。成株苗的栽培介质可选用以上的参考配方。换上13.5 cm盆后，植株逐渐长成一枚3～4 cm的假球茎，此时间球茎上叶片生长已经停止，而由假球茎基部冒出新芽，一般2～4个不等。成株苗侧芽数的控制是栽培大花蕙兰的一个关键。理想的操作是每一个假球茎保留两芽即可。疏芽的最佳时期为芽长至5 cm高时。留芽原则为：

① 新芽左右对称且位置正中。

② 留下的芽壮实强健，发育良好。

③ 只留春芽，不留秋芽。

（4）成品（即开花株）　此次换盆通常使用16.5～20 cm的素烧盆或硬质塑胶盆，也可用软盆。一般采用锌管床架式摆放，将软盆套进硬盆内，再用锌管将硬盆夹住，硬盆离地60 cm左右对生长管理非常有利。

5）肥水管理

大花蕙兰在春夏季快速生长，需要足够的养料供给，以促使后期兰株假球茎充实肥大，进而才能促使花芽分化。穴盘苗时期，肥料主要以叶面肥为主，三要素比例为15∶15∶30或20∶20∶20。中苗期以放置有机肥为主，通常每月施用一次发酵完全的饼肥，如花生麸、菜籽饼均可，同时可以配合叶面肥，三要素比例为20∶20∶20。成株苗前期，也就是未长侧芽的时期，仍以花生麸等发酵过的饼肥为主。第二代芽长出后，应在花生麸中隔月添加骨粉，花生麸与骨粉的比例为5∶1，这个时期施肥要注意置肥点一定要和新芽保持一定的距离。同时可配合施用发酵好的液体农家肥，每周一次。

开花株当年夏末应暂停有机固体肥的施散，以后增加磷钾肥比例，控制氮肥，以防止花芽分化受阻。7月中旬以后如果仍不断施用氮肥及含水量较高的饼肥，会降低开花率。

6）病虫害防治

大花蕙兰常见病害主要有炭疽病、疫病、灰霉病。炭疽病多发生在春夏高温季节及通风不良的环境中。防治方法为喷洒锌锰乃浦（代森锰锌）1 000倍溶液或扑克拉乳剂2 000倍溶液，每周1次，连续3次。疫病多发生于通风不良的环境中，防治方法为喷洒锌锰灭达乐1 500倍液或普力克800倍液。灰霉病发生在温度较低、湿度较高、通风不良的环境中，表现症状为花瓣上出现黑色小点，防治方法主要是改良环境，加强通风降温工作。

大花蕙兰常见的虫害主要有介壳虫与红蜘蛛。介壳虫主要发生在春秋雨季，可用万灵、速扑钉防治。红蜘蛛可通过定期喷施螨效、三氯杀螨醇防治。

6.10 仙人掌类及多浆植物

仙人掌类及多浆植物一般通称为多肉、多浆植物。这类植物包括仙人掌科、番杏科及一部分龙舌兰科、萝摩科、凤梨科、菊科、景天科、大戟科、百合科、马齿苋科、葡萄科等科的植物。它们多数原产于美洲和非洲的热带或亚热带地区。为了适应这些地区干旱少雨的环境，它们的体内贮藏着大量水分，植株的茎叶肥厚，成为肉质、多浆的体态。

仙人掌类及多浆植物的种类繁多，其形态多采多姿，变化无穷，鲜艳夺目，因而引起人们极大的兴趣；有的茎块硕大而肥，密被刺毛、柔毛；有的尖针长短不一，有的茎地肉团团、软乎乎；还有不少是茎叶色斑斓，花色艳丽无比。真是百态千姿，绚美无比，确实是园林花卉中独具一格的植物。还由于它们养护管理简便，繁殖栽培容易，不论室内户外或案头小几，都可以摆设陈放，特别是适宜盆栽于室内。

为了栽培及管理上的方便，我们将仙人掌科植物单独列出，称为“仙人掌类植物”，而仙人掌科以外的其他科的多肉、多浆植物称为“多浆植物”。

6.10.1 仙人掌类植物概况

仙人掌类植物都属于仙人掌科，共有140余属2 000多种。主要产地是美洲的巴西、阿根廷、墨西哥等热带及亚热带地区，少数产于亚洲、非洲。我国广西、广东、云南、贵州一带有野生状态仙人掌，常用作篱垣。南京、上海、杭州等温带地区可作温室栽培。4−10月为生长期，其中5−9月为生长旺盛期，11月到翌年3月为休眠期。休眠期一般气候比较干燥寒冷，要注意保温避寒及保持干燥。由于仙人掌类植物具有特殊的贮水组织，它们的生长期，特别是生长旺盛期大量吸收肥、水，供给干旱季节的消耗，休眠期间体内有着丰富的贮藏物质，因此要注意水分不宜过多，方可使细胞原生质的粘性增大、透性减少，有利于抗寒。休眠期间如果土壤过于潮湿，就会引起腐烂而死亡。

仙人掌类植物除叶仙人掌及附生类型外，体型较多，有柱状、扁平状或球形，肉质茎上有特殊的器官刺窝，有生刺、刺毛、柔毛或毛丛。花两性，大小不一，有纯白、纯黄、金黄、粉红、大红、玫瑰红等色。它的雌雄蕊亦有翠绿、金黄、大红、白色等，雄蕊多数，附生于花喉部，花柱细长，单生，柱头多分裂。果实多数为肉质浆果，有的色鲜红如珊瑚，都具有很好的观赏价值。

仙人掌类植物还具有一定的经济价值。很多仙人掌类的果实可作食用，茎肉用糖煎煮后供制蜜饯。球茎可作药用，清热消肿，内治肺热咳嗽、痢疾、咽喉炎、胃溃疡，外治腮腺炎、火烫伤等。多刺的种类，还可作藩篱用。

6.10.2 仙人掌类植物的繁殖

1. 无性繁殖

1）扦插

是仙人掌类植物繁殖最简便的方法，一年四季均可进行，以春、夏季最为适合。繁殖前，在母株上选成熟的1～2茎节或茎节的一部分作插穗，用利刀把它割下，割时要注意保持母株的株形完整，割下后在伤口上涂少量的硫磺粉或木炭粉。等到插穗晾干后，将插穗的1/4埋入湿润的砂床内。插穗不宜插得太深，对于较大的插穗要立支柱使它稳固。待发根以后再移种到盆内。扦插用土，大部分的种类可用培养土，对一些特别柔软容易腐烂的种类，可用纯砂或纯砂稍加一些腐叶土。一般球形的种类，也可将直径2 cm以上的仔球取下进行扦插。扦插成活的关键是插穗必须晾干，同时注意插后不能过于潮湿，一般浇水，否则容易腐烂。

2）嫁接

主要用于嫁接小球，促使加速生长，同时也用于某些根系发育不良或生长较慢的种类，或用来抢救一些受病虫害侵袭或其他原因而使基部腐烂的种类。嫁接的时期，在气温15℃以上都可以进行，大多数种类在室温20～25℃的条件下嫁接成活率高。但常用的砧木－量天尺在盛夏时往往有短时期的休眠而干瘪，嫁接时要选择在晴天进行。

嫁接的方法主要有平接和劈接两种。嫁接时要选择生长势强、健壮而与接穗亲和力强的砧木，上海基本上都用量天尺。量天尺经地栽肥培后上盆，粗壮而高达10～20 cm，并已服盆者再行嫁接。

平接法适于在柱状或者球形种类上应用，嫁接时用锋利的钢刀将砧木上端横向截断（钢刀要用酒精消毒，以防感染），接着将柱棱切成斜面，因为切断后组织会收缩，而棱的表皮很硬，必须将切面上的硬角切去，然后将接穗基部平切一刀后对准砧木髓部接上去。接穗与砧木的切面务必平滑而便于愈合。接上去后应密封，最后用线或塑料带进行扎缚，扎缚时松紧要均匀，用力要适当，防止接穗歪斜移动或被线勒坏。嫁接完后放在阴凉处，不可浇水，伤口更不能碰到水。嫁接的小球可在一星期以后拆去扎线（或塑料带），而嫁接的大球必须在2星期后拆去扎线（或塑料带）。拆线后将分底和在水中吸水，吸到盆内的表土湿润为止。然后放在半阴处，等到接穗已经开始生长时才移放到阳光下。一般在温度较高的情况下，一星期后开始生长，一般的品种其直径一年内可长4 cm左右。

劈接法一般适于蟹爪兰、仙人指等扁平茎节的悬垂性种类。嫁接时先用锋利的钢刀，将砧木上端横切，再在顶端或侧面的不同部位切几个楔形的裂口，接着将接穗下端两面削平并随时插进裂口，然后用细竹针插入以固定接穗。侧面的楔形裂口要切到砧木的髓部，使接穗插入后接穗和砧木的维管束连接而充分愈合。嫁接好后要放在阴凉处，注意伤口不碰水，1星期后移到有阳光处。

2. 有性繁殖

仙人掌类植物进行有性繁殖，能一次得到大量植株，并有提高生命力和创造新品种等优点。但是一般盆栽的仙人掌类往往花后不容易结实，而且雌雄成熟不一致。可将雄蕊的花粉先收集起来贮藏几天，等到雌蕊成熟后用毛笔将花粉涂在柱头上，用人工授粉促使它结实。果实在植株上成熟后，洗出种子晾干，稍加贮藏，因为仙人掌类植物的种子都有一个后熟期，但不宜贮藏过久。一般将秋天成熟的种子贮藏到明春播种，在温室里可在3月份播种。气温15～25℃是种子发芽最好的时期，盛夏温度过高发芽率显著降低，也有延至秋天再发芽的。播种用土，一般用仙人掌类盆栽的培养土即可。盆土不宜过满，先吸水，然后盆播或撒播。播后一般不覆土，盖上玻璃，玻璃上再盖半透明的白纸。白天需露缝以利通风。在20℃左右的气温下，一般是1星期左右发芽。昙花等一些小粒种子可与少量砂土混合后再播，通常2～3星期可发芽。

幼苗期间要特别注意防止病菌侵害，如发现幼苗有腐烂，应毫不犹豫地将腐烂者剔除，然后喷撒杀菌剂，否则幼苗可能全部受害，必要时要将好的另移一盆。5月份幼苗约绿豆大小时，选晴天进行第一次移植，这时幼苗生命力很弱，必须十分小心，移植不要太深，土壤要排水良好，移植后喷水稍遮荫。

幼苗在冬季要维持10℃以上的温度，盆上保持半墒，幼苗期不休眠。小苗0.5 cm高时，可施十分稀薄的饼肥水，冬季停施。一年内可以长到1.0～1.5 cm。如嫁接技术高，在0.5 cm时嫁接，可加快生长速度。从一粒种子起，一年后可以长成直径3～4 cm的球。但也有些种类生长特别慢。

6.10.3 仙人掌类植物的栽培管理

仙人掌类植物不需要复杂的栽培管理技术，但因为它们要求特殊的生态环境条件，所以不同于一般的温室花卉植物。在温室栽培，室内温度冬季不得低于5℃，夏季不得超过37℃，常用加温及遮帘等方法控制室内温度。生长季节要注意通风，夏季窗门全部打开，春、秋根据气温调节。栽培管理要注意以下几个方面：

1. 培养土的配制

配土适当，是仙人掌植物栽培的重要一环，大部分仙人掌都要求排水、透气良好，富有石灰质沙土或沙壤土。培养土配合的比例一般有两种：

(1) 3份壤土，3份腐殖质土，3份粗砂，1份草木灰与腐熟后的骨粉（呈石灰状）。这种培养土适用于一般的盆栽。

(2) 7份腐殖质土，3份粗沙，骨粉和草木灰适量。

这两种培养土的配合比例，是一般常见的配土方法，在实际应用中还应根据仙人掌类植物的具体种类，气候条件，实际取材的可能等而变动。总的要求是以排水、透气，含石灰质，不积水与不过分肥沃，并不含过多的可溶性盐为原则。此外，培养土在使用之前最好先行蒸汽消毒，冷却后再用。

2. 栽植与上盆

仙人掌类植物栽植上盆时要用透气良好的粗泥盆，不宜用瓷盆。栽植时间应在春季生长季节开始，温度15℃以上时进行。盆的大小以比植株本身稍大1～2 cm为宜，不宜过大，如盆过于宽大，往往造成过湿，过小则根部发育受到限制。上盆前，不论是新盆或旧盆，都要洗擦干净，使其充分吸收水分后才可采用。为了便利排水，上盆时应在盆底部填入瓦片、碎砖、贝壳等，排水物厚度为盆高的1/4，然后再放一层培养土，将植株放在中央，不宜埋得过深。栽植时如发现根部已受伤，应切除损伤部分，切口涂撒木炭粉或硫磺粉，稍晾干后再种。在有条件的地方，可以在温室的栽植床内栽种仙人掌，则生长比盆栽更好。但必须注意土壤排水良好，在土层下面播一层50cm厚的碎石以利排水，冬季必须维持较高的温度。在生长季节适当施肥，能使仙人掌生长速度加快。尤其是嫁接种由于砧木的根系发达，多施一些肥料可以促使生长迅速。一般用的基肥，有腐熟的禽肥及骨粉，可放在盆的底部或研细后混入土内。追肥可用腐熟的饼肥水和腐熟的鱼肥水交替使用。在生长期内，2星期一次，而有砧木的嫁接苗可以每星期一次。施肥不宜使用人粪尿，因过多氮肥会使球变形。对于昙花、令箭荷花等，在花蕾期间可多使用些液肥。

多种仙人掌类植物在根部损伤尚未恢复时以及休眠期间，切忌施肥，以免腐烂。

嫁接大球在砧木老化或有病害时，可以扳下，干燥2～3天后，平置于装有干燥培养土的盆上，不可浇水，不久就能发根。发根后可灌水使微呈湿润。

仙人掌类植物长期栽植后，盆土变坚实和酸化，易引起根部腐死。在条件许可情况下，每年需换盆移植一次，盆可根据植株大小逐渐增大，以比植株稍大为原则。移植时间温室内可在3—4月，或9—10月。在移植前，必须停止浇水2～3天，待盆内培养土干燥后，小心将植株拔出，注意勿使根部掘断，除去旧土，将枯根、烂根剪除。在检查根部时，如发现根的内心有赤褐色，这是根部开始腐烂的象征，应即将其剪除，保留其无赤褐色素部分。若植株生长良好，则不需剪除整理，即可移植。经过剪除整理的植株，应放置一、二天，等它稍为阴干再种。如植株的大根剪除整理，要经一星期左右的阴干，方可重新移植。移植后需保持盆土稍干燥2～3天再浇水，并将盆放在阴凉处，不宜日晒，移植后半个月内施肥。如没有条件一年移植一次的，可2～3年移植一次，但平时应勤加松土以利透气。

3. 温度与光线

一般仙人掌在冬季休眠的情况下，需要很高的温度，在冬季维持5℃左右就能安全过冬，盆土越干燥越耐寒。

冬季稳定的低温对仙人掌类植物危害不大，但昼夜温差大则容易产生冻害。一旦植株受了冻害，应使它逐渐暖和，切不可立即放在阳光下曝晒。一般仙人掌在春季15℃以上气温时就已开始生长，在春秋则要求昼夜温差大（这与原立地气候相仿），使植株充分发育。在上海地区，春、秋两季仙人掌类植物的生长要比持续高温的夏天快得多，而一部分品种在盛夏35℃以上时则自行短期休眠，入秋以后再恢复生长。

一般仙人掌类植物大多喜阳光，尤其在冬季更需充分光照。在夏天外界气温达35℃以上时，有部分生于南美草原地带的属、种不喜强光，在温室内易受灼伤，应进行遮荫并喷水降温。一般高大柱形及扁平状的仙人掌类植物较耐强烈的光线，夏季可以放在室外而不需遮荫。但较小的球形种类和一般仙人掌类植物的实生幼苗，都应以半阴为宜，避免夏天阳光直射。

4. 浇水与施肥

仙人掌类植物较之其他观赏植物耐干旱，但是决不能由此而片面地认为仙人掌类植物，在任何时候都是要求干燥的环境，而忽视了合理的浇水与喷水，从而引起植株的皱缩衰老。

在上海栽培的仙人掌类植物，一般是在11月至翌年3月份休眠，在此其间应节制浇水，保持土壤不过分干燥就可，温度越低更应保持盆土干燥。通常在冬季每1～2周浇水一次，于晴天午前进行。随着气温的升高，植株休眠逐渐解除，可以逐步地增加浇水次数。在4—10月的生长季节内，应该充分浇水，气温越高，浇水量越大，在盆土排水良好的情况下，就是一天浇一次也无妨。浇水应掌握“不干不浇，干透再浇，不浇则已，浇则浇足”的原则。浇水时对某些顶部凹进的球形种类，注意不要将水倾注在凹处，以防造成生长点的腐烂，特别在傍晚浇水时更要注意。此处，对一些有纤细长毛的种类，在浇水时不要将水溅到长毛上而影响美观。

浇水的水质以不含有过多的氯化钠及其他盐碱类为宜。雨水、河水都可用。用自来水则应放水贮藏1～2天后再使用。

5. 病虫害防治

仙人掌类植物常因浇水不当或排水不良而引起腐烂病，病症是在基部组织产生褐色软腐，以后向上蔓延，以至全株死亡。发现后，应及时用利刀切除腐烂组织，将上端无病部分另行嫁接或扦插。可在温室定期喷洒杀菌剂，消灭病菌，进行预防。当然，最根本的还是改善栽培管理技术和温室的通风条件。还有，如土壤过分贫瘠，施用氮肥过多，温度过高，光照不足等情况使植株发育不良，嫩茎早期脱落在茎节上产生锈斑、木栓质斑、暗绿色的半透明斑点等生理病症状，也应注意改善栽培条件，及早防治。

仙人掌类与多浆植物，有时还会感染煤病和铁锈病。煤病最初发生在植株的刺点上，附有黑色细嫩的小点，好似煤屑，然后逐渐传播到植株整体。如发生此病时，可用消毒肥皂液清洗或用硫黄合剂防治。铁锈病使植株的顶部或枝叶尖端以及绿色的外皮呈现赤褐色铁锈颜色，不仅损害美观而且妨碍生长。铁锈病的产生以红蜘蛛寄生传播居多，可喷药除治。又如植株体质柔弱，生长不良，也容易发生铁锈病，应及时施肥和改善环境条件。

6.10.4 仙人掌类植物示例 蟹爪兰 *Zygocactus truncactus*

1. 概述

蟹爪兰又名蟹爪、蟹爪莲，原产巴西，19世纪传入欧洲，后经杂交育种，园艺品种不断丰富，目前已有200种以上。蟹爪兰因其花开冬季，色彩艳丽，花形奇特，花期持久而深受人们喜爱，是有着广阔前景的冬季盆花。

丹麦是世界上生产蟹爪兰的王国，日本池今大量生产的蟹爪兰，其品种90%来自丹麦。我国原先仅专业单位有少量品种展示，以后随着国际间交流的发展，品种渐渐增多，在云南、贵州、广东、上海等地，蟹爪兰已走向商品生产。杭州花圃，自1993年起从国内外引种并进行快速繁殖，目前已有品种40个以上，并已批量投放市场。随着形势的发展，浙江有望成为蟹爪兰盆花的主要产区。

2. 特性

蟹爪兰为蟹爪属多浆植物，原产巴西里约热内卢附近亚高山带冷凉雾多之地，附生在树杆或蔽荫潮湿的山岩上。蟹爪兰性喜半阴、潮湿、通风凉爽的环境，要求排水、透气良好的微酸性肥沃壤土，适宜生长的温度为15～25℃，5℃以下进入半休眠，低于0℃时，会有冻害发生。

蟹爪兰是短日照植物，其自然花期，依品种不同大都在11月至12月始花。单花开放可持续1～3周，2年生盆花个体观赏期可达月余，整个群体花期在3个月以上。

3. 蟹爪兰与仙人指

与蟹爪兰形态相似而易被混淆的是仙人指(*Schiumbedgere bridgesii*)，为仙人掌科仙人指属植物。两者之间的区别是，蟹爪兰花期在11月中旬至翌年1月下旬，而仙人指花期在1月中旬至3月上旬，因此人们常以早花种、晚花种的称谓来区别。然而全为两者的原生种在叶状茎的形态上有明显区别，蟹爪兰的叶状茎周缘的突起为锐角状，而仙人指叶状茎周缘的突起呈汪波状。两者花的形态也有不同，蟹爪兰的花为两侧对称，而仙人指的花相对为整齐花。然而在当今艳丽多彩的园艺品种中，由于不少是种间杂交种，其叶状茎及花的形态往往处于中间型，因此仍以花期作为区别，早花种为蟹爪兰群，晚花种为仙人指群。其中蟹爪兰群为现今世界的流行花卉。

4. 蟹爪兰的栽培技术

1）设施、材料与基质

（1）设施和材料　根据蟹爪兰的习性，在浙江地区栽培蟹爪兰，夏秋季节需遮阳、避雨，冬季需保温、加温，因而蟹爪兰需在保护设施下进行栽培。在营利生产中，钢管塑料大棚，既可满足生产需要又可降低成本，是栽培蟹爪兰的理想设施。

为便于操作并防止积水，棚内需作畦，常为四畦式。

夏秋季节必须使用遮阳网，遮阳率为50%，而在整个冬季需用小拱棚保暖，并根据需要安装地热线，同时设温度自控装置。

以上所述是因地制宜的设施，若条件具备，可采用全天候温室，进行高投入、高产出的工厂化生产。

2）基质

栽培蟹爪兰要求疏松、排水良好，有一定肥力的微酸性基质。日本工厂化生产，基质用泥炭：蛭石：珍珠岩=60：30：10配制，并调节pH值为5.8，EC值为0.5 mS。作为商品栽培，需就地取材，合理配制。可作为基质材料的有：泥炭、腐叶土（兰花泥）、焦泥灰、园土、香菇渣、锯木屑、椰糠、砻糠灰、珍珠岩、蛭石等。使用的基质材料要求无病菌、杂草。园土之类，采集时需去表层土，并摊薄以烈日暴晒，锯木屑等有机材料需堆制腐熟后方可使用。

基质配制是多样的，现以体积比例举例：

（1）泥炭：珍珠岩=85：15；

（2）腐叶土：香菇渣=50：50；

（3）腐叶土：椰糠=50：50；

（4）泥炭：蛭石：珍珠岩=60：30：10；

（5）锯木屑：砻糠灰=50：30：20；

（6）腐叶土：砻糠灰：焦泥灰=50：25：25。

以上基质配比适用于扦插繁殖，用于套盆的应适当增加腐熟的有机肥料。

作为现代化生产，在配制基质时应作pH值、EC值测定，对配制好的基质统一进行消毒，药剂可选用70%敌克松（地可松）可湿性粉剂，以500倍液浇之。一般用量每立方米15～20 kg。

5. 蟹爪兰的繁殖

蟹爪兰常以嫁接和扦插分法进行无性繁殖，有性繁殖用于杂交育种。

1）嫁接

(1) 砧木　常用量天尺（三角）及仙人掌属较为肥厚的种类，量天尺的耐寒性稍弱。

(2) 时间　从3月下旬至10月上旬都可进行嫁接，其中以春到初夏时嫁接效果最佳。一是气温适宜，嫁接成活率高，二是嫁接后生长时间长。而夏季高温，砧木与接穗几乎处于半休眠状态，不利于生长；秋季虽温度适宜，但嫁接后生长时间短。若有良好的温室条件，全年可进行嫁接。此外，嫁接操作以晴天或空气湿度较低的天气为宜。

(3) 方法　蟹爪兰嫁接常用劈接法。根据需要将砧木留15～30 cm高度作横切，量天尺还需在切面边缘作适当斜削，以防切面凹陷。再在横切面及侧面切几个楔形裂口。深度需达砧木髓部，再在接穗下部两面削去表皮，使基部呈鸭嘴形，削后立即插入楔形裂口，使接穗与砧木髓部有接触，随即用长刺或细竹签插入固定。接穗以2～4节为宜。对大盆造型需作多层嫁接。操作要敏捷，嫁接刀要随时用酒精消毒。

(4) 嫁接后管理　嫁接的植株应置于室内通风干燥处，避免水或药液溅至伤口。接后5天要拔除固定物，一般7～10天可基本愈合，嫁接成活的接穗鲜绿挺拔，15天后可转入常规管理。

嫁接繁殖，虽工序较多，但在进行小批量生产，制作造型盆栽，以及对引种繁殖、抢救品种中仍不失为良好手段。

2）扦插

进行蟹爪兰规模化生产，应采用扦插法。该法操作简单，便于统一管理．而且设施利用率高，成品快，是一种低成本、高效益的生产方法。

(1) 时间　规模化生产的扦插时间分为春、秋两季。春季扦插3−4月，最迟不超过5月，过迟扦插，因新枝萌发而不便作业；秋季扦插于9月中旬开始，结合盆栽摘心而进行。若有良好的冬季加温条件，宜以秋季扦插为重点，因秋插盆栽经14个月栽培，正为出圃的适龄、适宜时期。

(2) 扦插方法　扦插容器，以8 cm × 10 cm的塑料营养钵为宜，将拌好的基质装入营养钵备用。若基质过干，为便于作业，可在扦插前半日适当浇水。取穗：根据母株长势取1～2节成熟茎节作为插穗。采穗以手扭即可，对稍老的茎节，宜利用刀割取。取下的茎节随即进行处理，去除形状不正，破碎及有病虫的茎节，并酌情作好分节处理，随后将插穗平摊于容器中，置于避光通风处，视天气情况，晾2～3天，伤口充分晾干方可扦插。扦插：扦插应按照插穗大小、节数以及成熟度的一致性进行扦插，一般一盆扦插6支，以120°呈双层排列，对较为粗壮的插穗可3支一盆，扦插时应使用扁形竹签，以提高工效，并防止插穗损伤。扦插深度为插穗长度的1/2左右，插时需注意插穗正面向内，并保持直立。插后用精细喷壶统一浇水，水量应控制在使基质潮润即可。若基质比较湿，又天气阴雨，可暂不浇水，待基质稍干再浇。插后管理：扦插盆栽要进行遮光，插穗受气温等因素影响，一般10～15天开始生根，此时覆盖物可逐渐晚盖、早揭，逐步见光，至根系基本形成方可去除覆盖。其间，根据大气及基质的干湿情况，适当给予浇水，在根系未形成前，严格控制浇水量。扦插一个半月后方可施肥。

3) 蟹爪兰的养护管理

(1) 水肥管理

① 浇水　依其生长习性，浇水不宜过多，过湿会引起根腐。一般3–4月和9–10月，3～4天浇一次水；5–8月，1～2天浇一次水；11月至翌年2月，5～6天烧一次水。在具体操作时还应根据天气情况并观察盆土湿度灵活掌握。此外，夏季切忌中午浇水，冬季最好在上午10时以后，下午3时以前进行，并尽量控制水量。

② 施肥　从3月开始施肥，使用氮磷钾等量式的复合肥，以0.2%～0.3%的水溶液浇，酌情每周1次。7–8月为高温期，停止施肥。9–11月，可调换含磷、钾量高的复合肥，每周1次。开花期及花后至2月的花后休眠期，不再施肥。但对秋季扦插，冬季给予加温的小苗，可酌情给予薄肥。肥料颗粒需充分溶解，并在使用时保持肥液浓度均匀。

(2) 遮阳与温度管理　浙江地区5月中旬前后，应安装遮阳网，直至9月，并根据天气情况，尽早撤除。

在温度管理方面，天气转暖后，应当撤除大棚两侧围裙膜，并开门通风，至盛夏需撤除大棚两端塑膜，加强通风、降温。秋末起再逐步复原。在浙江栽培蟹爪兰要注意冬季保温，一般11月下旬起傍晚至早上需加盖小拱棚，先一层塑料薄膜，随温度降低，将无纺布加在其内。并根据情况在大棚下方加围草包或无纺布防寒。12月下旬起应启用地热线加温，地温感应控制为15℃，以确保盆栽层气温在8℃左右。若有良好的加温设施，最低温度控制在12℃为宜。在风和日丽的晴朗天气，大棚内温度会上升很快，当气温超过22℃时，应适当拉开侧面塑料薄膜，给予通风，避免温度太高。

为便于温度管理，与盆栽等高处需设置最高最低温度表。

(3) 摘心　进入短日照时期后，成熟的茎节先端开始花芽分化，约20天后，先后有花蕾显现，而未成熟的茎节，则不形成花蕾。因此，为使植株开花一致，需适时进行摘心。

在浙江地区，宜在9月上旬至中旬开始摘心。主要是摘除先端未成熟茎节，同时对过密的小茎节适当摘除，使营养集中，植株优美，开花良好。摘心以手扭即可，并根据苗龄留节。一般二年生苗留3～4节；三年生苗留4～5节，摘下的成熟枝可作秋季扦插用。

(4) 套盆　对培大的盆栽，应适时套盆。套盆宜在3月进行。若盆栽中有长势不良的单株，应将其分出，使新套盆栽生长一致。若有枯烂的根，应随即剪除以利重新发根。

配制套盆的培养土，可在原扦插基质配方的基础上加入占总量20%左右的腐熟厩肥等，或拌入少量有机肥，如饼肥、骨粉等。原为8 cm × 10 cm的盆可套为10 cm × 12 cm的盆。

(5) 病虫害防治　危害蟹爪兰的主要病虫害有介壳虫、红蜘蛛、夜蛾及根腐病等。

① 介壳虫　茎节密生的植株，尤其是大型植株，因通风不良等原因，很容易受介壳虫的危害，严重时使植株干枯，茎节脱落。对少量的虫体可进行人工刷除，若使用药物防治，必须在孵化不久，虫体表面尚未被蜡的时候进行。可用50%马拉松乳剂1 000倍或速扑杀（速甲壳）2 000倍喷雾。一般在4–5月间连续2～3次喷杀。

② 红蜘蛛　红蜘蛛在高温干燥、通风不良的环境中蔓延很快。被危害的植株生长衰弱，茎节上呈现黄褐色斑痕，严重时会脱节。在管理上应注意通风降温增湿。药物防治常用40%氧化乐果乳剂500～2 000倍或20%三氯杀螨醇乳油1 000～1 500倍喷雾。

③ 斜纹夜蛾　进入6月，常有夜蛾幼虫危害，啮食植株，而且可繁殖数代，需不断进行杀灭。可用40%乐斯本乳剂1 000～1 500倍浇灌盆土。

④ 蛴螬　即金龟子幼虫。越冬蛴螬在3–4月活动，咬食根部，而7–8月是当年新孵化的蛴螬危害期。可用50%辛硫磷乳油1 000～1 500倍浇根。

⑤ 卷叶蛾　卷叶蛾的幼虫咬食蟹爪兰嫩茎而为害。越冬幼虫当气温升高时开始为害，一年3～4代，危害时间较长。少量发生时可人工捕杀，幼虫量多时，可使用甲胺磷50%乳油1 000倍或杀灭菊酯3 000倍喷杀。

⑥ 根腐病　根腐发生的原因有多种，主要是生理性病害。当植株发生根腐后，表现为叶状茎渐渐失去光泽，绿色变浅，有的在茎节间会长出不定根，严重时呈枯萎状态。引起根腐有以下几种情况：冬季浇水过湿，加之温度忽高忽低。炎热夏天过量浇水，中午高温时使根尖受蒸，长期过量浇水或淋雨。因此，在日常管理中应视天气、季节，严格浇水时间、控制水量，冬季入口处增设挡风帘，防止气温骤变。

对已发生根腐病的植株，轻者剪去根先端腐烂部分，摘去枯萎茎节重新上盆，基质应使用肥分较低配方，并严格控制浇水，转入正常生长后方可施肥。重者可取上部未腐茎节重新扦插。

以上养护管理系针对扦插繁殖的规模化生产而论。对嫁接苗，特别需加强介壳虫的防治，另外还需进行扎架整形工作。以量天尺为砧木的盆栽，冬季需加强保温，以防砧木冻害。家庭栽培的蟹爪兰，9月起要注意避免夜间受光，否则植株得不到短日照条件会影响着蕾、开花。

6. 花期调节

依据蟹爪兰的短日性，生产中可以通过控制光照来调节花期。根据市场需要，相对自然花期而言，需提前开花则采取短日照处理，而延期开花则采取长日照处理。国外已利用长日照、短日照处理进行周年开花生产。供调节花期处理的植株苗龄以1年以上为好。

1) 短日照处理

(1) 处理时间　蟹爪兰花芽分化、着蕾的适宜温度为昼温20～25℃，夜温15～20℃，若昼温超过30℃，夜温在25℃以上，会阻碍花蕾的形成。鉴于浙江气候条件，为使10月有花上市供应，一般在8月初开始进行短日照处理。若在冷凉山区，可适当提前，以求获得国庆开花的效果。

(2) 光照时数　每日给予8～9 h的日照，一般早上8:30（8:00）起至下午4:30（4:00），给予自然日照。

(3) 遮光处理　在给予8～9 h的自然日照之外，严格进行遮光。在遮光时间内光强在5 lx以下。遮光材料可采取遮阳网与黑布并用，以保持一定的通气性。若有条件，可在天黑之后、天亮之前揭去遮光覆盖物，使通风良好，温度相对降低，提高着苗率和着蕾质量。

(4) 摘心处理　在进行短日照之前需进行摘心，在短日照期间内，若有嫩茎节发生，应及早摘去。

(5) 水肥管理　同正常管理，注意控制浇水量，浇水过多会引起落蕾。

(6) 遮光停止时间　一般在短日照20天以后开始显蕾。但由于品种不同以及温度的影响，在显蕾的天数上会有一定差异，大都在25～30天花蕾基本可见，此时可撤除遮光材料，转入自然光照。

若温度适宜，短日条件符合要求，从处理至始花时间为60～70天。但不同品种差异较大。

2) 长日照处理

我国有着欢度春节的传统习惯，对花色品种繁多的蟹爪兰进行长日照处理，以提供春节市场之需，将是蟹爪兰生产中的一个热点。

(1) 处理时间　蟹爪兰的短日性比较显著，其临界光照时间为12 h，根据浙江地区的日出日落时间，以及设施透光性，届时的天气阴晴情况等，一般以9月10日开始长日照处理较为安全。

(2) 灯光处理　对蟹爪兰进行长日照处理，以采取深夜照明法为好。安装电子自动控制装置使其在深夜11:00至次日凌晨1:30给予2.5 h的照明。光照强度需在60 lx以上。具体操作：光源采用60 W白炽灯，以1.2 m宽的畦面为例，每隔1 m一盏灯，植株与灯距离90 cm。进行长日照处理时应拉大盆花摆放距离，避免叶状茎互相投影，确保植株受光在60 lx以上。

(3) 水肥管理　处理中，仍按日常生长期施用等量式复合肥。注意水分管理，不能过干，以保持正常营养生长。

(4) 停光时间　以春节为预定开花日期的长日照处理，处理后正是渐渐步入低温的初冬，此时，从给予正常日照开始，经孕育至始花一般需要80～90天时间。因此停止时间应定在预定开花日的前80～90天。

为了使开花正常，需要以地热线加温及用小拱棚覆盖进行保温，使最低温度保持在8℃左右，有条件者，最低温度保持在12℃左右。温度较高，相对早开花，在停光日期上要考虑适当延迟。

(5) 摘心处理　长日照处理的盆栽，在停光后即作摘心处理，摘除未成熟茎节，以期增加着蕾，开花一致。

(6) 品种之间的差异　在蟹爪兰长日照处理中，品种之间的处理效果有较明显的差异。一些短日性品种，如“夏娃”，只要达到一定的低温，即使给予长日照也会孕蕾；但也有一些品种，经长日照处理后孕蕾困难，达不到预期开花的目的。在营利栽培中需逐一加以试验，方可批量处理。

7. 蟹爪兰的上市及包装

当花苞着色，其长度为2～3 cm时，即可开始上市。准备上市的盆花，应脱去栽培用的黑色塑料软盆，调换相同规格的硬质塑料盆，并注意依花色搭配，以利销售。

短距离供货时可利用集装箱装运。需长途运输的，可将植株套袋平放于纸箱内，所用套袋，上下无封口，包装纸箱也需在侧面设置小孔，以利通气。若需压缩体积，可脱盆使植株与花盆分开包装。

6.11　温室木本花卉

6.11.1　一品红　*Euphorbia pulcherrima*

一品红，又名猩猩木、象牙红，为大戟科大戟属常绿灌木，一品红的自然花期在圣诞节前几天，故又名圣诞红。

德国Fischer种苗公司是世界上三大一品红种苗公司之一，其拥有一流的科研人员和先进的科研设备，其分公司遍布世界各地，种苗生产基地都位于自然条件极为优越的地区，如加纳利群岛、葡萄牙、肯尼亚等地。胖龙园艺技术有限公司已在《中花园艺》杂志2002年第5期上刊登了两篇专题《一品红成花生产技术》、《一品红的病虫害防治》，为了更好地了解和种植该公司的品种，我们将此文介绍给大家。

1. 品种简介

千禧（Millenium）是奉献给新世纪的一个珍贵的新品种，是目前上市最早的品种之一，比“自由（Freedom）”还提前约一周的时间。该品种叶片浓绿、花色鲜红、分枝均匀、长势良好、货架寿命长、反应时间6周。

迎宾系列（Cortez）是销量最大的品种，颜色齐全，叶片浓绿，苞片均匀美观，雅致舒展，叶花交相辉映，货架寿命长，反应时间为7.5周。

礼花系列（Sonora）叶子深绿，呈锯齿形，最适于培育株形较小的盆花品种，可降低生产成本，货架寿命长，反应时间为8周。

新星（Nova）是新千年的宠儿。尤其适合高密度栽培，直立生长所占温室空间小，茎枝粗壮，叶片浓绿、肥厚，对没有经验的种植者来说，是理想的试种品种，极耐储运，货架寿命长，反应时间为7周。

2. 基本环境要求

1）生产温室

应配置加温、遮阴、滴灌、通风、补光和苗床，以便控制环境因素。

2）栽培基质

要求pH值5.8～6.2，具有良好的透气性和排水性。

3）温度

适温为17～27℃，生产前期，白天温度保持在20～23℃，夜间23℃，生产后期，中绿色叶子品种温度要逐渐降至夜晚18℃，浓绿色叶子的品种要降至17℃。

4）光照

10月中旬之前光照要保持在37 800～43 200 lx；11月7日之前大约保持在32 400 lx；成花收获之前理想的光照强度通常为21 600～30 240 lx。

5）相对湿度

一般在60～90%；为了避免感染粉霉病和灰霉病，湿度应保持在75%以下。

6）水质

pH值6.0～7.0，EC值小于1 ms/cm。

3. 种苗选择

种苗的好坏从外观上是不易区分的，由于种苗的生产对母株的选育、环境的控制、病害的防治都有严格的要求，因此选择专业种苗公司的产品，才能保证质量；一般种苗应具备：根系发育良好、颜色白净、高度适中（6～8 cm）、3～4个发育成熟的叶片。

4. 生产计划的制定

种植一品红确切的开始时间不是从上盆算起而是从开始做计划起，做计划的第一步便是确定成品花应当在何时上市出售，从那个时期推算每一个步骤的时间安排。

制定一品红的生产进度，要从选定一品红的开花期算起，一旦选定了开花日期，下面便是短日照处理时间，一旦决定了短日照处理的起始时间，下一个需知的便是摘心日期，或者说从摘心到短日照处理开始之间植株生长所需的天数。

从上盆到摘心之前，扦插苗根系发育完善需要2～3周的生长期，从摘心到短日照处理开始的时间，因栽培变种和生长环境条件的不同会有2～5周的变化，这对整个生产周期内花卉产品的质量起着决定性的作用。这段时间大大影响着植株最终的生长高度及整株的大小，摘心日期一旦确定，上盆日期便可以推断出来，即加上上盆到摘心之间10～14天的植株生长期。

制定一品红生产进度计划时应注意以下几方面的问题：首先，9月21日之前，如果有必要进行短日照处理，必须采用遮光幕进行遮黑。10月份的前两周过后便可取消遮黑措施，因此时的自然光照时数已与短日照处理的所用时数基本相同，如果计划从9月21日起进行短日照处理，那么从9月5日开始就应该进行补光了，直到短日照处理开始之日停止补光（表6–1)。

表6–1　一品红生长进度

栽培变种	千　禧	迎　宾
反应时间	6周	7.5周
上市销售日期	11月25日，12月25日	12月3日，12月25日
短日照处理开始日期	10月13日，11月13日	10月11日，11月2日
无遮光幕35天的生长期		
摘心日期	9月8日，10月8日	9月6日，9月27日
补光日期	9月5日，9月5日	9月5日，9月5日
14天生长期		
上盆期	8月24日，9月24日	8月22日，9月18日

6.11.2　朱蕉　*Cordyline terminalis*

1. 生态习性

朱蕉别名千年木、铁树、朱竹等，为龙舌兰科朱蕉属植物。朱蕉的越冬温度应保持在10～20℃，夏季怕暑热，生长适温为20～25℃。怕日光曝晒，在疏阴环境和蔽荫环境下均能正常生长。

朱蕉对土壤要求不严，喜保水力强的腐殖土，也能在瘠薄的沙土中生长。不耐盐碱，在酸性土中生长不良，耐水湿，抗旱力差，如果缺水叶面则呈干燥状态，并失去光泽，色彩变暗。大叶种的抗风力差，受风后叶片支离破碎。

2. 繁殖与栽培

1）播种繁殖

朱蕉夏末秋初成熟。种子较大。待浆果熟透后采收，淘洗干净晾干后进行点播，室温保持24℃以上，15天左右萌芽出土。待幼苗长到5 cm左右时移入小花盆内，每盆一株，继续培养。

2）扦插繁殖

在花圃中专门培养一些高大植株做采条母株。采条时只保留母株基部30 cm的茎秆，将上部茎秆全部剪下，截成10 cm左右的插穗，将叶片全部剪掉。

以素沙为基质，集中扦插，入土深6 cm左右。插后放在温室或荫棚下，40～60天生根，茎秆上的休眠芽也同时萌发，待新枝长到5 cm左右时即可移栽。

3）高压繁殖

为了快速培养大型植株，可在5月中旬利用分枝较多的母株进行高枝压条。自生长点向下30～40 cm处做一圈环状剥皮，宽1～1.5 cm，用湿泥炭或苔藓缠绕包成泥球，外面包上塑料薄膜，约30天即可生根，60天后可剪离母体另行栽种。用这种方法繁殖的植株成形较快。

朱蕉为中型盆栽观叶植物，植株越大观赏价值越高，因此应每年翻盆换土。如果供家庭陈设，株形不宜太大，应加以控制。如空气干燥应每天向叶面喷水，盆土应经常保持湿润，宁湿勿干。春、秋两季应追施几次液肥，夏季不要追肥并注意防暑降温，如果室内闷热应移到室外疏荫下。10月上旬移入中温温室或有供暖设备的室内越冬，多见阳光，翌年5月上旬可出室养护。

多年生老株会越长越高，老叶逐片脱落，茎秆光秃，有碍观赏，应结合扦插采条进行短截，促其多发侧枝。短截后应加强肥水管理，促使休眠芽尽快萌发。

3. 用途

室内盆栽观叶，还可切叶。

6.11.3 龙血树 *Dracaena draco*

1. 生态习性

龙血树为龙舌兰科龙血树属的常绿乔木，是该属中最为高大的一种。喜阳光充足，也很耐阴，适于高温多湿环境，宜室内栽培。只要温度条件合适，一年四季处于生长状态。但栽培中最好让其冬季休眠，休眠温度为13℃，冬季温度最低不得低于5℃，若温度太低，叶尖和叶缘会出现黄褐色斑点或斑块。

2. 繁殖与栽培

龙血树多用扦插法繁殖，一年生和多年生茎干均可作为繁殖材料，可土插亦可水插。繁殖时应注意：① 温度要在25℃以上，温度高有利于生根。② 基质、水、容器要清洁，否则易腐烂。③ 插穗长5～10 cm。④ 注意插穗的极性，不可插倒。⑤ 入土深度为2～3 cm；也可将整个插穗埋入土中。30～60天即可生根，长成新株。

室内栽培应置于距南窗台3～4 m处，或明亮的地方，过于蔽荫的地方，会导致叶片褪色变黄。水分供应要均衡，盆土过干或过湿均不利于植株生长发育，若盆内积水，则根系易于腐烂。要经常喷水，以增加空气湿度，下雨天可置室外淋浴，但要防止水涝。生长期间每15天左右施肥一次，多年生老株最好每7～10天施肥一次。如要使植株冬季休眠，则9月份以后应停止施肥，并适当控水。

新株每年4月份进行换盆，老株隔年更换一次。盆土用草炭与沙混合，并加入适量肥料(如腐熟的饼肥或麻酱渣等)。龙血树耐修剪，只要将顶部或上部的枝干剪去，位于剪口下的1～5个芽即会萌发长成新的枝条，繁殖可结合修剪进行。

当通风不良时，会有红蜘蛛、蓟马、介壳虫等危害。过于通风、干燥、不适当的浇水和施肥，均可造成叶尖枯焦。

6.11.4 马拉巴栗 *Pachira macrocarpa*

1. 生态习性

马拉巴栗为木棉科瓜栗属半常绿乔木。别名发财树、美国花生、大果木棉等。马拉巴栗无论在全光照、半光照和蔽荫处均能生长良好。喜温暖气候，生长适温为15～30℃。巴拉巴栗生命力极强，即使剪去全部枝叶和根系，只剩光干，放置数日亦不会干枯，重新种植，很快即可长得青枝绿叶，生命力之强，实为罕见。马拉巴栗可以在室内任何地方养护，唯需经常转动盆的方位，使全株受光均匀。马拉巴栗极怕烟薰，薰烟后叶片黄化枯萎。

2. 繁殖与栽培

可用播种和扦插法繁殖，以播种繁殖为主，因实生苗茎基肥大，较为美观。采种后即行播种，7～10天即可发芽，真叶展开3～5片时进行移栽。盆栽以浅植为好，让膨大的根茎部分外露，具有盆景的特色。可单株种植，也可3～5株植于一盆，将茎干编成辫状，别具一格，大大提高了观赏价值。马拉巴栗的茎干可随意弯曲造型。

盆栽以富含腐殖质、排水良好的砂壤土为佳。一般家庭盆栽可用园土、腐熟有机质、河沙，以2∶1∶1的比例混合作为培养土。夏季每天浇一次水，春、秋2～3天浇一次水，以保持盆土均匀湿润为度。生长季节30～40天追肥一次，以全肥为好。

盆栽马拉巴栗，1～2年需进行一次修剪，并更换较大的盆钵，以促进茎围膨大和株形美观。

3. 用途

室内盆栽观叶。

7 花卉的应用

花卉不仅具有良好的卫生防护功能，如消音、吸尘、防污染、调节温度和湿度等；而且，更重要的是具有美化环境的巨大作用。花卉以其千姿百态、万紫千红的自然美景观，使人们在工作之余、能够得以休憩、娱乐和欣赏自然界之美，这样就促进了社会的文明建设，陶冶了人们的情操，增强了人们的身心健康。所以，应该充分运用花卉，发挥花卉美化环境的作用；并充分应用花卉进行人与人之间的感情交流，进入较高层次的思想境界。

7.1 花卉在园林绿地中的应用

在园林绿地中除栽植乔木、灌木外，建筑物周围、道路两旁、疏林下，空旷地、坡地、水面，块状隙地等，都是栽种花卉的场所，使花卉在园林中构成花团锦簇、绿草如茵、荷香拂水、空气清新的意境，以最大限度地利用空间来达到人们对园林的文化娱乐、体育活动、环境保护、卫生保健、风景艺术等多方面的要求。因此，花卉和地被植物等是园林绿地重要而不可缺少的组成部分。花卉在园林中最常见的应用方式即是利用其丰富的色彩、变化的形态等来布置出不同的景观，主要形式有花坛、花境、花丛、花群以及花台等，而一些蔓生性的草本花卉又可用来装饰柱、廊、篱以及棚架等。

7.1.1 花 坛

花坛是一种比较特殊的园林绿地，是具有一定的几何图形的栽植床，床内布置各种色彩艳丽或纹样优美的花卉，构成一幅显示群体美的平面图案画。通常床面高出地面或呈中央高四周略低的缓曲面；边缘为砖石、水泥或栏杆等结构，也有镶嵌其他装饰性材料的。花坛一般设计在广场和道路的中央，或道路的两侧，建筑物前后等人流较多的地段。布置同一花坛可由1～3种花卉组成，种类不宜过多，要求图样简洁、轮廓鲜明、色彩明快。常选用植株低矮、生长整齐、花期集中并一致、花朵繁茂、色彩鲜艳、管理方便的花卉。

7.1.2 花 境

花境是一种带状自然式的花卉布置，以树丛、林带、绿篱或建筑物作背景，常由几种花卉自然块状混合配植而成，表现花卉自然散布生长的景观。花境的边缘常依环境的变化而变化，可以是自然曲线，也可以是直线。

适宜布置花境的植物材料即花卉的种类较花坛广泛，几乎所有的露地花卉均可选用，其中尤以宿根花卉、球根花卉最为适宜，最能发挥花境的特色。这类花卉栽植后能够多年生长，无需年年更换，比较省工，如玉簪、石蒜、萱草、鸢尾、芍药、金光菊、蜀葵、芙蓉葵、大花金鸡菊等。球根花卉因其枝叶较少，园地易裸露，可在株间配植低矮的花卉种类。花境中各种花卉的配植必须从色彩、姿态、株形、数量，以及生长势、繁衍能力等多方面搭配得当，形成高低错落、疏密有致、前后穿插，花朵此开彼谢的景观，一年内富有季相变化，四季有花观赏。一般花境一旦布置成功，能多年生长，供长期观赏。

7.1.3 花 台

花台是一种明显高出地面的小型花坛。花台四周用砖、石，混凝土等堆砌作台座，其内填土栽花，一般面积较小。常在广场、庭园的中央，或设计在建筑物的正面或两侧。花台的配植形式可分为两类：

1. 整齐式布置

其选材与花坛相似，由于面积较小，一个花台内通常只选用一种花卉，除一二年生花卉及宿根、球根花卉外，木本花卉中的牡丹、月季、杜鹃花、迎春、金钟、凤尾竹、菲白竹等也常被选用。由于花台高出地面，所以选用株形低矮、枝繁叶茂并下垂的花卉如矮牵牛、美女樱、天门冬、书带草等较为相宜。

2. 盆景式布置

把整个花台视为一个大型的盆景，按制作盆景的造型艺术进行配置花卉。常以松、竹、梅、杜鹃花、牡丹等为主要植物材料，配饰以山石、小草等。构图不着重色彩的华丽，而以艺术造型和意境取胜。这类花台其台座也常按盆景盆座的要求而设计。

7.1.4 篱垣及棚架

篱垣、棚架等利用蔓性花卉可以迅速将其绿化、美化，蔓性花卉还可点缀门楣、窗格和围墙。由于草本蔓性花卉的茎十分纤细、花果艳丽，装饰性强，其垂直绿化、美化效果可以超过藤本植物，有时用钢管、木材作骨架，经草本蔓性花卉的攀援生长，能形成大型的动物形象，如长颈鹿、金鱼、大象，或形成太阳伞等，待蔓性花草布满篱、架后，细叶茸茸、繁花点点，甚为生动有趣。适宜设置在儿童活动场所。草本蔓性花卉有牵牛、茑萝、香豌豆、风船葛、小葫芦等，这类花卉质轻，不会将篱、架压歪压倒。有些棚架和透空花廊，可考虑用木本攀援花卉来布置，如紫藤、凌霄、络石、蔷薇、木香、猕猴桃、葡萄等，它们经多年生长后能布满棚架，有良好的观赏和蔽荫效果。特别应该提出的是攀援类月季，具有较高的观赏性，月季可以构成高大的花柱，也可以培育成铺天盖地的花屏障；既可弯成弧形做拱门，也可依着木架做成花廊或花凉棚，已在园林中广泛地应用。

7.1.5 水面绿化

水生花卉可以绿化、美化池塘、湖泊等水域，也可装点小型水池；还有些适宜于沼泽地或低湿地栽植。栽培各种水生花卉使园林景色更加丰富多彩，同时还起着净化水质、保持水面洁净、控制有害藻类的生长等作用。

根据不同的环境条件及景观要求，对水生花卉的选择有所不同。如沼泽地和低湿地带常栽培千屈菜、香蒲、石菖蒲等。处于静水状态的池、塘宜栽睡莲、王莲。水深 1 m 左右水流缓慢的地方可栽植荷花，水深超过1 m的湖塘多栽植萍蓬草、凤眼莲等。如果水很深，不宜栽植水生植物，可按要求砌筑栽植槽，或用缸、盆栽入花卉成活后，沉入水中再进一步培育，以达到美化水面的目的。

7.1.6 盆花布置

盆栽花卉或温室花卉作室内点缀，或作花卉展览，目前较为常见。根据花卉的生态习性和应用目的，合理地将盆花陈设、摆放。一般门厅内宜陈设高大的观赏植物，如南洋杉、印度橡皮树、大型龟背竹、叶子花等，形成气派不凡、多姿多彩、优美壮观的景色，给人留下美好的印象。大型观赏植物给人以雄伟、庄重，有风采，玩味无穷的感受。有些阴性花卉视其生长习性，在室内摆放一定时间以后就需移出，给予散射光照，保持生长势。通常花卉中的观叶类型比较耐阴，宜作室内较长时间的陈设。阳性花卉定要置有光照处，否则会出现叶萎枝垂、花色暗淡，毫无生气的状态。观花类中多数种类属阳性花卉，但在开花期作3～5天的室内陈设观赏，影响不大。吊挂盆花的高度宜略高于视线，便于成景和欣赏。为了提高观赏效果，常用陶盆、瓷盆作素烧盆(瓦盆)的套盆。将盆花移入室内作装饰、点缀，有经验者常是把诸多盆花轮换摆放，以便始终保持花卉植株生机勃勃、富有活力，茁壮、茂盛的形象。小型盆花如文竹、伞草，水养水仙，小型仙人球类等，宜作桌台几案或柜上的陈设，显得文静、幽雅。若光照、温度等环境因子不相宜，则必须定期更换，保持正常的生长势。

此外，能耐干旱、瘠薄土壤的岩生花卉可以布置岩石园，如肉质多浆花卉、蕨类及虎耳草、沿阶草等，利用小环境植于石泉间隙或低洼凹陷处，使岩石更趋自然和别具风采。我国有些石林游览区，若能用花草点缀，则是锦上添花，更能引人入胜。

7.2 花卉装饰

栽培花卉生产大量切花，用于装饰和点缀，达到美化环境和表达感情等目的。所谓切花即切取花卉植株的茎、叶、花、果，制作成多种装饰物用来美化和装饰环境或表现感情，这是高层次文明程度的表现。当前，随着国际、国内间交往的增多，应用花卉饰物作为幸福、美好、友谊的象征，将不断地得到发展。

7.2.1 切 花

花卉等观赏植物除能地栽、盆栽，达到美化、彩化环境外，还能提供用于装饰的花枝、绿叶和果枝等，这种切取的茎、叶、花、果，作为装饰的材料称切花(叶)。切花可以用于制作花束、花篮、花环、花圈、佩花，以及用于插花制成瓶花，盆插花等。

1. 常见切花的花卉种类

1) 观花类

紫罗兰、香石竹、金鱼草、金盏菊、香豌豆、百合、郁金香、马蹄莲、石蒜、朱顶红、香雪兰、唐菖蒲、菊花、翠菊、非洲菊、鸡冠花、百日草、麦杆菊、、鹤望兰、牡丹、芍药等。

2）观叶类

苏铁、八角金盘、龟背竹、广东万年青、蕨类、一叶兰、虎尾兰、美丽针葵等。

3）观茎类

文竹、天门冬、竹节蓼、仙人柱类等。

4）观果类

火棘、金桔、南天竹、五色椒、小胡芦、佛手、、枇杷、石榴等。

5）其他

有银柳、叶子花，芦苇和画眉草的花序等。

当代世界，应用花卉装饰比较盛行，现代月季、香石竹、菊花和唐菖蒲被誉为四大切花。我国俗语，“红花虽好也要绿叶扶持”，花饰装饰的效果如何不在于花卉种类的名贵程度，而在于花卉材料的配置。

2. 花枝的切取

切花由于脱离了植株(母体)，失去了根压，所以，只能保持短暂的新鲜度，因此，实践上采取多种措施，并讲究切取的最佳时间和方法，以利延长切花的新鲜度(寿命)。

1）切取时期

应根据花卉的生长、开花习性，选择恰当的时期切取。如对观花类通常视花蕾已含苞欲放或半开放时于早晨剪取，又如唐菖蒲，当其花序的花朵自下向上逐步开放，并在第一朵花绽放后及时带花序梗剪取。切取香石竹时常当花朵初开时，带长约 60 cm 的茎剪下。有些花朵半开放时剪下作插花，常不能正常地开放，这类花卉定要让其自然开放后切取，如香豌豆等。

切取花枝时视应用目的而决定枝条的长度和带叶片的数量，也要考虑被切取的植株(母株)仍需正常地生长的因素，防止破坏性剪切和损坏花卉植株。

2）切取方法

从植物生理的角度考虑，应使切离花枝内部的输导系统能维持水分平衡，即可有效地延长花枝的新鲜程度，也就是延长了保鲜期。因此，要讲究切取的方法。

(1) 水中切取　将花枝弯于水中再在水中切离母体，使切口不与空气接触，并将切取花枝的下部移入切花盛器中，待使用时再剪去一段花枝，使枝内输导组织不存在空气，保持通畅的导管液流，进而花朵得到充足的水分供给。操作时，事先做好各项准备，动作迅速、果断、准确。

(2) 烫烧切口　切取含有乳汁的花枝时，切后立即将切口浸入沸水中约 20 s，或在火焰上将切口烤至枯焦。这种做法可以防止花枝内组织液外溢，并插入水中后利于吸水，从而延长保鲜期。对草质茎(枝)常用水烫，木质茎多用火烤，操作时勿使花枝的花朵、叶片灼伤。

(3) 扩大切口　将花枝基部斜切，或剪下后在切口对花枝再纵向剪 2～4 个裂口，并嵌入石粒等撑开裂口，扩大切口的吸水面。一般常用斜切(剪)，增多切面裂口常用子木本花卉。

(4) 药剂处理　应用药剂主要是灭菌防腐，或促进花枝继续生长防止产生离层引起花瓣脱落，这也是延长保鲜期的有效途径。常用药剂有高锰酸钾、硼酸、水杨酸等，使用的生长调节剂和营养物质有维生素 B12、阿司匹林、蔗糖、食盐等，配制成适宜的浓度作保鲜液，延长保鲜期效果显著。我国上海农学院研制成功的艳花素，能有效地延长切花的保鲜期。日本最近研制出一种保鲜液将菊花花枝插入后 19 天之内不会凋萎，而插在一般水中的菊花只 8 天就凋萎了，其配方是：蔗糖450 g、植酸1.88 g、氢氧化钾0.78 g，加水至1 000 ml，用时取一份配方液加15份水混匀即可。

(5) 其他处理　花枝瘦弱的可用细金属丝缠绕于枝上加固；花瓣易落的可滴熔化的石蜡于花瓣基部，或提前去雄，如对百合花、朱顶红花朵去雄后能明显延长花期。

7.2.2 花 束

花束是将3～5支或更多的花枝合扎在一起成束，基部不宜粗大要方便握持，具有绿叶和鲜艳花朵的风采，用于表达友谊或祝愿的感情。如祝贺生日、节日，礼节性拜访等，送上一束花束，盛情气氛油然而生，文明高雅，这是切花常见的用途。

用于制作花束的切花材料不应有勾刺，如选用的花枝有刺应提前去除。对具异味，或易污染衣服的材料，一般不采用。一般用于制作花束的花枝有唐菖蒲、月季、香石竹、菊花、马蹄莲、晚香玉、郁金香、香雪兰、非洲菊、百日草、翠菊、紫罗兰、文竹、肾蕨、石松等。花束的形状、大小，要根据用途及风俗习惯等因素而定。简单小型的花束可以是单一种类的花枝，大型花束应运用几种的切花材料，如香石竹配以文竹、马蹄莲、唐菖蒲配以晚香玉、天门冬等。一般都要求花枝挺直，对于柔软的花枝可用细金属丝支撑定型。花枝基部用水浸湿，外包蜡纸或保鲜塑套，以利延长观赏时间。花束的手握处不宜过粗，整理后用锡纸、铝箔等包在外面，花束上包装透明塑料膜，或饰以彩带，可谓"锦上添花"，增加美感。

我国有些地区的群众有用花枝、花束以表达感情的习惯即花语，把鲜花作为传递真、善、美的信物。如云南西双版纳和澜仓等地的哈尼族青年，如果一个小伙子看中了意中人，他就会采一束山茶花或月季花，托人送给心爱的姑娘。在对外交往中为了表达友好之情，常献上一束使对方高兴的花，如紫藤花表示欢迎，月桂表示荣耀，矢车菊表示优雅。一般地说玫瑰象征着爱情和情谊，当敬送花束时应弄清楚和尊重各国友人的习俗，恰当地表达出各种花的含义。当前，花束的应用较广，如用于迎送宾客、祝贺、慰问等。国外的母亲节、女儿节、情人节、狂欢节、复活节、圣诞节等，都用花束等花卉饰物互相馈赠，用来交流或表达感情。

7.2.3 花 篮

花篮，通常采用竹、柳条、藤等材料编织成篮状，其内插以鲜花便成花篮。一般多作为喜庆、祝贺的礼物，有时也用作纪念、悼念等活动。花篮的外形通常为圆形、椭圆形或长方形，均有较长的提把；花篮的大小差异很大，大者高、宽可达1 m以上，小者仅数10 cm。前者供就地放置，后者用于装饰几案等。

为了保持花篮内花枝的新鲜度，篮内可置一盛水容器，现常选用质轻的塑料制品；并安放草束或花泥，便于固定插入的花枝。供制作花篮用的切花如果过于细弱或姿态不适合时，可用细金属丝缠绕扶持；花枝过短的可绑于细竹签上。在插入花枝之前先插一些配叶，对篮体加以填补和遮挡。花篮的提把也用配叶装饰或用彩带缠绕，然后配插一些不易干枯的花朵。最后插入主体花枝，为防止篮内花枝倾倒紊乱，应将花枝与篮体相应地固定，并将固定物作适当隐蔽。制成的花篮应该姿态丰满、花朵茂盛。

7.2.4 花圈及花环

花圈一般用竹材或树枝编织成的环状物，其上用稻草等物包裹，再覆盖绸布或绑扎上绿色枝叶，然后插上鲜花即成。我国习惯上使用花圈表达哀悼之情，用于祭奠活动。为了减少花枝水分蒸发，花圈上的草环应浸水或喷水使之湿润，并尽量选用不易干枯的切花，以便延长使用期。草本切花因茎杆柔弱不易插入草环中，可以事先将花枝扎于细小竹签上，然后再插。为了便于陈设摆放，花圈应带有支架或底座；花圈上应用的花朵色彩，常以冷色花如蓝、紫色，或中性色白色等为主，形成宁静、哀悼的气氛。

花环是用花枝和细绳，或直接用花枝串联扎成的环状饰物。大者可套在人的脖子上，小者可挂在胸前，以示尊敬和欢迎。当前，国际间的交往应用花环较多，所选用的切花应无异味和不会污染人的服饰，因有些花朵花瓣的色彩或雄蕊的花粉会污染衣服。百合花、朱顶红的花朵的花粉很易自然散落，引起染色，所以不宜使用。

7.2.5 佩 花

佩花，是用细金属丝将花朵绑扎，尔后佩戴于胸前或鬓发处作头饰。用作佩花的传统花卉是茉莉、白兰、代代等，色彩素雅，香气袭人，常细致制作成多种造型，如呈蝴蝶状、孔雀状等。

当代流行的佩花，色、香并重，常以香石竹、月季、香堇等色彩艳丽的香花，再配以文竹等纤细青翠的枝叶构成饰物佩戴。宜作佩花的切花，以质地轻柔、花叶纤细，不易凋萎、不污染衣服，并具芬芳香气的花朵为佳。

7.2.6 插 花

我国的插花历史悠久，源于六朝，盛行于唐宋，普及于明清。有庄严肃穆的宗教插花；有富丽堂皇的宫廷插花；有清雅脱俗的文人插花和热闹喜气的民间插花。明代袁宏道的《瓶史》(1595年)中，载有花目、品第、宜称，清赏等12节，对国内外影响较大。目前，《瓶史》被认为是世界上最早的插花艺术专著。

插花是一种室内装饰的艺术，是以切取植物可供观赏的枝、叶、芽、花、果、根等为材料(现代插花还用一些硬质材料)，插入一定的容器中，按照一定的设计原则，组成一件精致美丽、富有诗情画意的花卉装饰品，艺术地再现自然美和生活美。插花既属于艺术性范畴内，又是一门技术。属于个人的创作范畴，随人们的艺术修养等因素的影响，同时插花也是一种高雅的审美艺术形式之一，一件优秀作品不但能使人得到艺术的享受，而且使人浮想往事、展望未来，得到尽善尽美的艺术效果。

顾名思义，插花就是把花插在瓶、盘、盆等容器里，而不是栽在这些容器中。所插的花材、如枝、如花、如叶，均不带根，只是植物体上的一部分，并且不是随便乱插的，而是根据一定的构思来选材，遵循一定的创作法则，插成一个优美的形体(造型)，借此表达一种主题，传递一种感情和情趣，使人看后赏心悦目，获得精神上的美感和愉快。所以，插花是一门艺术，同雕塑、盆景、造园、建筑等一样，均属于造型艺术的范畴。

简言之，插花即指将剪切下来的植物之枝、叶、花、果等作为素材，经过一定的技术(修剪、整枝、弯曲等)和艺术(构思、造型、色彩等)加工，重新配置成一件精致美丽、富有诗情画意、能再现大自然美和生活美的花卉艺术品，故称其为插花艺术。

插花看似简单容易，然而要真正插成一件好的作品却并非易事。因为它既不是单纯的各种花材的组合，也不是简单的造型，而是要求以形传神，形神兼备，以情动人，融生活、知识、艺术为一体的一种艺术创作活动。国内外插花界的朋友们都认为，插花是用心来创作花型，用花型来表达心态的一门造型艺术。

插花制作过程也是娱人、感人的过程。它能给人一种追求美、创造美的喜悦和享受，能使人修身养性，陶冶情操。同时插花也成为人类生活中重要的组成部分，也是反映人们文化素养及社会文明程度的标志之一。

国际交往的增加、旅游事业的发展和人民生活水平的提高，花卉及花卉装饰已成为喜庆迎送，社交活动，生活起居及工作环境的必需品和组成部分。

1. 插花的特点

插花艺术同绘画、雕塑、盆景以及园林设计等诸艺术一样，具有一定的文化特征，体现一个国家、一个民族及一个地区文化和社会的传统。但插花艺术属于造型艺术范畴，虽于上述的造型艺术有共同之处，它仍有自己的特点。

插花与绘画、雕塑有明显的差异。插花不能用文字或画笔来表达，只能通过具有生命力的花草、树木及水体、山石等具体的自然物质材料来表现。而这些具有生命力的花草、树木植物体，它们在制作和审美活动中不是永恒不变的，而是进行着缓慢的生命活动。并且不同的植物体表现出不同的意境和情趣，如萌动的芽、含苞待放的花朵、枯萎的残荷以及累累的红果等等，它不仅表现出无限的生命力和生命过程的美，而且还展现四季的景象，给人以无限的情思和遐思。同时不同的植物表现出不同的含义，如月季代表爱情、粉红石竹代表母亲（在世）的爱等等。若在室内陈设一瓶古朴的梅花，就会使人产生春天的感觉，进一步使人联想到梅的“四德五福”(即“四德”初生为之，开花为享，结子为利，成熟为贞。“五福”即欢乐、幸福、长寿、顺利、和平)；若陈设一瓶华丽的牡丹，给人以雍容华贵之感；若陈设一盆水仙的插花，则给人以恬静之感；而陈设娇艳多姿的月季，一定会感到温暖和愉快。因此，这些植物材料的魅力是其他艺术造型材料所无法取代的。然而，除此之外，它与盆景及室内其他观赏植物相比，还有许多独特之处。

1) 装饰性强

插花艺术品具有极宜渲染烘托气氛、富有强烈的艺术感染力，也就是说极容易美化环境。由于插花作品的形状、大小、色彩和意境等都可以随环境、季节、人意来组织和表现。因此，插花最适宜于所要求美化的环境取得一致、和谐，来达到明显的艺术效果，并且美化装饰环境速度最快。相比之下盆花布置、盆景则需培养相当长的时间。

2) 时间性强

插花艺术作品所陈设的时间较短，一般在一星期左右。而且构思、造型要求迅速而灵活，要经常更换花材，重新布置。故插花作品适用于短时间，临时性的应用，如会议、宾馆、艺术插花等。

3) 随意性强

插花艺术的随意性、灵活性比较大，即在插花的创作和作品陈设布置都比较简便和灵活、创作者即使没有合适的工具和容器没有高档而鲜艳的花材，只要有一把剪刀和一个能盛水的容器即可，如烟灰缸、茶杯、碟、碗等等。哪怕是宅房的绿叶或田间路边的野花小草等，甚至瓜、果、蔬菜、粮食作物等，均可随环境需要进行构思造型或随时随地取材，现场即兴表演。其作品的陈设布置同样也可随需要挪动或重新布置。

4）作品精致

插花作品融艺术性与生活性于一体，因而作品表现出精、巧、美，体积比较小，常以质、色、形来取胜。

2. 插花的作用

随着人们生活水平的提高，鲜花逐步走进千家万户，成为人们生活中一种必不可少的消费品。插花作为鲜花的重要布置形式也必将大众化、业余化。例如上海1995年鲜切花年销量为2.5亿支占全国7亿支的1/3。上海有花店1 000多家，花店、花摊遍布大街小巷，上海的插花艺术品，不仅大量进入宾馆，并且已进入一般单位和寻常百姓家。

(1) 美化环境、陶冶情操。插花既是一种艺术的创造，又是一个人审美的表现。同时其作品可以点缀环境，优化、美化环境。并且各朵花，每一枝条都有植物本身内在美。因此，插花不但起到陶冶人的心灵、情操，而且起到美化生活的作用。

(2) 普及花卉知识，了解植物的作用。

(3) 每一植株或花朵具有净化环境、空气的作用。

3. 插花的类别

由于各国所处的地理位置、文化传统、民族特点的差异，世界各国插花艺术上的风格也各不相同。插花的分类可按照艺术风格、用途、花材的特点来分类。

1）依插花艺术的风格分类

按照这个分类可将整个世界分为三大类别，即西方式、东方式和综合式插花。

(1) 西方式插花　又叫密集式插花或大堆头插花。主要特点是：整个插花的外形为几何图形，造型简单、大方，色彩以艳丽浓厚繁多，花材种类多，数量大，作品形体比较高大，表现出热情奔放、华丽的风格，注重花材的形式美和色彩美，并以外形表现主题内容，注重追求插花作品的块面和群体的艺术效果，而不太讲究花材的个体美或姿态美，尤其不讲究枝、叶的表现，仅将它们作为陪衬或作遮掩花泥和花插容器之用。在我国此类插花广泛应用于宾馆、会议之用，能强烈地烘托热烈、欢腾之气氛。

西方式插花主要分传统式和现代式两种。① 传统式插花是以欧洲为代表，它的插法特点是色彩浓烈，用大量不同颜色和不同质感的花组合而成，以几何图形构图，讲究对称的平衡。由于多种不同的图形都有较为明显的轴线(亦称中心线)，因此尽管采用的是民族的插法，色彩斑斓，绚丽耀目，但杂而不乱，浑然一体，花与花之间、叶与叶之间层次分明，有深度，有节奏，表现出很好的章法。叶和枝是比较次要的，其功能只表现出作品的高度及静态的背景衬托。② 现代式插花是把东方式和传统的西方式结合起来，经过分解，构成设计，插出的作品更能表现出色彩及花朵的美感。也可归入综合式。

(2) 东方式插花　也称为线条式插花，其代表为中国和日本。其主要特点：崇尚自然，师法自然并高于自然。一般选用的花材比较简练，不以量取胜，而以姿和质取胜，不仅着力表现花朵的美，而且十分重视枝、叶和果实的表现力及季节的感受。造型上以自然线条构图为主，形体小巧玲珑，色彩上以淡雅、朴素著称，主题思想明确，力求考虑3种境界即生境、画境和意境。生境即师法自然，高于自然；画境则遵循绘画原则和原理，达到美如画的境界；意境即插花的任务和目的，具有一定的主题思想，含蓄深远，耐人寻味和遐思，表现出作者的情怀和寄托。东方式插花可归纳成一句话即“花不在多，室雅何须大”，构图上比较自由，但日本插花构图较严谨，形式风格化。

(3) 综合式插花　即吸收东方式和西方式插花之特点，加以提炼而成的另一种插花方式。主要在美国，二次世界大战前的殖民时期以西式插花为主，战后，美兵驻兵日本，开始接受日本插花，同时受到西方式影响，成为东西合璧。主要形式有：T型、S型、螺旋型、L型、三角型、不对称三角型、直立型、水平型等等。此种插花已被宾馆、会议等处应用，因为其具有花用量相对较少，而且能烘托一定的气氛。

2) 依用途分类

(1) 礼仪插花　这类插花的目的是为了喜庆迎送、社交等礼仪性活动，用来增添团结友爱，表达敬重、欢庆等快乐气氛，因而造型要求简单整齐、色彩鲜艳明亮等，一般以花篮、花束、花钵、桌饰、瓶花等形式多见。礼仪用花特别是花束要注意色彩，因各个民族对色彩有不同的理解。如欧洲一些国家非常喜爱红色的郁金香(表示爱情)和月季(表示友爱)，欧美白种人喜欢白色花朵，如白花百合、白花马蹄莲等等。母亲节(5月的第二个星期日)用粉红色为上，如月季、石竹等。这是由于1903年美国费城一位在主日学校辛勤工作26年的女教师静静地与世长辞了。举行葬礼的那天，女教师的女儿默默地在母亲的墓前献上了一束美丽的康乃馨(石竹)。她的举动深深地感到了当地的人们。就这样，约定成为当地的“母亲节”，在这一天，人们为了表达对母亲的深情，纷纷向母亲奉送鲜花，红色的表示对尚健在的母亲的祝福，白色的表示对已故的母亲的怀念。现在，将母亲节定在5月第二个星期日的国家有美国、日本、荷兰、比利时、德国、瑞士、意大利、荷兰，定在5月第三个星期日的有奥地利，定在5月的最后一个星期日的有法国、瑞典。

另外，圣诞节常用常绿枝，情人节最好送上一支玫瑰花(粉红月季也可)。法国人喜欢粉红色和蓝色的花；荷兰人偏爱橙色和蓝色；西方人喜白色(表示纯洁)等等，相反意大利人忌黄花。在我国丧礼用白色、黄色菊花，在祝寿时，选用水仙花表示吉祥如意，百合花表示百事如意，石榴花表示子孙繁衍，灵芝和桃则表示长寿有福，牡丹表示富有显贵。梅花表达对长辈或亲友的一种崇敬、仰慕之情，荷花代表圣洁、美好和高贵，又有幸运、健康、长寿的含义，台湾人常用作送给走马上任者的礼物。

(2) 艺术插花　主要为美化装饰和艺术欣赏之用，这类插花造型上不拘一格，既有线条式，又有西方式或综合式。该类插花注重主题思想的表达，注重内涵，意境具有丰富和深远，色彩上既有艳丽明快又可素洁淡雅。

3) 依花材性质分类

(1) 鲜花插花　是以新鲜花、枝、叶、果等植物材料作花材制作的插花。其特点时间性强，观赏期短、花材选用易受季节之限制，花材价格也比较昂贵，养护管理较费工。

(2) 干花插花　用干花作为花材的插花叫干花插花。干花由用新鲜的植物材料经自然干燥或加工干燥而成。其特点：观赏期长，可人工随意染色，可放置1~2年，成本较低，且省工。

(3) 干鲜花融合插花　因鲜花不足或太昂贵时，或陈设环境不利于鲜切花时使用。

(4) 人造花插花　采用假花如塑料花、绢花等作材料。

7.3 花坛设计与施工

花坛是一种古老的花卉就用形式，源于古罗马时代的文人园林，16 世纪在意大利园林中广泛应用，17 世纪在法国凡尔赛宫中达到了高潮，那时大量使用的是彩结式模纹花坛群。花坛的最初含义是在具有几何形轮廓的植床内，种植各种不同色彩的花卉，运用花卉的群体效果来体现图案祥纹样，或观赏盛花时绚丽景观的一种花卉应用形式。它以突出鲜艳的色彩或精美华丽的纹样来体现其装饰效果。

早期的花坛具有固定地点，几何形植床边缘用砖或石头镶嵌，形成花坛的周界。随时代的变迁和文化交流，花坛形式也在变化和拓宽。由最初的平面地床或沉床（花坛植床稍低于地面）花坛拓展出斜面、立面及活动式等多种类型。现代工业的发展，为花坛施工技术的提高、盆钵育苗方法的改进提供了可能性，使得许多在花坛意义上的花卉应用新设想得以实现，为这古老的花卉应用形式带来了新的生机。

7.3.1 花坛设计

花坛在环境中可作为主景，也可作为配景。形式与色彩的多样性决定了它在设计上也有广泛的选择性。花坛的设计首先应考虑其风格、体量、形状诸方面与周围环境相协调，其次才是花坛自身的特色。例如在民族风格的建筑前设计花坛，应选择具有中国传统风格的图案纹样和形式；在现代风格的建筑物前可设计有时代感的一些抽象图案，形式力求新颖。再考虑花坛自身的特色。

花坛的体量、大小也应与设置花坛的广场、出入口及周围建筑的高低成比例，一般不应超过广场面积的 1/3，不小于 1/5。出入口设置花坛以既美观又不妨碍游人路线为原则，在高度上不可遮住出入口视线。花坛的外部轮廓也应与建筑物边线、相邻的路边和广场的形状协调一致。色彩应与所在环境有所区别，既起到醒目和装饰作用，又与环境协调，融于环境之中，形成整体美。

1. 盛花花坛的设计

1）植物选择

以观花草本为主体，可以是一二年生花卉，也可用多年生球根或宿根花卉。可适当选用少量常绿、色叶及观花小灌木作辅助材料。

一二年生花卉为花坛的主要材料，其种类繁多，色彩丰富，成本较低。球根花卉也是盛花花坛的优良材料，色彩艳丽，开花整齐，但成本较高。适合作花坛的花卉应株丛紧密、着花繁茂，理想的植物材料在盛花时应完全覆盖枝叶，要求花期较长，开放一致，至少保持一个季节的观赏期。如为球根花卉，要求栽植后开花期一致。花色明亮鲜艳，有丰富的色彩幅度变化，纯色搭配及组合较复色混植更为理想，更能体现色彩美。不同种花卉群体配合时，除考虑花色外，也要考虑花的质感相协调才能获得较好的效果。植株高度依种类不同而异，但以选用 10～40 cm 的矮性品种为宜。此外要移植容易，缓苗较快。

2）色彩设计

盛花花坛表现的主题是花卉群体的色彩美，因此在色彩设计上要精心选择不同花色的花卉巧妙的搭配。一般要求鲜明、艳丽。如果有台座，花坛色彩还要与台座的颜色相协调。

盛花花坛常用的配色方法有：

(1) 对比色应用　这种配色较活泼而明快。深色调的对比较强烈，给人以兴奋感，浅色调的对比配合效果较理想，对比不那么强烈，柔和而又鲜明。如堇紫色＋浅黄色（堇紫色三色堇＋黄色三色堇、藿香蓟＋黄早菊、荷兰菊＋黄早菊＋紫鸡冠＋黄早菊），橙色＋蓝紫色（金盏菊＋雏菊、金盏菊＋三色堇），绿色＋红色（扫帚草＋星红鸡冠）等。

(2) 暖色调应用　类似色或暖色调花卉搭配，色彩不鲜明时可加白色以调剂，并提高花坛明亮度。这种配色鲜艳，热烈而庄重，在大型花坛中常用。如红＋黄或红＋白＋黄（黄早菊＋白早菊＋一串红或一品红、金盏菊或黄三色堇＋白雏菊或白色三色堇＋红色美女樱）。

(3) 同色调应用　这种配色不常用，适用于小面积花坛及花坛组，起装饰作用，不作主景。如白色建筑前用纯红色的花，或由单纯红色、黄色或紫红色单色花组成的花坛组。

色彩设计中还要注意其他一些问题：

(1) 一个花坛配色不宜太多　一般花坛2～3种颜色，大型花坛4～5种足矣。配色多而复杂难以表现群体的花色效果，显得杂乱。

(2) 在花坛色彩搭配中注意颜色对人的视觉及心理的影响　如暖色调给人在面积上有扩张感，而冷色则收缩，因此设计各色彩的花纹宽窄、面积大小要有所考虑。例如。为了达到视觉上的大小相等，冷色用的比例要相对大些才能达到设计意图。

(3) 花坛的色彩要和它的作用相结合考虑　装饰性花坛、节日花坛要与环境相区别，组织交通用的花坛要醒目，而基础花坛应与主体相配合，起到烘托主体的作用，不可过分艳丽，以免喧宾夺主。

(4) 花卉色彩的特点　花卉色彩不同于调色板上的色彩，需要在实践中对花卉的色彩仔细观察才能正确应用。同为红色的花卉，如天竺葵、一串红、一品红等，在明度上有差别，分别与黄早菊配用，效果不同，一品红红色较稳重，一串红较鲜明，而天竺葵较艳丽，后两种花卉直接与黄菊配合，也有明快的效果，而一品红与黄菊中加入白色的花卉才会有较好的效果。同样，黄、紫、粉等各色花在不同花卉中明度，饱和度都不相同，仅据书中文字描述的花色是不够的。也可用盛花坛形式组成文字图案，这种情况下用浅色（如黄、白）作底色，用深色（如红、粉）作文字，效果较好。

3) 图案设计

外部轮廓主要是几何图形或几何图形的组合。花坛大小要适度。平面上过大在视觉上会引起变形。一般观赏轴线以8～10 m为度。现代建筑的外形趋于多样化、曲线化，在外形多变的建筑物前设置花坛，可用流线或折线构成外轮，对称，拟对称或自然式均可，以求与环境协调，内部图案要简洁，轮廓明显。忌在有限的面积上设计繁琐的图案和大色块。一个花坛即使用色很少，但图案复杂则花色分散，不易体现整体块效果。

盛花花坛可以是某一季节观赏，如春季花坛、夏季花坛等，至少保持一个季节内有较好的观赏效果。但设计时可同时提出多季观赏的实施方案，可用同一图案更换花材，也可另设方案，一个季节花坛景观结束后立即更换下一季节材料，完成花坛季相交替。

2. 模纹花坛的设计

模纹花坛主要表现植物群体形成的华丽纹样，要求图案纹样精美细致，有长期的稳定性，可供较长时间观赏。

1）植物选择

植物的高度和形状对模纹花坛纹样表现有密切关系，是选择材料的重要依据。低矮细密的植物才能形成精美细致的华丽图案。典型的模纹花坛材料如五色草类及矮黄杨都符合下述要求：

(1) 以生长缓慢的多年生植物为主　如红绿草、白草、尖叶红叶苋等。一、二年生草花生长速度不同，图案不易稳定，可选用草花的扦插、播种苗及植株低矮的花卉作图案的点缀，前者如紫菀类、孔雀草、矮串红、四季秋海棠等；后者有香雪球、雏菊、半支莲、三色堇等，但把它们布置成图案主体则观赏期相对较短，一般不使用。

(2) 以枝叶细小，株丛紧密，萌蘖性强，耐修剪的观叶植物为主　通过修剪可使图案纹样清晰，并维持较长的观赏期。枝叶粗大的材料不易形成精美的纹样，在小面积花坛上尤不适用。观花植物花期短，不耐修剪，若使用少量作点缀，也以植物株低矮、花小而密者效果为佳。植株矮小或通过修剪可控制在5～10 cm高，耐移植，易栽培，缓苗快的材料为佳。

2）色彩设计

模纹花坛的色彩设计应以图案纹样为依据，用植物的色彩突出纹样，使之清晰而精美。如选用五色草中红色的小叶红或紫褐色小叶黑与绿色的小叶绿描出各种花纹。为使之更清晰还可以用白绿色的白草种在两种不同色草的界限上，突出纹样的轮廓。

3）图案设计

模纹花坛以突出内部纹样华丽为主，因而植床的外轮廓以线条简洁为宜，可参考盛花花坛中较简单的外形图案。面积不易过大，尤其是平面花坛，面积过大在视觉上易造成图案变形的弊病。

内部纹样可较盛花花坛精细复杂些。但点缀及纹样不可过于窄细。以红绿草类为例，不可窄于5 cm，一般草本花卉以能栽植2株为限。设计条纹过窄则难以表现图案，纹样粗、宽，色彩才会鲜明，图案才会清晰。

内部图案可选择的内容广泛，如仿照某些工艺品的花纹、卷云等，设计成毡状花纹；用文字或文字与纹样组合构成图案，如国旗、国徽、会徽等，设计要严格符合比例，不可随意改动，周边可用纹样装饰，用材也要整齐，使图案精细，多设置于庄严的场所；名人肖像，设计及施工均较严格，植物材料也要精选，从而真实体现名人形象，多布置在纪念性园地；也可选用花篮、花瓶、建筑小品、各种动物、花草、乐器等图案或造型，可以是装饰性，也可以有象征意义；此外还可利用一些机器构件如电动马达等与模纹图案共同组成有实用价值的各种计时器。常见的有日晷花坛、时钟花坛及日历花坛等。

(1) 日晷花坛　设置在公园、广场有充分阳光照射的草地或广场上，用毛毡花坛组成日晷的底盘，在底盘的南方立一倾斜的指针，在晴天时指针的投影可从早7时至下午5时指出正确时间。

(2) 时钟花坛　用植物材料时钟表盘，中心安置电动时钟，指针高出花坛之上，可正确指示时间，设在斜坡上观赏效果好。

(3) 日历花坛　用植物材料组成“年”、“月”、“日”或“星期”等字样，中间留出空间，用其他材料制成具体的数字填于空位，每日更换。日历花坛也宜设于斜坡上。

3. 立体花坛的设计

1）标牌花坛

花坛以东，西两向观赏效果好，南向光照过强，影响视觉，北向逆光，纹样暗淡，装饰效果差。也可设在道路转角处，以观赏角度适宜为准。有二种方法，其一用五色苋等观叶植物为表现字体及纹样的材料，栽种在15 cm × 40 cm × 70 cm的扁平塑料箱内。完成整体的设计后，每箱依照设计图案中所涉及的部分扦插植物材料，各箱拼组在一起则构成总体图样。之后，把塑料箱依图案固定在竖起（可垂直，也可斜面）的钢木架上，形成立面景观。其二是盛花花坛的材料为主，表现字体或色彩，多为盆栽或直接种在架子内。架子为台阶式则一面观为主，架子呈圆台或棱台样阶式可作四面观。设计时要考虑阶梯间的宽度及梯间高差，阶梯高差小形成的花坛表面较细密。用钢架或砖及木板成架子，然后花盆依图案设计摆放其上，或栽植于种植槽式阶梯架内，形成立面景观。

设计立体花坛时要注意高度与环境协调。种植箱式可较高，台阶式不易过高。除个别场合利用立体花坛作屏障外，一般应在人的视觉观赏范围之内。此外，高度要与花坛面积成比例。以四面观圆形花坛为例，一般高为花坛直径的1/4～1/6较好。设计时还应注意各种形式的立面花坛不应露出架子及种植箱或花盆，充分展示植物材料的色彩或组成的图案。此外还要考虑实施的可能性及安全性，如钢木架的承重及安全问题等。

2）造型花坛

造型物的形象依环境及花坛主题来设计，可为花篮、花瓶、动物、图徽及建筑小品等等，色彩应与环境的格调、气氛相吻合，比例也要与环境协调。运用毛毡花坛的手法完成造型物，常用的植物材料，如五色草类及小菊花。为施工布置方便，可在造型物下面安装有轮子的可移动基座。

7.3.2 花坛设计图绘制

运用小钢笔墨线、水粉、水彩、彩笔等绘制均可

1. 环境总平面图

应标出花坛所在环境的道路、建筑边界线、广场及绿地等，并绘出花坛平面轮廓。依面积大小有别，通常可选用1∶100或1∶1 000的比例。

2. 花坛平面

应表明花坛的图案纹样及所用植物材料。如果用水彩或水粉表现，则按所设计的花色上色，或用写意手法渲染。绘出花坛的图案后，用阿接伯数字或符号在图上依纹样使用的花卉，从花坛内部向外依次编号，并与图旁的植物材料表相对应，表内项目包括花卉的中文名、拉丁学名、株高、花色、花期、用花量等。以便于阅图。若花坛用花随季节变化需要换，也应在平面图及材料表中予以绘制或说明。

3. 立面效果图

用来展示及说明花坛的效果及景观。花坛中某些局部，如造型物等细部必要时需绘出立面

放大图，其比例及尺寸应准确，为制作及施工提供可靠数据。立体阶梯式花坛还可给出阶梯架的侧剖面图。

4. 设计说明书

简述花坛的主题、构思、并说明设计图中难以表现的内容，文字宜简练，也可附在花坛设计图纸内。对植物材料的要求，包括育苗计划、用苗量的计算、育苗方法、起苗、运苗及定植要求，以及花坛建立后的一些养护管理要求。上述各图可布置在同一图纸上，注意图纸布图的媒体效果。也可把设计说明书另列出来。

1 m^2所栽株数 × 花坛中占的总面积

公式中株行距以冠幅大小为依据，不露地面为准。

实际用苗量算出后，要根据花圃及施工的条件留出5%～15%的耗损量。花坛总用苗量的计算：(A+A × 5%～15%) + (B+B × 5%～15%) +…。

表7–1　花卉材料用苗量参考表

花 卉 名 称	株数 / m^2	花 卉 名 称	株数 / m^2
五色草　(*Alteronantdera sp.*)	40～500	凤仙花　(*Impatiens barsemina*)	16
雏菊　(*Bellis perennis*)	36	半枝莲　(*Portulaca grandiflora*)	36
金盏菊　(*Calendula officinalis*)	36	一串红　(*Saluia splendens*)	9
鸡冠花　(*Celosis argentea*)	25	三色堇　(*Viola rticolor*)	16
早菊　(*Dendronthema × grandiflora*)	9		

注：①此表不包括耗损量。

②花卉因生长状态及育苗方法不同，花苗质量常有差别，应依具体情况做适当修正。

7.3.3　花坛植物种植施工

1. 平面式花坛种植施工

1) 整地翻耕

花卉栽培的土壤必须深厚、肥沃、疏松。因而在种植前，一定要先整地，一般应深翻30～40 cm，除去草根、石头及其他杂物。如果栽植深根性花木，应增加翻耕深度。如土质较差，则应将表层更换好土（30 cm表土）。根据需要，施加适量肥性好而又持久的已腐熟的有机肥作为基肥。

平面花坛不一定呈水平状，它的形状也可以随地形、位置、环境自由处理成各种简单的几何形状，并带有一定的排水坡度。平面花坛有单面观赏和多面观赏等多种形式。

平面花坛一般采用青砖、红砖、石块或水泥预制板作砌边，也有用草坪植物铺边的。有条件的还可以采用绿篱及低矮植物（如葱兰、麦冬）以及用矮栏杆围边以保护花坛免受人为破坏。

2) 定点放线

一般根据图纸规定，直接用皮尺量好实际距离，用点线做出明显的标记。如花坛面积较大，可改用方格法放线。

放线时，要注意先后顺序，避免踩坏已放做好标志。

3）起苗栽植

裸根苗应随起随栽，起苗应尽量注意保持根系完整。挖掘带土花苗时，如花圃畦地干燥，应事先灌浇苗地。起苗时要注意保持根部土球完整，根系丰满。如苗床土质过于松散，可用物轻轻捏实。掘起后，最好于阴凉处置放1～2天，再运往栽植。这样做，既可以防止花苗土球松散，又可缓苗，有利其成活。

盆栽花苗栽植时，最好将盆退下，但应注意保证盆土不松散。

平面花坛由于管理粗放，除采用幼苗直接移栽外，也可以在花坛内直接播种。出苗后，应及时进行间苗管理。同时应根据需要，适当施用追肥。追肥后应及时浇水，球根花卉，不可施用未经充分腐熟的有机肥料，否则会造成球根腐烂。

2. 模纹式花坛种植施工

模纹式花坛又称“图案式花坛”。由于花费人工，一般均设在重点地区，种植施工应注意以下几点。

1）整地翻耕

除按照上述要求进行外，由于它的平整要求比一般花坛高，为了防止花坛出现下沉和不均匀现象，在施工时应增加一二次镇压。

2）上顶子

模纹式花坛的中心多数栽种苏铁、龙舌兰及其他球形盆栽植物，也有在中心地带布置高低层次不同的盆栽植物，称之为“上顶子”。

3）定点放线

上顶子的盆栽植物种好后，应将其他花坛面积翻耕均匀，耙平，然后按图纸的纹样精确地进行放线。一般先将花坛表面等分为若干份，再分块按照图纸花纹，用白色细沙，撒在所划的花纹线上。也有用铅丝、胶合板等制成纹样，再用它的地表面上打样。

4）栽草

一般按照图案花纹先里后外，先左后右，先栽主要纹样，逐次进行。如花坛面积大，栽草时，可搭搁板或扣子匣子，操作人员踩在搁板或木匣子上以免踩实土壤。栽种前可先用木槌子开穴，再将草插入眼内用手按实。要求做到苗齐，地面达到上横一平面，纵看一条线。为了强调浮雕效果，施工人员事先用土做出地形来，栽上草后就会形成起伏状。株行距离视草的大小而定，一般白草的株行距离为3～4 cm，小叶红草、绿草的株行距离为4～5 cm，大叶红草的株行距离为5～6 cm。平均种植密度为每平方米栽草250～280株/m^2。最窄的纹样栽白草不少于3行，绿草、小叶红、黑草不少于2行。花坛镶边植物火绒子、香雪球栽植距离为20～30 cm。

5）修剪和浇水

修剪是保证五色草花纹好看的关键。草栽好后可先进行1次修剪，将草压平，以后每隔15～20天修剪一次。有两种剪草法：一则平剪，纹样和文字都剪平，顶部略高一些，边缘略低。另一种为浮雕形，纹样修剪成浮雕状，即中间草高于两边，否则会失去美观或露出地面。

浇水除栽好后浇一次透水外，以后应每天早晚各喷水一次。

3. 立体花坛种植施工

立体花坛就是用砖、木、竹、泥等制成骨架，再用花卉布置外型，使之成为兽、鸟、花瓶、花篮等立体形状的花坛形式。种植施工有以下几点。

1）立架造型

外形结构一般应根据设计构图，先用建筑材料制作大体相似的骨架外形，外面包以泥土，并用蒲包或草将泥固定。有时也可以用木棍作中柱，固定地上，然后再用竹条、铅丝等扎成立架，再外包泥土及蒲包。

2）栽花

立体花坛的主体花卉材料，一般多采用五色草布置，所栽小草由蒲包的缝隙中插进去。插入之前，先用铁器钻一小孔，插入时草根要舒展，然后用土填满缝隙，并用手压实，栽植的顺序一般由上向下，株行距离可参考模纹式花坛。为防止植株向上弯曲，应及时修剪，并经常整理外形。

花瓶式的瓶口或花篮式的篮口，可以布置一些开放的鲜花。立体花坛的基床四周应布置一些草本花卉或模纹式花坛。

立体花坛应每天喷水，一般情况下每天喷水2次，天气炎热干旱则应多喷几次。每次喷水要细、防止冲刷。

7.3.4　花坛的养护及换花

花卉在园林应用中必须有合理的养护管理定期更换，才能生长良好和充分发挥其观赏效果。主要归纳为下列几项工作。

1. 栽植与更换

作为重点美化而布置的一、二年生花卉，全年需进行多次更换，才可保持其鲜艳夺目的色彩。必须事先根据设计要求进行育苗，至含蕾待放时移栽花坛，花后给予清除更换。

华东地区的园林，花坛布置至少应于4—11月间保持良好的观赏效果，为此需要更换花卉7～8次；如采用观赏期较长的花卉，至少要更换5次。对于蔓性或植株铺散的花卉，因苗株长大后难移栽，另有一些是需直播的花卉，都应先盆栽培育，至可供观赏时脱盆植于花坛。近年国外普遍使用纸盆及半硬塑料盆，这对更换工作带来了很大的方便。但园林中应用一、二年生花卉作重点美化，其育苗、更换及辅助工作等还是非常费工的，不宜大量运用。

球根花卉按种类不同，分别于春季或秋季栽植。由于球根花卉不宜在成长后移植或花落后即掘起，所以对栽植初期植株幼小或枝叶稀少种类的株行间，配植一、二年生花卉，用来覆盖土面并以其枝叶或花朵来衬托球根花卉。适应性较强的球根花卉在自然式布置种植时，不需每年采收。郁金香可隔2年、水仙隔3年、石蒜类及百合类隔3～4年掘起分栽一次。在做规则式布置时可每年掘起更新。

宿根花卉包括大多数岩生及水生花卉，常在春或秋分株栽植，根据各论中所述的生长习性不同，可2～3年或5～6年分栽一次。

地被植物大部分为宿根性，要求更较粗放；其中属一、二年生的如选材合适，一般不需较多的管理，可让其自播繁衍，只在种类比例失调时，才能进行补播或移栽小苗即可。

2. 土壤要求与施肥

普通园土适合多数花卉生长，对过劣的或工业污染的土壤（及有特殊要求的花卉），需要换入新土（客土）或施肥改良。对于多年生花卉的施肥，通常是在分株栽植时作基肥施入；一二年生花卉主要在圃地培育时施肥，移至花坛仅供短期观赏，一般不再施肥；只对长期生长者于花坛中追液肥1～2次。

3. 修剪与整理

在圃地培育的草花，一般很少进行修剪，而在园林布置时，要使花容整洁，花色清新，修剪是一项不可忽视的工作。要经常将残花、果实（观花者如不使其结实，往往可显著延长花期）及枯枝黄叶剪除；毛毡花坛需要经常修剪，才能保持清晰的图案与适宜的高度；对易倒伏的花卉需设支柱；其他宿根花卉、地被植物在秋冬茎叶枯黄后要及时清理或刈除；需要防寒覆盖的可利用这些干枝叶覆盖，但应防止病虫害藏匿及注意田园卫生。

7.4 花境的应用与设计

花境是由花组成的境界，源于英国古老而传统的私人别墅花园。它没有规范的形式，园中主要种植主人喜受、又可在当地越冬的花卉，其中以管理简便的宿根花卉为主要材料，随意种在自家，园艺学家Willian Robinso（1838−1935）极力提倡自然花园，欣赏植物个体的自然美，并通过杂志《花园》宣传他的观点，得到一些造园者的响应。此后，别墅花园的种植方式提高了艺术性，形成了一种欣赏植物自然景观美的新形式，被称为宿根花卉的边境，这就是古典的花境。

随着时代的变迁，花境的形式和内容也发生了许多变化，但基本形式和种植方式仍被保留下来。花境是模拟自然界中林地边缘地带多种野生花卉交错生长的状态，远用艺术手法设计的一种花卉应用形式。在园林中，不仅增加自然界观，还有分隔空间和组织游览路线的作用。

花境在设计形式上是沿着长轴方向演进的带状连续构图，带状两边是平行或近于平行的直线或曲线。其基本构图单位是一组花丛。每组花丛通常由5～10种花卉组成，一种花卉集中栽植。犹如林缘野生花卉交错生长的自然景观。花丛内应由主花材形成基调，次花材做为配调，由各种花卉共同形成季相景观，即每季以5～10种花卉为主，其它花卉为辅，用来烘托主花材，共同形成季相景观；植物材料以耐寒的可在当地越冬的宿根花卉为主，间有一些灌木、耐寒的球根花卉，或少量的一、二年生草花。

花境既表现了植物个体的自然美，又展示了植物自然组合的群落美。它一次种植，可多年使用，四季有景。

7.4.1 花境类型

1. 花境从设计形式上分类

(1) 单面观赏花境　这是传统的花境形式，多临近道路设置，花境常以建筑物、矮墙、树丛、绿篱等为背景，前面为低矮的边缘植物，整体前低后高，供一面观赏。

(2) 双面观赏花境　这种花境没有背景，多设置在草坪上或树丛间，植物种植是中间高两侧低，供两面观赏。

(3) 对应式花境　在园路的两侧，草坪中央或建筑物周围设置相对应的两个花境，这两个花境呈左右二列式。在设计上统一考虑，作为一组景观，多采用拟对称的手法，以求节奏和变化。

2. 花境从植物选材上分类

(1) 宿根花卉花境　花境全部由可露地过冬的宿根花卉组成。

(2) 混合式花境　花境种植材料以耐寒的宿根花卉为主，配置少量的花灌木、球根花卉或一、二年生花卉。这种花境季相分明，色彩丰富，多见应用。

(3) 专类花卉花境　由同一属不同种类或同一种不同品种植物为主要种植材料的花境。做专类花境用的宿根花卉要求花期、株形、花色等有较丰富的变化，从而体现境的特点，如百合类花境、鸢尾类花境、菊花类花境等。

7.4.2　花境设置位置

花境可设置在公园、风景区，街心绿地、家庭花园及林荫路旁。它是一种带状布置方式，适合周边设置，可创造出较大的空间或充分利用园林绿地中的带状地段。它是一种半自然式的种植方式，因而极适合布置在园林中建筑、道路、绿篱等人工构筑物与自然环境之间，起到由人工到自然的过渡作用。园林绿地中可设置在以下位置：

1) 建筑物墙基前设置的花境

形体小巧，色彩明快的建筑物前，花境可起到基础种植的作用，软化建筑的硬线条，连接周围的自然风景。以1～3层低矮建筑物前装饰效果为好。围墙、栅栏、篱笆及坡地的挡土墙前也可设花境。

2) 立脚点路旁可设置花境

园林中游步道边适合设置花境；若在道路尽头有雕塑、喷泉等园林小品，可在道路两边设置花境。在边界物前设置单面观花境，既有隔离作用又有好的美化装饰效果。通常在花境前再设置园路或草坪，供人欣赏花境。

3) 较长的植篱、树墙前可设置花境

以绿色的植篱、树墙前效果最佳。绿色的背景使花境色彩充分表现，而花境又活化了单调的绿篱、绿墙。

4) 宽阔的草坪上、树丛间可设置花境

在这种绿地空间适宜设置双面观赏的花境，可丰富景观，组织游览路线。通常在花境两侧辟出游步道，以便观赏。

5) 宿根园、家庭花园中可设置花境

在面积较小的花园中，花境可周边布置，是花境最常用的布置方式。依具体环境可设计成单面观赏、双面观赏或对应式花境。

7.4.3 花境设计

1. 植床设计

花境的种植床是带状的。单面观赏花境的后边缘线多采用直线，前边缘可为直线或自由曲线。两面观赏花境的边缘线基本平行，可以是直线，也可以是流畅的自由曲线。

花境的朝向要求：对应式花境要求长轴沿南北方向展开，以使左右两个花境光照均匀，从而达到设计构想。其他花境可自由选择方向。但要注意到花境朝向不同，光照条件不同，因此在选择植物时要根据花境的具体位置有所考虑。

花境大小的选择取决于环境空间的大小。通常花境的长轴长度不限，但为管理方便及体现植物布置的节奏、韵律感，可以把过长的植床为几段，每段长度不超过20 m为宜。段与段之间可留1～3 m的间歇地段，设置座椅或其他园林小品。

花境的短轴长度有一定要求。从花境自身装饰效果及观赏者视觉要求出发，花境应有一适当的宽度。过窄不易体现群落的景观，过宽超过视觉鉴赏范围造成浪费，也给管理造成困难。通常，混合花境、双面观花境较宿根花境及单面观花境宽些。下述各类花境的适宜宽度可供设计时参考：单面观混合花境4～5 m；单面观宿根花境2～3 m；双面观花境4～6 m。在家庭小花园中花境可设置1～1.5 m，一般不超过院宽的1/4。较宽的单面观花境的种植床与背景之间可留出70～80 cm的小路。，以便于管理，又有通风作用，并能防止做背景的树和灌木根系侵扰花卉。

种植床依环境土壤条件及装饰要求可设计成平床或高床，并且应有2%～4%的排水坡度。一般讲，土质好，排水力强的土壤、设置于绿篱、树墙前及草坪边缘的花境宜用平床，床面后部稍高，前缘与道路或草坪相平。这种花境给人以整洁感。在排水差的土质上、阶地挡土墙前的花境，为了与背景协调，宜用30～40 cm高的高床，边缘用不规则的石块镶边，使花境具有粗犷风格；若使用蔓性植物覆盖边缘石，又会造成柔和的自然感。

2. 背景设计

单面观花境需要背景。花境的背景依设置场所不同而异。较理想的背景是绿色的树墙或高篱。用建筑物的墙基及各种栅栏做背景也可，以绿色或白色为宜。如果背景的颜色或质地不理想，可在背景前选种高大的绿色观叶植物或攀援植物，形成绿色屏障，再设置花境。

背景是花境的组成部分之一，可与花境有一定距离，也可不留距离。总之设计时应从整体考虑。

3. 边缘设计

花境边缘不仅确定了花境的种植范围，也便于前面的草坪修剪和园路清扫工作。高床边缘可用自然的石块，砖头、碎瓦、木条等垒砌。平床多用低矮植物镶边，以15～20 cm高为宜。可用同种植物，也可用不同植物，以后者更近自然。若花境前面为园路，边缘分明、整齐，还可以在花境边缘与环境分界处挖20 cm宽、40～50 cm深的沟，填充金属或塑料条板，防止边缘植物侵蔓路面或草坪。

4. 种植设计

1）植物选择

全面了解植物的生态习性并正确选择适宜材料，是种植设计成功的根本保证。在诸多的生态因子中，光照和温度的要求是主要的。植物应在当地能露地越冬；在花境中背景及高大材料可选成局部的半阴环境，这些位置宜选用耐荫植物。此外，如对土质、水肥的要求可在施工中和以后管理上逐步满足，其次应根据观赏特性选择植物。因为花卉的观赏特征对形成花境的景观起决定作用。种植设计正是把植物的株形、株高、花期、花色、质地等主要观赏特点进行艺术性地组合和搭配，创造出优美的群落景观。选择植物应注意以下几个方面：

(1) 在当地露地越冬，不需特殊管理的宿根花卉为主，兼顾一些小灌木及球根和一、二年生花卉。

(2) 花卉有较长的花期，且花期能分散于各季节。花序有差异，有水平线条与竖直线条的交差。花色丰富多彩。

(3) 有较高的观赏价值。如芳香植物，花形独特的花卉，花叶均美的材料，观叶植物，某些禾本科植物也可选用。但一般不选用斑叶植物，因它们很难与花色调合。

2）色彩设计

花境的色彩主要由植物的花色来体现，植物的叶色，尤其是少量观叶植物的叶色也是不可忽视的。

宿根花卉是色彩丰富的一类植物，加上适当选用一些球根及一、二年生花卉，使得色彩更加丰富，在花境的色彩设计中可以巧妙地利用不同的花色来创造空间或景观效果。如把冷色占优势的植物群放在花境后部，在视觉上有加大花境深度、增加宽度之感；在狭小的环境中用冷色调组成花境，有空间扩大感。在平面花色设计上，如有冷暖两色的两丛花，具有相似的株形、质地及花序时，由于冷色有收缩感，若使这两丛花的面积或体积相当，则应适当扩大冷色花的种植面积。利用花色可产生冷、暖的心理感觉，花境的夏季景观应使用冷色调的蓝紫色花，给人带来凉意；而早春或秋天用暖色的红、橙色系花卉组成花境，可给人暖意。在安静休息区设置花境宜多使用暖色调的花。

花境多彩设计中主要有四种基本配色方法。

(1) 单色系设计　这种配色法不常用，只为强调某一环境的某种色调或一些特殊需要时才使用。

(2) 类似色设计　这种配色法常用于强调季节的色彩特征时使用，如早春的鹅黄色，秋天的金黄色等。有浪漫的格调，但应注意与环境协调。

(3) 补色设计　多用于花境的局部配色，使色彩鲜明，艳丽。

(4) 多色设计　这是花境中常用的方法，使花具有鲜艳、热烈的气氛。但应注意依花境大小选择花色数量，若在较小的花境上使用过多的色彩反而会产生杂乱感。

花境的色彩设计中还应注意，色彩设计不是独立的必须与周围的环境色彩相协调，与季节相吻合。并花植物（花色）应散布在整个花境中，避免某局部配色很好，但整个花境观赏效果差。

较大的花境在色彩设计时，可把选用花卉的花色用水彩涂在其种植位置上，然后取透明纸罩在平面种植图上，抄出某季节开花花卉的花色，检查其分布情况及配色效果，可据此修改，直到使花境的花色配置及分布合理为止。

3）季相设计

花境的季相交化是它的特征之一。理想的花境应四季有景可观，寒冷地区可做成三季有景。

花境的季相是通过种植设计实现的。利用花期、花色及各季节所具有的代表性植物来创造季相景观。如早春的报春、夏日的福禄考、秋天的菊花等。植物的花期和色彩是表现季相的主要因素，花境中开花植物应加接不断，以保证各季的观赏效果。花境在某一季节中，开花植物应散布在整个花境内，以保证花境的整体效果。

4）立面设计

花境要有较好的立面观赏效果，应充分体现群落的美观。植株高低错落有致，花色层次分明。立面设计应充分利用植株的株形、株高、花序及质地观赏特性，创造出丰富美观的立面景观。

(1) 植株高度　宿根花卉依种类不同，高度变化极大，从几厘米到两三米，可供充分选择。花境的立面安排一般原则是前低后高，在实际应用高低植物可有穿插，以不遮挡视线，实现景观效果为准。

(2) 株形与花序　株形与花序是与景观效果相关的另两个重要因子。结合相构成的植物整体外形，可把植物分成水平型、直线型及独特形三大类。水平型植株圆浑，开花较密集，多为单花顶生或各类伞形花序，开花时形成水平方向的色块，如八宝、蓍草、金光菊等。直线型植株耸直，多为顶生总状花序或穗状花序，形成明显的竖线条，如火炬花，一枝黄花、飞燕草、蛇鞭菊等。独特花形兼有水平及竖向效果，如鸢尾类、大花葱、石蒜等。花境在立面设计上最好有这三大类植物的外形比较，尤其是平面与竖向结合的景观效果更应突出。

(3) 植株的质感　不同质感的植物搭配时要尽量做到协调。粗质地的植物显得近，细质地的植物显得远等特点在设计中也可利用。

立面设计除了从景观角度出发外,还应注意植物的习性,才能维持生态的稳定性。

5）平面设计

平面种植采用自然块状混植方式，每块为一组花丛，各花丛大小有变化。一般花后叶丛景观较差的植物面积宜小些。为使开花植物分布均匀，又不因种类过多造成杂乱，可把主花材植物分为数丛种在花境不同位置。可在花后叶丛景观差的植株前方配植其他花卉给予弥补。使用少量球根花卉或一、二年生草花时，应注意该种植区的材料轮换，以保持较长的观赏期。

7.4.4　花境设计图绘制

花境设计图可用小钢笔画墨线图，也可用水彩，水粉画方式绘制。设计图通常包括以下几种图。

1. 花境位置图

用平面图表示，标出花境周围环境，如建筑物、道路、草坪及花境所在位置。依环境大小可选用1：100～1：500的比例绘制。

2. 花境平面图

绘出花境边缘线，背景和内部种植区域，以流畅曲线表示，避免出现死角，以求接近种植物后的自然状态。在种植区编号或直接注明植物，编号后需附植物材料表，包括植物名称、株高、花期、花色等。可选用1：50～1：100的比例绘制。

3. 花境立面效果图

可以一季景观为例绘制，也可分别绘出各季景观。选用1：100～1：200的比例皆可。

7.4.5 花境的施工及养护管理

1. 整床放线

花境施工完成后可多年应用，因此需有良好的土壤。对土质差的地段实行换土，但应注意表层肥土及生土要分别放置，然后依次恢复原状。通常混合式花境土壤需深翻60 cm左右，筛出石块，距床面40cm处混入腐熟的堆肥，再把表土填回，然后整平床面，稍加镇压。

按平面图纸用白粉或沙在植床内放线，对有特殊土壤要求的植物，可在种植区采用局部换土措施。要求排水好的植物可在种植区土壤下层添加石砾。对某些根蘖性过强，易侵扰其他花卉的植物，可在种植区边挖沟，埋入石头，瓦砾、金属条等进行隔离。

2. 栽植及养护管理

通常按设计方案进行育苗，然后栽入花境。栽植密度以植株覆盖床为限。若栽种小苗，则可种植密些，花前再适当疏苗；若栽植成苗，则应按设计密度栽好。栽后保持土壤湿度，直到成活。

花境种植后，随时间推移会出现局部生长过密或稀疏的现象，需及时调整，以保证其景观效果。早春或晚秋可更新植物（如分株或补栽），并把秋末盖地面的落叶及经腐熟的堆肥施入土壤。管理中注意灌溉和中耕除草。混合式花境中花灌木应用时修剪，花期过后及时去除残花等。

花境实际上是一种人工群落，只有精心养护管理才能保持较好的景观。一般花境可保持3～5年的景观效果。

8 常见花卉600种

8.1 蕨类植物

8.1.1 石松科 Lycopodiaceae

1. *筋骨草*　学名 *Lycopodium cernuum*　别名 垂穗石松

(1) 形态特征　多年生草本。株高30～50cm。主茎直立，基部有匍匐茎，上部多回叉状分枝，顶端常着生地下根而向下弯垂。不育叶螺旋状排列；叶线状钻形，向上弯曲，全缘，先端芒刺状。孢子囊穗小，单一，生于小枝顶端，向下，卵形至卵状圆柱形，无柄；孢子叶覆瓦状排列，干膜质，三角形，边缘流苏状，先端芒状。

(2) 繁殖与栽培　原产中国，分布长江以南地区及台湾省。喜阴湿及酸性土壤。野生分布在山坡草地。

分株或孢子繁殖。栽培中注意避免光照直射，选阴湿环境。

(3) 主要用途　阴湿环境处的地被盆栽；切叶。

2. *石松*　学名 *Lycopodium clavatum*　别名 仲筋草、狮子尾

(1) 形态特征　多年生常绿草本。株高15～30cm。匍匐茎多分枝，其上随处能生假根，并疏生叶；直立茎上营养枝多回分叉，密生叶；叶针形，顶端有易脱落的芒状长尾；孢子枝于夏季从2～3年生的营养枝上长出，且高出营养枝，疏生叶。孢子囊穗通常2～6个，生于孢子枝的上部，圆柱形，有柄。孢子叶卵状三角形，先端急尖，具不规则锯齿。

(2) 繁殖与栽培　原产中国，分布于内蒙古、东北及长江以南地区。喜光，耐寒，华北地区露地栽培时冬季地上部分常干枯，呈多年生宿根状。喜酸性土，为酸性土壤的指示植物，耐旱。

分株或孢子繁殖。分株需在原地切断枝，待生不定根后分植。冬季室内温度不低于0℃，栽于排水好、酸度高的黄壤土中。干旱炎热天要适当灌溉。

(3) 主要用途　地被；吊盆观赏；切叶。

3. *玉柏石松*　学名 *Lycopodium obscurum*　别名 千年柏、玉柏

(1) 形态特征　多年生常绿草本。株高25～35cm。地下具细长匍匐茎，地上茎直立。多回扇状分叉成树冠状。叶线状披针形、草质、全缘。孢子囊穗密生于末回分枝的顶端叶背，圆柱状，黄褐色。每株常有1～6个孢子叶，阔卵圆形，短柄，具不规则粗齿，多呈覆瓦状排列。

(2) 繁殖与栽培　原产中国、朝鲜、日本、原苏联西伯利亚以及美洲北部温带地区。中国

东北、长江中上游高山地区林下有野生分布。喜半阴、多湿，忌强光直射。

春季分株繁殖。夏季孢子成熟后可播种繁殖。适用疏松、肥沃的酸性土壤栽培。生长期水分不足或施肥时沾污了叶面会使叶枯黄。冬季温度要高于5℃。管理简便。

(3) 主要用途　盆栽；切叶。

8.1.2　卷柏科　Selaginellaceae

1. 卷柏　　学名　*Selaginella tamariscina*　　别名　还魂草、万年青

(1) 形态特征　多年生常绿草本。株高5～20 cm。主茎单一，短粗直立，下面密生须根；顶端丛生扁平小枝，呈扇形分叉，辐射开展为莲座状。叶二形，中叶卵状披针形，具长芒；侧叶钻状披针形，具长芒，边缘膜质；叶形小，覆瓦状密生于小枝上。孢子囊穗生于小枝顶端，四棱形，孢子叶三角形。

(2) 繁殖与栽培　原产中国，分布全国各地，原苏联远东地区及日本也有，喜半阴，强光下也能生长良好；极耐干旱，枝叶干时内卷，湿润后开展。

孢子繁殖为主，盆土用疏松、排水好的沙质壤土，盆栽需在不低于0℃的室内越冬，华北地区可露地过冬，呈多年生宿根状。

(3) 主要用途　疏林下地被；点缀假山、岩石园。入秋可采收卷球的残株收存，冬季浸入水瓶后枝叶伸展可观赏。

2. 翠云草　　学名　*Selaginella uncinata*　　别名　蓝地柏、绿绒草

(1) 形态特征　多年生蔓性草本。主茎柔软纤细，有棱，伏地蔓生；分枝处常生不定根，侧枝多回分叉。叶二形，中叶长卵形，渐尖；背叶矩圆形，向两侧平展；叶下面深绿色，上面带碧蓝色。孢子囊穗四棱形，孢子叶卵状三角形。

(2) 繁殖与栽培　原产中国，分布西南、华南地区及台湾省。喜温暖、湿润、半阴，忌强光直射。常生于林下湿石上、石洞内。

春天分株繁殖。生长期要充分浇水，并保持较高的空气湿度。冬季越冬室温需5℃以上。

(3) 主要用途　阴湿处地被；盆栽；盆景；装饰假山石。

8.1.3　阴地蕨科　Botrychiaceae

1. 扇羽阴地蕨　　学名　*Scepteridium lumaria*　　别名　月蕨、小阴地蕨

(1) 形态特征　多年生草本。株高10～20 cm，具根状茎。总柄基出，多汁，淡绿色，基部具褐色鞘状鳞片；营养叶从总柄中部或上部生出，具短柄，阔披针形，1回羽状分裂，裂片扇形至半圆形；叶脉扇状分离；孢子叶较营养叶柄长，出自总柄顶端或营养叶的叶轴下部腋间，2～3回羽状复叶，狭圆锥形，直立，光滑无毛。

(2) 繁殖与栽培　原产欧洲，分布中国东北、华北、长江流域、华南地区及台湾省。喜阴湿，较耐寒。

孢子或分株繁殖。孢子繁殖幼苗生长缓慢，需细心养护。春季分株。目前园林中引种尚少。

(3) 主要用途　盆栽观叶，吊盆观赏。

2. 阴地蕨　学名 *Scepteridium ternatum*　别名 小春花、蛇不见

(1) 形态特征　多年生草本。株高20～40 cm。具肉质根状茎。营养叶生总柄下部，具短柄，阔三角形，3回羽状分裂；孢子叶生于总柄顶端，远高于营养叶，2～3回羽状复叶，复圆锥形，无叶绿素，孢子囊穗集呈圆锥状。

(2) 繁殖与栽培　原产朝鲜、日本、中国。喜阴湿，忌强光直射；稍耐寒；喜富含腐殖质的酸性黄壤土。

繁殖方法目前还在摸索，组培可能成功。主要挖掘野生苗。环境要求高，夏日必须阴湿凉爽，庇荫度因季节而异，宜排水好的酸性或微酸性土壤。一年只成熟一片叶子，要注意保护老叶。

(3) 主要用途　盆栽观叶。

8.1.4 紫萁科 Osmundaceae

紫萁　学名 *Osmunda japonica*　别名 高脚贯众

(1) 形态特征　多年生草本。株高50～80 cm。根状茎粗壮。叶簇生，具长柄，幼时密被棕色长柔毛，后脱净；营养叶三角状广卵形，2回羽裂，小羽片叶脉两面明显，具短小锯齿；孢子叶春夏抽出，深棕色、卷缩，小羽片条形，沿主脉两侧密生孢子，孢子成熟即枯萎。

(2) 繁殖与栽培　原产中国、越南、印度、日本，中国暖温带及亚热带最常见。

孢子或分株繁殖。分株可利用其根状茎上能生大量不定根的特点，把营养叶及根茎切开，然后分植。园林中引种不多，栽培有待研究。

(3) 主要用途　林下散植；沟边池畔丛植。

8.1.5 观音莲座科 Angiopteridaceae

福建观音莲座　学名 *Angiopteris fokiensis*　别名 福建莲座蕨

(1) 形态特征　多年生草本。株高150～300 cm。叶簇生，叶柄粗壮肉质，基部扩大成蚌壳状并相互覆盖成马蹄形，如莲座；叶2回羽裂，羽片互生，上部羽片稍斜向上平展，下部小羽片渐缩短。孢子囊群着生于近叶缘处。

(2) 繁殖与栽培　原产中国，分布华南地区及贵州、湖南、湖北省。喜温暖、阴湿，较耐寒；宜酸性土壤。野生于溪边沟谷。

分株繁殖。适栽于肥沃、疏松的酸性土中．适当庇荫、保持较高的空气湿度。目前园林引种较少，仅华南植物园、广州园林科研所有少量栽培。

(3) 主要用途　庭园栽植；盆栽。

8.1.6 海金沙科 Lygodiaceae

海金沙　学名 *Lygodium japonicum*　别名 铁丝藤、蛤蟆藤

(1) 形态特征　多年生常绿草本。具攀援性，高可达4 m。叶二形，纸质；不育叶生于叶

轴下部、尖三角形；2回羽裂，小羽片掌状或3浅裂；可育叶生于叶轴上部，卵状三角形，2回羽裂，小羽片背面边缘具流苏状孢子囊穗，其顶端有帽状弹性环带，成熟时开裂，散出暗褐色孢子，状如细沙，故名。

(2) 繁殖与栽培　原产亚洲暖温带及热带，分布于中国北部至陕西省西部及河南省南部，西达四川、云南及贵州省。性强健，耐光照，耐寒霜；喜湿润而排水好的肥沃沙质壤土。

孢子繁殖为主。栽培中有部分庇荫生长更好。适应性强，管理粗放。

(3) 主要用途　长江流域可作绿篱材料；北方盆栽观叶或吊盆观赏。

8.1.7　姬蕨科　Hypolepidaceae

姬蕨　　学名　*Hypolepis punctata*　　别名　岩姬蕨、冷水蕨

(1) 形态特征　多年生草本。株高1～2 m。叶簇生并疏生，具长柄，柄棕褐色，具粗糙毛。叶长卵状三角形，顶部1回羽裂，中下部3～4回羽裂，小羽片具钝齿，常反卷。孢子囊群着生在羽片基部边缘上。

(2) 繁殖与栽培　原产热带和亚热带，分布于中国华南、西南及江浙地区。喜温暖、高湿及半阴，忌强光直射。

孢子或分株繁殖。分株于春末夏初时进行较好。栽培较容易，盆土要见干见湿，用排水良好的沙壤土加腐叶土即可，要求通风，有一定的空气湿度。

(3) 主要用途　盆栽观叶。

8.1.8　稀子蕨科　Monachosoraceae

岩穴蕨　　学名　*Ptilopteris maximowiczii*　　别名　岩蕨

(1) 形态特征　多年生草本。株高40 cm。叶簇生，近膜质，叶背疏生腺体，具长叶柄，光滑，红棕色；叶狭长披针形，基部渐狭，1回羽裂，小羽片基部不对称，一侧为耳状凸起，一侧为楔形；叶轴顶端常延伸或呈鞭形，顶端着地生根，长出新植物。孢子囊群圆形，生于小脉顶端，稍靠近叶边。

(2) 繁殖与栽培　原产中国。喜温暖、阴湿、冬暖夏凉，喜微酸性土壤。

孢子或分株繁殖。生长期忌强光，秋冬室内要求阳光充足。须保持空气湿度。宜用微酸性腐叶土栽培。生长期充分浇水，随时去枯叶，入冬后少浇水。

(3) 主要用途　盆栽观叶；盆景；切叶。

8.1.9　鳞始蕨科　Lindsaeaceae

乌蕨　　学名　*Stenoloma chusanum*　　别名　乌韭

(1) 形态特征　多年生常绿草本。株高30～60 cm。叶簇生，厚革质，无毛，具光泽，披针形，3～4回羽状细裂，羽片互生，下部羽片的基部小羽片较其上部羽片的基部小羽片大，叶脉在小裂片上呈二叉状。孢子囊群位于羽片顶端，囊群盖杯形，如瓶。

(2) 繁殖与栽培　分布于中国长江以南各省至陕西南部。喜温暖、半阴，宜富含腐殖质的

酸性或微酸性土壤，稍耐旱。

孢子或分株繁殖。春天分株易成活。性强健，适应性强，栽培容易，注意排水并保持阴湿，越冬温度0℃以上。

(3) 主要用途　林缘地被；盆栽观叶。

8.1.10　骨碎补科　Davalliaceae

1. 骨碎补　　学名　*Davallia mariesii*

(1) 形态特征　多年生草本。株高15～20cm。根状茎长而横走。叶簇生，具长叶柄，基部具关节，叶片五角形，4回羽状细裂，三角形，小羽片互生，基部下侧一对羽片最大，向上渐狭小。孢子囊群生于小脉顶端，囊群盖盅状。

(2) 繁殖与栽培　分布于中国辽宁、山东、江苏、浙江、台湾等省。喜温暖湿润、半阴。

分株繁殖为主。栽培土宜用疏松肥沃、排水良好的沙壤土，越冬温度不低于5℃，忌通风过强。栽培容易。

(3) 主要用途　林下地被；盆栽。

2. 圆盖阴石蕨　　学名　*Humata tyermanni*　　别名　毛石蚕

(1) 形态特征　多年生匍匐草本。株高10～20cm。根状茎长而横走，密被鳞片。叶具长柄，其茎部具关节和鳞片，叶三角形，革质，无毛，3～4回羽状细裂，可育叶分裂更细。孢子囊群着生于近叶缘的叶脉顶端，囊群圆形。

(2) 繁殖与栽培　分布于中国华东、华南、西南各省。性强健，喜温暖、干燥、半阴。

春季分株繁殖，也可切断带叶的匍匐根茎扦插繁殖。适应性强，栽培容易。宜用肥沃疏松且排水好的沙壤土栽培，夏季注意喷水，提高空气湿度，越冬温度不低于5℃。

(3) 主要用途　盆栽观叶；盆景。

3. 肾蕨　　学名　*Nephrolepis cordifolia*　　别名　蜈蚣草、圆羊齿

(1) 形态特征　多年生草本。株高30～40cm。根状茎具主轴并有从主轴向四周横向伸出的匍匐茎，由其上短枝处可生出块茎。根状茎和主轴上密生鳞片。叶密集簇生，直立，具短柄，其基部和叶轴上也被鳞片；叶披针形，1回羽状全裂，羽片无柄，以关节着生叶轴，基部不对称，一侧为耳状凸起，一侧为楔形；叶浅绿色，近革质，具疏浅钝齿。孢子囊群生于侧脉上方的小脉顶端，孢子囊群肾形。

(2) 繁殖与栽培　原产热带及亚热带地区，中国华南各省山地林缘有野生。喜温暖、半阴和湿润，忌阳光直射。

春季孢子繁殖或分株及分栽块茎繁殖。生长期要多喷水或浇水，光照不可太弱，否则生长弱，易落叶，冬天应减少浇水。越冬温度5℃以上。

(3) 主要用途　盆栽；切叶。

4. 莆蔔叶蜈蚣草　　学名　*Nephrolepis exaltata* var.*todeoides*

(1) 形态特征　多年生草本。地下部分无块茎。叶丛生而密，三角状卵形，2～3回羽裂，

小羽片无柄，密生，波状皱叠。

(2) 繁殖与栽培　原产南美、非洲及亚热带。其他同肾蕨。

(3) 主要用途　盆栽；切叶。

5. 波斯顿蕨　　学名　*Nephrolepis exaltata* 'Bostoniensis'　　别名　皱叶肾蕨

(1) 形态特征　多年生草本。叶簇生，大而细长，羽状复叶，叶裂片较深，形成细碎而丰满的复羽状叶片，展开后下垂弯曲；叶淡绿色，有光泽。

(2) 繁殖与栽培　为长叶肾蕨园艺品种。喜阴及高温、高湿。

春天分株或夏天分离匍匐茎上长出的小植株繁殖。20℃以上开始生长，越冬温度5℃以上。忌阳光直射或过阴，强光下叶色极易黄化。对水分要求严格，不可过干或过湿。生长期需经常向叶面喷水。

(3) 主要用途　盆栽观叶，切叶。

8.1.11　凤尾蕨科　Pteridaceae

1. 大叶凤尾蕨　　学名　*Pteris cretica*　　别名　缎带蕨、克里坦岛凤尾蕨

(1) 形态特征　叶丛生，叶柄黄色或浅棕色，直立；叶二形，营养叶（不育叶）较可育叶宽，革质，椭圆形，淡绿色，羽裂。孢子囊群生于叶缘。有许多栽培品种。

(2) 繁殖与栽培　原产热带、亚热带地区。喜温暖、阴湿，忌强光照射。

分株或孢子繁殖。不耐寒，越冬温度12℃。夏天注意保持土壤湿润，每周施薄肥一次，空气湿度高易生介壳虫。

(3) 主要用途　盆栽；切叶。

2. 井栏边草　　学名　*Pteris multifida*　　别名　凤尾草、井兰草

(1) 形态特征　多年生草本。细弱，株高30～70 cm。根状茎直立。叶二形，簇生，革质，1回羽状复叶；可育叶羽片条形，叶轴上部有狭翅，下部羽片常2～3叉；不育叶羽片较宽，具不整齐的尖锯齿。孢子囊群沿叶边连续分布。

(2) 繁殖与栽培　分布于中国除东北、西北以外的地区，朝鲜、日本也有。喜温暖、湿润、半阴，宜碱性土壤，为钙质土壤指示植物。常生于墙缝、井边及石灰岩上。

分株或孢子繁殖。用肥沃、湿润、排水好的碱性土栽植，要求庇荫和高空气湿度，越冬温度不低于5℃。

(3) 主要用途　阴湿的林缘岩下、石缝处丛植；吊盆观赏。

8.1.12　中国蕨科　Sinopteridaceae

1. 银粉背蕨　　学名　*Aleuritopteris argentea*　　别名　铜丝草、通经草

(1) 形态特征　多年生常绿草本。株高15～20 cm。叶簇生，厚纸质，表面暗绿色，背面有乳黄色蜡质粉末，叶柄栗棕色，有光泽，基部被鳞片；叶五角形、2～3回羽裂，其中3枚羽片基部相连或靠近，下部羽片较上部羽片长；叶中脉明显，背面不凸起，侧脉羽状分叉。孢子

囊群生于小脉顶端，为反卷的膜质叶缘所包被。

(2) 繁殖与栽培　原产中国。喜光，耐半阴，耐寒；极耐干旱，久旱时叶卷曲，稍湿润即舒展；喜钙质土壤，中性及微酸性土壤也能生长。

孢子繁殖。分株或移栽不易成活。栽植不宜过深，土壤排水性要好。

(3) 主要用途　盆栽；假山石或水石盆景的装饰材料。

2. 中国蕨　学名 *Sinopteris grevilleoides*

(1) 形态特征　多年生草本。株高 18～25 cm。叶丛生，革质无毛，五角形呈掌状深五裂，叶背具白粉，叶轴、羽轴和叶主脉为亮黑色，各羽片向基部渐狭，呈彼此相连的狭翅状。孢子囊生于小脉顶端。

(2) 繁殖与栽培　特产中国，分布于云南西部和四川西南部及华北、西北地区的干旱地。自然界中生于裸露干旱的岩石上，分布于海拔 1 160～1 800 m 的高山上。耐干旱。孢子繁殖。

(3) 主要用途　假山石的装饰材料；盆栽。

8.1.13　铁线蕨科　Adiantaceae

铁线蕨　学名 *Adiantum capillus-veneris*　别名　铁丝草

(1) 形态特征　多年生常绿草本。株高 15～50 cm，植株纤弱。叶簇生，具短柄，直立而开展，叶卵状三角形，薄革质，无毛；2～3 回羽状复叶，羽片形状变化大，多为斜扇形；叶缘浅裂至深裂；叶脉扇状分叉；叶柄纤细，紫黑色，有光泽，细圆坚硬如铁丝。孢子囊生于叶背外缘。

(2) 繁殖与栽培　原产美洲热带及欧洲温暖地区，分布于中国长江以南各省，北至陕西、甘肃、河北。喜温暖、湿润、半阴；宜疏松、湿润含石灰质的土壤，为钙质土指示植物。

孢子或分株繁殖。盆土以疏松、肥沃、含石灰质的微粘土为宜，生长期保证土壤水分充足和较高的空气湿度，适当通风。越冬温度 5～10℃为宜。

(3) 主要用途　植于假山隙缝；背阴处基础丛植，盆栽观叶和装饰山石盆景。

8.1.14　铁角蕨科　Aspleniaceae

1. 铁角蕨　学名 *Asplenium trichomanes*

(1) 形态特征　多年生常绿草本。叶丛生，条状披针形，1 回羽裂，羽片对生横展，稍有齿，叶深绿色，近纸质；叶柄及叶轴亮栗褐色，沿上面纵向两侧有全缘膜质狭翅。孢子囊群着生于上部羽片小脉处。

(2) 繁殖与栽培　原产北美、欧洲及亚洲温带，分布于中国陕西、山西、河南、新疆及长江以南各省。喜阴、温暖、高湿。

孢子或分株繁殖。栽培宜用肥沃、排水好的土壤，要求高空气湿度，少通风，冬季越冬温度不低于 12℃，生长适温 18～20℃，若叶发黄，就要多吸水并提高地温。

(3) 主要用途　盆栽观叶。

2. *巢蕨*　　学名　*Neottopteris nidus*　　别名　鸟巢蕨、山苏花

(1) 形态特征　多年生常绿大型附生植物。株高100～120 cm。根状茎短、密生鳞片。叶丛生于根状茎顶部外缘，向四周辐射状排列，叶丛中心空如鸟巢，故名；具圆柱形短叶柄；单叶阔披针形，尖头，向基部渐狭而下延；叶革质，两面光滑，有软骨质的边，干后略反卷；叶脉两面隆起，侧脉分叉或单一，顶端和一条波状脉的边缘相连。孢子囊群生于侧脉的上侧，向叶边伸达1/2。

(2) 繁殖与栽培　原产热带、亚热带地区。喜温暖、阴湿，不耐寒，宜疏松、排水及保水皆好的土壤。

孢子繁殖。生长适温20～22℃，越冬温度5℃以上。生长期需高温高湿，忌夏日强光直射。管理简便。

(3) 主要用途　盆栽观叶；吊盆观赏；切叶。

8.1.15　桫椤科　Cyatheaceae

桫椤　　学名　*Cyathea spinulosa*　　别名　树蕨

(1) 形态特征　多年生乔木状植物。根茎直立，高1～4 m，其上覆盖厚密的气根。叶丛生茎顶，叶柄和叶轴粗壮，有密刺，深棕色；叶大，纸质，3回羽状深裂。孢子囊群生于小脉分叉点上，凸起的囊毛上托，圆球形。

(2) 繁殖与栽培　分布于中国华南地区及四川、贵州，日本也有。喜阴湿、温暖，不耐寒。

孢子繁殖为主。适宜肥沃、疏松、排水保水好的土壤栽培，生长期需大量水分，每天在树顶灌水。越冬温度15℃以上。

(3) 主要用途　暖地可庭院种植或盆栽，适于大型建筑室内绿化装饰。幼茎磨成碎屑可作附生植物的栽培基质。

8.1.16　鳞毛蕨科　Dryopteridaceae

贯众　　学名　*Cyrtomium fortunei*　　别名　黑独脊

(1) 形态特征　多年生常绿植物。叶簇生，具叶柄，叶柄基部密生大鳞片；叶矩圆披针形或阔披针形，单数1回羽裂，纸质，羽片镰状披针形，基部一侧为耳状凸起。孢子囊群生于内藏小脉顶端。

(2) 繁殖与栽培　原产东亚地区。喜半阴、湿润，耐寒，不耐高温干燥。

孢子或分株繁殖。春、秋季分株。夏季生长期应充分浇水，10月至翌年2月为休眠期，宜保持10℃左右低温。生长于华北地区，为耐寒宿根植物。

(3) 主要用途　半阴及湿处地被；盆栽观叶；切叶。

8.1.17　水龙骨科　Polypodiaceae

1. *扇蕨*　　学名　*Neocheiropteris palmatopedata*

(1) 形态特征　多年生植物。株高65 cm。根状茎上鳞片边缘具细齿。叶簇生，具长柄，叶扇形，鸟足状掌状分裂，近纸质，叶背疏生棕色小鳞片。孢子囊群生于裂片下部紧靠主脉处。

(2) 繁殖与栽培　特产中国，分布四川、贵州和云南省。喜温暖、阴湿，不耐寒。

孢子或分株繁殖。忌阳光直射，需较高的空气湿度。

(3) 主要用途　沟边林下地被。

2. 鹿角蕨　　学名　*Platycerium bifurcatum*　　别名　二歧鹿角蕨、蝙蝠蕨

(1) 形态特征　多年生大型附生植物。株高40 cm，植株灰绿色、被绢状绵柔毛。异形叶，不育叶又称“裸叶”，圆形纸质，叶缘波状，偶具浅齿，紧贴于根茎上，新叶绿白色，老叶棕色；能育叶又称“实叶”，丛生下垂，幼叶灰绿色，成熟叶深绿色，基部直立楔形，端部具2～3回叉状分枝，形似鹿角，故名。孢子囊群生于叶背，在叶端凹处开始上延至裂片的顶端。

(2) 繁殖与栽培　原产澳大利亚。喜温暖、阴湿，冬季干燥时可耐0℃的低温。

孢子或分株繁殖。分株繁殖为主，四季皆可进行，以夏季为好。耐阴，有散射光照即可。生长期需维持高空气湿度，但勿使水停滞在叶面，以免叶面腐烂。冬季过暖及过于干燥不利生长，10℃左右即可。

(3) 主要用途　盆栽观叶；吊盆观赏。

3. 石韦　　学名　*Pyrrosia lingua*　　别名　金背茶匙

(1) 形态特征　多年生常绿草本。株形小巧，高10～30 cm。叶簇生，具长柄，其基部有关节；叶厚革质，表面有凹点，叶背密披棕色星状毛；不育叶与可育叶同形，略短而阔，可育叶叶片为披针形至矩圆披针形。孢子囊群在侧脉间紧密排列。

(2) 繁殖与栽培　原产中国。喜温暖、阴湿。常附生树干或岩石上。

分株或孢子繁殖。栽培中需设附着物，保证水分充足。

(3) 主要用途　暖地可作枯树装饰；岩石园；盆栽观叶。

8.2　双子叶植物

8.2.1　胡椒科　Peperaceae

1. 皱叶豆瓣绿　　学名　*Peperomia caperata*　　别名　皱叶椒草、皱纹椒草

(1) 形态特征　多年生常绿草本。株高20 cm。叶丛生，具红色或粉红色长柄，长椭圆形至心形，深暗绿色，柔软，表面皱褶，整个叶面呈细波浪状，有天鹅绒的光泽，叶背灰绿色。夏秋抽出长短不等的穗状花序，黄白色。

(2) 繁殖与栽培　原产巴西。喜温暖、半阴，宜排水好的土壤。

叶插繁殖。越冬温度5℃以上，再低则落叶。耐干旱，浇水不宜过多，尤其秋冬要减少浇水。

(3) 主要用途　小型盆栽观叶。

(4) 常见栽培品种

① 绿波皱叶椒草 cv.Enmerald Ripple 较矮小，竖直的叶子密集丛生，叶脉间叶肉突出，极皱，有光泽。

② 三角皱叶椒草 cv.Tricolor 叶子较小，中心部浓绿色，周围嵌入白色斑。

2. 花叶豆瓣绿 学名 *Peperomia magnoliaefolia* var.*variegata* 别名 乳纹椒草、圆叶椒草

(1) 形态特征 多年生常绿蔓性草本。茎短，直立，褐绿色，肉质。叶丛生茎上，宽卵形，有黄白色花斑。

(2) 繁殖与栽培 翡翠椒草的变种，较原种耐寒。

(3) 主要用途 盆栽。

3. 西瓜皮椒草 学名 *Peperomia sandersii* var.*argyreia* 别名 瓜叶椒草、银白斑椒草、西瓜皮豆瓣绿

(1) 形态特征 多年生常绿草本。株高 20～30 cm。无茎。叶密集丛生，盾状着生；厚而光滑，半革质，卵圆形，具尾尖，叶主脉从中心辐射，叶浓绿色，脉间为银白色条斑，状似西瓜皮，故名；叶背红褐色；叶柄红色，直立，肉质，浑圆。

(2) 繁殖与栽培 原产巴西。喜温暖、湿润及半阴。

叶插或分株繁殖。生长较慢，光过强不利于生长，过弱会使叶片失去斑纹。空气相对湿度不宜过高，否则叶面易生黄斑。生长季保持盆土潮湿即可。浇水多时，茎叶易烂。越冬温度8℃以上。

(3) 主要用途 盆栽观叶。

4. 蔓生豆瓣绿 学名 *Peperomia serpens* cv.Variegata

(1) 形态特征 多年生常绿蔓性草本。茎匍匐状，后稍直立，红色。叶阔卵形，较小，嫩叶黄绿色，表面蜡质，成熟叶淡绿色，上有奶白色斑纹。

(2) 繁殖与栽培 同西瓜皮椒草。

(3) 主要用途 小型盆栽观叶；吊盆观赏。

8.2.2 金粟兰科 Chloranthaceae

金粟兰 学名 *Chloranthus spicatus* 别名 珠兰、茶兰

(1) 形态特征 常绿亚灌木。株高 30～60 cm。茎丛生，较开展，茎节明显。叶对生，倒卵状椭圆形，具钝锯齿，齿尖一腺体。叶面光滑稍皱，具叶柄。穗状花序多顶生，花小，无花被，黄绿色，香气浓烈，花期 8-10 月。果熟时白色。

(2) 繁殖与栽培 原产中国南部。喜阴湿、温暖、通风，宜肥沃、排水好的土壤。

分株、扦插或压条繁殖。管理简便，注意庇荫，防止日光直射，要通风好，花后适当修剪。冬季室温需10℃以上。

(3) 主要用途 盆栽；暖地可丛植于坡地、林下。

8.2.3 荨麻科 Urticaceae

1. 冷水花 学名 *Pilea cadierei* 别名 大冷水花、白雪草

(1) 形态特征 多年生草本或亚灌木。株高15～40 cm。茎叶多汁。茎光滑，多分枝，节上生气生根。叶对生，卵状椭圆形，先端突尖，叶缘上部具浅齿，下部全缘，基出3主脉；叶在侧脉间凸出，呈波浪状起伏有序，凸起处有银白色斑块。

(2) 繁殖与栽培 原产东南亚地区。喜温暖、湿润，要求散射光，耐阴。

扦插繁殖极易成活，也可分株繁殖。栽培中需良好的光照，光线太暗叶色彩淡化，但忌强光直射。摘心可促进分枝，使株形圆整。生长适温18～25℃，越冬温度不低于5℃。

(3) 主要用途 暖地地被；中、小型盆栽观叶。

2. 镜面掌 学名 *Pilea peperomioides* 别名 镜面草

(1) 形态特征 多年生常绿草本。株高15～25 cm。茎极短。叶近丛生，叶圆形或卵圆形，盾状着生，革质，表面有光泽，鲜绿色，具长柄，似一面手镜。

(2) 繁殖与栽培 原产中国云南。喜温暖、湿润及半阴。

分株或叶插繁殖。生长期需充分浇水，并保持高空气湿度。越冬温度12℃以上。

(3) 主要用途 盆栽观叶。

3. 皱叶冷水花 学名 *Pilea spruceana*

(1) 形态特征 多年生草本。植株低矮，高约10 cm。叶卵形，褐绿色而有光泽；叶脉深陷使叶面皱缩，叶脉色较叶面深。

(2) 繁殖与栽培 原产南美的秘鲁。喜温暖、湿润及半阴。

扦插繁殖极易成活，茎、叶插皆可。生长期要充分供水。注意摘心促进分枝，植株长大后，株形差时可修剪。越冬温度6℃以上。

(3) 主要用途 微型盆栽。

8.2.4 马兜铃科 Aristolochiaceae

1. 马兜铃 学名 *Aristolochia debilis* 别名 天仙藤、独行根

(1) 形态特征 多年生攀援草本。全株无毛，根于地下延伸，可多处萌发新株，初生苗暗紫色。叶互生，广卵形，基部心形，全缘稍波状内卷。单花腋生，花被合生，呈“S”形弯曲，花被筒基部膨大，上部直立膨大成喇叭形，中间缩缢；外面淡绿色，里面具紫色斑及条纹；花期6–8月。蒴果长圆球形，熟时褐色，果期9–10月。

(2) 繁殖与栽培 原产中国华北、华中、华东及西北地区。喜光，稍耐阴，耐寒。

播种、分株或分根繁殖。过于潮湿或庇荫生长不良，栽培中要及时设立支架供其攀援。对环境要求不严，适应性强，易栽培。冬季可于冷室过冬。

(3) 主要用途 铺植地被；垂直绿化；盆栽。

2. 杜衡　　学名　*Asarum forbesii*　　别名　马蹄细辛、马蹄香

(1) 形态特征　多年生草本。株高10～20 cm。根状茎有特别的香气。地上茎短，顶生1～2片叶。叶宽心形，顶端圆钝，基部心形，深绿色，叶面具白色斑，两面均疏生柔毛，具长叶柄。花着生根状茎顶端，贴地面开放，花被钟状，暗紫色，花期3—4月。

(2) 繁殖与栽培　原产中国。喜温暖、湿润及半阴，不耐寒冷和干燥。

播种或分株繁殖。盆栽土宜用疏松、排水好的腐叶土。夏季注意庇荫，生长期供水要充足。

(3) 主要用途　配植于岩石园；盆栽观叶；瓶景材料。

3. 细辛　　学名　*Asarum sieboldii*　　别名　万病草

(1) 形态特征　多年生草本。株高20 cm。根茎芳香，先端生1～2片叶。叶肾状心形，顶端锐尖，基部心形，叶缘有粗糙刺毛，叶两面有柔毛。花腋生，贴地面，钟形，深紫色，花期3—4月。

(2) 繁殖与栽培　原产中国，喜温暖、湿润，宜疏松及排水良好的土壤，不耐干旱和积水。

分株或播种繁殖。宜于半阴处栽培，忌直射光。浇水不可过多，以免烂根。

(3) 主要用途　盆栽观叶。

8.2.5　蓼科　Polygonaceae

1. 扁竹蓼　　学名　*Homalocladium platycladium*　　别名　竹节蓼、百足草

(1) 形态特征　常绿灌木。株高可达3 m。茎多分枝，老枝圆柱形，暗褐色，具棱；幼枝扁平且多节，似叶，绿色。叶退化成小披针形或缺。花小，簇生节上，淡红或绿白色。浆果红色，果期9—10月。

(2) 繁殖与栽培　原产所罗门群岛。喜温暖、湿润及半阴，不耐寒，要求土壤排水好，不耐水湿。

嫩茎扦插繁殖。栽培中及时剪除过密及枯黄枝条，以保持株形优美。需要较高的空气湿度，并注意通风。冬季室温不低于8℃。

(3) 主要用途　盆栽；暖地庭院栽植。

2. 山荞麦　　学名　*Polygonum aubertii*　　别名　木藤蓼

(1) 形态特征　半灌木状缠绕藤本。茎初为草质，后变为木质。叶互生或簇生，长圆状卵形，先端急尖，基部心形。圆锥花序顶生，苞膜质，内含3～6朵小花，花白色，微香，花期9—10月。

(2) 繁殖与栽培　原产中国，分布于西北、华北地区，云南、西藏也有。喜半阴，耐寒，耐旱，宜湿润土壤。

播种或扦插繁殖。管理极粗放。

(3) 主要用途　垂直绿化；铺植地被。

3. 火炭母　　学名　*Polygonum chinensis*　　别名　清饭藤

(1) 形态特征　多年生蔓性草本。全株有酸味。茎浅红色，具红色而膨大的节。叶椭圆形，

叶面有人字形暗紫色纹，叶脉紫红色；叶柄浅红色。头状花序，花小，白色或粉红色，花期8-9月。果熟时浅蓝色，半透明，汁多，味酸可食，果期10月。

(2) 繁殖与栽培　原产中国西南、华南地区，湖南和江西也有。喜光，忌暴晒；喜温暖湿润，不耐旱。

春季播种繁殖。宜用疏松、肥沃的腐叶土，生长期应充分浇水。

(3) 主要用途　垂直绿化。

4. 何首乌　　学名　*Polygonum multiflorum*

(1) 形态特征　多年生缠绕草本。茎基部木质化，多分枝，中空。叶卵形，基部心形。花序圆锥状，花小，白色，花期8-9月。

(2) 繁殖与栽培　原产中国，广布各省。喜光，耐半阴，耐寒，喜湿润，不耐涝。

播种繁殖，也可扦插繁殖。适应性强，管理简便。

(3) 主要用途　垂直绿化。

5. 红蓼　　学名　*Polygonum orientale*　　别名　红草、东方蓼

(1) 形态特征　一年生大型草本。株高可达2 m。茎，叶被长毛，茎直立，分枝。叶大，互生，具柄，阔卵形或卵状披针形，先端尖；托叶鞘筒状，下部膜质，褐色，上部革质，绿色，有缘毛。总状花序顶生或腋生，下垂如穗状，粉红或玫瑰红色，花期7-8月。

(2) 繁殖与栽培　原产中国、澳大利亚，亚洲其他国家也有。喜光照和温暖，不耐寒；喜肥沃湿润的土壤，也耐瘠薄。

播种繁殖，可自播繁殖。适应性强，栽培无特殊要求，管理简便。

(3) 主要用途　切花；庭院丛植。

8.2.6　藜科　Chenopodiaceae

1. 红叶甜菜　　学名　*Beta vulgaris* var. *cicla*　　别名　红菜

(1) 形态特征　二年生草本。叶丛生，长椭圆状卵形，边缘常波状，肥厚而有光泽，深红或红褐色，叶柄较长而扁凹。

(2) 繁殖与栽培　原产南欧。喜光，也耐阴；宜温暖、凉爽的气候，极耐寒；喜肥。

播种繁殖。适应性强，管理简单，适宜各种土壤，但在疏松、肥沃、排水良好的土壤上生长较好，叶色艳丽。

(3) 主要用途　盆栽观叶；花坛；花境。

2. 地肤　　学名　*Kochia scoparia*　　别名　扫帚草

(1) 形态特征　一年生草本。株高50～100 cm。株丛紧密，呈长球形，主茎木质化，分枝多而纤细。叶稠密，较小，狭条形，草绿色，秋季全株成紫红色。

(2) 繁殖与栽培　原产亚洲中南部及欧洲。喜光和温暖，不耐寒，耐旱；对土壤要求不严，耐碱性土。

春季播种繁殖，可自播繁殖。在肥沃、疏松的土壤中生长良好。管理粗放。

(3) 主要用途　丛植；孤植；植绿篱；作花坛中心材料。

(4) 常用栽培的变种　细叶扫帚草 var.*culta*　株形矮小，叶细软，嫩绿色，秋季转为红紫色。

8.2.7　苋科　Amaranthaceae

1. 可爱虾钳菜　　学名　*Alternanthera amoena*　　别名　小叶红

(1) 形态特征　多年生草本。茎平卧。叶狭，基部下延，叶柄短，叶暗紫红色。

(2) 繁殖与栽培　原产热带及亚热带地区。生长势较弱，其他同红绿草。

(3) 主要用途　模纹花坛。

2. 红绿草　　学名　*Alternanthera bettzickiana*　　别名　模样苋、锦绣苋

(1) 形态特征　亚灌木，园林中常作低矮草本栽培。株高多为10～15 cm。茎多分枝，直立或斜出成丛状，节膨大。叶小，对生，舌状全缘，叶绿色，常具彩斑或色晕。

(2) 繁殖与栽培　原产南美巴西。喜温暖，不耐酷热及寒冷；喜光，略耐阴；不耐干旱及水涝。

春、夏季扦插繁殖。越冬温度15℃。用疏松、肥沃、富含腐殖质、排水良好的土壤栽植。生长期需保持湿润，供水充足。需多次摘心和修剪，以保持其低矮和密实的株形。

(3) 主要用途　配植模纹花坛。

(4) 常见品种

① “小叶绿”　茎斜出，叶较狭，嫩绿色或略具黄斑。

② “小叶黑”　茎直立，叶较宽，窄三角状卵形，绿褐色至茶褐色，生长势较上述品种强。

3. 三色苋　　学名　*Amaranthus tricolor*　　别名　雁来红、老来少

(1) 形态特征　一年生草本。株高80～150 cm。茎直立，少分枝。叶卵状椭圆形至披针形，基部常暗紫色，入秋后顶叶或连中下部叶变为黄色或艳红色，观叶期8–10月。

(2) 繁殖与栽培　原产亚洲及美洲热带。喜阳光、湿润及通风良好，不耐寒；对土壤要求不严，耐旱，耐碱。

春季播种繁殖，能自播繁殖。管理粗放，生长期不可多施肥，否则叶色不鲜，注意通风，防止倒伏。

(3) 主要用途　庭院丛植；配植花境、花坛；盆栽观叶；切叶。

(4) 常见栽培的变种

① 红叶三色苋 var.*splendens*　入秋顶叶全部变为鲜红色。

② 雁来黄 var.*bicolor*　茎、叶与苞片都为绿色，顶叶入秋变鲜艳红黄色。

③ 锦西凤 var.*salicifolius*　幼苗叶暗褐色，入秋顶叶变成三色，下半部红色，上中部黄色，先端绿色。

4. 鸡冠花　　学名　*Celosia cristata*

(1) 形态特征　一年生草本。株高40～100 cm。茎粗壮直立，光滑具棱，少分枝。叶卵形

至卵状披针形。花序顶生，肉质，扁平皱褶为鸡冠状，有红、紫红、玫红、桔红、桔黄、黄或白各色，具丝绒般光泽；中下部密生小花，花被及苞片膜质；花期7—10月。

(2) 繁殖与栽培　原产印度。喜炎热和干燥空气，不耐寒；喜阳光充足；宜疏松而肥沃的土壤，不耐瘠薄。

春季播种繁殖，可自播繁殖。生长期水肥充足则花序肥大而色艳，但忌涝。极易天然杂交，注意收种母株的隔离。常规管理即可。

(3) 主要用途　配植花境、花坛；切花或制干花。

(4) 常见栽培品种

① 圆绒鸡冠 f.*childsii*　株高40～60 cm。茎具分枝，不开展。花序卵圆形，表面流苏或绒羽状，有光泽，紫红或玫瑰红色。

② 凤尾鸡冠 f.*plumosa*　也称芦花鸡冠、扫帚鸡冠。株高60～150 cm。茎多分枝而开展，各枝端着生疏松的火焰状大花序，表面似芦花状细穗，花色极丰富，高矮也有变化。

③ 子母鸡冠 f.*pyramidalis*　株高30～50 cm。茎多分枝而斜出，全株呈广圆锥形，紧密而整齐。花序倒圆锥形，大小不一，每枝顶端生一大型主花序，其基部伴生多数形态相似的小花序，鲜桔红色或黄色。叶深绿，有红晕。

5. 千日红　　学名 *Gomphrena globosa*　　别名　火球花

(1) 形态特征　一年生草本。株高60 cm，全株密被灰白色长毛。茎直立，上部多分枝。叶对生，矩圆状倒卵形，全缘。头状花序球形，随开放随伸长，呈圆柱形，花小而密生，每小花具2枚膜质发亮的小苞片，紫红色，为主要观赏部分，经久不凋，花期8—10月。有小苞片为白、粉、橙色的品种，和近淡黄色及红色的变种。

(2) 繁殖与栽培　原产亚洲热带。喜温暖干燥，不耐寒；喜阳光充足；宜肥沃及疏松土壤。

春季播种繁殖。栽培中肥水不宜过多，以使花色亮艳，对肥水要求不严，管理粗放。花后若修剪、施肥，可促使发枝而再次开花。

(3) 主要用途　配植花坛、花境；盆栽；切花。还是理想的自然干花。

(4) 常见的栽培类型

① 红花千日红 f.*rubra*　膜质苞片亮红色。

② 千日粉 f.*rosea*　苞片粉色。

③ 千日白 f.*alba*　花苞片白色。

6. 红叶苋　　学名 *Iresine herbstii*　　别名　血苋

(1) 形态特征　多年生草本。株高可达100 cm，全株晕紫红色。茎红色。叶广卵形或圆形，先端凹入，紫红色或稍带黄绿色，具拱形脉。圆锥花序。

(2) 繁殖与栽培　原产南美。喜温暖湿润，不耐寒；喜阳光充足；宜疏松、肥沃的砂壤土，不耐水涝。

扦插繁殖。栽培中肥水不可过多，否则叶色暗。栽培管理简单。

(3) 主要用途　丛植；配植花境。

(4) 变种　黄脉苋 var.*aureo-reticulata*　叶绿色或绿红色，脉黄色。美丽。

8.2.8 紫茉莉科 Nyctaginaceae

1. 三角花 学名 *Bougainvillea spectabilis* 别名 毛叶子花、毛宝巾、九重葛

(1) 形态特征 常绿攀援藤本或小灌木。茎叶密生绒毛。茎具弯刺。叶卵形，有光泽。花生于新梢顶，3朵花簇生于3枚大苞片内，花梗与苞片中脉合生，苞片叶状，椭圆状卵形，鲜红、砖红或浅紫色，为主要观赏部位，花期春夏季，苞片经久不凋。温度适合可常年开花。有苞片为白、红、橙、淡褐、橙黄、红紫、粉色的品种，各色重瓣品种及矮生和半矮生品种。

(2) 繁殖与栽培 原产巴西。喜温暖、湿润，不耐寒；喜强光；宜富含腐殖质的肥沃土壤，忌水涝，萌芽力强，耐修剪。

扦插繁殖。初栽要适当庇荫，以后给充足光照。喜肥，在生长期要追肥。盆栽需常摘心及修剪，以保持株形丰满。越冬温度10℃即可。

(3) 主要用途 盆栽；植于花坛中心；制盆景；暖地可植于庭园小石边。

2. 紫茉莉 学名 *Mirabilis jalapa* 别名 夜顶花、地雷花、胭脂花

(1) 形态特征 多年生草本。株高60～100 cm。茎直立，多分枝，开展，茎节膨大。叶对生，卵状三角形，先端尖。花数朵簇生总苞上，生于枝顶；花瓣缺，花萼花瓣状，喇叭形，有红、橙、黄、白等色或有斑纹及二色相间等；花傍晚开放，清晨凋谢，具清香，花期夏秋季节。果黑色，圆形，表面皱缩如核，形似地雷。

(2) 繁殖与栽培 原产美洲热带。喜温暖、湿润，不耐寒，喜半阴，不择土壤。

春季播种繁殖，可自播繁殖。生长快，健壮，耐移栽，越冬温度5℃以上，华北地区作一年生栽培。管理粗放。

(3) 主要用途 庭园丛植；暖地地被。

8.2.9 番杏科 Aizoaceae

1. 三叶松叶菊 学名 *Dorotheanthus gramineus* 别名 三色松叶菊

(1) 形态特征 一年生草本。株高10 cm。全株肉质，枝条及叶背有乳头状突起。主茎较短，从基部分枝，呈茂密丛生状。枝条带红色。叶对生，基部常连生、条形有沟，横切面为半月形，似松针。花单生枝顶，外形似菊科的头状花序，粉红、牙黄或红色。花清晨及上午开放，午后逐渐闭合，花期3–5月。

(2) 繁殖与栽培 原产南非。喜温暖，不耐寒；喜光，可耐半阴；耐干旱。

播种或扦插繁殖，秋播。宜用排水好的沙质土壤栽培，浇水不宜太多，冬季尤其要减少浇水。

(3) 主要用途 盆栽；暖地配植花坛；丛植。

2. 宝绿 学名 *Glottiphyllum linguiforme*

(1) 形态特征 多年生草本。株高15 cm。茎短或无茎，肉质。叶对生成紧密的二列状或丛生，抱茎；舌状，横切面为三角形，肥厚而光滑透明，鲜绿色，斜伸，先端略向下翻。花似

菊花状、黄色，花期3–4月。

(2) 繁殖与栽培 原产南非。喜温暖、干燥，不耐寒，也不耐高温；喜光，可耐半阴。

分株繁殖，也可秋季播种繁殖。宜用疏松、排水好、微粘质的土壤。水肥不可太多，以免引起徒长，过冬温度8℃以上。

(3) 主要用途 盆栽。

3. 松叶菊 学名 *Lampranthus tenuifolius* 别名 松叶牡丹、龙须海棠

(1) 形态特征 常绿肉质亚灌木。株高约30 cm。茎纤细，红褐色，匍匐状，分枝多而向上伸展。叶对生，基部抱茎，肉质，切面为三角形，挺直似松针。单花具长花梗，腋生，形似菊花，花色丰富鲜艳，具丝绒光泽，花期4～5周。

(2) 繁殖与栽培 原产南非。喜温暖、干燥、光照充足及通风良好，不耐炎热。

扦插繁殖。10℃以上可安全越冬。生长期水肥不可太大，潮湿不利生长。花后植株休眠，可剪除过密枝条。多作一年生栽培，年年更新。

(3) 主要用途 配植花坛；盆栽；吊盆观赏。

4. 松叶冰花 学名 *Lampranthus spectabilis* 别名 姬松叶菊、美丽日中花

(1) 形态特征 多年生常绿亚灌木状多浆植物。株高50 cm。茎基木质化，上部多分枝，纤细，匍匐状，紫褐色。叶对生，基部连合，抱茎，长圆锥形，上有透明小点。花顶生或腋生，形似菊花，有红、紫、粉、橙、黄及白色；中午强光下开放，夜晚闭合，花期5–8月。

(2) 繁殖与栽培 原产南非。喜温暖，不耐寒，喜光照充足，干燥通风，不择土壤。

扦插繁殖为主，也可播种繁殖。越冬温度5℃以上，不耐高温，夏季需适当庇荫。生长季可多施肥，浇水不可太多。用沙壤土栽培较好。

(3) 主要用途 盆栽。

5. 生石花 学名 *Lithops pseudotruncatella* 别名 石头花

(1) 形态特征 多年生肉质草本。叶对生，肥厚密接，幼时中央只有一孔，长成后中间呈缝状，为顶部扁平的倒圆锥形或筒形球体，灰绿色或灰褐色，外形酷似卵石；新的2片叶与原有老叶交互对生，并代替老叶；叶顶部色彩及花纹变化丰富。花从顶部缝中抽出，无柄、黄色，午后开放，花期4–6月。园艺品种很多。

(2) 繁殖与栽培 原产南非和西非。喜温暖，不耐寒，喜阳光充足、干燥、通风，也稍耐阴。

播种繁殖。用疏松、排水好的沙质壤土栽培。浇水最好用浸灌方式，以防水从顶部流入叶缝，造成腐烂。冬季休眠，越冬温度10℃以上，可不浇水，过干时喷些水即可。

(3) 主要用途 盆栽；植于室内岩石园、专类园。

8.2.10 马齿苋科 Portulacaceae

1. 半支莲 学名 *Portulaca grandiflora* 别名 死不了、大花马齿苋、太阳花

(1) 形态特征 一年生肉质草本。株高10～15 cm，植株低矮。茎细圆，平卧或斜生，节上有毛。叶互生或散生，短圆柱形，基部被长柔毛。花单生或数朵簇生顶端，基部被有白色长

柔毛的轮生叶状苞叶。花有红、紫、粉红、粉、桔黄、黄、白等色，极丰富，花期7–8月，花在阳光下开放，单花期1天。有全日开花、重瓣、半重瓣园艺品种。

(2) 繁殖与栽培　原产南美巴西。喜温暖、光照充足、干燥，不择土壤，极耐干旱瘠薄。

春、夏、秋皆可播种繁殖，也可扦插繁殖及自播繁殖。适应性强，可裸根移栽，栽培于排水好而肥沃的沙质土壤生长最好，开花多。雨季需防涝，管理简单。

(3) 主要用途　配植花坛、岩石园；草坪边缘、路旁丛植。

2. 大花马齿苋　　学名 *Portulaca grandiflora*

(1) 形态特征　匍匐性垫状草本，株高达45 cm，冠幅可达50 cm以上。叶肉质匙形至倒卵形，长约3 cm，互生。原种花鲜黄色，径1 cm。栽培变种，花大、直径5 cm，重瓣，花色有红、淡紫、黄色红心、橙色及白色等变化。花朵在阳光下开放，阴天及早晚温度低时闭合。在海南岛除最热月份外，几乎全年有花可观赏。

(2) 产地习性　原产地不详，据说为印度或中国。不耐寒，性喜阳光充足、温热、潮湿，排水良好的肥沃土壤，耐高温干旱，在一般土壤上均可生长。

(3) 繁殖与栽培　繁殖以扦插为主。在高温条件下极易成活。我国大部分地区在生长季节均可露地扦插。亦可播种繁殖，但种子细小，采收困难，炎热多雨的条件下，种子极少，且播种程序较为繁琐，极少采用。栽培场地须选择向阳地点与排水良好的地势。

(4) 主要用途　野生原种的嫩茎叶可食用与药用，是我国南北各地民间著名的野菜。各种色彩的大花栽培变种是园林中优良的配植花坛、花境的花卉，适宜作镶边，常在模纹花坛、岩石园、石阶旁栽培。黄河流域以北露地不能越冬，供夏季露地栽植观赏，冬季在10℃以上温室越冬。在温室可盆栽，作悬吊花卉、欣赏其肥厚翠绿茎与五彩缤纷的花朵。

8.2.11　石竹科　Caryophyllaceae

1. 须苞石竹　　学名　*Dianthus barbatus*　　别名　美国石竹、五彩石竹

(1) 形态特征　多年生草本，常作一、二年生栽培。株高40～50 cm。茎粗壮直立，少分枝。叶较宽，阔披针形至狭椭圆形，具平行脉，叶中脉明显。花小而多，集成头状聚伞花序，下面具端部细长如须的叶状苞片；花色丰富，有黑紫、绯红、白、粉红等深浅不等的色彩；花瓣上常有异色环纹或镶边而形成复色；花期5–6月。

(2) 繁殖与栽培　原产欧洲、亚洲。喜冷爽、通风良好、光照充足，耐寒；喜肥，也耐干旱，耐瘠薄。春化阶段对低温要求比较严格，须0～10℃，30～70天方可通过。

秋季播种繁殖。适种于肥沃而排水好的石灰质土壤中，生长期水肥供给要充足。易种间杂交，注意采种母株的隔离，以防品种特性混杂。采种时务必注意“选优弃劣”和“选纯弃杂”，以保持品种优良性状。

2. 香石竹　　学名　*Dianthus caryophyllus*　　别名　康乃馨、麝香石竹

(1) 形态特征　常绿亚灌木，作多年生草本栽培。株高30～60 cm。茎、叶光滑，稍被白粉。茎基部常木质化。叶对生，基部抱茎，线状披针形，灰绿色。花单生或数朵簇生，花瓣多数，广倒卵形，具爪，有白、黄、粉、红、紫红及复色；苞片2～3层，紧贴萼筒；花期5–7月。

(2) 繁殖与栽培　原产南欧至印度。喜空气流通、干燥和阳光充足，喜凉爽，不耐炎热；喜富含有机质且疏松、肥沃的微酸性轻粘质土，忌湿涝与连作。

扦插、播种、压条和组培繁殖，以组培和扦插繁殖为主，目前已广泛应用茎尖无菌培养，筛选出无病毒感染的母株，隔离进行扦插繁殖，除炎夏外，其他时间均可扦插。生长期要给予充分的水肥，注意排涝。

(3) 主要用途　切花。

3. 石竹　学名　*Dianthus chinensis*　别名　洛阳花

(1) 形态特征　多年生草本，作一、二年生栽培。株高30～50 cm。茎细弱铺散。叶较窄，条状。花单生或数朵顶生，花瓣先端浅裂呈牙齿状；苞片与萼筒近等长，萼筒上有枝；花有粉、粉红、红、淡紫等色，微香；花期5–9月。

(2) 繁殖与栽培　原产中国。喜凉爽、阳光充足、高燥，耐寒，喜肥，也耐瘠薄。较须苞石竹耐寒。其他同须苞石竹。

(3) 主要用途　配植花坛、花境；丛植于路边及草坪边缘。

(4) 常见变种　锦团石竹 var.*heddewigii*　植株较矮，高20～30 cm。茎叶被白粉呈灰绿色。花大，径4～6 cm，花瓣先端齿裂或羽裂，花形、花色丰富。耐寒，春化阶段对低温要求不甚严格。可作一年生栽培。

4. 常夏石竹　学名　*Dianthus plumarius*　别名　地被石竹

(1) 形态特征　多年生草本。株高30 cm。植株光滑被白霜。茎毡状丛生，枝叶细而紧密。叶缘具细齿，中脉在叶背隆起。花2～3朵顶生；花瓣先端深裂呈流苏状，基部爪明显；花粉红、紫、白色或复色，表面常有环纹或紫黑色的心；微香；花期6月。园艺品种较多。

(2) 繁殖与栽培　原产奥地利及西伯利亚。喜凉爽及稍湿润，耐热（不开花），耐半阴；宜排水好的沙质土壤。

压条、分株、播种或扦插繁殖。栽培中注意品种隔离。管理简便，一般方法的养护即可。

(3) 主要用途　配植花境、岩石园；切花。

5. 霞草　学名　*Gypsophila elegans*　别名　满天星、丝石竹

(1) 形态特征　一年生草本。株高30～50 cm。茎叶光滑被白粉，呈灰绿色。茎直立，上部枝条纤细，叉状分枝。叶对生，上部披针形，下部叶矩圆状匙形。聚伞花序顶生，稀疏而扩展，花小，花瓣先端微凹缺，花梗细长；花白或粉红、玫红色；花期5–6月。有重瓣和大花品种。

(2) 繁殖与栽培　原产小亚细亚、高加索。喜阳光充足、凉爽，耐寒，不耐酷热；宜肥沃及排水好的石灰质土壤，耐干旱、瘠薄，也耐碱土。

播种繁殖。春、秋季播种，早春3月或临冬11月皆可播种。直根性，不耐移植。生长期忌炎热，水肥适当有利生长开花。

(3) 主要用途　宜与春季开花的球根花卉混用配植于花境、岩石园中；切花。

6. 宿根霞草　学名　*Gypsophila paniculata*　别名　锥花丝石竹

(1) 形态特征　多年生草本。高约90 cm，全株无毛，稍被白粉而呈蓝绿色。茎多分枝而

开展。叶卵状披针形，具3脉。圆锥状聚伞花序顶生，疏散多分枝；花细小，花瓣长圆状扇形，白色；芳香；花期5—6月。有矮生、重瓣及大花品种。

(2) 繁殖与栽培　原产地中海沿岸及亚洲北部。习性同霞草，较霞草管理更粗放。商业上已大量利用组培育苗。

(3) 主要用途　配植花境、花坛；切花。

7. 剪夏罗　学名 *Lychnis coronata*　别名 剪红罗

(1) 形态特征　多年生草本。株高60～90 cm，全株光滑。叶交互对生，卵状椭圆形，质厚有光泽，具粗糙细锯齿。花数朵顶生或腋生；花大，花瓣边缘有不规则浅裂或缘毛；花橙红色；花期5—6月。

(2) 繁殖与栽培　中国特产，分布于江苏、浙江及江西。喜凉爽、湿润、耐寒，忌酷热；喜光，耐半阴；对土壤要求不严，不耐湿涝。

播种或分株繁殖，秋播为好。栽植于富含腐殖质的石灰质或石砾土壤上更有利于生长。摘心可促进分枝，栽培中注意通风排涝。

(3) 主要用途　配植花境、岩石园；丛植。

8. 剪秋罗　学名 *Lychnis senno*

(1) 形态特征　多年生草本。株高60 cm，全株被短柔毛。叶对生，无柄，稍抱茎，上部叶片稍长，具密齿。聚伞花序顶生；花较大；花瓣阔心脏形，顶端中裂，边缘流苏状，具2鳞片；花深红或白色；花期7—8月。有白花变型。

(2) 繁殖与栽培　原产中国，分布于长江流域。其他同剪夏罗。

(3) 主要用途　配植花坛、花境、岩石园。

9. 石碱花　学名 *Saponaria officinalis*　别名 肥皂草

(1) 形态特征　多年生草本。株高30～90 cm，全株无毛或晕紫。具根状茎。枝直立，基部稍铺散。叶对生，具明显的3脉。聚伞花序顶生；小花梗短；花瓣先端凹入，基部具爪，粉红或白色；花期7—9月。

(2) 繁殖与栽培　原产欧洲及西亚。喜光，耐半阴，耐寒。生长强健，不择土壤。

秋播或春、秋分株繁殖，可自播繁殖。对环境要求不严，管理简便，易栽培。2～3年可分株一次，使老株更新。

(3) 主要用途　配植花境；丛植；铺植地被。

(4) 常见栽培的变种　重瓣石碱花 var. *florepleno*　花重瓣，有红、紫红、粉、白等色。原产欧洲，现各国均有栽培。

10. 高雪轮　学名 *Silene armeria*　别名 大蔓樱草

(1) 形态特征　一、二年生草本。株高60 cm。茎直立，光滑被白粉，花序下数节茎面具粘液。叶对生，抱茎，卵状披针形至矩圆形。复聚伞状花序顶生，具总梗；花小而密；瓣端微凹；萼筒棍棒形，纵脉；花粉红或白色；花期4—6月。

(2) 繁殖与栽培　原产南欧。喜阳光充足、温暖，耐寒，不耐炎热，不择土壤。

秋播繁殖。栽于疏松、肥沃、排水好的土壤中生长更佳。一般管理即可。

(3) 主要用途　配植花境、花坛、岩石园；地被；切花。

11. 矮雪轮　学名 *Silene pendula*

(1) 形态特征　一、二年生草木。株高20～30 cm，全株具柔毛。茎多分枝，丛生状铺散匍生。叶椭圆形或广披针形。一侧总状聚伞花序腋生，微下垂；花小而密；瓣端2裂；萼具长硬毛，具纵棱，有胶粘质，花后膨大；花粉红或淡白色；花期5月。有重瓣、矮生及各花色变种。

(2) 繁殖与栽培　原产南欧。其他同高雪轮。

(3) 主要用途　配植花坛、岩石园；地被。

8.2.12　睡莲科　Nymphaeaceae

1. 芡实　学名 *Euryale ferox*　别名　鸡头米、刺莲藕

(1) 形态特征　一年生大型浮水草本。全株具刺。叶浮于水面，初生叶箭形，过渡叶盾状，成熟叶圆形，盘状，径达1～1.2 m；叶面绿色，皱缩，有光泽，叶背紫红色；叶脉隆起有刺，似蜂巢。花单生叶腋，挺出水面，紫色；花托多刺，形如鸡头；昼开夜合；花期7–8月。

(2) 繁殖与栽培　原产中国，印度、日本、朝鲜及原苏联也有，中国南北各地湖塘中有野生。喜阳光充足、温暖，宜肥沃土壤，但适应性极强，深水或浅水皆可生长。

春末夏初播种繁殖，可自播繁殖。播种于浅水，以后随生长逐渐加深水位。一般管理。叶发黄，长势明显减弱时，可在根际追肥。

(3) 主要用途　水面绿化；缸栽。

2. 荷花　学名 *Nelumbo nucifera*　别名　莲、荷

(1) 形态特征　多年生挺水植物。根状茎（藕）肥厚多节，节间内有多数孔眼。叶盾状圆形，上被蜡质，蓝绿色，有带刺长叶柄挺出水面。花大，单生于花梗顶端，高于叶面；粉红、红或白色；花清香，昼开夜合；花期6–8月。花托于果期膨大凸出于花中央，有多数蜂窝孔，内有小坚果（莲子），果熟期8–9月。品种较多，主要分观赏及食用两大类。观赏类又有单瓣、重瓣以及各种花色、花型的品种。

(2) 繁殖与栽培　原产中国南方及亚洲南部和澳大利亚。喜温暖，阳光充足，耐寒；喜肥，宜富含腐殖质、微酸性的粘质壤土，忌干旱。

常用分根繁殖，也可播种繁殖，春、秋皆可，分根繁殖于春末夏初进行。栽培中施足基肥。水深不超过1 m。北方冬天可在冰层下过冬，盆栽可于冷室越冬，气温保持0℃以上，土壤湿润即可。

(3) 主要用途　园林水面布置；缸栽或碗栽。

3. 萍蓬草　学名 *Nuphar pumilum*　别名　萍蓬莲、黄金莲

(1) 形态特征　多年生浮水植物。根茎肥大，块状。叶浮于水面，广卵形或椭圆形，先端圆钝，基部深心形，开裂达全叶的1/3。叶纸质或近革质；表面无毛，亮绿色，叶背紫红色，密生柔毛；沉水叶薄膜质无毛；具长叶柄，上部近三棱状，基部半圆形。花单生并伸出水面；径

2～3 cm；花萼花瓣状；花瓣肥厚，细小长方形，黄色；花期4—5月及7—8月。

(2) 繁殖与栽培　原产北半球寒温带。喜温暖，较耐寒；喜阳光充足，稍耐阴；不择土壤。

分株繁殖为主，也可播种繁殖。适应性强，适宜60 cm左右深的水面。一般性养护管理，盆栽最好年年施基肥。

(3) 主要用途　园林水面绿化；缸或盆栽。

4. 白睡莲　学名 *Nymphaea alba*　别名　欧洲白睡莲

(1) 形态特征　多年生浮水植物。根状茎短粗横生。叶浮于水面，圆形，革质；基部深裂至叶柄着生处，全缘或稍波状；表面绿色，背面紫红色，幼叶红色。花单生，浮于水面或挺出水面，径12～15 cm，白色；萼片与花瓣不易截然区分；白天开放，黄昏闭合，芳香。有黄红色花、大花等品种。

(2) 繁殖与栽培　原产欧洲及北非。喜阳光充足、温暖，不耐寒；喜水质清洁、水面通风好的静水，以及肥沃的粘质土壤。

分株繁殖为主，也可播种繁殖。水深60～120 cm，但不耐寒种类宜浅，25～30 cm为好。注意保持通风良好，冬季温度0℃以上。一般管理。因花后果实沉浸水中，种子易流失，采种前应在花后加套纱布袋使种子落入其中。采后即播或贮藏水中，否则易丧失发芽力。

(3) 主要用途　园林水面绿化；盆栽；切花。

(4) 常见栽培变种

① 大瓣白 var. *candissima*　叶大而圆，幼叶两面红色，成熟叶背面紫红色。花大。

② 大瓣粉 var. *rubra*　柱头及花柱黄色，花粉红色，瓣大而宽卵形，极美。

③ 大瓣黄 var. *marliaca*　叶大而圆，表面暗绿色，背面浅绿色，两面具浅褐色斑，花浅黄色。

5. 墨西哥黄睡莲　学名 *Nymphaea mexicana*　别名　黄花睡莲

(1) 形态特征　多年生浮水植物。叶浮生或稍高于水面，叶圆形或卵形，边缘有浅锯齿，呈不明显的波状缘，表面浓绿色，有褐斑，背面红褐色，有黑色小斑点。花浅黄色，略高出水面，中午开放，傍晚闭合；花期7—8月。

(2) 繁殖与栽培　原产墨西哥。不耐寒。其他同白睡莲。

(3) 主要用途　园林水面绿化；盆栽。

6. 睡莲　学名 *Nymphaea tetragona*　别名　子午莲、水浮黄

(1) 形态特征　多年生浮水植物。根茎直立，不分枝。叶较小，近圆形或卵状椭圆形，具长细叶柄；表面浓绿色，背面暗紫色；幼叶具表面褐色斑纹；浮于水面。花单生，小型，径2～7.5 cm，多为白色，花药金黄色；午后开放；花期7—8月。

(2) 繁殖与栽培　原产亚洲东部。较耐寒，栽培水深夏季为60～80 cm。其他同白睡莲。

(3) 主要用途　园林水面绿化；盆栽。

7. 王莲　学名 *Victoria amazornica*　别名　亚马逊王莲

(1) 形态特征　多年生大型浮水植物。茎短而直立，具刺。叶长出后分别为线形、戟形、

近圆形，但基部有裂口；成熟叶大，径达1.8～2.5 m，圆形。叶缘直立而皱褶，浮于水面；叶表绿色，背面紫红色并有隆起网状叶脉，脉上具长刺。花单生，大型，径25～35 cm，浮于水面，花色初开为白色后变粉色至深红色，午后开放，次晨闭合，芳香，花期夏秋季节。

(2) 繁殖与栽培　原产南美亚马逊河流域。喜高温及阳光充足，不耐寒，早晚温差要小，水质清洁，喜肥。

播种繁殖。种子要在清水中贮藏。水温30～35℃时，生长良好，气温低于20℃即停止生长。生长期要保证高温高湿。施足基肥。

(3) 主要用途　中国多数地区在温室水池内栽培，供展览观赏。无霜期于露天水池种植。

8.2.13 毛茛科 Ranunculaceae

1. 牛扁　学名 *Aconitum barbatum* var.*puberulum*　别名 黄花乌头

(1) 形态特征　多年生草本。株高40～110 cm，全株具短柔毛。茎下部叶具长柄，3全裂，中裂片菱形且浅裂，侧裂片羽状深裂。总状花序，小苞片线形；花萼花瓣状，花瓣2枚具长爪，距与花瓣近等长，花期6–8月。

(2) 繁殖与栽培　原产中国华北地区及新疆。喜凉爽、湿润，耐寒，喜阳光充足，耐半阴，忌酷暑和干旱。

秋天播种或分株繁殖。宜栽深厚、肥沃及排水好的沙质壤土。生长期忌移植。摘心可控制高生长。茎脆，须设支架支撑。管理粗放。

(3) 主要用途　配植花境；疏林下丛植；铺植地被。

2. 乌头　学名 *Aconitum carmichaeli*　别名 川乌头

(1) 形态特征　多年生草本。株高70～150 cm。茎直立，下部光滑无毛，上部具柔毛。叶五角形，3全裂，裂片又细裂，革质，坚韧。总状花序，花梗具毛，花成串并排在一个方向，深蓝紫色，花期9–10月。

(2) 繁殖与栽培　原产中国中部。喜凉爽、潮湿、半阴，耐寒，宜肥沃、排水好的沙质土。自然界多生于山地、草坡及灌木丛中。

秋季分株繁殖，也可秋播繁殖。植株较高时要设支架支持，在贫瘠土壤上更易徒长。不耐移植。花后回剪可以促进再一次开花。

(3) 主要用途　配植花境；丛植；切花。

3. 银莲花　学名 *Anemone cathayensis*　别名 华北银莲花

(1) 形态特征　多年生草本。株高20～40 cm。叶基生，具柄，疏生柔毛，卵圆形，3全裂；中裂片深裂，且小裂片浅裂，侧裂片斜扇形，不等3深裂。聚伞花序，总苞5枚不等大，花白色或粉红色，花期5–6月。

(2) 繁殖与栽培　原产中国东北地区及河北、山西。喜冷爽、阳光充足，耐寒，忌高温炎热，不耐阴；喜肥沃、湿润及排水好的土壤。

播种或分株繁殖。一般性管理。

(3) 主要用途　配植花坛、花境；片植；盆栽。

4. 欧洲银莲花　学名　*Anemone coronaria*　别名　法国白头翁、冠状银莲花、罂粟秋牡丹

(1) 形态特征　具块茎。株高20～40 cm。叶基生，1～2回3出复叶，裂片狭楔形，具长柄。花梗从叶丛中抽出，花单生顶端，高于叶面；叶状总苞近花处着生，细裂；花萼花瓣状，有黄、白、粉、橙、红、紫各色，花形似罂粟；花期4–5月。栽培品种多，花色、花形变化丰富。

(2) 繁殖与栽培　原产地中海地区。习性同银莲花。

播种或分株繁殖。栽植时间较一般秋植球根花卉晚，忌高温炎热。一般性管理。

(3) 主要用途　配植花坛、花境；盆栽。

5. 打破碗碗花　学名　*Anemone hupehensis*　别名　野棉花、湖北秋牡丹

(1) 形态特征　多年生草本。株高30～80 cm。具根状茎。叶基生，3出复叶，具长柄；小叶不裂或3～5浅裂，具锯齿，背面有毛。聚伞花序顶生，大型多分枝；2枚总苞叶状；小花无花瓣；萼片5枚，花瓣状，外密生柔毛；花期8–10月。

(2) 繁殖与栽培　原产中国中部。喜温暖、阳光充足及凉爽，耐寒，忌高温多湿；宜湿润、排水好的肥沃土壤。

播种或分株繁殖。种子成熟即可播种。播种前应用细沙将种子上的绵毛搓开。生长健壮，管理简便。

(3) 主要用途　片植；配植花境、岩石园；盆栽；切花。

6. 加拿大耧斗菜　学名　*Aquilegia canadensis*

(1) 形态特征　多年生草本。株高50～70 cm。叶2回3出复叶。花数朵生于茎上，萼片5枚，辐射对称，花瓣5枚，长距由萼片间反卷伸向后方，花瓣、花萼、距均为浅黄色，萼片与距的外面有红晕，花期5–6月。有矮型和黄花变种。

(2) 繁殖与栽培　原产加拿大及美国。性强健，喜冷爽、半阴，耐寒，宜富含腐殖质、湿润及排水良好的沙质壤土。

播种或分株繁殖。秋播较好，分株宜早春或晚秋进行。栽培中应注意避高温多湿。一般栽培管理。

(3) 主要用途　配植花境、岩石园；丛植于林缘疏林下。

7. 耧斗菜　学名　*Aquilegia vulgaris*　别名　西洋耧斗菜

(1) 形态特征　多年生草本。株高40～80 cm。茎具细柔毛，多分枝。基生叶和茎生叶均为2回3出复叶，具长柄。数朵花生于茎端，花下垂；花萼花瓣状，先端急尖，常与花瓣同色；花瓣基部呈漏斗状，自萼片向后伸出呈距，与花瓣等长；花紫、蓝或白色；花期5–7月。有许多变种和品种，如大花、红花、斑叶、重瓣等。

(2) 繁殖与栽培　原产中欧、西伯利亚及北美。极耐寒，忌热。其他同加拿大耧斗菜。

8. 铁线莲　学名 *Clematis florida*

(1) 形态特征　多年生草质藤本。长1～2 m。茎棕色或紫红色，具棱，节部膨大。叶对生，2回3出复叶，小叶卵形至卵状披针形，全缘，不分裂或具1～2裂片，网脉明显。花单生叶腋，具长花梗，中下部有1对叶状苞，花萼花瓣状，雄蕊多数，花丝宽线形，羽状花柱结果时不延伸，花乳白色，背面有绿色条纹，花期6–9月。园艺品种多，有重瓣、大花等。

(2) 繁殖与栽培　原产中国，主要分布在西北及华北地区山坡、草地或灌木丛中。喜半阴，宜肥沃、排水好的石灰质壤土，耐干旱。

播种、压条、分株、扦插和嫁接繁殖。结实力低，春秋播皆可，多秋播。栽培中注意搭架供攀援。土壤宜施足基肥，不耐移植。生长旺盛，适用性强。

(3) 主要用途　垂直绿化；盆栽观赏。

9. 飞燕草　学名 *Consolida ajacis*　别名　萝卜花、南欧翠雀

(1) 形态特征　一、二年生草本。株高30～60 cm。茎直立，上部疏分枝，疏被微柔毛。叶互生，数回掌状分裂至全裂。裂片线形，茎生叶无柄，基生叶具长柄。总状花序顶生，花不整齐，花萼5枚，后面1枚具距；花瓣2枚，合生，有钻形长距，呈飞鸟状，与萼同色；花有红、白、蓝、紫等色，并有重瓣种；花期5–6月。无退化雄蕊，雌蕊1个，这也是本属与翠雀属的主要区别点。

(2) 繁殖与栽培　原产南欧。喜冷凉、阳光充足，较耐寒，耐半阴；喜高燥，忌积涝；喜肥沃、富含有机质的沙质土壤；要求通风良好。

播种繁殖。通常秋季播种或临冬时直播。其须根少，不耐移植。生长期间应充分灌水，勿使土壤过干。寒冷地区露地需覆盖越冬。

(3) 主要用途　配植于庭园山石旁、花境；切花。

10. 高飞燕草　学名 *Delphinium elatum*　别名　穗花翠雀

(1) 形态特征　多年生草本。株高1.8 m以上，多分枝，成帚状。叶大，掌状5～7深裂。花着生于穗形总状花序上，蓝色，距等于或稍长于萼片，花期夏季。

(2) 繁殖与栽培　原产法国、西班牙山区及亚洲西部，分布于中国内蒙古、新疆等地。习性及栽培繁殖同美丽飞燕草。

(3) 主要用途　配植花境；丛植于庭院角隅；切花。

(4) 园艺品种约4 000种，主要有3个系统：

① Blackmore and Langdon系　为晚花系统，花色以蓝紫色为主，其代表品种如‘Silver Moon’及‘Sea Mist’等。

② Giant Pacific系　为加利福尼亚选育出的品种，可作一年生栽培，其代表品种有：

a. Black Knight　花深紫红色，具黑色眼斑。

b. Blue Bird　花淡紫色，有黄褐色眼斑。

c. Percival　花纯白色，有黑色眼斑。

③ Bishop系　是英国选育成功的，花多为蓝色系。代表品种有‘Blue pearl’、‘Cinderella’、‘Swanlake’等。

11. 大花飞燕草　学名 *Delphinium grandiflorum*　别名　翠雀花

(1) 形态特征　多年生草本。株高60～90 cm，全株被柔毛。茎直立，疏散而多分枝，叶掌状深裂，裂片线形。花为总状花序，着花3～15朵，花大，径2.5～4 cm；萼片淡蓝色或蓝色、青莲色等，距直伸或弯曲；花瓣4枚，二侧瓣蓝紫色，有距，二后瓣白色，无距，多数有眼斑；花期6–9月。

(2) 繁殖与栽培　原产中国及西伯利亚，河北至东北地区等地均有野生。习性及繁殖栽培同美丽飞燕草。

(3) 主要用途　配植花境；丛植于庭园角隅处或山石旁；切花。

12. 黑种草　学名 *Nigella damascena*

(1) 形态特征　一年生草本。株高30～50 cm，全株光滑。叶羽状全细裂，裂片狭线形。花单生枝顶，具叶状总苞；萼5枚，花瓣状；花瓣5枚，基部狭细成爪；花浅蓝色；花期5–7月。栽培种有半重瓣及重瓣花者。

(2) 繁殖与栽培　原产南欧。喜凉爽，不耐寒，喜光，宜疏松、肥沃土壤。直根性。

播种繁殖。温暖地区秋播，直播，不耐移植。寒冷地区宜冬季或早春室内盆播。要经常保持土壤湿润，适当追施有机肥料，栽培管理较粗放。

(3) 主要用途　配植花坛、花径；切花。

13. 芍药　学名 *Paeonia lactiflora*　别名　将离、没骨花、娄尾春

(1) 形态特征　多年生草本。株高50～110 cm。地下具肉质粗根。茎由根部簇生，圆柱形。叶2回3出羽状复叶，裂片广披针形至长椭圆形，边缘具骨质的白色小齿。花顶生或上部腋生，具长梗，单生，具叶状苞片，萼片4枚，宿存；原种花瓣椭圆形，白色，5枚，雄蕊多数，花药呈黄色，心皮5个；花期春季。

园艺品种繁多，花型多变，有单瓣、半重瓣和重瓣以及二三朵花重叠一起形成的台阁型花。重瓣花的花瓣多由雄蕊瓣分化而来，也有花瓣自然增生和雌蕊瓣分化而成。花色极为丰富，有白、微红、淡红、紫红、大红、黄等色。

(2) 繁殖与栽培　原产中国北部、日本及西伯利亚。喜阳光充足，极耐寒，忌夏季湿热；宜湿润及排水良好的壤土或沙壤土，忌盐碱地和低洼地。

以分株繁殖为主，也可播种繁殖。分株应在秋季进行，切忌春季分株。栽培管理较简单，要保持土壤湿润，经常施肥。花前应疏去侧蕾，使主蕾花大色艳。

(3) 主要用途　配植花坛、花境、专类园；庭院中丛植或孤植；春季切花。

14. 白头翁　学名 *Pulsatilla chinensis*　别名　老公花、毛骨朵花

(1) 形态特征　多年生草本。株高20～40 cm。全株被白色长柔毛。叶4～5枚基生，3出复叶具长柄，叶缘有锯齿。花梗自叶丛中央抽出，顶端着花1朵；萼片6枚，排成2轮，花瓣状，蓝紫色，外被白色绵毛；花后花柱延长呈羽毛状银丝，似毛发；花期4–5月。

(2) 繁殖与栽培　原产中国，分布华北、东北地区及江苏等地。喜凉爽、半阴，耐寒性较强，忌酷热；宜排水良好的沙质壤土，不耐盐碱和低湿地。

以播种繁殖为主，也可分割块茎繁殖。播种多在采种后即播，宜直播。栽培管理较粗放，注意夏季防止积水。

(3) 主要用途　常植于林间隙地及灌木丛间、花坛；亦可盆栽。

15. 花毛茛　学名 *Ranunculus asiaticus*　别名　芹菜花、波斯毛茛

(1) 形态特征　多年生草本。株高30～45 cm。地下具纺锤形小块根。基生叶3浅裂或3深裂，裂片倒卵形，叶缘具齿；茎生叶无叶柄，2～3回羽状深裂，叶缘具齿。每一花葶着花1～4朵，花萼绿色，花瓣质薄，富有光泽，有单瓣和重瓣，有黄、红、白、橙等花色，花期4–5月。

(2) 繁殖与栽培　原产欧洲东南部及亚洲西南部。喜凉爽，不耐寒，冬季在0℃下即受冻害，喜半阴；宜疏松、肥沃、排水良好的沙质壤土，喜肥，喜湿润，忌积水和干旱。花后地上部分逐渐枯黄，6月后休眠。

分株或播种繁殖。分株多在9–10月，将块根带颈顺自然生长状态用手掰开，以3～4根为一株栽植，栽植前最好消毒。秋季播种，人工低温催芽，将种子浸湿后置于7～10℃下经20天便可发芽，夏季休眠后应将块根掘起，晾干放置于通风干燥处保存。注意防寒。

(3) 主要用途　配植花坛、花带；可盆栽、切花。

16. 唐松草　学名 *Thalictrum aquilegifolium* var. *sibiricum*　别名　细叶白蓬草

(1) 形态特征　多年生草本。株高60～150 cm。稍被白粉。2～3回羽状复叶，小叶厚膜质，倒卵形或近圆形，3浅裂，全缘或具疏粗齿，具托叶状叶鞘。复单歧聚伞花序，萼片白色或带紫红色，宽椭圆形，无花瓣，红白色，花期夏季。

(2) 繁殖与栽培　原产欧洲、西伯利亚及日本。耐寒性强，喜光又耐半阴；适应性强，对土壤要求不严，但需排水良好。

春、秋分株繁殖为主，也可播种。播种宜采后即播或春夏床播。栽培管理简单粗放。

(3) 主要用途　丛植；配植于花境、岩石园等。

8.2.14　防已科　Menispermaceae

1. 金线吊乌龟　学名 *Stephania cepharantha*　别名　山乌龟

(1) 形态特征　多年生缠绕藤本。全株光滑无毛。具肥厚块根。叶互生，三角状近圆形，背面灰白色，叶柄盾状着生，掌状脉5～9条。花单性，雌雄异株，花序腋生，总花梗长1～2 cm，盾状，雄花序为头状聚伞花序，花黄绿色，花期6–7月。雌株结果，果球形，熟后紫红色，果期8–10月。

(2) 繁殖与栽培　原产中国，分布长江以南各省。喜温暖，耐寒性不强，越冬温度−5℃以上；喜半阴；宜肥沃、疏松土壤。

播种或分株繁殖。播种宜采后即播，春季分株。栽培、管理简单粗放，寒冷地区注意保护越冬。

(3) 主要用途　作垂直绿化材料；盆栽。

2. 千金藤　学名 *Stephania tetrandra*　别名　石蟾蜍、吊葫芦

(1) 形态特征　多年生缠绕藤本。小枝圆柱形，有细条纹。叶互生，幼时纸质，老时膜质，

宽三角状卵形，全缘，下面灰绿色或粉白色，两面有短柔毛，掌状脉5条。花单性，雌雄异株，总花梗长4～10 cm，花淡黄色，花期4—5月。

(2) 繁殖与栽培　原产中国，分布华东、华南地区。习性及栽培、繁殖同金线吊乌龟。

(3) 主要用途　作垂直绿化；盆栽。

8.2.15　罂粟科　Papaveraceae

1. 荷包牡丹　学名 *Dicentra spectabilis*　别名　兔儿牡丹

(1) 形态特征　多年生草本。株高30～60 cm。具肉质根状茎。叶对生，3出羽状复叶，多裂，被白粉。总状花序顶生，拱形，花向一边下垂，花瓣4枚，长约2.5 cm，外侧2枚基部囊状，上部狭窄且反卷，形似荷包，玫瑰红色；里面2枚较瘦长突出于外，粉红色，距钝而短；花期4—6月。

(2) 繁殖与栽培　原产中国北部。喜凉爽，耐寒，不耐高温，忌阳光直射，耐半阴；喜湿润，不耐干旱；宜富含腐殖质、疏松、肥沃的沙质土壤。

分株或根茎扦插繁殖为主，也可播种，多在秋季分株。扦插可将根茎截成小段，每段带有芽眼，扦插在土中。播种多行秋播，也可将种子沙藏后春播。春、秋各施一次混合肥料，夏季应注意庇荫。

(3) 主要用途　配植花境；山石前丛植；盆栽。

2. 花菱草　学名 *Eschscholtzia californica*　别名　人参花、金英花

(1) 形态特征　多年生草本，常作一、二年生栽培。株高40～60 cm，全株被白粉，呈灰绿色。叶互生，多回3出羽状细裂。花单生，着生于枝端，花梗长，纯黄色，具光泽，花期5—6月。

园艺品种很多，有乳白、淡黄、桔红、猩红、青铜、紫褐、浅粉等花色，有半重瓣或重瓣品种。

(2) 繁殖与栽培　原产美国西南部。喜凉爽，较耐寒，要求日光充足；喜疏松、肥沃、排水良好的沙质土壤，耐干旱、瘠薄。直根性。

播种繁殖。自播繁衍能力强。不耐移植，秋季或早春播种。定植时植株应带宿土。花朵在阳光下开放，阴天及晚上闭合。

(3) 主要用途　配植花坛、花境；花带；盆栽。

3. 博落回　学名 *Macleaya cordata*　别名　喇叭竹

1) 形态特征　多年生大型草本。株高达2.5 m，全株被白粉。具肥大的根茎，橙黄色。茎直立，圆柱形，中空，折断后有橙色乳汁。叶大，互生，宽卵形或近圆形，5～9浅裂，叶缘具不规则锯齿。圆锥花序顶生，萼片2枚，黄白色，无花瓣，花期6—8月。

(2) 繁殖与栽培　原产中国。耐寒，喜光，适应性强，耐瘠薄土壤。

播种或分根繁殖。春季播种，春季萌芽前分根。管理简单、粗放。

(3) 主要用途　宜植于庭院角隅、林缘池旁。

4. 大花绿绒蒿　学名 *Meconopsis grandis*

(1) 形态特征　一年生草本。株高40～60 cm。花大，紫色。

(2) 繁殖与栽培　原产中国西藏。喜冷凉，耐寒性较强，低海拔栽培时宜植于稍阴处；喜冬季干燥，夏季湿润；喜富含有机质、排水良好的土壤。直根性。

播种繁殖。不耐移植，宜秋季直播。管理较粗放。

(3) 主要用途　该种目前处于野生状态，有待开发利用。

5. 东方罂粟　学名 *Papaver orientale*

(1) 形态特征　多年生草本。株高近100 cm，全株有毛，具白色乳汁。叶基生，整齐羽裂，裂片尖齿状。花深红色，基部有黑色大斑点，花大，径15 cm以上，花期5–7月。

(2) 繁殖与栽培　原产地中海地区及伊朗。喜冷凉，耐寒性强，忌高温；喜光；宜疏松、肥沃、排水良好的沙质土壤。

以春季分株繁殖为主，也可播种。管理粗放，易栽。

(3) 主要用途　配植花境。

6. 虞美人　学名 *Papaver rhoeas*　别名　丽春花

(1) 形态特征　一、二年生草本。株高40～80 cm，全株被绒毛。茎直立。叶长椭圆形，不整齐羽裂，互生。花单生，有长梗，含苞时下垂，开花后花朵向上；萼片2枚，具刺毛；花瓣4枚，圆形，有纯白、紫红、粉红、红、玫红等色，有时具斑点；花期5–6月。

(2) 繁殖与栽培　原产欧洲及亚洲。喜凉爽、阳光充足、高燥通风；宜排水良好的土壤，忌湿热过肥之地。

播种繁殖。直根性，须根较少，故多秋季直播，或用营养钵育苗，不耐移植。注意勿使圃地湿热或通风不畅。

(3) 主要用途　配植花坛、花丛；盆栽。

7. 观赏罂粟　学名 *Papaver somniferum*

(1) 形态特征　一、二年生草本。株高60～120cm，分枝少，全株被白粉，光滑。基部叶有短柄，上部叶抱茎，叶缘具不整齐之粗齿或缺刻，叶粉蓝绿色。花大，花瓣圆形，全缘波状或剪绒状裂，半重瓣至重瓣，花有大红、桃红、水红至白色，花期春季。

(2) 繁殖与栽培　原产南欧希腊等地。习性及栽培繁殖同虞美人。

(3) 主要用途　配植花坛、花丛；庭院四周丛植；盆栽。

8.2.16　白花菜科　Capparidaceae

醉蝶花　学名 *Cleome spinosa*　别名　西洋白花菜、蜘蛛花

(1) 形态特征　一年生草本。株高90～120 cm，有强烈气味和粘质腺毛。掌状复叶，小叶5～7枚，矩圆状披针形，先端急尖，基部楔形，全缘，托叶变成小钩刺。总状花序顶生，萼片条状披针形，向外反折；花瓣4枚，倒卵形有长爪，玫瑰紫色或白色；雄蕊6枚，蓝紫色，自花中伸出，甚为醒目；花期6–9月。

(2) 繁殖与栽培　原产南美。性强健，喜温暖通风，耐热不耐寒；喜阳光充足，稍耐半阴；宜富含腐殖质、排水良好的沙质土壤。

播种繁殖，常春季3–4月播种。自播能力强。管理粗放，易栽。

(3) 主要用途　配植花坛、花境；丛植于庭院；盆栽。

8.2.17　十字花科　Cruciferae

1. 羽衣甘蓝　　学名　*Brassica oleracea* var. *acephalea* f. *tricolor*　　别名　花菜、叶牡丹

(1) 形态特征　二年生草本花卉。株高30～40 cm。抽苔开花时可高达150～200 cm。叶宽大匙形，光滑无毛，被白粉，外部叶片呈粉蓝绿色，边缘呈细波状皱褶，叶柄粗而有翼；内叶叶色极为丰富，有紫红、粉红、白、牙黄、黄绿等色。

(2) 繁殖与栽培　原产西欧。喜光照充足、凉爽，耐寒力不强；宜疏松、肥沃、排水良好的土壤，极喜肥。

播种繁殖，多于8月进行。北方地区不能露地过冬，幼苗需经春化才能开花结实。生长期间应多施氮肥。

(3) 主要用途　盆栽。主要观赏其色彩和形态变化丰富的叶，赏叶期在冬季。在长江流域及其以南地区，多用于布置冬季花坛。

2. 七里黄　　学名　*Cheiranthus allionii*

(1) 形态特征　多年生草本，常作二年生栽培。株高30～40 cm。茎直立，多分枝，丛株圆整。叶互生，披针形，基生叶有柄，茎生叶无柄。顶生圆锥形总状花序，小花鲜黄色，花期5月。有杏黄和橙黄色花的栽培品种。

(2) 繁殖与栽培　原产南欧。耐寒，不耐炎热；喜阳光充足，对土壤要求不严。秋季播种繁殖。同一般草花管理。

(3) 主要用途　配植花境、花坛；盆栽；切花。

3. 桂竹香　　学名　*Cheiranthus cheiri*　　别名　香紫罗兰、黄紫罗兰

(1) 形态特征　多年生草本，常作二年生栽培。株高35～50 cm。茎直立，多分枝，基部半木质化。叶互生，披针形，全缘。总状花序顶生，花瓣4枚，具长爪，橙黄色、黄褐色或两色混杂，有香气，花期4–5月。

(2) 繁殖与栽培　原产南欧。喜冷凉干燥、阳光充足，耐寒力弱；宜疏松、肥沃、排水良好的土壤。畏涝、忌热，雨水过多则生长不良。

播种繁殖为主，也可扦插繁殖。露地播种多在9月上旬，扦插繁殖用于不易结实的重瓣种，秋季进行。在长江流域及其以南地区可以露地过冬，北方寒冷地区需保护越冬。

(3) 主要用途　布置春季花坛；盆栽；切花。

4. 屈曲花　　学名　*Iberis amara*

(1) 形态特征　二年生草本。株高15～30cm，多分枝，全株被稀疏柔毛。叶对生，披针形，具钝锯齿。伞房花序顶生，呈拱球形，花白色，花期5–6月。

(2) 繁殖与栽培　原产西欧。喜冷凉、阳光充足，较耐寒，忌湿热，对土壤要求不严，怕涝。

播种繁殖。多于秋季盆播。寒冷地区需保护越冬。管理粗放。

(3) 主要用途　布置春季花坛；盆栽。

5. 香雪球　　学名 *Lobularia maritima*　　别名　小白花

(1) 形态特征　多年生草本，常作一二年生栽培。株高 15～30 cm，植株矮小，分枝多而匍匐生长。叶披针形，全缘。总状花序，顶生，总轴短，花朵密生，呈球形，花白色或淡紫色，芳香，花期 3–6 月或 9–10 月。

(2) 繁殖与栽培　原产地中海沿岸。性强健，喜冷凉，稍耐寒，忌炎热；喜光，稍耐阴；对土壤要求不严，耐干旱瘠薄土壤，但不可过湿。

播种或扦插繁殖。多行秋播。夏季注意降温，防涝，冬季需保护过冬。管理粗放。

(3) 主要用途　花坛镶边、岩石园；盆栽。

6. 紫罗兰　　学名 *Matthiola incana*　　别名　草桂兰

(1) 形态特征　多年生草本，作二年生栽培。株高 30～60 cm ，全株被灰色星状柔毛。茎直立，基部稍木质化。叶互生，长圆形至倒披针形，基部叶翼状，先端钝圆，全缘。总状花序顶生，有粗壮的花梗，花瓣 4 枚，萼片 4 枚，花淡紫、深粉红或白色，花期 4–5 月。

(2) 繁殖与栽培　原产地中海沿岸。喜凉爽、通风，稍耐寒，忌燥热，冬季能耐短暂 −5℃低温；喜光，稍耐阴；宜疏松肥沃、土层深厚、排水良好的土壤。幼苗需春化才能开花。

以播种繁殖为主，也可扦插。多 9–10 月盆播。扦插用于不宜结实的品种。因其须根较少，应早移植。生长期间注意施肥。北方寒冷地区需保护越冬。

(3) 主要用途　配植花坛；切花。

7. 诸葛菜　　学名 *Orychophragmus violaceus*　　别名　二月兰

(1) 形态特征　二年生草本。株高 30～50 cm。茎直立，光滑，有白色粉霜。基生叶近圆形，下部叶羽状分裂；顶生叶三角状卵形，无叶柄；侧生叶偏斜形，有柄。总状花序顶生，花深紫或淡紫色，具长爪，花期 2–6 月。

(2) 繁殖与栽培　原产中国东北及华北地区。耐寒性较强，喜冷凉、阳光充足，也耐阴；对土壤要求不严。

播种繁殖。多秋季播种，自播繁衍能力很强。管理粗放，易栽。

(3) 主要用途　铺植林下地被。

8.2.18　景天科　Crassulaceae

1. 莲花掌　　学名 *Aeonium arboreum*　　别名　大莲座

(1) 形态特征　常绿多肉亚灌木。株高 40～50 cm，全株淡绿色。茎多分枝。叶具短柄，密生枝顶，叶倒长披针形，青绿色，边缘红色，有纤毛。圆锥状聚伞花序，花黄色，花期 2–3 月。

(2) 繁殖与栽培　原产摩洛哥加那利群岛。不耐寒，冬季需 10℃以上温度；喜光；要求通风良好；宜排水良好的沙质土壤。

扦插繁殖为主，也可播种。扦插可叶插或枝插。管理粗放，易栽。北方寒冷地区需温室栽培。

(3) 主要用途　盆栽。

2. 玉树　学名 *Crassula arborescens*　别名　景天树

(1) 形态特征　常绿多浆小灌木。茎圆柱形，灰绿色，有节。叶对生，扁平，肉质，椭圆形，全缘，先端略尖，基部抱茎。花红色。

(2) 繁殖与栽培　原产南非。性强健，喜温暖、阳光充足，不耐寒，要求干燥、通风良好；宜疏松的沙质土壤，忌土壤过湿。

扦插繁殖。可用嫩枝或叶片扦插，插前需将插穗阴干，春、秋季均可扦插。管理粗放，易栽。

(3) 主要用途　盆栽。

3. 青锁龙　学名 *Crassula lycopodioides*

(1) 形态特征　常绿肉质草本。茎细弱，分枝多，丛生。叶小，鳞片状，覆瓦状排列。花腋生，淡绿色。

(2) 繁殖与栽培　同玉树。

(3) 主要用途　盆栽；吊挂悬垂观赏。

4. 燕子掌　学名 *Crassula portulacea*

(1) 形态特征　常绿多浆小灌木。株高80～100cm。茎粗壮。叶椭圆形，先端圆。花粉红色。

(2) 繁殖与栽培　习性及繁殖栽培同玉树。

(3) 主要用途　盆栽。

5. 石莲花　学名 *Echeveria glauca*　别名　偏莲座

(1) 形态特征　多年生常绿多肉植物。根茎粗壮，有多数长丝状气生根。叶倒卵形或近圆形，蓝灰色，先端圆钝近乎截形，带红色，无叶柄。花葶高20～30 cm，着花8～12朵，总状单歧聚伞花序；花外面粉红或红色，里面黄色；花期6—8月。

(2) 繁殖与栽培　原产墨西哥。喜温暖，冬季不宜低于10℃；喜光，耐半阴；要求通风良好；宜排水良好的沙质土壤，耐干旱，生长期要水分充足。

扦插繁殖。用叶片扦插，四季均可。管理粗放，易栽。

(3) 主要用途　制盆栽；盆景；配植于毛毡花坛中。

6. 绒毛掌　学名 *Echeveria pulvinata*　别名　锦晃星

(1) 形态特征　多年生小灌木状多浆植物。茎直立，全株密生棕褐色绒毛。叶片厚，卵状披针形，基部匙形，全缘，边缘及顶端红色。单侧聚伞花序，小花钟状，猩红色，花期1—3月。

(2) 繁殖与栽培　原产墨西哥。习性及繁殖栽培同石莲花。

(3) 主要用途　盆栽。

7. 宝石花　学名 *Graptopetalum paraguayense*　别名　粉莲

(1) 形态特征　多年生多浆植物。全株无毛。茎多分枝，丛生，圆柱形，被蜡粉，节间短，上有气生根。幼苗叶为莲座状，老株叶抱茎，基部叶脱落，枝顶端叶片呈稀疏的莲座状；叶厚，卵形，先端尖，全缘，粉赭色，表面被白粉，略带紫色晕，平滑有光泽，似玉石。聚伞花序，腋生，萼片与花瓣白色，花瓣上有红点。

(2) 繁殖与栽培　原产墨西哥。性强健，喜温暖，冬季温度要求在5℃以上；喜光；宜排水良好的沙质土壤，耐干旱。

以扦插繁殖为主，也可分株。扦插主要用叶插，四季均可。管理粗放，易栽。

(3) 主要用途　盆栽观叶。

8. 伽蓝菜　学名　*Kalanchoe laciniata*　别名　鸡爪三七

(1) 形态特征　多年生肉质草本。叶对生，茎中部叶片羽状分裂。聚伞状圆锥花序，花黄色，花冠高脚碟形，全年开花。

(2) 繁殖与栽培　原产中国，分布云南、广西、广东、福建及台湾，亚洲其他地区和非洲热带地区也有。性强健，喜温暖，不耐寒；喜光，稍耐阴；要求通风良好；宜排水良好的土壤，耐干旱。

扦插繁殖为主，也可播种。管理粗放，易栽。

(3) 主要用途　盆栽；配植花坛、花境等。

9. 落地生根　学名　*Kalanchoe pinnata*　别名　灯笼花

(1) 形态特征　多年生草本。株高40～150 cm，全株蓝绿色。茎直立，圆柱状。羽状复叶，对生，肉质；小叶矩圆形，具锯齿，在缺刻处生小植株。花序圆锥状，花冠钟形，稍向外卷，粉红色，下垂，花期秋冬季节。

(2) 繁殖与栽培　原产东印度至中国南部。性强健，喜温暖，不耐寒；喜光，稍耐阴；喜通风良好；宜疏松肥沃、排水好的土壤，耐干旱。

用不定芽繁殖，也可扦插或播种繁殖。管理粗放，易栽。

(3) 主要用途　盆栽。

10. 土三七　学名　*Sedum aizoon*　别名　见血散

(1) 形态特征　多年生草本。株高50～80 cm。有明显根状茎，地上茎直立，不分枝。叶互生，长披针形至倒卵形，深绿色，叶中、下部具整齐锯齿，叶无柄。聚伞花序，花密生，黄色；花期7月。

(2) 繁殖与栽培　原产中国、日本及朝鲜。耐寒力较强，喜阳光充足，稍耐阴；对土壤要求不严，但宜排水良好，耐干旱。

以分株、扦插繁殖为主，也可播种。宜早春播种，种子寿命仅可保持1年，管理粗放，易栽。

(3) 主要用途　配植花境、花坛及岩石园。

11. 玉米石　学名　*Sedum album* var. *teretifolia*

(1) 形态特征　多年生多浆植物。茎铺散或下垂，稍带红色。叶椭圆形，绿色，肉质，长1～2 cm，互生，湿度稍低的呈紫红色。

(2) 繁殖与栽培　原产墨西哥。喜温暖，不耐寒，喜光；宜排水良好的土壤，耐干旱。

可扦插繁殖。管理粗放，易栽。

(3) 主要用途　盆栽，吊挂观赏。

12. 费菜　　学名　*Sedum kamtschaticum*　　别名　金不换

(1) 形态特征　多年生草本。株高15～40 cm。根状茎粗而木质化，茎直立，稍有棱。叶互生，间或对生，倒披针形至狭匙形，先端钝，基部渐狭，近上部边缘具钝锯齿，叶无柄。聚伞花序顶生，花橙黄色，花期6月。

(2) 繁殖与栽培　原产亚洲东北部。习性及繁殖栽培同土三七。

(3) 主要用途　配植花坛、花境及岩石园。

13. 白草　　学名　*Sedum lineare* var. *albomarginatum*

(1) 形态特征　多年生肉质草本。株高10～20 cm。叶线状至线状披针形，叶缘白色，基部有短距，常3叶轮生，少有对生，锐尖，叶无柄。聚伞花序顶生，花葶直立，花小，黄色，花期5–6月。

(2) 繁殖与栽培　原产中国及日本。耐寒力弱；喜阳光充足，稍耐阴；对土壤要求不严，但以疏松肥沃、排水良好的土壤为好。

以分株、扦插繁殖为主，也可播种。管理粗放，易栽。北方寒冷地区不能露地越冬。

(3) 主要用途　配植于花毡花坛中；为花坛镶边植物；可铺植草被。

14. 松鼠尾　　学名　*Sedum morganianum*　　别名　串珠草、翡翠景天

(1) 形态特征　多年生常绿或半常绿低矮多肉草本。植株匍匐状。叶小而多汁，脆弱，纺锤形，紧密地重叠在一起，似松鼠尾巴。花小，深玫红色，花期春季。

(2) 繁殖与栽培　原产美洲、亚洲、非洲热带地区。喜温暖，不耐寒，冬季需保持5～10℃以上温度；喜光，稍耐阴；要求通风良好；宜疏松、肥沃、排水良好的沙质土壤。

可扦插或分株繁殖，除冬季外，春、夏、秋均可进行。管理粗放，易栽。勿使其受冻害。

(3) 主要用途　盆栽；悬吊观赏。

15. 垂盆草　　学名　*Sedum sarmentosum*　　别名　爬景天

(1) 形态特征　多年生肉质草本。株高10～20 cm。茎纤细，匍匐或倾斜，植株光滑无毛，近地面茎节容易生根。3叶轮生，倒披针形至长圆形，先端尖。花小，黄色，无花梗，排列在顶端呈2歧分出的聚伞花序，花期7–9月。

(2) 繁殖与栽培　原产中国长江流域各省，分布于中国东北、华北地区及朝鲜和日本。较耐寒；喜稍阴湿；宜肥沃的沙质土壤，耐旱，耐瘠薄。

分株繁殖，春、秋均可进行。管理粗放，易栽，生长期间宜多追肥。寒冷地区需保护越冬。

(3) 主要用途　铺植地被；给花坛镶边；配植于毛毡花坛中；盆栽。

8.2.19　虎耳草科　Saxifragaceae

1. 落新妇　　学名　*Astilbe chinensis*　　别名　升麻

(1) 形态特征　多年生草本。株高40～80 cm。具块状根茎。茎直立，密被褐色长毛。基

生叶2～3回3出复叶，小叶卵状椭圆形，先端渐尖，基部宽楔形，具不整齐重锯齿；茎生叶稀少而小。圆锥花序与茎生叶对生，花序轴长而被褐色曲柔毛，小花密集，红紫色，花期6-7月。

(2) 繁殖与栽培　原产中国，原苏联、朝鲜也有。性强健，喜温暖、湿润及半阴，耐寒；喜富含腐殖质、肥沃而湿润的土壤。

春季播种繁殖，也可秋季分株繁殖。每丛带3～4芽重新栽植。栽培时选半阴处，施足底肥，经常保持土壤湿润。花谢后剪除残花茎。一般性管理。

(3) 主要用途　配植花境或疏林下丛植。

2. 八仙花　　学名 *Hydrangea macrophylla*　　别名　绣球花、绣球

(1) 形态特征　落叶灌木。株高1～4 m。树干暗褐色，条状剥裂，小枝及芽粗壮，枝绿色，光滑且具明显皮孔。叶对生，叶柄粗。伞房花序顶生，具总梗，全为不孕花，由分离的花瓣状萼片组成，可孕花花瓣早落；花色多变，由初开到盛开分别为绿色、白色、蓝色或粉红色；花期6-7月。

(2) 繁殖与栽培　原产中国。喜温暖、湿润及半阴，不耐寒；宜肥沃、排水好的微粘质酸性土，不耐碱。土壤酸碱度对花色影响很大，酸性土，花为蓝色，碱性土则为红色。短日照植物。

以扦插繁殖为主，也可压条和分株繁殖。栽培中因土壤偏碱性易出现缺铁症，可浇矾肥水。萌发力强，枝条太密可修剪，花后可去除残花。施肥可促进新枝产生，有利次年开花。冬季越冬温度5℃以上。

(3) 主要用途　南方庭院栽植；北方盆栽。

(4) 栽培变种和园艺品种　银边八仙花 var. *maculata*；紫茎八仙花 var. *mandshurica*；紫阳花 cv. Taksa 等。

3. 虎耳草　　学名 *Saxifraga stolonifera*

(1) 形态特征　多年生草本。株高15 cm，全株被疏毛。有细长匍匐茎，其稍着地可生根另成单株。叶成束基生，绿色带白色条状脉，叶背及叶柄紫色，柄长，叶肾脏形，具浅齿。圆锥花序，花小，白色。有花叶变种，叶较小，边缘具粉红色斑纹。

(2) 繁殖与栽培　原产中国及日本。喜凉爽湿润，不耐高温及干燥，不耐寒，喜半阴，宜排水好的土壤。

可分切匍匐枝繁殖。栽培中注意常喷水以提高空气湿度，宜栽于阴湿处。一般夏秋炎热季节休眠，入秋后恢复生长。

(3) 主要用途　铺植阴湿处地被；配植于岩石园；植吊盆，室内观叶或作山石盆景的装饰材料。

8.2.20　豆科　Leguminosae

1. 望江南　　学名 *Cassia occidentalis*　　别名　石决明

(1) 形态特征　一年生草本。株高50 cm。茎直立，多分枝，枝叶密集。羽状复叶，小叶4～5对，卵圆形至卵状披针形，有缘毛。花数朵呈伞房状，再集为顶生圆锥花丛，小花黄色，

花期7—8月。荚果短粗，4棱，果期9—10月。

(2) 繁殖与栽培　原产喜马拉雅山及印度。其他同决明。

(3) 主要用途　作花境背景；群植。

2. 决明　学名 *Cassia tora*

(1) 形态特征　一年生草本。株高1～1.2 m，全株散生短毛，半灌木状。偶数羽状复叶，小叶2～3对，倒卵形。花成对腋生，集成伞房状圆锥花丛，总花梗极短，小花黄色，近辐射对称，花期7—8月。荚果细条状，淡褐色，有光泽。

(2) 繁殖与栽培　原产中国台湾及日本、印度。喜阳光充足、高温湿润，宜中等肥沃、排水好的沙质土壤，适应性强。

播种繁殖，自播繁衍力强。栽培中不宜多施氮肥，及时采收荚果以防种子散失。管理粗放。

(3) 主要用途　群植；作花境的背景材料。

3. 香豌豆　学名 *Lathyrus odoratus*

(1) 形态特征　一、二年生蔓性草本。株高1～2 m。茎攀援，有翼，被粗毛。羽状复叶，基部1～2对小叶正常，上端小叶变成卷须，3叉状，叶背粉白色，托叶披针形。总状花序具长梗，腋生，着花2～4朵，花蝶形，芳香，花紫色或红色，花期5—6月。园艺品种极多，花色及花型丰富。花有白、紫、褐、黄、蓝等色，还有斑点、斑纹的变化。有矮性、茎直立及不具卷须的一些变种。

(2) 繁殖与栽培　原产意大利。喜冬季温和湿润、夏季凉爽，忌干热，喜阳光充足；宜肥沃、高燥的微酸性或中性土。深根性。

播种繁殖，也可用茎扦插繁殖。直根性，不耐移植。栽培应用深厚的土壤；并设支架供其攀援，生长期需大量水肥，要求通风好，并不断除去卷须。忌连作。切花剪取在花序上第一朵小花盛开时进行，可周年开花。

(3) 主要用途　暖地庭院垂直绿化；寒冷地区温室切花生产。

4. 多叶羽扇豆　学名 *Lupinus polyphyllus*

(1) 形态特征　多年生草本。株高90～150 cm。茎粗壮直立，光滑或疏生毛。叶基生，掌状复叶，小叶9～16枚，披针形；具长总柄，上部叶柄较短，小叶背具粗毛，托叶尖且1/3～1/2与叶柄相连。总状花序顶生，长达60 cm，着花密，蓝紫色，花期5—6月。栽培变种较多，有白色、黄色、蓝色和红色花等品种，也有旗瓣与龙骨瓣异色及矮生品种。

(2) 繁殖与栽培　原产北美。喜冷爽，忌炎热；喜阳光充足，耐半阴；宜土层深厚及排水良好的中性与酸性土壤，不宜太肥。

春、秋播种繁殖，也可扦插繁殖。因直根性，耐直播，忌移植。播后第二年方可开花。花后去除残花，以阻止结果，有利于次年开花。秋末可回剪（重剪）至地面。微碱性土壤中生长不良或死亡。华北地区需保护越冬。

(3) 主要用途　配植花境；花坛；林缘丛植；切花。

5. 含羞草　学名 *Mimosa pudica*　别名 怕羞草

(1) 形态特征　落叶亚灌木，常作一年生栽培。株高40～60 cm。茎直立至铺散，具针刺及倒刺毛。羽状复叶2～4片，掌状着生于总柄端，每羽片由羽状密生的小叶片组成，触及小叶片，则小叶闭合，叶柄下垂，夜间也闭合下垂。头状花序2～3朵腋生，花淡红色，花期7–10月。

(2) 繁殖与栽培　原产美洲热带，在中国华南地区已成逸生。喜温暖，不耐寒，宜湿润、肥沃土壤。适应性强。

春季播种繁殖，须根少宜直播。管理粗放。

(3) 主要用途　盆栽观叶；园林布置。

6. 红花三叶草　学名 *Trifolium pratense*　别名 红车轴草

(1) 形态特征　多年生草本。株高25～35 cm。植株低矮，多分枝，呈丛生状。茎直立或稍卧伏。叶具长柄，3小叶掌状着生于总柄，小叶椭圆状卵形。头状花序腋生，花暗红或紫色，花期4–6月。荚果倒卵形，内含1粒种子。

(2) 繁殖与栽培　原产小亚细亚与东南欧。喜湿暖、湿润，稍耐寒，耐阴湿，宜排水好的中性或微酸性土壤。

播种繁殖。注意除杂草，夏季适当灌溉。管理粗放。

(3) 主要用途　铺植地被。

7. 白花三叶草　学名 *Trifolium repens*　别名 白三叶

(1) 形态特征　多年生草本。株高20～30 cm。茎匍匐，无毛。叶从根颈或匍匐茎上长出，具细叶柄，掌状3小叶，叶背有毛。总状花序，由数十朵小花密集而成头状，小花白色或淡粉红色，花期4–6月。荚果倒卵状矩形。

(2) 繁殖与栽培　原产欧洲，现世界各国广为种植。喜温暖，耐热耐寒；喜阳光充足，不耐阴；宜排水好的中性或微酸性土壤，不耐盐碱土。耐干旱，稍耐践踏。适应性极强。

播种繁殖，也可用匍匐茎扦插繁殖。夏季注意修剪并加强灌溉，可保持绿色，管理粗放。

(3) 主要用途　铺植地被。

8.2.21　酢浆草科　Oxalidaceae

1. 大花酢浆草　学名 *Oxalis bowieana*

(1) 形态特征　多年生草本。具肥厚的纺锤形根茎。叶丛生，3小叶，具长柄，小叶倒卵形，先端微凹，色较浅。伞形花序，总花梗高出叶丛，小花梗及花萼背面具毛，花大，淡玫瑰红色，花期7–10月。花叶均于日出开放，阴天及傍晚闭合。

(2) 繁殖与栽培　原产南非。其他同红花酢浆草。

(3) 主要用途　配植花坛；地被；盆栽。

2. 红花酢浆草　学名 *Oxalis rubra*　别名 三叶草

(1) 形态特征　多年生草本。具块状纺锤形根茎。全株被白色纤细的毛。叶基生，具长柄，

3枚小叶掌状着生，倒心形，先端微凹，叶缘有黄色斑点。花茎从基部抽出，伞形花序，稍高出叶面，花深玫瑰红色带纵条纹，花期10月至翌年3月。花叶白天开放，阴天及傍晚闭合。有白花及紫花变种。

(2) 繁殖与栽培　原产南美巴西，中国各地均有栽培。喜温暖，不耐寒，忌炎热，盛夏生长慢或休眠；喜阴，耐阴性极强；宜含腐殖质、排水好的沙壤上。

8.2.22 牻牛儿苗科　Geraniaceae

1. 老鹳草　　学名　*Geranium wilfordii*

(1) 形态特征　多年生草本。株高30～80 cm。具短根状茎。地上茎直立，细长，下部稍蔓生。叶对生，基生叶和下部叶有长柄，向上渐短，叶片肾状三角形，基部心形，3深裂，下部叶有时5深裂，叶具毛。花序腋生，柄长2～3 cm，着花2朵，花小，梗与花序柄近等长，花淡红色，花期7–8月。

(2) 繁殖与栽培　原产中国东北、华北及华东地区，朝鲜、日本也有。喜凉爽、湿润，耐寒，忌炎热；宜深厚、肥沃的土壤。适应性强。

分株繁殖。管理粗放。

(3) 主要用途　丛植；铺植地被。

2. 大花天竺葵　　学名　*Pelargonium domesticum*　　别名　蝶瓣天竺葵、洋蝴蝶

(1) 形态特征　亚灌木。株高50 cm，全株具软毛。茎粗壮多汁，下部木质化。单叶互生，广心脏状卵形，有不明显浅裂，叶缘具不整齐锐齿牙，叶面微皱，近革质，浓绿色。伞形花序腋生，花左右对称，萼片5枚。有距并与花梗合生；花瓣5枚，上两枚较大且各有一深色斑块；花有白、淡红、粉红、深红等色；花期4–6月。本种由大红天竺葵以及其他3种天竺葵杂交而成。

(2) 繁殖与栽培　原产南非。喜凉爽、高燥，不耐寒，忌炎热；喜阳光充足；宜排水好的肥沃土壤，忌水湿。大花天竺葵为同属中相对较耐寒，而不耐水湿的种类。

扦插繁殖。选一年生健壮嫩枝于春、秋扦插，切口须经晾干后再插。栽培中夏季注意防涝，控制水分并适当庇荫降温。花后或秋后适当短截或疏枝，使其重新萌发新枝，有利于次年生长开花。

(3) 主要用途　配植花坛、花境；盆栽。

3. 天竺葵　　学名　*Pelargonium hortorum*　　别名　洋绣球、石蜡红

(1) 形态特征　亚灌木，为一园艺杂种。株高30～60 cm。全株被细毛及腺毛，有鱼腥气味。茎粗壮，且多汁。叶互生，圆形至肾形，基部心形，具钝齿，表面通常有暗红色马蹄形环纹。伞形花序顶生，有长总花梗及总苞，小花多，现蕾时下垂，下面3枚花瓣较大，花有深红、粉、白、洋红、玫红、桃红等色，花期10月至翌年6月。有重瓣品种及花叶和各种花色的园艺品种。

(2) 繁殖与栽培　原产南非。较大花天竺葵忌寒冷而稍耐水湿，其他相同。

扦插或播种繁殖。冬季越冬温度8～10℃。肥要足，少浇水。开花期避直射光照；花后或秋后修剪疏枝，有利生长。气候适合可不断开花。

4. 芳香天竺葵　学名 *Pelargonium odoratissimum*　别名 极香天竺葵、苹果香草、豆蔻天竺葵

(1) 形态特征　亚灌木。株高40～50 cm，全株有柔毛。老茎木质化，新枝、叶常簇生其顶端，茎细弱匍匐状。单叶对生，三角状卵形，浅裂，辐射脉，有苹果香味。花对生于叶一侧，叶腋抽生分枝，伞形花序，花小，上两枚花瓣有不明显的红紫色斑，花白色，花期夏季。

(2) 繁殖与栽培　原产南非。习性同天竺葵。

播种或扦插繁殖，多用种子繁殖，除夏季外其他季节都可播种。宜通风、干燥环境。每年春天换盆。控制浇水，以防烂根。

(3) 主要用途　盆栽；吊盆观赏。

5. 盾叶天竺葵　学名 *Pelargonium peltatum*　别名 蔓性天竺葵、长春藤叶天竺葵

(1) 形态特征　亚灌木。茎光滑，半蔓性多分枝，较细。叶互生盾形，5浅裂，锯齿不明显，革质，有光泽。花总梗长7.5～20 cm，花有紫、粉、白、水红等色；上两枚花瓣较大，有暗红色斑纹；花期4—5月。

(2) 繁殖与栽培　原产南非。栽培中需设支架。以扦插繁殖为主。其他同天竺葵。

(3) 主要用途　盆栽。

6. 蹄纹天竺葵　学名 *Pelargonium zonale*　别名 马蹄纹天竺葵

(1) 形态特征　亚灌木。株高30～80 cm。茎直立，肉质。叶倒卵形或卵状盾形，叶面有明显深褐色马蹄形环纹，具钝齿。花瓣深红至白色，上面两枚花瓣较短，花期夏季或冬季。园艺品种多，栽培普遍。

(2) 繁殖与栽培　原产南非。其他同天竺葵。

(3) 主要用途　配植花坛；盆栽。

8.2.23　金莲花科 Tropaeolaceae

金莲花　学名 *Tropaeolum majus*　别名 旱金莲花、旱荷花

(1) 形态特征　多年生草本，常作一、二年生栽培。茎细长半蔓性或倾卧，长可达1.5 m，光滑。叶互生，具长柄，近圆形，具波状钝角，盾状着生，叶被蜡质层，形似莲叶而小。花单生叶腋，梗细长，花瓣具爪，萼片中有1枚延伸成距，花有乳白、乳黄、紫红、桔红等色，花期7—9月（春播），或2—3月（秋播）。有重瓣、无距、具网纹及斑点等品种。有茎直立的矮生变种。

(2) 繁殖与栽培　原产南美。喜温暖湿润，不耐寒；喜阳光充足，稍耐阴；宜肥沃而排水好的土壤。

播种或扦插繁殖。栽培中随其生长需要设支架。生长期水分要充足并要有较高的空气湿度，3年后老株开花少，需更新。越冬温度10℃以上。

(3) 主要用途　铺植暖地地被；垂直绿化；配植花坛；种于假山石旁；盆栽。

8.2.24 亚麻科 Linaceae

1. 大花亚麻 学名 *Linum grandiflora* 别名 花亚麻

(1) 形态特征 一年生草本。株高30～60 cm。茎直立，基部木质化，下部多分枝，顶部枝稍下垂。叶细而多，螺旋状排列，线形或狭披针形，粉绿色。圆锥花序松散，小花具纤细花梗而下垂，红色，深浅不一，花期5—6月。阳光下开放，开花期很短，开足即凋谢。

(2) 繁殖与栽培 原产北非。喜温暖，稍耐寒；喜阳光充足，耐半阴；宜排水好的土壤，不耐肥，不耐湿。

秋播繁殖。定植后摘心一次，可促多分枝，多开花。注意薄肥多施，勤除草。不耐移植。

(3) 主要用途 配植花境、岩石园；盆栽。

(4) 变种 红花亚麻 var. *rubrum* 花鲜红色，花期6—8月。

2. 宿根亚麻 学名 *Linum perenne* 别名 蓝亚麻

(1) 形态特征 多年生草本。株高30～40 cm。株丛纤细铺散，灰绿色。茎直立。叶密集互生，尤其基部密生，线形，无柄。花单生茎上部，生于叶对面，花瓣质薄，有纵条纹，先端向下反卷，花梗细长，蕾期及果期下垂，花淡蓝色，清晨开放，花期6—7月，有白花变种。

(2) 繁殖与栽培 原产欧洲。性强健，喜温暖，也耐寒，在阳光充足、排水良好的土壤上生长好。

播种或分株繁殖，春季或秋季皆可进行。不耐移植。一般性管理，易栽。

(3) 主要用途 配植花境；丛植。

8.2.25 楝科 Meliaceae

米仔兰 学名 *Aglaia odorata* 别名 米兰、树兰

(1) 形态特征 常绿灌木或小乔木。株高可达7 m。多分枝，幼嫩部分被星状锈色鳞片。奇数羽状复叶，叶轴有窄翅，小叶3～5枚，对生，叶亮绿有光泽。圆锥花序腋生，花小而密，黄色，极芳香，花期夏秋季节。

(2) 繁殖与栽培 原产中国及东南亚。喜阳光充足、温暖、湿润，不耐寒，耐半阴；宜肥沃、疏松、排水好的酸性土壤。

扦插或空中压条繁殖。扦插可于春梢萌发前带叶插，压条于春夏进行。除华南、西南地区外皆需温室栽培。盆土要求中性或微酸性。生长旺季供水要足，空气湿度也要大。入秋后减少浇水。冬季室温10～12℃就可正常生长开花。

(3) 主要用途 盆栽；暖地可庭院栽植。

8.2.26 大戟科 Euphorbiaceae

1. 红桑 学名 *Acalypha wikesiana* 别名 铁苋菜

(1) 形态特征 落叶灌木。株高80～100 cm。茎直立多分枝。叶互生，密集，卵形或椭圆

形，先端锐尖，基部深圆，具钝齿，叶柄及叶腋有毛，叶古铜绿色并有各种红或紫色斑。穗状花序淡紫色，柔弱，花期冬春季。有条纹、斑叶、金边、彩叶等园艺品种。

(2) 繁殖与栽培　原产斐济岛，中国华南地区广为栽植。喜温暖、湿润，不耐寒；要求强光；宜排水良好的土壤，极不耐水湿。

分株或扦插繁殖。中国大部分地区作温室栽培，冬季温度13℃以上，否则生长不良。光照强，可使叶色艳丽。生长期多施肥。结合换盆修剪。

(3) 主要用途　华南地区可做绿篱或丛植；北方多温室盆栽观叶或布置室内环境。

2. 变叶木　学名 *Codiaeum variegatum*　别名 洒金榕

(1) 形态特征　常绿灌木至小乔木。株高1～2 m，全株光滑无毛，具乳汁。叶互生，厚革质；叶色、叶形、大小及着生状态变化极大。总状花序自上部叶腋生出，花小，单性。品系很多，目前栽培的绝大部分是杂交育成的园艺品种，依叶色有绿、黄、红、紫、青铜、褐及黑色等深浅不一的品种。依叶形可分下列变型：

① 宽叶类　f. *platyphyllum*　叶宽可达10 cm。

② 细叶类　f. *taeniosum*　叶宽仅约1 cm。

③ 长叶类　f. *ambiguum*　叶长达50～60 cm。

④ 扭叶类　f. *crispum*　叶缘反曲而扭转。

⑤ 角叶类　f. *cornutum*　叶具角棱。

⑥ 戟叶类　f. *lobatum*　叶片戟形。

⑦ 飞叶类　f. *appendiculatum*　形似单身复叶，叶片中部收缢，仅留有中脉连接上下部分。

(2) 繁殖与栽培　原产马来西亚及太平洋群岛，中国华南地区露地栽培。喜温暖、湿润，不耐寒；喜强光，不耐阴；宜肥沃、保水好的土壤。

扦插繁殖。温度适合，四季皆可繁殖。栽培中要求强光和高温，冬季适温为20℃以上，低于10℃易落叶。忌干旱，生长旺季要保证土壤及空气湿度，注意通风，否则易生害虫。

(3) 主要用途　除华南地区可庭园丛植外，其他地区皆温室盆栽；切叶。

3. 霸王鞭　学名 *Euphorbia antiquorum*　别名 金刚纂

(1) 形态特征　常绿灌木。全株含白色有毒乳汁。茎肉质，粗壮直立，小枝绿色。叶对生，倒卵状披针形至长倒卵形，先端圆。杯状花序生于翅的凹陷处。

(2) 繁殖与栽培　原产印度。喜强光、高温，不耐寒；宜排水好的沙质壤土，耐干旱。

扦插繁殖。用嫩茎作插穗，四季皆可。中国除华南、西南地区均温室栽培。浇水宜少，忌水湿，注意通风，冬季室温应在10℃以上。管理粗放。

(3) 主要用途　盆栽；布置环境；暖地可作绿篱。

4. 猩猩草　学名 *Euphorbia heterophylla*　别名 草本一品红

(1) 形态特征　一年生草本。株高60～80 cm，全株含乳汁。茎直立光滑。叶互生，叶形多变，卵形、椭圆形至披针形，但均为提琴形分裂；顶部叶及杯状花序下的总苞片全部或仅基部变为红色或具红、白斑。杯状花序顶生，花期7−9月。有苞片及顶叶基部全白色或粉红色的变种。

(2) 繁殖与栽培　原产北美及热带地区。喜温暖及阳光充足，不耐寒，耐干旱，不耐湿。春季播种繁殖，也可自播繁殖。栽培时宜选地势高燥及排水好的土壤。一般管理。

(3) 主要用途　配植花坛；林缘丛植；盆栽；切花。

5. 银边翠　学名　*Euphorbia marginata*　别名　高山积雪

(1) 形态特征　一年生草本。株高 50～100 cm，全株有柔毛或光滑，含有毒白乳汁。茎直立而上部多分枝。叶无柄，长圆形至矩圆状披针形，全缘，下部叶互生，上部叶轮生，顶部叶开花时变为全白或白色镶边，供观赏，叶变期 7–9 月。小花花朵簇生枝顶，其下具 2 枚大型苞片。

(2) 繁殖与栽培　原产北美。喜温暖及阳光充足；宜肥沃而排水好的沙质壤土，忌湿涝。春天播种繁殖，可自播繁殖，也可扦插。直根性，不耐移植，定植也要早。一般管理。

(3) 主要用途　配植花坛、花境；丛植。

6. 虎刺　学名　*Euphorbia milii*　别名　铁海棠、虎刺梅、麒麟花

(1) 形态特征　攀援状灌木。株高可达 1 m。茎直立具纵棱，其上生硬刺，排成 5 行。嫩枝粗，有韧性。叶仅生于嫩枝上，倒卵形，先端圆而具小凸尖，基部狭楔形，黄绿色。2～4 个聚伞花序生于枝顶，花绿色；总苞片鲜红色，扁肾形，长期不落，为观赏部位；花期 6–7 月。

(2) 繁殖与栽培　原产马达加斯加。喜高温，不耐寒；喜强光；不耐干旱及水涝。

扦插繁殖，多春季进行。土壤水分要适中，过湿生长不良，干旱会落叶。冬季室温 15℃以上才开花，否则落叶休眠，休眠期土壤要干燥。光照不足，总苞色不艳或不开花。

(3) 主要用途　盆栽。

7. 一品红　学名　*Euphorbia pulcherrima*　别名　圣诞花、猩猩木

(1) 形态特征　常绿灌木。株高可达 3 m。枝叶含乳汁。茎光滑，嫩枝绿色，老枝深褐色。单叶互生，卵状椭圆形，全缘或波状浅裂,叶质较薄，脉纹明显；叶背有柔毛；顶部小叶较狭，披针形，苞片状，开花时变成朱红色，为主要观赏部位。杯状花序聚伞状排列，顶生，总苞淡绿色，边缘有齿及 1～2 个黄色密腺；雄花具柄，无花被；雌花单生，位于总苞中央；花期 12 月至翌年 2 月。

(2) 繁殖与栽培　原产墨西哥及中美洲。喜温暖及阳光充足，不耐寒；喜肥沃、湿润而排水好的土壤。短日照植物。

主要扦插繁殖，切下茎段后稍晾干或洗去乳汁，蘸草木灰后扦插即可。中国除华南地区外多作温室灌木栽培。栽培温度白天 27℃左右，夜间 18℃，过低过高都不利生长，顶叶着色后温度可降至 15～20℃。忌积水，保持盆土湿润即可。施肥过多，叶会灼伤。为使其国庆节开花，常进行短日照处理，单瓣品种需遮光 45～55 天，重瓣品种需遮光 55～65 天，每天下午 5 时至次晨 8 时遮光。连续进行，不可间断和透光。

(3) 主要用途　华南地区可庭院种植；盆栽和切花是圣诞节的主要用花。

(4) 常见栽培品种

① 一品白　var. *alba*　顶叶在开花时为乳白色。

② 一品粉　var. *rosea*　顶叶在开花时为粉红色。

③ 重瓣一品红　var. *plenissima*　植株较矮，顶叶及部分花序瓣化，呈重瓣状，艳红色。

④ 此外还有蔓生、斑叶以及四倍体新品种。

8. 光棍树　　学名　*Euphorbia tirucalli*　　别名　绿玉树、青珊瑚

(1) 形态特征　灌木或小乔木。株高1～2 m。茎直立，叉状分枝，肉质，圆柱状，绿色，簇生或散生。叶无，或仅有几枚散生茎上，线状矩圆形。

(2) 繁殖与栽培　原产非洲东南部及印度东部干旱热带地区。喜温暖，不耐寒；喜阳光充足，耐半阴；宜排水好的土壤，耐干燥。

多用播种繁殖，但春季扦插繁殖也易生根。中国华南以外地区作温室栽培。要求适温20～24℃，冬季室温应在15℃以上。夏季高温期呈休眠状态，应少浇水并放阴凉通风处。生长期需施肥，土壤充分干燥时才浇水。注意通风，以防介壳虫。

(3) 主要用途　盆栽观茎；温室地面栽培供展览用。

9. 红背桂　　学名　*Excoecaria cochinchinensis*　　别名　青紫木、紫背桂

(1) 形态特征　常绿灌木。株高约1 m。茎多分枝。叶对生，矩圆状倒披针形，先端尖，叶表面绿色，背紫红色，具细齿。穗状花序腋生，花初开为黄色，后变浅，花期6–7月。

(2) 繁殖与栽培　原产中国广东、广西及越南。喜温暖、湿润，不耐寒，喜散射光照，耐半阴，忌暴晒。

春季扦插繁殖。华南以外地区作温室栽培，冬季最低温度10℃以上。宜用肥沃、排水好的沙质壤土栽培。生长期需追肥。

(3) 主要用途　华南地区可庭院栽植或作绿篱；盆栽。

10. 玉树珊瑚　　学名　*Jatropha podogrica*　　别名　佛肚树、珊瑚花

(1) 形态特征　常绿肉质灌木。株高30～60 cm。茎粗壮、直立，中部以下膨大似酒瓶，上部二歧分枝，茎皮粗糙，常外翻剥落。小枝红色似珊瑚。叶簇生枝顶，盾形或近圆形，3～5裂，叶柄长，叶痕大，托叶刺状有腺体。聚伞花序顶生，珊瑚状，鲜红色，具长柄，花期全年。

(2) 繁殖与栽培　原产中美洲西印度群岛热带地区。喜高温、干燥、向阳的环境，不耐寒，不耐湿，但较耐阴；宜排水好的沙壤土。

夏季播种繁殖，也可用嫩枝扦插繁殖。中国各地温室栽培，生长适温为26～28℃。冬季最低温度10℃以上，否则落叶，但落叶后易开花。浇水不宜多，以防烂根。

(3) 主要用途　盆栽。

11. 红雀珊瑚　　学名　*Pedilanthus tithymaloides*　　别名　龙凤木、铁杆丁香

(1) 形态特征　多浆灌木。株高约1 m，全株光滑，有白色乳汁。茎肉质，绿色，成“之”字形向上伸展，新枝尤明显。叶生于“之”字形拐点上，卵形，先端短尖，叶缘波状，叶背中脉隆起。聚伞花序顶生，总苞鲜红色，左右对称，有一短距，基部有腺体，总苞片为主要观赏部位，花期夏秋季。

(2) 繁殖与栽培　原产美洲热带。喜温暖，不耐寒；耐阴，半阴处有利开花；忌风吹。

播种或扦插繁殖，夏季播种。适合在干燥无风处生长，宜选用肥沃、疏松、排水好的沙壤土栽培。冬季室内最低温度10℃以上。

(3) 主要用途　盆栽。

12. 蓖麻　　学名　*Ricinus communis*

(1) 形态特征　落叶小乔木，中国长江以北地区常作一年生草本栽培。株高2～3 m。株丛开展，疏生分枝，茎中空，呈绿、红或紫色。单叶互生，掌状5～11裂，具齿，盾状着生，有长柄。花单性同株，无花瓣，圆锥花序与叶对生。蒴果球形，有刺。栽培变种很多，有红茎、红叶或亮绿叶以及矮生等种类。

(2) 繁殖与栽培　原产非洲热带地区，世界各地普遍栽培。喜光，不耐寒；宜肥沃深厚的酸性土壤，也耐碱，耐干旱。适应性强。

播种繁殖。春季直播，每穴2～3粒种子，间苗后留1株，生长迅速。因其直根性，不可移植。管理粗放。

(3) 主要用途　作背景栽植；散植草坪；点植角隅。

8.2.27　凤仙花科　Balsaminaceae

1. 凤仙花　　学名　*Impatiens balsamina*　　别名　指甲花、透骨草、小桃红

(1) 形态特征　一年生草本。株高30～80 cm。茎肉质，光滑，常与花色相关，节膨大。叶互生，阔披针形，具细齿，叶柄两侧有腺体。花单生或数朵簇生上部叶腋，萼片花瓣状，其中一片后伸呈距；花瓣5枚，左右对称，侧生4枚两两结合；花大，花梗短，多侧垂，花有红、白、粉紫、雪青等色，还具有斑点、条纹，花期7–9月。栽培品种极多，花色、花形丰富。株形有高、矮、龙游等类别。

(2) 繁殖与栽培　原产中国、印度及马来西亚。性强健，喜温暖、炎热、阳光充足，畏寒冷；对土壤要求不严，喜湿润、排水好的土壤，贫瘠土地也可生长。

春季播种繁殖，可自播繁殖。栽培中注意防涝，保证良好的通风，极耐移植。蒴果成熟后易开裂，清晨湿度较大时采种。

(3) 主要用途　配植花坛；丛植；盆栽。

2. 何氏凤仙　　学名　*Impatiens holstii*　　别名　霍尔斯特氏凤仙、玻璃翠

(1) 形态特征　多年生常绿草本。株高20～40 cm。茎叶肉质多汁，半透明，枝具红色条纹。叶具肉质短柄，下部叶互生，上部叶轮生，翠绿有光泽，叶缘齿间具一刚毛。花单生或双生，扁平似碟，1枚萼片延伸成细距，花期全年。有矮生品种。

(2) 繁殖与栽培　原产东非热带地区。喜冷爽、湿润，不耐寒，忌炎热；耐半阴，忌烈日暴晒；不耐旱，怕水涝，不择土壤。

播种或扦插繁殖。枝插水里极易生根。北方温室栽培，越冬温度10℃以上。生长迅速，应及时修剪保持株形美好。

(3) 主要用途　盆栽。

3. 苏氏凤仙　　学名　*Impatiens sultanii*　　别名　苏丹凤仙

(1) 形态特征　半灌木。株高6 cm。茎多汁，光滑，绿色。叶互生或上部叶轮生，椭圆形

或卵状披针形，具锯齿和刚毛。花单生或2～3朵丛生叶腋，1枚萼片延伸成距，向下弯曲，花深红色，花期全年。有浅红、白、玫瑰色花等品种。

(2) 繁殖与栽培　原产中国，分布华中及西南地区，常生于河边草丛中或林下阴湿地。

播种繁殖。管理方法同凤仙花。

(3) 主要用途　同凤仙花。可作为培育金黄色系凤仙品种的优良亲本。

4. 新几内亚凤仙　学名 *Impatiens linearifolia* (*Impatiens hawkeri*)　别名 五彩凤仙花

(1) 形态特征　株高15～50 cm，叶互生，披针形，叶面具各种鲜艳色彩。花腋生，有距，花色娇美可爱，花叶争妍，璀璨缤纷，观赏价值高。花期极长，几乎全年均能开花，但以春、秋、冬季较繁盛。性耐阴，适合日照不足的花坛栽培或盆栽。

(2) 繁殖与栽培　新几内亚凤仙由于结实不易，故繁殖用扦插法，春或秋季为扦插适期。剪取肥硕健壮的枝条，每段约6～8 cm，扦插于排水良好的沙床或细蛇木屑，保持适当的温度，约经20余天可发根，待根群生长旺盛再移植花盆或花坛。栽培土质以肥沃富含有机质的沙质壤土为佳，排水力求良好；排水不良，肥厚多汁的茎枝易腐烂。适应日照约50%～70%，忌强烈日光直射，但冬至早春可直晒柔和的阳光，若过于阴暗则易徒长，生育不良。幼苗栽植成活后，若分枝少，可加以摘心，促使多分枝，同时矮化植株。施肥每月1次，氮、磷、钾或有机肥料如豆饼水、油粕等均佳。性喜温暖，生育适温15～20℃，春、夏梅雨季节或高温多湿气候，是成长的致命伤，长期淋雨极易导致茎枝腐烂。夏季高温切忌强烈日光直射，将枝条剪短，力求凉爽通风越夏，入秋气温转凉，进入生育盛期时再追肥。2年以上老株最好更新。

(3) 主要用途　盆栽或配植花坛。

8.2.28　锦葵科　Malvaceae

1. 秋葵　学名 *Abelmoschus esculentus*

(1) 形态特征　一年生大型草本。株高50～300 cm。茎粗壮有毛。叶大，心脏形，具3～7深裂，裂片具粗齿及凹裂。花单生叶腋，具狭线形副萼（即小苞片）；花瓣黄色，基部红色；花期7–8月。蒴果带棱，成熟时木质。

(2) 繁殖与栽培　原产亚洲热带、亚热带。喜温暖，不耐寒；喜光，不耐阴；宜肥沃而深厚的土壤。适应性强。

春季播种繁殖。不耐移植，移植需在小苗时进行。管理粗放，易栽培。

(3) 主要用途　园林背景材料；丛植。

2. 黄蜀葵　学名 *Abelmoschus manihot*

(1) 形态特征　一年生或多年生草本。株高1～1.25 m。茎具分枝，疏生长硬毛。叶大，互生，卵圆形，掌状5～9深裂，具粗齿。花大型，单生叶腋或顶生，淡黄色至白色，基部有紫褐斑；苞片卵状披针形，宿存；萼片佛焰苞状，果时脱落；花期7–9月。

(2) 繁殖与栽培　原产中国。其他同秋葵。

(3) 主要用途　作园林背景材料；丛植。

3. 金铃花　学名 *Abutilon striatum*　别名 纹瓣悬铃花、灯笼花、网花苘麻

(1) 形态特征　常绿灌木。株高100 cm。叶掌状3～5裂，裂片卵状渐尖，具锯齿。花单生叶腋，花梗长而下垂，花钟形，桔黄色，有紫色条纹，花期5–10月。

(2) 繁殖与栽培　原产南美巴西。喜温暖及阳光充足，不耐寒，稍耐阴；宜肥沃、湿润而排水好的沙壤土。

扦插繁殖。1～2年生枝及嫩枝皆可作插穗。修剪植株促进分枝有利开花。中国长江以北地区作温室栽培。

(3) 主要用途　暖地园林丛植；盆栽。

4. 蜀葵　学名 *Althaea rosea*　别名 蜀季花、熟季花

(1) 形态特征　多年生草本，常作二年生栽培。株高可达2～3 m，全株被柔毛。茎无分枝或少分枝。叶互生，具长柄，近圆心形，5～7掌状浅裂或波状角裂，具齿，叶面粗糙多皱。花大，腋生，聚成顶生总状花序；副萼合生，具8裂；花色丰富，有白、粉、桃红、大红、深红、雪青、深紫、墨红、淡黄、桔红等色；花期7–9月。栽培类型有重瓣、堆盘及丛生型。

(2) 繁殖与栽培　喜冷爽、向阳环境，耐寒，也耐半阴；宜肥沃，排水好的土壤。

春、秋季播种繁殖，可自播繁衍。也可扦插繁殖，此法最适合重瓣品种。还可以分株繁殖。幼苗期加强肥水管理，使植株健壮。开花期需适当浇水，可促使花开到茎端。花后回剪到距地面15cm，使重新抽芽，次年开花会更好。管理上应注意防旱。

(3) 主要用途　作园林背景材料；花境；墙边栽植。

5. 芙蓉葵　学名 *Hibiscus moscheutos*　别名 草芙蓉、紫芙蓉

(1) 形态特征　亚灌木状草本。株高1～2 m。茎粗壮，斜出，光滑被白粉。单叶互生，阔卵形或卵状椭圆形，常3裂，具疏锯齿，叶背及叶柄密生灰色星状毛。花大，单生于茎上部叶腋；花白紫色或粉色，瓣基深红色；花萼在果时宿存，花期6–8月。

(2) 繁殖与栽培　原产北美。性强健，喜温暖及阳光充足，耐寒，不择土壤。

早春分株或春季播种繁殖。中国北部地区可露地过冬。管理粗放。

(3) 主要用途　作园林背景材料；配植花境；丛植。

6. 木芙蓉　学名 *Hibiscus mutabilis*　别名 芙蓉花

(1) 形态特征　灌木或小乔木，常作宿根栽培。株高1～3 m，枝密被星状毛。叶大，具细长叶柄，广卵形，掌状3～7裂，基部心形，具钝齿，两面有毛。花大，单生或2～3朵聚生于上部枝叶腋；副萼10枚，短于萼；花初开白色或粉红色，后为深红色；花期9–10月。有单瓣和重瓣及黄色品种。

(2) 繁殖与栽培　原产中国四川、广东东部及云南等地。喜温暖、湿润，不耐寒；忌干旱，耐水湿，对土壤要求不严。

可扦插或分株繁殖，也可压条或春季播种。长江以北地区露地种植，冬季地上部分枯死，翌春萌发新枝。可温室盆栽，越冬温度5℃以上。春季萌动后可多施肥水，疏去过多花蕾。萌芽力强，需常修剪，抹芽。管理粗放。

(3) 主要用途　作园林背景材料；丛植湖边、路旁；盆栽专类园布置。

7. 扶桑　学名 *Hibiscus rosa-sinensis*　别名 朱槿、佛桑

(1) 形态特征　常绿灌木或小乔木。株高 2～5 m，盆栽常 1～2 m，全株无毛。叶互生，卵形至广卵形，长锐尖，具不规则粗齿，3 主脉明显，叶面有光泽。花大，单生上部叶腋，阔漏斗形，雄蕊柱超出花冠外；花红色，中心部分深红色；花期夏季。栽培品种多，有白、粉、紫、橙、黄等花色品种，有半重瓣、重瓣及斑叶品种。

(2) 繁殖与栽培　原产中国南部，喜温暖、湿润，不耐寒；喜光，为强阳性植物；宜肥沃土壤。

春季扦插繁殖。选一年生半木质化强壮枝条作插穗。中国北方温室栽培，冬季室温 15～22℃，越冬温度不低于 5℃。栽培中需勤施肥，注意通风。

(3) 主要用途　盆栽；暖地花篱。

8. 玫瑰茄　学名 *Hibiscus sabdariffa*　别名 洛神葵、山茄

(1) 形态特征　一年生大型草本。高 1～2 m。茎直立粗壮，叶矩圆形，3 中裂，具齿。花大，单生叶腋，深黄色；花萼肉质，杯形，紫红色；花期 10 月。蒴果卵球形，果期 11 月。

(2) 繁殖与栽培　原产非洲及亚洲。喜温暖及阳光充足，不耐寒，耐干旱瘠薄的土壤。

春季播种繁殖，需直播。一般栽培管理。

(3) 主要用途　作园林背景材料；丛植；盆栽。

9. 吊灯花　学名 *Hibiscus schizopetalus*　别名 拱手花篮、吊篮花

(1) 形态特征　常绿灌木。株高 3 m，全株无毛。枝纤细，拱形悬垂。叶卵状椭圆形，先端渐尖，具粗齿，叶质较厚，脉明显。花单生叶腋，花梗细长；中部有关节，花大而下垂，花瓣深细裂成流苏状而反卷，雄蕊及花柱远超过花冠，外形似吊灯，花红色至橙红色，温室栽培花期 12 月至翌年 5 月，南方露地栽培花期 4–7 月。

(2) 繁殖与栽培　原产非洲热带东部。喜高温及阳光充足，不耐寒，不耐阴；宜肥沃、排水良好的土壤。

扦插繁殖为主，春、夏季选一年生半木质化枝条作插穗。也可播种或嫁接繁殖，播种时刻伤或腐蚀坚硬种皮。中国北方需盆栽，越冬温度高于 5℃。生长期需水肥充足，但浇水忌过多。

(3) 主要用途　暖地可庭院栽植；北方多盆栽。

10. 花葵　学名 *Lavatera arborea*

(1) 形态特征　二年生草本。株高 90～150 cm。植株粗壮，大灌木状。茎多分枝。叶互生，上叶 5～9 浅裂，基生叶近圆心形，叶两面具柔毛。花单生叶腋，淡紫红色，基部具深紫色脉，总苞 3～6 枚合生，花期 5–6 月。有矮生变种。

(2) 繁殖与栽培　原产西班牙及北非。性强健，喜向阳、温暖环境，稍耐寒，对土壤要求不严。

秋季播种繁殖。中国华中地区露地过冬。管理粗放。

(3) 主要用途　配植花坛、花境；作园林背景材料。

11. 锦葵　学名　*Malva sylvestris*

(1) 形态特征　二年生草本。株高60～100 cm。茎被粗毛，少分枝。叶圆心脏形或肾形，5～7浅裂，裂片先端圆钝，叶脉掌状。花数朵簇生叶腋；总苞片3枚，离生；花萼钟形，被柔毛；花瓣先端有凹刻，紫红色，具淡色纵条纹；花期5–6月。

(2) 繁殖与栽培　原产亚洲、欧洲及北美。喜冷凉，较耐寒；喜阳光充足，也耐半阴；不择土壤，耐干旱与瘠薄。

春、秋季播种繁殖，秋播生长较好，北京秋播需冷床过冬。可自播繁衍。在中等肥力的旱地上生长茁壮，而在肥沃、湿润土壤中枝条细弱，需设支架。夏季炎热，可重剪，有利新枝萌发，株丛紧凑。管理简便，注意土壤不可过湿。

(3) 主要用途　作园林背景材料；丛植。

(4) 变种紫花锦葵 var.*mauritiana*　较原种高，达120 cm。花略大，紫色具条纹，冬季开花。

12. 悬铃花　学名　*Malvaviscus arboreus*　别名　岭南扶桑

(1) 形态特征　常绿小灌木。株高1 m。叶互生，卵形至近圆形，有时浅裂，表面具星状毛。花单生于上部叶腋或成总状花序，下垂如铃，淡红色；花冠漏斗形，仅上部略开展，基部具显著耳状物；雄蕊集合成柱状，长于花瓣；花期全年。

(2) 繁殖与栽培　原产墨西哥、秘鲁、巴西，现广布于热带、亚热带地区。喜温暖、湿润，不耐寒；喜光；耐湿，不择土壤，在中等肥力土壤中也能良好生长。

播种或扦插繁殖。嫩枝扦插，以当年生粗壮枝为好，生根容易。管理较简便。

(3) 主要用途　庭园绿化；盆栽。

8.2.29　堇菜科　Violaceae

1. 紫花地丁　学名　*Viola chinensis*

(1) 形态特征　多年生草本。株高5～10 cm。根状茎细小，无匍匐茎。叶互生，卵状心形或长椭圆状心形，基部下延成柄，稍内折，具规则圆齿。花具长梗，高出叶面，花梗中部具2枚条形苞片，花淡紫色，花期3–4月。

(2) 繁殖与栽培　原产中国、日本及原苏联。性强健，喜冷爽、湿润，耐寒；喜光，稍耐阴。

播种或分株繁殖，可自播繁衍。中国华北地区可露地过冬，管理简便。

2. 香堇　学名　*Viola odorata*　别名　香堇菜

(1) 形态特征　多年生草本。株高10～20 cm，全株被柔毛。茎极短，并生有倒伏状第二年开花的匍匐茎。叶心状卵形至肾形，具钝齿，先端钝，托叶卵状披针形。花梗基出，花生其顶端，深紫堇色，芳香，花期2–4月。有玫瑰红色花、白色花及重瓣和长期开花的品种。

(2) 繁殖与栽培　原产欧洲、亚洲、非洲。其他同三色堇。

(3) 主要用途　配植花坛；盆栽。

3. 大花三色堇　　学名　*Viola tricolor* var. *hortensis*　　别名　蝴蝶花、鬼脸花

(1) 形态特征　多年生草本，常作二年生栽培。株高30 cm 。株丛低矮，多分枝。叶互生，基生叶具长柄，近圆心形，茎生叶矩圆状卵形或宽披针形，具圆钝齿；托叶大而宿存。花大，腋生，两侧对称，侧向开放；花瓣5枚，1枚有距，两枚有附属体；通常原种每花有紫、白、黄3种颜色；花期4–5月。目前栽培的主要是大花三色堇，有两大类型：

① 标准型　花近圆形，扁平开展，直径大于5 cm，具有一界线分明的中央圆斑，又依花色而分为: a. 单色品种类。 b. 复色品种类。 c. 复色而带斑点和条状的品种。

② 新花型　花形多变化，花色也丰富。

(2) 繁殖与栽培　原产欧洲。喜冷爽气候，较耐寒，略耐半阴；喜富含腐殖质、湿润的沙质壤土，忌炎热和雨涝。

秋季播种繁殖，能自播繁衍。移植需带土团。生长期给予充足的水肥，则花大而多，花期长。华北地区需在风障前或冷室内过冬。管理精细。品种间易自然杂交，留种植株需隔离。

(3) 主要用途　配植花坛；种于草坪、花境边缘；盆栽。

8.2.30　秋海棠科　Begoniaceae

1. 银星秋海棠　　学名　*Begonia argenteo-guttata*　　别名　斑叶秋海棠

(1) 形态特征　半灌木。株高60～120 cm，全株光滑。须根性。茎红褐色，直立，多分枝。叶斜卵形，先端长尖，具粗齿，叶面绿色微皱，密布银白色斑点，叶背微带红色。花小，粉白色。花期全年。

(2) 繁殖与栽培　原产巴西。喜高温、湿润、半阴，稍耐寒，为秋海棠中较耐寒种，忌强光直射；喜肥沃、排水良好的土壤。

扦插繁殖，四季皆可，易成活，但春末效果好。中国各地均温室栽培。冬季温度不低于12℃，盆土宜选排水好、富含腐殖质的沙质壤土，1～2年换一次盆。花后可修剪，植株过高也可重剪或短截。夏季室外培养注意庇荫防雨。生长期可向叶面喷水，提高湿度。

2. 槭叶秋海棠　　学名　*Begonia digyna*　　别名　双蕊海棠

(1) 形态特征　多年生草本。根茎类，株高35 cm。根状茎横走，茎肉质，极短。基生叶1～2枚，近圆形，掌状6～7浅裂，裂片先端尖，具不整齐的尖锯齿，叶面及叶背脉被柔毛。二歧聚伞花序从基部抽出，着花2～4朵，粉红色，花期夏季。

(2) 繁殖与栽培　原产中国，分布福建、湖南、浙江。喜温暖、湿润、半阴，耐寒性差，要求肥沃、湿润、深厚的土壤。

播种、叶插或分株繁殖。春、秋季播种，种子细小，可掺沙后播种，不覆土。夏、秋季叶插，早春分株。根茎浅，忌大雨冲淋，栽培中注意空气湿度，盆土不可太湿。

(3) 主要用途　盆栽。

3. 丽格秋海棠　　学名　*Begonia elatior*　　别名　丽佳秋海棠

(1) 形态特征　丽格秋海棠是球根海棠与野生秋海棠的杂交品种，花型花色丰富，花朵硕

大，花品华贵瑰丽。

(2) 繁殖与栽培　丽格秋海棠属短日照植物，没有球根，也不会结种子，日照超过14 h便进行营养生长，反之在14 h以下即易开花，因此可用电照方法调节花期，常于冬至春季开花。性喜冷凉，冷凉地区栽培为佳，平地难越夏，但可在秋季繁殖。作一年生短期培养，适合盆栽。

(3) 主要用途　盆栽。由于花期长，花色丰富，枝叶翠绿，株型丰满，是冬季美化室内环境的优良品种；也是四季室内观花植物的主要产品。因此，丽格海棠已成为目前国际上非常流行的商业化盆花种类。丽格秋海棠在我国自从1997年开始商品化规模生产至今，产销量每年都以成倍的速度递增。

4. 帝王秋海棠　学名　*Begonia imperialis*

(1) 形态特征　多年生草本。根茎类，根茎细，匍匐状，节间短。叶基生，茂密，质厚，密生粗毛，心脏形。花小，白色。

(2) 繁殖与栽培　原产南美及墨西哥。喜温暖、湿润、半阴，不耐寒。

分株或扦插繁殖，春季分株。夏初叶插易成活，把叶柄剪短，叶主脉处横切，然后把叶平放基质上，保持适宜温度和湿度，即可在伤口处长出小植株，然后分植。生长期冬季要保持10℃以上，少浇水，生长期忌强光直射，并保持较大的空气湿度。夏季须凉爽，通风好。

(3) 主要用途　盆栽观叶。

5. 铁十字秋海棠　学名　*Begonia masoniana*　别名　刺毛秋海棠

(1) 形态特征　多年生草本。根茎类，根茎肉质，横卧。叶基生，具柄，上有绒毛，叶近心形，具锯齿，叶面皱，有刺毛，在黄绿色叶面中部，沿叶脉中心有一不规则的近“十”字形紫褐斑纹。花小，黄绿色，不显著。

(2) 繁殖与栽培　原产墨西哥。喜温暖、多湿，不耐寒；喜散射光照及阴凉，忌强光直射。

分株或扦插繁殖，分株结合早春换盆进行。5—7月叶插。生长旺季要充分浇水，保持高空气湿度。施稀肥、浇水时切不可沾污叶面，以免引起腐烂。冬季保持15℃可生长，越冬温度7℃以上。

(3) 主要用途　盆栽观叶；吊盆观赏；庭院栽植。

6. 蟆叶秋海棠　学名　*Begonia rex*

(1) 形态特征　多年生草本。株高30 cm。根茎类。叶簇生，卵圆形，一侧偏斜，具波状齿，叶深绿色，具银白色环纹，叶背红色，叶脉与叶柄有毛。花粉红色。有矮生品种。

(2) 繁殖与栽培　原产印度及南美。有一凉爽、湿润的环境是栽培成功的关键。植株长大后摘心可促多分枝。其他同铁十字海棠。

(3) 主要用途　盆栽观叶。

7. 四季秋海棠　学名　*Begonia semperflorens*

(1) 形态特征　多年生多浆草本。株高70～90 cm，全株光滑。须根性。茎直立。叶卵形至广椭圆形，具细锯齿及缘毛。花序腋生，花红色至白色；花期全年，夏季略少。园艺品种多，有高型、矮型、重瓣、单瓣及红叶品种。

(2) 繁殖与栽培　原产南美巴西。喜温暖、湿润、半阴，不耐寒，忌干燥和积水。

播种、扦插或分株繁殖。春、秋季播种，隔年种子发芽率明显降低，用当年的种子为好。春、秋季用嫩枝扦插。春季分株。生长期喷雾，保持高空气湿度。花后摘心，可促分枝，多开花。冬季喜光照充足，越冬温度不低于8℃。

(3) 主要用途　盆栽；配植花坛。

8. 球根秋海棠　　学名　*Begania tuberhybrida*

(1) 形态特征　多年生草本。株高30 cm。球根类。具块茎，为不规则的扁球形；地上茎稍肉质，直立或铺散，有分枝，具毛。叶斜卵形，先端锐尖，具齿牙及缘毛。花腋生，具花梗，花大，径可达5～10 cm；花有白、黄、橙、紫等色及复色；花型多变，有茶花型、香石竹型、月季型、鸡冠型、镶边型及具芳香和枝条下垂的品种；花期夏秋季，单花期半个月。

(2) 繁殖与栽培　由原产秘鲁和玻利维亚的几种秋海棠杂交而成的种间杂种。喜温暖、湿润及夏季凉爽，不耐寒，也不耐热；喜半阴；要求富含有机质、排水好的酸性土壤。

早春播种或春、夏季扦插繁殖。播种不必覆土。也可分割块茎繁殖。栽培管理细致，通常作温室春植球根栽培，冬季休眠。生长期避免过分干旱或湿涝，浇水要间干间湿，适度庇荫即可，过阴易引起徒长。休眠后需将老茎剪掉。北方地区不易栽培。

(3) 主要用途　盆栽。

8.2.31　仙人掌科　Cactaceae

1. 星球　　学名　*Astrophytum asterias*　　别名　金星球

(1) 形态特征　多浆植物。株高5～6 cm。茎扁球形，具8条浅棱，刺座无刺，生白绵毛。花阔漏斗形，黄色，花被基部红色，花期春季。

(2) 繁殖与栽培　原产墨西哥及美国德克萨斯南部。喜温暖、阳光充足，不耐寒；要求排水好、含石灰质的沙质壤土。

春天播种或嫁接繁殖。砧木可用量天尺，种植不宜过深。越冬温度7℃以上。生长期充分浇水，冬季盆土宜稍干燥，夏季适当庇荫，保持通风良好。

(3) 主要用途　盆栽。

2. 鸾凤玉　　学名　*Astrophytum myriostigma*

(1) 形态特征　多浆植物。株高10～20 cm。茎球形至筒状，灰白色，具5棱，棱间锐沟状，棱上有白绵毛群形成的许多小白点，球体被白色小鳞片，顶部稍凹陷并被褐色毛。花黄色，外轮被片尖端黑褐色，花期夏季。有棱数不同的变种。

(2) 繁殖与栽培　原产墨西哥。其他同星球。

(3) 主要用途　盆栽。

3. 翁柱　　学名　*Cephalocereus senilis*　　别名　翁九、白头翁

(1) 形态特征　多浆植物。植株高大，在原产地长到6 m才开花，栽培中株高20～40 cm。茎圆柱形，不分枝，具多数棱，其上密生刺座，大刺座生有白毛及细黄刺，茎顶部白毛多而长，

似白发翁的头。花漏斗形，花瓣白色；中脉红色。

(2) 繁殖与栽培　原产墨西哥干旱地带。性强健，喜温暖、湿润、阳光充足，耐寒，耐炎热，要求排水好的沙砾土。适应性强。

播种，或切除植株顶部分生子球，达一定大小时切下扦插或嫁接繁殖。嫁接苗长到一定高度，也可切下扦插。越冬温度3℃以上，可耐0℃低温，夏季可耐40℃高温。生长期浇水不可太多，少施肥，使其生长慢，能保持好的株形，过高则易倒伏。

(3) 主要用途　盆栽。

4. 山影拳　　学名　*Cereus* sp.f.*monst*　　别名　仙人山

(1) 形态特征　多年生多浆植物。株高可达2～3 m。一般所称的山影拳包括了此属中几个种的畸形石化变异的许多品种。这些品种植株的生长锥分生不规律，整个植株在外形上肋棱交错，生长参差不齐，呈岩石状。主要原种有：神代柱 *C.variabilis*高可达4 m。茎深蓝绿色，刺黄褐色，有4～5个石化品种。秘鲁天轮柱 *C.Peruvianus*高可达10 m。茎多分枝，暗绿色，刺褐色，有3～4个石化品种。

(2) 繁殖与栽培　原种原产西印度群岛、南美洲北部及阿根廷东部。性强健，较耐寒；喜阳光充足，耐半阴；要求排水好、肥沃的沙壤上。

可扦插或嫁接繁殖，砧木可用仙人球平接。生长季宜给充足光照，通风良好。盆土宜稍干燥，不必施肥，肥水过大会使茎徒长成原种的柱状，且易腐烂。过冬温度5℃以上。

(3) 主要用途　盆栽；布置专类园。

5. 金琥　　学名　*Echinocactus grusonii*　　别名　象牙球

(1) 形态特征　多浆植物。茎圆球形，径可达50 cm，单生或成丛，具20条棱，沟宽而深，峰较狭，球顶密被黄色绵毛，刺座大，被7～9枚金黄色硬刺呈放射状。花生于茎顶，外瓣内侧带褐色，内瓣亮黄色，花期6—10月。

(2) 繁殖与栽培　原产墨西哥中部干旱沙漠及半沙漠地带。性强健，喜温暖，不耐寒；喜冬季阳光充足，夏季半阴；喜含石灰质及石砾的沙质壤土。

以播种繁殖为主。也可切除顶端生长点来繁殖，方法同翁柱，砧木可用量天尺。生长适温20～25℃，冬季8～10℃，温度太低，球体易生黄斑，不易开花。栽培中光照要充足，否则球体伸长，刺色淡，降低观赏价值。

6. 仙人球　　学名　*Echinopsis tubiflora*

(1) 形态特征　多浆植物。株高可达75 cm。植株单生或丛生，暗绿色，幼龄植株圆球形，顶部凹入，老株呈圆筒状。茎具11～12棱，排列规则而呈波状。刺锥黑色。花大型，长喇叭状，着生球体侧方，白色，稍香，傍晚开放，隔日清晨凋谢，花期夏季。

(2) 繁殖与栽培　原产阿根廷及巴西南部、习性同金琥。

取母球上分生出的子球繁殖，栽植深度以球根颈与土面平即可，新栽的仙人球不浇水，每天喷雾数次，半个月后少量浇水。长出根后正常浇水。夏季休眠时也要少浇水，冬季室温3～5℃即可，过阴及肥水过大不易开花。

(3) 主要用途　盆栽。

7. 昙花　　学名　*Epiphyllum oxypetalum*

(1) 形态特征　附生仙人掌植物。株高可达3 m。茎叉状分枝，灌木状。老茎圆柱形，木质；新枝扁平叶状，长椭圆形，其面上有2棱，边缘波状，具圆齿；刺锥生圆齿缺刻处，幼枝有刺，老枝无刺。花大形，漏斗状，生于叶状枝边缘，花无梗；萼筒状，红色；花重瓣，花被片披针形，纯白色；夜里开放数小时后凋谢；花期夏秋季。有浅黄、玫红、橙红等花色品种。

(2) 繁殖与栽培　原产墨西哥至巴西热带雨林。喜温暖，不耐寒；喜湿润、半阴；宜富含腐殖质、排水好的微酸性沙壤土。

可扦播或播种繁殖，以扦插为主。5–6月取生长充实的茎作插穗，切下后晾2～3天，伤口干燥后再插。生长适温13～20℃，越冬温度10℃左右。生长期充分浇水，并提高空气相对湿度。冬季休眠期严格控制浇水，严寒时停止浇水。

生长期追肥2～3次。栽培中需设支架，绑缚茎枝。

(3) 主要用途　盆栽。

8. 量天尺　　学名　*Hylocereus undatus*　　别名　三棱箭、三角柱

(1) 形态特征　附生至半附生性仙人掌植物。茎长，多节，有气生根，可附着在支持物上，三棱柱形，粗壮，边缘波状，角质，棱上具刺，深绿色，有光泽。花大形，花冠漏斗形，白色，芳香，萼片基部连合呈长管状，基部具鳞片，雄蕊多数，夜间开放，花期5–9月。

(2) 繁殖与栽培　原产美洲热带及亚热带雨林，中国华南地区也有。性强健，喜温暖，不耐寒；喜湿润、半阴；宜肥沃的沙壤土。

扦插繁殖。生长适温25～35℃，对低温敏感，越冬温度8℃以上，5℃以下茎易腐烂。生长季水肥充足，冬季休眠少浇水，不施肥。管理简单。需设支架供攀援。

(3) 主要用途　盆栽；作珍贵仙人掌类嫁接用砧木。

9. 黄毛球　　学名　*Mammillaria prolifera*

(1) 形态特征　多浆植物。株高5 cm左右。多由小球体密集群生。茎短柱形，有瘤状突起；基部生密集辐射刺，灰白色，毛发状，中刺针状，黄褐色；茎体质软，灰绿色。花漏斗形，花被黄白色，中部色深；花期夏季。

(2) 繁殖与栽培　原产墨西哥东北部及美国德克萨斯州。喜温暖、不耐寒，喜湿润、半阴。

以分株繁殖为主，也可扦插或嫁接繁殖。生长适温15～25℃，越冬温度5℃以上。春秋季生长期保持土壤湿润，少量追肥，冬季休眠后控制浇水。夏季炎热闷湿不利生长，宜放通风凉爽处。

(3) 主要用途　盆栽。

10. 令箭荷花　　学名　*Nopalxochia ackermannii*

(1) 形态特征　常绿附生仙人掌类植物。株高50～100 cm。茎多分枝，灌木状，外形与昙花相似，区别为其全株鲜绿色叶状茎扁平，较窄，披针形，基部细圆呈柄状，具波状粗齿，齿凹处有刺，嫩枝边缘为紫红色，基部疏生毛。花生刺丛间，漏斗形，玫瑰红色，白天开放，花期4月。有白、粉、红、紫、黄等不同花色的品种。

(2) 繁殖与栽培　原产墨西哥及玻利维亚。喜温暖、湿润，不耐寒；喜阳光充足；宜含有机质丰富的肥沃、疏松、排水好的微酸性土。

扦插或嫁接繁殖，方法同昙花。夏季温度保持在25℃以下，越冬温度8℃以上。夏季需适当庇荫。生长期浇水见干见湿，适当追肥。冬季保持土壤干燥。栽培中需不断整形并设支架绑缚伸长的叶状枝。

(3) 主要用途　盆栽。

11. 仙人掌　　学名　*Opuntia dillenii*

(1) 形态特征　仙人掌类植物。株高可达2 m以上。植株丛生成大灌木状。干木质，圆柱形。茎节扁平，椭圆形，肥厚多肉，刺座内密生黄色刺，幼茎鲜绿色，老茎灰绿色。花单生茎节上部，短漏斗形，鲜黄色，花期夏季。

(2) 繁殖与栽培　原产美洲热带。性强健，喜温暖，耐寒；喜阳光充足；不择土壤，耐旱，忌涝。

以扦插繁殖为主。在生长季掰下茎节后晾干2～3天，伤口干燥后扦插，不可插得太深，保持基质潮湿即可。中国西南及浙江南部以南地区可露地栽培。室内盆栽越冬温度5℃左右。盆栽需有排水层，生长期浇水见干见湿，适当追肥、秋凉后少水肥，冬季盆土稍干，置冷凉处。管理简单。

(3) 主要用途　盆栽。

12. 蟹爪兰　　学名　*Zygocactus truncactus*　　别名　蟹爪、蟹爪莲

(1) 形态特征　附生性仙人掌植物。株高30～50 cm。多分枝，铺散下垂。茎节多分枝，扁平，倒卵形，先端截形，边缘具2～4对尖锯齿，如蟹钳。花生茎节顶端，着花密集，花冠漏斗形，紫红色，花瓣数轮，愈向内侧，管部愈长，上部反卷；花期11—12月。有许多园艺品种。

(2) 繁殖与栽培　原产巴西。喜温暖、湿润，不耐寒；喜半阴；宜疏松、透气、富含腐殖质的土壤。

扦插或嫁接繁殖。砧木可用量天尺、仙人掌。生长适温15～25℃，冬季低于10℃生长明显缓慢，低于5℃呈半休眠状。夏季开始加强水肥管理，入秋后提供冷凉、干燥、短日照条件，促进花芽分化。开花期少浇水。花后有短期休眠，保持15℃，盆土不过分干燥即可。栽培中花芽易落，主要原因为生长期营养不良或土壤过干；花芽形成后光照条件突变，如转盆；昼夜温差过大；浇水水温太低等。生长强健，栽培中应及时设支架支托下垂茎节。

(3) 主要用途　温室冬春盆栽，吊盆观赏。

13. 仙人指　　学名　*Schlumbergera bridgesii*

(1) 形态特征　附生性仙人掌植物。形态上与蟹爪兰类似。惟绿色茎节上常晕紫色，茎节也短，边缘线波状，先端钝圆，顶部平截。花冠整齐，筒状，红色或紫红色，着花较少，花期也晚，为3—4月。有白色及金黄色园艺品种。

(2) 繁殖与栽培　原产巴西。其他同蟹爪兰。

(3) 主要用途　盆栽，吊盆观赏。

8.2.32 千屈菜科 Lythraceae

1. 萼距花　学名 *Cuphea hookeriana*　别名 虎氏萼距花

(1) 形态特征　灌木状草本。茎具粗毛。叶披针形或线状披针形。花单生，数朵在枝端组成总状花序状，花萼微红色，花瓣6枚，明显不等大，2枚特大，另4枚极小，深红色，花期夏秋季。

(2) 繁殖与栽培　原产墨西哥。喜温暖，不耐寒，5℃以下常受冻害；稍耐阴；耐瘠薄土壤。播种或扦插繁殖。华北作温室栽培。管理简单。冬季室温宜10℃以上。

(3) 主要用途　适宜布置花境；也可盆栽观赏。

2. 散沫花　学名 *Lawsonia inermis*　别名 指甲花

(1) 形态特征　落叶灌木。株高3～6 m。树皮有薄纵裂，分枝密，小枝略呈四棱形，有棘刺。叶对生，狭椭圆形，先端尖，基部楔形，具短柄。圆锥花序顶生，花细小，花瓣4枚，白色、玫瑰红色或朱砂红色，具齿而内卷，基部有短爪，花萼4深裂，花极香，花期夏季。

(2) 繁殖与栽培　原产美洲热带。喜温暖、湿润、阳光充足，极不耐寒。

播种或扦插繁殖。宜选用肥沃、疏松的土壤栽培。长江流域以北需温室栽培，越冬温度15℃以上。一般管理。

(3) 主要用途　长江以南地区庭院丛植；配植花境；北方盆栽。

3. 千屈菜　学名 *Lythrum salicaria*　别名 水枝绵、水柳

(1) 形态特征　多年生草本。株高80～120 cm。茎4棱，直立多分枝。叶对生或三叶轮生，披针形。密集长穗状花序顶生；花萼筒长管状，有棱，上部4～6裂，裂片间具附属体；花瓣6枚，玫瑰紫色；花期7–9月，有大花、毛叶及深紫色变种。

(2) 繁殖与栽培　原产欧、亚两洲温带，中国各地有野生。喜强光、水湿，耐寒性强，对土壤要求不严，在深厚、富含腐殖质的土壤上生长更好。

以分株繁殖为主，也可播种或扦插繁植。早春或秋季分株。春季播种及扦插，嫩枝扦插，在浅水中生长最好，但也可露地较干燥处栽培。盆栽需用肥沃的河泥，抽花穗前保持盆土湿润而不积水，开花时让盆中保持5～10 cm水深，置光照足、通风处。入冬剪去地上部分，冷室越冬。露地栽培，管理简单。

(3) 主要用途　配植花境、水景园、沼泽园；切花；盆栽。

8.2.33 菱科 Trapaceae

菱　学名 *Trapa bispinosa*

(1) 形态特征　一年生水生浮水植物。茎长可达1 m，具蔓性匍匐枝。叶浮水面或沉于水中，沉水叶对生，根状；浮水叶聚生茎顶，呈莲座状着生，三角形，上部叶缘具粗齿，下部全缘；叶表光滑，叶背有显著长毛；叶柄中部膨大为海绵质气囊，具毛。花单生叶腋，白色或粉红色，花期7月。坚果两侧各具一硬刺状角，紫红色。

(2) 繁殖与栽培　原产中国南部热带及亚热带。喜温暖，不耐寒；不择水深，喜静水。适应性强。

播种或分株繁殖。春季分株为主，剪断匍匐茎，撒于水中即可。栽培时水中泥土肥沃较好，宜深水栽培，管理简单。

(3) 主要用途　水面绿化；净化水体。

8.2.34　柳叶菜科　Onagraceae

1. 倒挂金钟　学名 *Fuchsia hybrida*　别名　吊钟海棠

(1) 形态特征　半灌木或小灌木，为栽培杂种。株高60～150cm。茎纤弱光滑，褐色，小枝细长，平展或稍下垂弯曲，晕粉红或紫色。叶对生或轮生，光滑，椭圆形至阔卵形。花生于枝上部叶腋，具长梗而下垂；萼筒与裂片近等长，深红色；花瓣紫色、白色或红色；花期1–6月。有单瓣、重瓣品种及矮生变种，还有花小而繁、花大而稀疏及一些观叶品种等。

(2) 繁殖与栽培　原产中南美洲。喜凉爽、湿润、半阴、通风良好；不耐炎热高温，稍耐寒；喜肥沃而排水好的沙质土壤。

春、秋季扦插繁殖，多选用充实的顶梢作插穗。中国大部分地区作温室栽培，冬季保持室温10～15℃，低于5℃即受害，生长中气温高于30℃则进入半休眠，温度再高易造成死亡。安全越夏是管理的关键，夏季要给予凉爽环境。生长期加强水肥供给，可多次摘心，使株形好、开花多，且控制花期，摘心后20天左右即开花。炎夏休眠要少浇水，置阴凉处，初秋再加强水肥。

(3) 主要用途　盆栽；温暖地区庭院露地栽培。

2. 送春花　学名 *Godetia amoena*　别名　古代稀、晚春锦

(1) 形态特征　一年生草本。株高50～60 cm，植株纤细。叶条形至披针形，常有小叶簇生叶腋。花在枝端聚集成稀疏、多叶的穗状花序；萼裂片连生，当花开放时转向一边。花冠紫红或淡紫色，有丝光；花药底部着生，区别于月见草；花期5–6月。有矮生及重瓣品种。

(2) 繁殖与栽培　原产北美西部。喜冷凉、湿润，耐寒性不甚强，忌酷暑；喜光；喜略湿润而疏松的土壤。

秋播，幼苗冷床越冬，华北地区也可春季直播繁殖。栽培管理同一般草花。

(3) 主要用途　配植花坛；丛植；盆栽。

3. 月见草　学名 *Oenothera biennis*

(1) 形态特征　二年生草本。株高1～1.2 m，全株具毛，分枝开展。茎绿色。基生叶狭倒披针形，茎生叶卵圆形，叶缘具不整齐疏齿。花大，2朵簇生叶腋，下部花稀疏，向上渐紧密，花瓣4枚，倒卵形，黄色，具香味，傍晚开放，花期6–9月。种子有角棱。

(2) 繁殖与栽培　原产北美。喜阳光、高燥，不耐热，要求肥沃、排水好的土壤。

秋季播种繁殖，可自播繁衍。华北需要在冷床或阴畦越冬。小苗定植后，多次摘心，可控制高生长，促进分枝，多开花，植株强健，管理简单。

(3) 主要用途　作花境背景材料；丛植；基础栽植。为布置夜花园的良好材料。

4. 待宵草　　学名　*Oenothera drummondii*

(1) 形态特征　一、二年生栽培。株高 50～80 cm，全株具毛。基生叶线状倒披针形，与月见草的主要区别为：本种茎生叶为矩圆状披针形。花单生上部叶腋，花瓣倒心形，初开黄色，凋谢时带红色，花清香，傍晚开放，花期 5–8 月。种子无角棱。

(2) 繁殖与栽培　原产南美。其他同月见草。

(3) 主要用途　配植花境；丛植；基础种植；铺植夜花园地被。

8.2.35　报春花科　Primulaceae

1. 点地梅　　学名　*Androsace umbellata*　　别名　铜钱草

(1) 形态特征　一年生草本。株高 10 cm，全株被白色长柔毛。叶丛生，长叶柄横卧，叶近圆形，具尖锯齿。伞形花序生于长花梗顶端，明显高出叶面，小花白色，花期 4–5 月。

(2) 繁殖与栽培　原产中国西南及西北地区。喜温暖、湿润。较耐寒；喜阳光充足，不耐阴；要求肥沃的土壤。适应性强。

播种繁殖，也可自播繁衍。生长健壮，管理粗放。

(3) 主要用途　配植于岩石园；地被。

2. 仙客来　　学名　*Cyclamen persicum*　　别名　兔子花、萝卜海棠

(1) 形态特征　多年生球根花卉。株高 20～30 cm。球茎扁圆形，外被木栓质。叶丛生于球茎中心极短缩的茎上，心脏状卵圆形，具齿牙；表面绿色带白色斑纹；叶柄长，褐红色。花大，单生于自叶丛中抽出的细长花梗上；花瓣 5 枚，基部成短筒；花蕾时花瓣先端下垂，开花时向上反卷；花色有白、粉、绯红、红、紫等色，瓣基常有深色斑；花期冬春季节。

(2) 繁殖与栽培　原产南欧及地中海一带。喜凉爽、湿润及阳光充足，不耐寒，忌高温炎热；喜肥沃、疏松的微酸性土壤。抗二氧化硫。

播种繁殖，9–10 月为好。也可切割球茎繁殖。栽培中冬季室温不低于 10℃，夏季气温达 30℃以上时进入休眠。越夏是一个关键环节，休眠时需凉爽干燥。盆土要保持湿润不可太干，要有较高的空气湿度。忌施浓肥，注意通风。

(3) 主要用途　华南地区可用于岩石园布置。为重要的温室冬春盆花。

(4) 现代仙客来的园艺品种极多，都是本种的后代，主要变种：

① 大花型 var.*giganteum*　叶缘锯齿较浅或不显著。花大，花瓣平伸，全缘，有重瓣品种，花瓣 7–10 枚，白、红或紫色，花蕾端尖。

② 皱瓣型 var.*rococo*　叶缘锯齿显著。花蕾顶部圆型，花瓣极宽，边缘有细碎褶皱，瓣片向后反转。

③ 平瓣型 var.*papilio*　叶缘锯齿显著。花蕾尖形，花瓣较狭而平展，边缘具细缺刻。

此外还有芳香品种及小叶品种。

3. 报春花　　学名　*Primula malacoides*　　别名　纤美报春

(1) 形态特征　多年生草本，常作温室一、二年生栽培。株高 45 cm。叶基生，具长柄，卵

圆形，具锯齿，叶背有白粉。伞形花序多为2～6层，总花梗较长，高出叶面，花萼小阔钟形，萼背面有白粉，花白、粉红、深红、淡紫等色，芳香，花期2–4月。园艺品种很多，有高型、矮型、大花、多花、重瓣、裂瓣、斑叶等，花色丰富，花期也有变化。

(2) 繁殖与栽培　原产中国。喜温暖、湿润、夏季凉爽通风，不耐寒，忌炎热及干旱；要求土壤含适量钙质。花色受酸碱度影响而有明显变化。一般pH偏低花呈红、粉红色，pH值偏高则花色呈偏蓝堇色系。

6–9月播种繁殖。种子寿命短，宜随采随播，播后不必覆土。温室栽培。生长期避高温，本种特需冷凉，10℃左右开花，越冬温度5～6℃。须保持盆土湿润及一定的空气湿度。不需过多施肥，选用通气、排水好的腐殖质土即可。

(3) 主要用途　盆栽，重要的温室冬春盆花。

4. 四季报春　学名　*Primula obconica*　别名　四季樱草、仙鹤莲

(1) 形态特征　多年生草本，作温室一、二年生栽培。株高30 cm，全株具腺毛。叶基生，长圆形至卵圆形，具浅波状齿，叶片及叶柄有白色腺毛，含报春花碱。花葶多数，伞形花序生于花葶顶端，花萼倒圆锥形，花有白、洋红、紫红、浅蓝等色，四季开花，以冬春季为盛。有重瓣及不含报春花碱的品种。

(2) 繁殖与栽培　原产中国。对偏酸性土壤明显反应不良，生长差。为报春花类中较喜温暖、湿润的品种，要求水分多。但温度低，土壤过湿易生白粉病，可提高温度或换盆。其他同报春花。

(3) 主要用途　冬春盆栽；暖地用于岩石园及花坛。

5. 多花报春　学名　*Primula polyantha*　别名　西洋樱草

(1) 形态特征　多年生草本，常作温室一、二年生栽培。株高15～30 cm。叶基生，倒卵圆形，叶柄有翼。伞形花序多数丛生，高于叶面。花较大，色彩丰富，有粉红、黄、堇、褐、白等色，花期春季。有复色及具香味的品种。

(2) 繁殖与栽培　为种间杂交成的园艺杂种，欧洲育成。性强健，耐寒。北方冬季在冷床或冷室内可越冬，夜间温度不低于10℃可正常开花。露地栽培不择土壤，只要不过分干燥，夏天在半阴、通风处即可旺盛生长。还可于春或秋季分株繁殖。其他同报春花。

(3) 主要用途　配植花坛、岩石园，盆栽。

6. 藏报春　学名　*Primula sinensis*　别名　大樱草

(1) 形态特征　多年生草本，作温室一、二年生栽培。株高15～30 cm，全株密被腺毛。叶基生，椭圆形或卵状心形，具长柄，叶背紫色，叶面暗绿色，叶边有浅裂，裂缘具缺刻状锯齿，基部心脏形。轮伞花序2～3层，苞片叶状，花萼基部膨大，成坛状；花冠高脚蝶形，5～7裂，喉部草绿色；花初开淡粉紫色，后为桃红色。花期1–5月。栽培品种多。

(2) 繁殖与栽培　原产中国湖北、四川、甘肃及陕西。耐寒性较其他种较弱。但耐干旱性较强。花后将残花连梗去除，可继续抽出新花梗。

(3) 主要用途　盆栽。

7. 欧洲报春　学名 *Primula vulgalis*

(1) 形态特征　多年生草本。株高10~15 cm。叶基生，长椭圆形或倒卵状椭圆形，叶面皱，叶柄有翼。花葶多数，单花顶生，芳香，花淡红色，花期全年。栽培品种多，花色极丰富，喉部一般为黄色，还有花冠上有斑纹及重瓣品种。

(2) 繁殖与栽培　原产欧洲。其他同多花报春。

(3) 主要用途　配植岩石园、花坛；盆栽；切花。

8.2.36 蓝雪科 Plumbaginaceae

1. 金色补血草　学名 *Limonium aureum*　别名　黄花矶松、金匙叶草

(1) 形态特征　多年生草本。株高10~30 cm，全株无毛。叶基生，矩圆状匙形至披针形，叶柄有翼。聚伞花序排成圆锥状，花序轴上有小疣点；苞片短于花萼，边缘膜质；花萼宽漏斗状、筒状，有长柔毛，干膜质，金黄色，宿存，为长期观赏部位；花冠桔黄色；花期5–6月。

(2) 繁殖与栽培　原产中国及蒙古，西伯利亚。耐寒；喜阳，也耐半阴；耐碱，喜粘质壤土，不耐水湿。

播种或分株繁殖。夏季应注意防雨涝。

(3) 主要用途　同二色补血草。

2. 二色补血草　学名 *Limonium bicolor*　别名　苍蝇花、蝇子草

(1) 形态特征　多年生草本。株高50~80 cm，全株无毛。叶基生，匙形或倒卵状匙形，叶柄有翼，疏生腺体。聚伞花序排成圆锥状，多单生；苞片紫红色；花萼漏斗状，萼筒较短，具柔毛，倒圆锥形，干膜质，白色或粉白、粉红色，宿存，为长期观赏部位；花瓣黄色，花期5–6月。

(2) 繁殖与栽培　原产中国，内蒙古有野生，蒙古也有。耐寒性强；喜较粘质土壤；耐盐碱，耐旱，忌湿涝。

播种、分株或扦插繁殖。宜秋播或早春播。扦插适温13~19℃。因直根，移栽时应少伤根。

(3) 主要用途　配植花境；丛植；切花制干花，是优良的天然干燥花材料。

3. 宽叶补血草　学名 *Limonium latifolium*

(1) 形态特征　多年生草本。株高20~50 cm。叶基生呈莲座状，全缘，下部叶脉白色，叶柄有翼。聚伞花序多数，花序轴扁平，被绒毛；花萼与花瓣同色，淡堇蓝色，干膜质，宿存，为长期观赏部位；花期5–6月。

(2) 繁殖与栽培　原产中国。其他同二色补血草。注意夏季防雨涝。

(3) 主要用途　同二色补血草。

4. 中华补血草　学名 *Limonium sinensis*　别名　华矶松、盐云草

(1) 形态特征　多年生草本。株高15~60 cm，全株无毛。叶基生，矩圆状披针形至倒卵状披针形，叶柄具翼。聚伞花序成圆锥状排列，花序轴具显著的沟槽；苞片短于花萼，紫褐色，

边缘膜质；花萼漏斗状，疏生柔毛，干膜质，白色或乳白色，宿存，可长期观赏；花瓣黄色；花期5–6月。

(2) 繁殖与栽培　原产中国。其他同二色补血草。

(3) 主要用途　同二色补血草。

5. 深波叶补血草　学名 *Limonium sinuatum*

(1) 形态特征　二年生草本。株高25～55 cm。叶基生，具毛，矩圆状倒卵形，羽状裂。蝎尾状聚伞花序；花萼较长，干膜质，有白、蓝、红、黄等色，可长期观赏；花瓣黄色；花期5–6月。

(2) 繁殖与栽培　原产欧洲。具一定耐寒性，其他同二色补血草。

(3)主要用途　配植花境；花坛；丛植。观赏价值高，也是优良的干花材料。

8.2.37　龙胆科　Gentianaceae

1. 洋桔梗　学名 *Eustoma grandiflorum*　别名　草原龙胆

(1) 形态特征　草原龙胆属，多年生草本。株高20～70 cm，多分枝。叶银绿色，卵形，先端尖。花冠钟形似风铃，花瓣有单瓣和重瓣，花色丰富而鲜明，有粉白色、紫色、粉红色、洁白色、奶白色、白花粉红边等等。花期长，5–10月开花不断。种子极小。

(2) 繁殖与栽培　原产于北美洲及墨西哥。花色淡雅多样，清新娇艳，花姿花色颇具现代感。以云南的暖地栽培表现较好，有一定应用前景。

(3) 主要用途　观赏价值高，是优良的切花材料。

2. 藻百年草　学名 *Exacum affine*　别名　紫芳草

(1) 形态特征　紫芳草株高仅10 cm左右，极适合小盆栽，开花后可作室内摆设，芳香美丽，很受人们喜爱。叶卵形或心形，深绿色，具光泽且密生，多分枝，似小灌木状。花呈碟形或盘状，紫蓝色，雄蕊鲜黄明艳，并能散发浓郁的香气。春至夏季开花，成功的盆栽可开花近百朵，花期可维持在3个月以上。花色另有蓝色及白色。

(2) 繁殖与栽培　原产索科得拉岛。用播种法，秋、冬季为播种适期，种子发芽适温15～25℃。种子具好光性，播种时不可覆土，播种土质以疏松肥沃的沙质壤土为最佳，播种后保持湿度，并接受60%～70%光照，约2周内可发芽，待苗木叶发至6～8枚时移植盆栽。

栽培土质以富含有机质的沙质壤土或腐叶土为最佳。盆底需排水良好。性喜凉爽的环境，盆栽宜摆稍阴凉而有间接日照的地点，避免强烈日光直射，若在荫棚70%～80%光照下则生育最理想。生育期间每隔20～30天追肥1次，氮、磷、钾肥料或各种有机肥料均佳，或预先在盆土混合腐熟堆肥作基肥，此后生育便自然而迅速。盆土需经常保持湿度，过分干旱则生育受阻。性喜温暖，忌高温多湿，生育适温15～25℃，春末开花时若遇寒乍热、高温28℃以上天气，需防萎凋腐烂。花谢后立即将残花剪除，可促进再结蕾开花。

(3) 主要用途　盆栽。

3. 龙胆　学名 *Gentiana scabra*

(1) 形态特征　多年生草本。株高30～60 cm。茎直立。叶对生，中、上部叶卵形或卵状披针形，茎基部叶鳞片状。聚伞花序顶生，花冠筒状钟形，蓝色，花期9−10月。

(2) 繁殖与栽培　原产中国及朝鲜、日本、原苏联。耐寒，不耐炎热；喜光，耐阴；要求湿润、肥沃的土壤，忌干旱。

播种或扦插繁殖，春播或用嫩枝扦插。栽培宜选用疏松、肥沃的土壤，生长期内需充分浇水，并保持一定的空气湿度，夏季要庇荫降温。

(3) 主要用途　配植花境；丛植于林缘或草坪。

4. 华丽龙胆　　学名　*Gentiana sino-ornata*

(1) 形态特征　多年生草本。株高10～20 cm。地下茎斜生，光滑。叶对生，条形或阔披针形，先端短尖，基部合生成短鞘，茎基部叶小。花单生顶端，花冠漏斗状，花冠筒中部收缢，蓝色，有黄绿条纹。

(2) 繁殖与栽培　原产中国，分布西南地区，常生于山坡草地或山顶草丛中。喜冷凉、湿润，耐寒。管理同龙胆。

(3) 主要用途　盆栽；夏季凉爽之地可以作岩石园、花境及假山园装饰。

5. 荇菜　　学名　*Nymphoides peltatum*　　别名　水荷叶、水镜草

(1) 形态特征　多年生漂浮植物。茎细长，匍匐于水底泥中或生于水中。叶浮于水面，卵圆形，基部心形，全缘或微波状，叶面光滑，绿色，叶背带紫色。伞形花序腋生，小花黄色，花冠裂片缘具细圆齿状，有睫毛，喉部有细毛，花期6−10月。

(2) 繁殖与栽培　原产温带至热带淡水中。性强健，耐寒，喜静水。适应性很强。

分株繁殖，能自播繁衍，并迅速生长，不需管理。应注意控制一定密度和数量，否则水面会被堵塞。

(3) 主要用途　水面绿化。

8.2.38　夹竹桃科　Apocynaceae

1. 长春花　　学名　*Catharanthus roseus*　　别名　五瓣莲、日日草

(1) 形态特征　常绿亚灌木状草本，作一年生栽培。株高30～50 cm。叶对生，倒卵状矩圆形，基部渐狭，有光泽，主脉白色明显。花单生或数朵腋生，花冠高脚碟状，具5枚平展的裂片，花玫红、白或黄色，喉部色深，花期8−10月。有许多园艺品种，花色丰富。

(2) 繁殖与栽培　原产南亚、非洲东部及美洲热带。喜温暖，不耐寒；喜阳光充足，耐半阴；喜高燥，不择土壤，忌水涝。

春季播种繁殖。华南、西南以外地区多作温室多年生盆栽，越冬温度5℃以上。定植后摘心，促分枝。栽于富含腐殖质的疏松土壤中生长较好，向阳处植株生长不良，细弱，少分枝。生长期适当浇水，忌过湿。

(3) 主要用途　暖地丛植庭园；配植花坛；盆栽。

2. 长春蔓　　学名　*Vinca major*　　别名　蔓长春花

(1) 形态特征　常绿蔓性亚灌木。丛生状，株高30～40 cm。营养茎蔓性，匍匐地面，细

长少分枝，基部稍木质，开花枝直立。叶对生，卵圆形，先端急尖，叶缘及柄有毛，具光泽。花单生叶腋，花冠高脚碟状，5裂左旋，花萼及花冠喉部有毛，花淡紫堇色，花期春夏季至初秋。有花叶品种。

(2) 繁殖与栽培　原产地中海沿岸、印度及美洲热带。喜温暖、湿润，不耐寒，喜半阴。适应性强。

生长期分株繁殖，也可扦插或压条繁殖。华北地区温室栽培，生长迅速。一般管理。

(3) 主要用途　地被及基础种植，是优良的地被植物。也是极好的室内植物，可吊盆观赏。

8.2.39　萝藦科　Asclepiadaceae

1. 马利筋　　学名　*Asclepias curassavica*　　别名　莲生桂子

(1) 形态特征　多年生草本或亚灌木，常作一年生栽培。株高60～100 cm，全株有乳汁。叶对生或三叶轮生，椭圆状披针形。伞形花序顶生或腋生，花冠紫红色或桔红色，裂片向下反卷，副花冠5裂，桔黄色，花期6—9月。

(2) 繁殖与栽培　原产美洲热带，中国华南地区及云南有野生。喜温暖、干燥，较耐寒，喜光，不择土壤。

播种或扦插繁殖。春播。可作一年生草花栽培，也可作多年生栽培，华北地区需温室栽培，冬季应保持7℃以上室温。花后重回剪，追肥，秋季还可开花。盆栽要几次摘心，促分枝。

(3) 主要用途　配植花坛、花境、岩石园；盆栽。

2. 钉头果　　学名　*Asclepias physocarpa*　　别名　气球花、棒头果、风船唐绵

(1) 形态特征　多年生草本。钉头果株高2～3 m，自然分枝多，体内有白色乳液。叶对生，线形，酷似夹竹桃叶。秋至春季开花，顶生或腋生，花白色，垂悬伞形花序，每花序着生10数朵小花，花期极长，常见花、果同株。花后能结果，果实极奇特，果表有粗毛，似用钉子插入，也极像河豚或充气鼓胀的小气球，果内除了有种子外，中空无果肉，一压即扁，稍后能复圆，皮薄，皮面脉纹清晰，密布绿色长毛。挤压有空气溢出。

果实成熟后自行爆裂，种子上部附生银白色绒毛，形似降落伞，风吹即飘飞各处播种，因此又称“风船唐绵”。

(2) 繁殖与栽培　原产非洲。不耐寒，可耐阴。性喜高温多湿，生长适温20～28℃，越冬温度不低于10℃。

春季播种，春秋季扦插。

栽培土以肥沃、排水良好的壤土为宜。日照约60%～80%。苗期生长慢，生长期每月施1次有机肥，注意打枝修剪，以免生长过高而倒伏。

(3) 主要用途　切枝是插花上等材料，亦可庭园点缀栽培或大型盆栽观果或作切花材料。

3. 吊金钱　　学名　*Ceropegia woodii*　　别名　心蔓、吊灯花、鸽蔓花

(1) 形态特征　多年生常绿蔓性草本。茎肉质蔓性，细长下垂，节间常生深褐色小块茎。叶对生，具短柄，肉质较厚，心形至卵状椭圆形，叶脉内凹，表面暗绿色，沿叶脉处及叶缘有

白纹，叶背淡紫红色。聚伞花序，着花2～3朵。花淡红紫色，花期7–9月。

(2) 繁殖与栽培　原产南非。喜温暖、湿润、半阴，耐寒力差，忌炎热；喜排水好的沙砾土，忌湿涝。

栽种滋生的小块茎或用茎扦插繁殖。越冬温度10℃以上。生长期需较高的空气湿度，盆土浇水不宜过多过勤。适当追肥有利生长。

(3) 主要用途　优良的室内观叶植物，可吊盆或攀附支架上观赏。

4. 球兰　　学名　*Hoya carnosa*　　别名　毬兰、樱花葛、蜡兰

(1) 形态特征　常绿攀援藤本。高可达7 m。茎肉质，节上生气根，借以攀援树石之上。叶对生，肉质较厚，叶侧脉不明显，卵状椭圆形，先端渐尖。伞形花序球形至半球形，下垂，花密集，花冠蜡状，白色，心部粉红色，副花冠放射呈星状，微香，花期5–9月。

(2) 繁殖与栽培　原产中国南部、大洋洲及东南亚。喜高温、高湿、半阴，也耐旱。

夏季用茎扦插繁殖或春季压条繁殖。华南以北地区温室盆栽，越冬温度7℃以上，可耐短时2℃低温。生长期应提供高的空气湿度，不可光照过强，否则叶退色且粗糙。宜用疏松的基质栽培。幼株可摘心促分枝，并设支架供其攀援。

5. 豹皮花　　学名　*Stapelia pulchella*　　别名　国璋花、小犀角花

(1) 形态特征　多年生肉质草本。株高10～20 cm。茎丛生，光滑无毛，粗壮四棱形，棱上有对生的粗短软刺，无叶。花基生，单朵或2～3朵并生，五角星状，内面黄色，密布暗紫色横纹或斑块，花有异味，花期夏季。

(2) 繁殖与栽培　原产南非。喜温暖、干燥，不耐寒，也忌炎热；喜光；宜排水好、富含腐殖质的砂砾土，极耐干旱。

扦插或分株繁殖。5–6月用茎扦插，插穗切口风干或沾草木灰后再扦插。越冬温度10℃以上。浇水不可太多，冬季休眠期减少浇水。

(3) 主要用途　盆栽。

8.2.40　旋花科 Convolvulaceae

1. 月光花　　学名　*Calonyction aculeatum*　　别名 夜光花、夕颜

(1) 形态特征　多年生蔓性草本。茎具乳汁。叶互生，较大，心状卵形，常3浅裂，顶端尾尖，基部心形。聚伞花序腋生，具长总梗；花冠高脚碟状，白色，有时带淡绿色褶纹，芳香，傍晚开放，次日清晨闭合，花期夏秋季。有大花、异叶及斑叶变种。

(2) 繁殖与栽培　原产美洲热带。喜温暖、湿润、阳光充足，不耐寒；不择土壤。

播种繁殖，春季播种或早春露地直播。不耐移植，宜早定植，栽培中需设支架供牵引，种植不可过密。管理简单。

(3) 主要用途　垂直绿化，适合布置夜花园。

2. 打碗花　　学名　*Calystegia hederacea*　　别名　小旋花、兔耳草

(1) 形态特征　一年生缠绕草本。植株无毛，茎具细棱，缠绕或匍匐分枝。叶形多变，三

角状卵形、戟形或箭形，基部心形，端尖。花单生叶腋，花梗较叶柄长并具棱角，片2枚，佝偻状，包住花萼；花萼5枚；花冠漏斗形，花淡粉红色或淡紫色。花期春夏。

(2) 繁殖与栽培　原产亚洲南部、东南部及东非，分布中国各地。适应性极广，生长健壮，对环境及土壤要求低。在中国多野生于荒地、路旁、田间。

播种繁殖，可自播繁衍。生长迅速。管理粗放。

(3) 主要用途　园林引种少，过去多作杂草。地被；坡地绿化；垂直绿化。

3. 马蹄金　学名　*Dichondra repens*

(1) 形态特征　马蹄金属多年生草本植物。又名黄胆草、金钱草。具匍匐茎。

(2) 繁殖与栽培　马蹄金喜光及温暖湿润气候，耐阴力较强。对土壤要求不严，但在肥沃之处，生长茂盛。它能耐一定的低温，华东地区栽培，在−8℃的低温条件下，仅发现草层上部的部分叶片表面变褐色，但仍能安全越冬。它又能耐一定的炎热与高温，在42℃的气温下，仍能安全越过夏季。在华东地区能保持四季常绿。不耐践踏。

马蹄金结实率不高，故通常采用营养繁殖。用1∶8的比例分栽匍匐茎进行繁殖，如繁殖地杂草较多，则宜缩小分栽比例，使马蹄金尽早全面覆盖地面，抑制杂草生长。分栽时用手把草皮块撕成5 cm × 5 cm大小的小草块，贴在地面上，稍覆土压紧，随即进行灌溉浇水即可。如按1∶8比例分栽，一般经过2～3个月的夏季生长期，即可全面覆盖地面；春、秋两季分栽草块，达到全面覆盖地面的生长期略长于夏季旺盛生长期。也可用草皮块直接铺设。

(3) 主要用途　可应用于小面积花坛、花径、山石园及绿地，亦可作固土护坡植物栽培，是优良的地被绿化材料。

4. 五爪金龙　学名　*Ipomoea cairica*　别名　掌叶牵牛、槭叶牵牛

(1) 形态特征　多年生缠绕藤本。茎细弱，灰绿色。叶互生，掌状5深裂达基部，裂片椭圆状披针形。1～3朵花成序状腋生，具短总梗，萼5裂；花冠漏斗形，淡紫色，心部渐深；清晨开放，午后凋谢，花期四季。

(2) 繁殖与栽培　原产亚洲及非洲热带。喜高温，不耐寒；喜光，也稍耐阴；要求土壤排水良好，耐干旱。

播种或扦插繁殖。播种前需浸种，高温下易发芽，华北温室盆栽，越冬温度10℃以上。宜早定植，需设支架牵引。一般管理。

(3) 主要用途　暖地可作露地垂直绿化材料；盆栽。

5. 圆叶茑萝　学名　*Quamoclit coccinea*　别名　橙红茑萝

(1) 形态特征　一年生缠绕草本。长可达4m。叶互生，卵形，先端尖，基部心形，叶柄与叶片等长。花数朵成聚伞花序腋生，萼端具长芒尖；花冠高脚碟状，猩红色，喉部带黄色；花较大，花期夏秋季。有重瓣品种。

(2) 繁殖与栽培　原产南美。其他同羽叶茑萝。

(3) 主要用途　垂直绿化，适于承重较小的支架。

6. 牵牛　　学名　*Phatbitis nil*　　别名　喇叭花、朝颜

(1) 形态特征　一年生缠绕藤本。全株具粗毛。叶阔卵状心形，常3裂，中裂片大，有时呈戟形。花1～2朵簇生叶腋，花冠喇叭状，端5浅裂，边缘呈波浪状皱褶，花多白、粉红、紫红、蓝等色，花期7–9月。有许多大花矮生或镶边品种。种子入药称“黑丑”。

(2) 繁殖与栽培　原产亚洲热带、亚热带。喜温暖，不耐寒；喜光，耐半阴；能耐干旱及瘠薄土壤。

春季播种繁殖，能自播繁衍。直根性，耐移植，宜早定植。生长快，种植后需设支架牵引。幼苗时可摘心，促分枝。生长期水、肥足则花大色艳。

(3) 主要用途　可供垂直绿化。用来绿化竹篱、小棚架及阳台等。

7. 圆叶牵牛　　学名　*Pharbitis purpurea*　　别名　小牵牛花

(1) 形态特征　一年生缠绕藤本。高可达3 m。茎多分枝，被粗硬毛。叶广卵形，先端尖，基部心形，全缘。花1～5朵腋生，漏斗状钟形，筒部白色带紫晕，花冠端部5浅裂，蓝紫色。花期7–9月。园艺品种丰富，有镶边、镶色、重瓣及斑叶变种。

(2) 繁殖与栽培　原产美洲热带。其他同牵牛。

(3) 主要用途　垂直绿化。

8. 羽叶茑萝　　学名　*Quamoclit pemata*　　别名　茑萝

(1) 形态特征　一年生缠绕草本。茎光滑。叶无柄或具短柄，互生，羽状细裂。聚伞花序腋生，花冠高脚碟状，展开似五角星，深红色，萼端无芒尖，花期8–10月。有白色变种。

(2) 繁殖与栽培　原产美洲热带。喜温暖、阳光充足，不耐寒，不择土壤。

播种繁殖。春播，发芽不整齐。可自播繁衍。幼苗生长缓慢。直根性，宜早定植，不耐移植。管理简单。

(3) 主要用途　垂直绿化。

9. 槭叶茑萝　　学名　*Quamoclit sloteri*　　别名　掌叶茑萝、大花茑萝

(1) 形态特征　一年生缠绕草本。为羽叶茑萝及圆叶茑萝的杂交种，性状基本介于两者之间。叶广三角状卵形，掌状7～15裂，先端长、锐、尖。花梗粗壮，花冠漏斗状，深红色，花期夏秋季节。

(2) 繁殖与栽培　种间杂种，性强健，幼苗期即生长迅速，开花繁多，植株粗壮有力。其他同羽叶茑萝。

(3) 主要用途　垂直绿化，尤其适合轻型的支撑物。

8.2.41　花荵科 Polemoniaceae

1. 福禄考　　学名　*Phlox drummondii*　　别名　草夹竹桃

(1) 形态特征　一年生草本。株高15～45 cm。茎多分枝，有腺毛，后期易铺散。下部叶对生，上部叶互生，无柄，矩圆形至披针形。聚伞花序顶生，花冠高脚碟状，下部呈细筒状，上部

5裂，裂片圆形，花色玫红，花期5—7月，6月最盛。现在栽培品种花色丰富，有单色即白色、鹅黄色、各深浅不同的朱红色，复色及三色，此类花冠中间有五角星状斑或中心有斑点或条纹。

(2) 繁殖与栽培　原产北美。喜凉爽、阳光充足，不耐寒，忌炎热。喜排水好的土壤，不喜肥力过强，不耐干旱，忌水涝及盐碱地。

春季播种繁殖，栽培中保证阳光充足，遇连阴天花色便会减退，也可作二年生栽培，华北冷床越冬，生长结实好，一般栽培管理。

(3) 主要用途　配植花坛。

(4) 常见栽培的变种

① 圆花福禄考 var.*rotundata*　花瓣裂片大而圆，全花近圆形。

② 星花福禄考 var.*stellaris*　花瓣缘呈三齿裂，中齿较长。

③ 须花福禄考 var.*firbriata*　花冠裂片边缘呈细齿裂。

④ 放射福禄考 var.*radiata*　花冠裂片呈披针状长圆形，先端尖。

⑤ 还有矮生种 var.*nana*及大花种 var.*gigantea*。

2. 锥花福禄考　学名　*Phlox paniculata*　别名　天蓝绣球、宿根福禄考

(1) 形态特征　多年生草本。株高60～120 cm。茎粗壮直立，光滑或上部有柔毛，不分枝。叶交互对生，卵状披针形或长椭圆状披针形，具细硬缘毛。圆锥花序顶生，花朵密集，萼片狭细，裂片刺毛状，花玫瑰紫色，花期7—8月。有白色、浅蓝、不同深浅红紫色及矮生品种，有早花、中花、晚花类品种，以及高型、匍匐型与矮型等品种。

(2) 繁殖与栽培　原产北美东部。喜阳光充足，耐寒，喜肥沃湿润的石灰质土壤。

扦插、分株或播种繁殖。春季扦插可根插，秋季茎插，也可叶插。种子成熟后随采随播，次春发芽，但实生苗不易保持品种特征。春秋季分株。栽培中注意不可积水或过分干旱，对土壤要求不严，一般土壤可正常生长。3～4年分株一次，有利更新。

(3) 主要用途　配植花境；丛植；盆栽；切花。

3. 丛生福禄考　学名　*Pholx subulata*

(1) 形态特征　多年生常绿草本。株高10～15 cm。茎匍匐，丛生密集成毯状，基部稍木质化。叶多而密集，质硬，钻形。花少，成聚伞花序，花冠裂片倒心形，有深缺刻，花有粉红、雪青、白或具条纹的多数变种与品种，花期3—4月。

(2) 繁殖与栽培　原产北美。性强健，抗热，也极耐寒，抗干旱。

可自播繁衍，繁殖力强。

(3) 主要用途　配植毛毡花坛、岩石园；铺植护坡地被。

8.2.42　紫草科　Boraginaceae

1. 香水草　学名　*Heliotropium arborescens*　别名　洋茉莉、天芥菜

(1) 形态特征　多年生或亚灌木状，高达1.2 m，全株被白色长毛，具甜蜜香味。茎黄褐色，枝条柔软，开展，嫩茎绿色。叶互生，卵圆形至卵状椭圆形，叶面深绿色而皱褶叶脉下陷，叶背淡绿色，全缘，缘有伸长的细毛。二歧蝎尾状聚伞花序顶生，花冠漏斗形，花小，白色或

淡紫色，芳香。花期以春夏季节最盛。有大花品种，花深紫色。

(2) 繁殖与栽培　原产南美秘鲁等地。喜温暖、阳光充足，不耐寒；喜肥沃、排水良好的土壤。

以扦插繁殖为主，也可播种和压条。室内多在2–3月扦插，也可秋季扦插。香水草因老龄植株姿态不佳，常作一二年生栽培。寒冷地区作温室栽培，冬季室温宜保持15℃。夏季强光时庇荫降低温度。

(3) 主要用途　盆栽，作微型小盆花。

2. 勿忘草　　学名　*Myosotis sylvatica*　　别名　毋忘草

(1) 形态特征　多年生草本。常作一二年生栽培，株高15～50 cm。茎自基部抽出，多分枝，被毛。叶互生，狭倒披针形或条状倒披针形，两面生毛。卷伞花序，花冠高脚碟形，裂片5枚，蓝色，喉部黄色，花期4–6月。尚有粉色花的变种。

(2) 繁殖与栽培　原产欧亚大陆，分布极广。喜凉爽、阳光充足，较耐寒，也能耐阴；宜湿润、排水良好的土壤，忌积水。

秋季播种繁殖为主，自播繁衍能力强，也可扦插繁殖。夏季宜庇荫降温及防雨涝。管理较粗放，易栽。

(3) 主要用途　作春季花坛配植材料或成片植于墙边、溪边；为林缘地被植物；切花。

3. 聚合草　　学名　*Symphytum asperum*　　别名　紫根草

(1) 形态特征　多年生草本。叶丛生，卵形至椭圆形，先端狭窄细尖，基部圆形或心脏形，花梗自叶丛抽出，总状花序向一侧下垂，每个花序有小花30～50朵，淡紫或黄白色，花期5–6月。

(2) 繁殖与栽培　原产朝鲜、日本及澳大利亚。性强健，喜阳，耐寒；喜排水良好的土壤，耐旱，耐瘠薄，抗性强。

扦插繁殖，多用根插。管理粗放，易栽培。对水分敏感。

(3) 主要用途　配植花境、岩石园。

8.2.43　马鞭草科　Verbenaceae

1. 龙吐珠　　学名　*Clerodendrum thomsonae*　　别名　麒麟吐珠

(1) 形态特征　木质藤本。株高2～3 m，全株光滑。茎4棱。叶矩圆形，先端渐尖，基部浑圆。聚伞花序生于枝顶，或上部叶腋内，二歧分枝；萼筒呈五角星状，裂片白色，花冠红色，未开时，花瓣抱若圆球形，似宝珠。

(2) 繁殖与栽培　原产非洲热带西部。喜温暖，冬季宜阳光充足，夏季需庇荫，不耐寒；喜排水良好的土壤。

以扦插繁殖为主，也可分株和播种。枝插、根插均可。养护期间要适当控制水、肥，并适时设立支架诱引攀附。冬季为使其休眠，应逐渐减少水、肥，放向阳处，使其安全越冬。

(3) 主要用途　室内盆花；花架、台阁上的垂吊盆花布置。

2. 马缨丹　　学名　*Lantana camara*　　别名　五色梅、臭花

（1）形态特征　直立或半藤本状灌木。株高1～2 m。茎枝四棱形，有刺或有下弯钩刺。全株被短毛，有强烈气味。叶对生，卵圆形，具锯齿，上面粗糙，两面有硬毛。花梗自叶腋抽生，顶生头状伞形花序，小花密生，花冠初开时常有黄、粉红色，继而变成橘黄或橘红色，最后呈红色，花期夏季。

（2）繁殖与栽培　原产巴西，广布热带和亚热带各地。喜温暖、湿润、阳光充足，不耐寒；喜疏松、肥沃的沙质土壤，耐干旱。

扦插繁殖。夏季注意多浇水，并适当追肥。寒冷地区冬季移入温室阳光充足之处越冬。管理粗放，易栽。

（3）主要用途　盆栽；布置花坛、庭园等。

3. 美女樱　　学名　*Verbena hybrida*　　别名　美人樱

（1）形态特征　多年生草本，常作一二年生栽培。株高15～50 cm。茎四棱形，匍匐状，横展，全株有灰色柔毛。叶对生，长圆形或卵圆形，具缺刻状粗齿，近基部稍有分裂。穗状花序顶生，花小而密集，呈伞房状排列；花萼细长筒状，先端5裂；花冠筒状，长于花萼2倍，先端5裂，裂片端凹入；花有白、粉、红、紫等色，略有芳香，花期6—9月。

（2）繁殖与栽培　原产美洲热带。为一种间杂交种。喜温暖、湿润、阳光充足，有一定耐寒性，在长江流域小气候好的条件下可露地越冬，不耐阴，宜疏松、肥沃的土壤。

以扦插繁殖为主，也可播种、分株或压条。春、夏用嫩枝扦插。播种宜春播，能自播繁衍，也可秋播于冷床或温室，种子发芽较慢，发芽率也不高，在18℃下2～3周始能发芽。注意大苗移植后缓苗慢及枝叶易枯黄，故应小苗时移栽。管理较粗放，易栽。

（3）主要用途　配植花坛、花境。

4. 细叶美女樱　　学名　*Verbena tenera*

（1）形态特征　多年生草本。基部木质化，株高20～40 cm。茎枝丛生，倾卧铺散，叶2回羽状深裂或全裂，裂片狭线形。花蓝紫色，花期夏季。

（2）繁殖与栽培　原产巴西。习性及繁殖栽培同美女樱。

（3）主要用途　叶形细美，株形整齐。宜在草坪边缘作自然带状栽植，或布置花坛等。

8.2.44　唇形科　Labiatae

1. 彩叶草　　学名　*Coleus blumei*　　别名　锦紫苏、洋紫苏

（1）形态特征　多年生草本，常作一二年生栽培。株高30～80 cm。茎四棱形，基部木质化。叶对生，卵形，具齿，两面有软毛，叶面绿色，具黄、红、紫等斑纹。总状花序顶生，小花上唇白色，下唇淡蓝色或带白色，花期8—9月。

（2）繁殖与栽培　原产印度尼西亚的爪哇岛。喜温暖，耐寒力弱，冬季最低温度需保持在10℃以上，适温20～25℃；喜阳光充足、通风良好；宜疏松、肥沃、排水良好的沙质土壤，忌积水。

以播种繁殖为主，也可扦插。温室内可随时播种，四季均可扦插。生长期间应控制水量以防止徒长，并有充足光照，保持叶色鲜艳。管理简单，易栽。

(3) 主要用途　为重要的观叶植物。宜盆栽或可配植花坛。

2. 活血丹　　学名　*Glechoma longituba*　　别名　佛耳草、金线草

(1) 形态特征　多年生草本。株高10～20 cm。具匍匐茎，幼嫩部分疏被长柔毛。叶心形，上面疏被粗伏毛，下面常紫色，也生疏柔毛，茎上部叶较大。轮伞花序，苞片刺芒状，花萼筒状，花冠淡蓝色至紫色，下唇具深色斑点，花期6–9月。

(2) 繁殖与栽培　原产中国、朝鲜等地。耐寒；耐半阴；喜湿润，对土壤要求不严。

播种繁殖为主，也可分株。管理粗放，易栽。

(3) 主要用途　疏林下地被。

3. 薄荷　　学名　*Mentha haplocalyx*　　别名　鱼香草

(1) 形态特征　多年生草本。株高30～60 cm。全株含油质，具香气。具细长根状茎，地上茎直立，四棱形，上部少分枝。叶矩圆状披针形。轮伞花序腋生，球形，花淡紫色，花期8–9月。

(2) 繁殖与栽培　原产亚洲东北部，分布于中国各地。耐寒性强；喜阳光充足、湿润；对土壤要求不严，适应性强。

可播种或分根状茎繁殖。管理粗放。

(3) 主要用途　潮湿低洼地地被。

4. 随意草　　学名　*Physostegia virginiana*　　别名　芝麻花、假龙头花

(1) 形态特征　多年生草本。株高60～120 cm。具根茎，地上部分茎丛生少分枝，稍具4棱。叶椭圆形至披针形，先端锐尖，具锯齿。顶生穗状花序，单一或分枝，每轮着花2朵，花冠筒长，唇瓣短，花紫红、红至粉色，花期7–9月。有白花、大花变种以及厚型和斑叶品种。

(2) 繁殖与栽培　原产北美。耐寒力强；喜阳光充足、湿润、通风良好；宜排水良好的土壤。适应性强。

可分株或播种繁殖。夏季不宜干旱，应保持土壤湿润，否则叶片易脱落。管理粗放，易栽。

(3) 主要用途　配植花坛、花境；切花。

5. 一串蓝　　学名　*Salvia farinacea*　　别名　粉萼鼠尾草

(1) 形态特征　多年生草本，常作一、二年生栽培。全株被短柔毛。茎基部木质化。叶长圆形，全缘或具波状浅齿。总状花序顶生，密被白色或青蓝色绵毛，花萼全为青蓝色，花期7–9月。

(2) 繁殖与栽培　原产北美南部。喜温暖，不耐寒；喜阳光充足，耐半阴；宜疏松、肥沃、排水良好的土壤。

播种或扦插繁殖。春、秋季播种，秋季播种需在温室内越冬。自播繁衍能力强，注意夏季勿积水。管理较粗放，易栽。

(3) 主要用途　疏林下地被植物；盆栽。

(4) 同属常见的品种

一串紫 *S. horminum*　原产南欧。一年生草本。株高30～50 cm，直立。全株具长毛。具

长穗状花序，花小，紫、堇、雪青等色。有多数变种，花色美丽。

6. 一串红　学名 *Salvia splendens*　别名 串红、墙下红

(1) 形态特征　多年生草本，常作一、二年生栽培。株高 50～80 cm。茎光滑，四棱形。叶卵形，具锯齿。总状花序顶生，被红色柔毛；小花 2～6 朵轮生，白色；花萼钟状，与花瓣同色，宿存；花冠唇形，花期 5—7 月或 7—10 月。

(2) 繁殖与栽培　原产南美。习性与繁殖栽培方法同一串蓝。栽培前应施足基肥，定植后立即摘心并随株丛大小需要，不断摘心，促进分枝。夏季适当遮蔽午间烈日并注意防暴雨，冬季室内应光照充足、通风好。

(3) 主要用途　配植花坛、花径、花丛、花群；盆栽。

(4) 常见变种

① 一串白 var.*alba*　花及花萼均为白色。

② 一串紫 var.*atropurpura*　花及萼均为紫色。

③ 丛生一串红 var.*compacta*　株形较矮，花序密。

④ 矮一串红 var.*nana*　株高仅 20 cm，花亮红色，花朵密集于总梗上。

7. 百里香　学名 *Thymus mongolicus*　别名 千里香

(1) 形态特征　亚灌木。株高 18～25 cm。不育枝由茎基部及末端生出，花枝高 2～10 cm。叶卵形，腺点明显。头状花序，花萼筒状钟形或狭钟形，内面喉部有白色毛环；花紫红至粉红色，花冠上唇直伸，微凹，下唇开展，3 裂，中裂片较长；芳香，花期 6—8 月。

(2) 繁殖与栽培　原产中国华北及西北地区。性强健，较耐寒；喜光；对土壤要求不严，耐干旱，耐瘠薄。

扦插、分株或播种繁殖。春季分株、播种，夏季扦插。管理粗放，易栽。

(3) 主要用途　岩石园、花坛边缘栽培或作地被。

8.2.45　茄科　Solanaceae

1. 美洲布落华丽　学名 *Browallia americana*　别名 山花布落华丽

(1) 形态特征　一二年生草本。株高 15～60 cm。茎多分枝。叶卵形，基部楔形。下部花叶腋单生，上部花总状花序，花冠唇状，蓝色或堇紫色，花期夏秋季。

(2) 繁殖与栽培　原产美洲。其他见布落华丽。

(3) 主要用途　配植花坛、花丛、花径。

2. 布落华丽　学名 *Browallia speciosa*　别名 蓝英花

(1) 形态特征　亚灌木。株高 60～150 cm，全株无毛。茎基部分枝。叶对生或互生，狭卵形，先端细尖。花单生上部叶腋，花冠高脚碟形，裂片 5 枚，有暗紫色条纹，下面堇紫色，花期春夏季或夏秋季。有白色及青色品种。

(2) 繁殖与栽培　原产哥伦比亚。喜温暖，不耐寒；喜阳光充足、湿润、通风良好；喜排水良好的土壤。

播种繁殖。秋播者春季开花，春播者秋季开花。也可扦插繁殖。管理较粗放，易栽。温室盆栽，冬季温度应有10～13℃。

(3) 主要用途　盆栽；配植花坛。

3. 二色茉莉　学名 *Brunfelsia latifolia*　别名　鸳鸯茉莉、番茉莉

(1) 形态特征　常绿灌木。株高100 cm。单叶互生，叶片矩圆形，全缘。花单生或数朵聚生成聚伞花序，花初开时蓝紫色，渐变为淡蓝色至白色，花冠筒细长，花冠平展成高脚碟形，芳香，花期4–10月。

(2) 繁殖与栽培　原产美洲热带。喜温暖，不耐寒；喜光，但不喜强光，稍耐阴；宜肥沃、疏松、排水良好的微酸性土壤，喜肥，不耐涝。

春、秋季扦插繁殖。夏季需适当庇荫，生长期间应注意施肥。冬季室内栽培需有10℃以上的温度。管理简单，易栽。

(3) 主要用途　室内盆栽。

4. 观赏辣椒　学名 *Capsicum frutescens*　别名　五色椒、朝天椒

(1) 形态特征　多年生草本，呈亚灌木状，常作一年生栽培。株高40～60 cm。茎多分枝。单叶互生，卵形或长圆形。花小，白色，单生叶腋，花期7–10月。浆果球形、卵形或扁球形，直生或稍斜生；果因成熟程度不同而为红色、黄色或带紫色。

(2) 繁殖与栽培　原产美洲热带。喜温暖，不耐寒；喜阳光充足；宜湿润、肥沃的土壤。

播种繁殖。春季在室内盆播或露地背风向阳处播种。生长期间应注意多浇水和施肥，开花期不宜多浇水。

(3) 主要用途　宜盆栽供室内观赏，也可布置花坛，花境等。

(4) 常见的变种

① 五色椒 var.*cerasiforme*　浆果小而圆，初时绿色，渐次发白，带紫晕，逐步变红。

② 指天椒 var.*conoides*　浆果细长，果色由绿变红，长2～3 cm。

③ 樱桃椒 var.*fasciculatum*　浆果圆球形，似樱桃，果径1 cm左右，常10～18只果簇生于枝顶，果色由绿渐变为红色。

④ 佛手椒 var.*fascicalatum*　浆果指形，长4～5 cm，常4～17只簇生枝顶，长短不定，初时白色，熟后变红。

5. 瓶儿花　学名 *Cestrum purpureum*　别名　瓶子花

(1) 形态特征　半蔓性，灌木。株高1～3 m。枝条下垂或拱形弯曲，灰绿色或带紫色，有绒毛。叶狭卵形至卵圆状披针形，叶背有软毛。聚伞总状花序，顶生小花呈瓶状，多数顺次开放，紫红色，5裂，花期全年。

(2) 繁殖与栽培　原产墨西哥。喜温暖、湿润，不耐寒；喜阳光充足；喜肥沃土壤。越冬温度2～6℃。中国华南地区可露地栽培。

以扦插繁殖为主，也可播种。夏季需庇荫。易栽。

(3) 主要用途　盆栽；庭园栽植。

6. 大花曼陀罗　　学名　*Datura arborea*　　别名　木本曼陀罗

(1) 形态特征　灌木或小乔木。茎粗壮，上部分枝。叶卵形、披针形或椭圆形，基部楔形不对称，全缘，微波状或有不规则的锯齿，两面有柔毛。花大，喇叭状，单生叶腋，下垂，芳香，花期7—9月，浆果状蒴果，广卵形，果期10—12月。

(2) 繁殖与栽培　原产美洲热带。喜温暖，不耐寒；喜光；对土壤要求不严，耐瘠薄。

播种或扦插繁殖，春季播种。幼苗初期宜庇荫。易栽，管理粗放。

(3) 主要用途　盆栽。

7. 曼陀罗　　学名　*Datura stramonium*　　别名　洋金花

(1) 形态特征　一年生草本。株高1～2 m。主茎常木质化。叶大，宽卵形，基部通常歪斜；叶缘有不规则波状或浅疏齿。花单生于枝分叉处或叶腋，花冠漏斗形，直立向上，筒部淡绿色，上部白或带晕茄紫色，花期夏季。蒴果卵状，外被硬棘刺，偶有无刺变种。

(2) 繁殖与栽培　原产温带至热带各地。喜温暖，不耐寒；喜光；对土壤要求不严。适应性极强。

春季播种繁殖。管理粗放，易栽。

(3) 主要用途　盆栽。

(4) 同属常见栽培的品种

① 白花曼陀罗 *D.metel*　一年生草本。株高1.2～1.5 m。无毛。花白色，外面常带晕紫色，花冠长14～17 cm。并有重瓣品种。

② 红花曼陀罗 *D.sanguinea*　灌木或小乔木状。株高1.2～3 m。花朵下垂，橘红色，花冠长20～25 cm。

8. 红花烟草　　学名　*Nicotiana sanderae*

(1) 形态特征　一年生草本。株高60～80 cm，全株被粘性柔毛。茎多分枝。叶对生，基生叶匙形，茎生叶矩圆形至披针形，圆锥花序顶生，花朵疏散，花冠长漏斗形，花冠筒长约为花萼的3倍，上部膨大，花红色，花期8—10月。

(2) 繁殖与栽培　此种为种间杂交种，原种产于南美。喜温暖，耐寒；喜光；喜疏松、肥沃而湿润的土壤。

播种繁殖，能自播繁衍。春季室内盆播或播于温床，发芽适温为21℃。管理粗放，易栽。

(3) 主要用途　配植花坛、花境、花丛等。

(4) 同属常见栽培的种类

花烟草 *N.alata*　多年生草本，常作一年生栽培。花冠筒长约为花萼的4～5倍，裂片内面白色，外面紫色，白天闭合，夜间开放，花期夏季。

其变种：大花烟草 var.*grandiflora*　株高90～150 cm，全株被腺毛，圆锥花序顶生，疏散，花冠具柔毛，花径达7cm以上，芳香，白天闭合，夜晚开放。

9. 赛亚麻　　学名　*Nierembergia frutescens*

(1) 形态特征　多年生草本，作一、二年生栽培，茎稍木质化呈亚灌木状。叶互生，线形或披针状线形。花单生于枝上部叶腋里，花冠漏斗状钟形，下部呈短筒状，先端部浅5裂，浅紫色或白色，喉部为黄色，花期4–6月，也有白色和紫色花品种。

(2) 繁殖与栽培　原产墨西哥等地。不耐寒，忌炎热，喜温和、凉爽；喜光；宜湿润的沙质土壤。

播种繁殖，秋播或早春温室播种。作一、二年生栽培。管理较粗放。

(3) 主要用途　盆栽；配植花境、花丛等。

10. 矮牵牛　　学名　*Petunia hybrida*　　别名　碧冬茄、灵芝牡丹

(1) 形态特征　多年生草本，常作一年生栽培。株高20～60 cm，全株具粘毛。叶卵形，全缘，互生。花单生叶腋或枝端，花萼5裂；花冠漏斗形，先端具波状浅裂；栽培品种极多，有单瓣、重瓣品种，瓣边呈波皱状；花有白、堇、深紫、红、红白相间等色，以及各种斑纹；花期4–10月，温室栽培可以全年开花。

(2) 繁殖与栽培　原产南美。喜温暖，不耐寒，干热季节开花繁茂；喜阳光充足，稍耐阴；喜排水良好的沙质土壤，忌积水。

播种或扦插繁殖。宜早春室内春播或秋播于温室或阳畦越冬。栽培管理较粗放，注意夏季防雨。

(3) 主要用途　配植花坛、花径、花丛；重瓣品种可盆栽。

11. 酸浆　　学名　*Physalis alkekengi* var.*franchetii*　　别名　灯笼草、红姑娘

(1) 形态特征　多年生草本，常作一年生栽培。株高30～80 cm。地下具根状茎。叶长卵形或菱状卵形，全缘，基部歪斜。花单生叶腋，白色，花萼宿存，花后继续长大变为橙红色卵形，将浆果抱入花萼内，形如灯笼。浆果球形，熟后橙红色，观果期秋季。

(2) 繁殖与栽培　原产亚洲，欧洲东南部也有。喜温暖，具一定耐寒力；喜光；对土壤要求不严；适应性强。

春季播种或分株繁殖。生长强健繁茂，管理简单。

(3) 主要用途　铺植林缘地被；盆栽观果或切果枝瓶插观赏。

12. 智利喇叭花　　学名　*Salpiglossis sinuata*

(1) 形态特征　一、二年生草本，株高30～100 cm，全株密生腺毛。花直立稍有分枝。叶长椭圆形，具波状齿或羽状中裂。花大，具长梗，花冠扁漏斗状，一般有天鹅绒状光泽，花的底色为白、黄、雪青、堇、蓝、褐、红或古铜色等，其上有蓝、黄、褐、红色的羽状或网状线条。花期5–7月。

(2) 繁殖与栽培　原产南美。喜温和、冷凉，不耐寒，忌炎热；喜光；宜湿润、肥沃、富含腐殖质的土壤，忌干燥。

可播种繁殖，多在早春或秋季盆播。管理较粗放，易栽。注意植株高时应立支柱，种子成熟要及时采收。

(3) 主要用途　配植花坛、花境；盆栽；切花。

13. 蛾蝶花　　学名　*Schizanthus pinnatus*　　别名　蛾蝶草

(1) 形态特征　一、二年生草本。株高50～100 cm，全株有腺毛。茎多分枝。叶互生，1～2回羽状全裂。总状圆锥花序顶生，有多数分枝，花大，花冠二唇状，花色的深浅和纹样的变化非常丰富，一般下唇堇蓝色，上唇较浅，其中裂片基部有黄斑，并有紫与堇蓝色的斑点，有时无斑点，全为红或堇蓝色，花冠筒比萼片短，雄蕊长而突出，花期4—6月。

(2) 繁殖与栽培　原产南美智利。喜凉爽、通风良好，耐寒性不强，忌炎热气候；喜阴；宜湿润、疏松、肥沃、排水良好的土壤。

可播种繁殖。通常秋播，冬季在温室栽培，也可早春在室内盆播，以后移植露地。栽培容易，生长期应少用氮肥。开花期应立支柱。

(3) 主要用途　室内盆栽；配植花坛；切花。

14. 珊瑚豆　　学名　*Solanum capsicastrum*　　别名　假珊瑚樱

(1) 形态特征　小灌木，作一、二年生栽培。株高30～50 cm。植株幼嫩部分，茎和花梗均有星状柔毛，株丛呈灰色，通常二叶共生，一大一小。花小，白色，花期夏秋季。浆果卵圆形，猩红或橙红色，果期秋冬季节。

(2) 繁殖与栽培　原产欧亚热带。习性及繁殖栽培同冬珊瑚。

(3) 主要用途　盆栽；切枝赏果。

15. 金银茄　　学名　*Solanum texanum*

(1) 形态特征　一年生草本。形态似茄子，惟植株矮小；浆果白色，熟后变黄色，椭圆形。

(2) 繁殖与栽培　原产美洲热带。习性及繁殖栽培同乳茄。

(3) 主要用途　盆栽观果；配植花坛。

16. 冬珊瑚　　学名　*Solanum pseudo-capsicum*　　别名　珊瑚樱

(1) 形态特征　小灌木，常作一二年生栽培。株高60～100 cm。叶互生，狭矩形至倒披针形。花单生或成蝎尾状花序，腋生，小花白色，花冠檐部5裂，花期为夏秋季。浆果球形，深橙红色，稀有黄毛，径1～1.5 cm，梗长约1 cm，留枝经久不落，观果期为秋冬季。

(2) 繁殖与栽培　原产欧亚热带，中国华东、华南地区有野生分布。喜温暖，半耐寒；喜光；宜排水良好的土壤。

播种或扦插繁殖，春季盆播，春、秋季嫩枝扦插。选在阳光充足、通风良好之处栽培。管理粗放，易栽。

(3) 主要用途　盆栽观果。

(4) 常见栽培品种

① 矮生种 var. *nana*　矮生多分枝。

② 橙果种 var. *rigidum*　果鲜橙色，广椭圆形，先端尖。

17. 乳茄　　学名　*Solanum mammosum*

(1) 形态特征　小灌木，作一年生栽培。株高1 m左右，具皮刺，被短绒毛。叶对生，阔卵形，具不规则短钝裂片。花单生或数朵腋生成聚伞花序，花青紫色，浆果圆锥形，长约5 cm，黄或橙色，通常在基部有乳头状突起；观果期秋季。

(2) 繁殖与栽培　原产美洲热带。喜温暖，不耐寒；喜光，宜疏松、肥沃的土壤。

播种繁殖。管理简单。

(3) 主要用途　盆栽观果；配植花坛。

8.2.46　玄参科　Scrophulariaceae

1. 金鱼草　　学名　*Antirrhinum majus*　　别名　龙口花、龙头花

(1) 形态特征　多年生草本，作二年生栽培，株高 20～90 cm。茎基部木质化。叶披针形至阔披针形，全缘。总状花序顶生，苞片卵形，萼 5 裂；花冠筒状唇形，外被绒毛，茎部膨大成囊状，上唇直立，2 裂，下唇 3 裂，开展；花有粉、红、紫、黄、白色或复色，花期 5–6 月。园艺品种丰富，有露地栽培品种和温室栽培品种；有高型、中型和矮型品种，还有重瓣品种及四倍体品种等等。

(2) 繁殖与栽培　原产地中海沿岸及北非。喜凉爽，较耐寒，不耐酷热，喜光，耐半阴；喜疏松、肥沃、排水良好的土壤。

以播种繁殖为主，也可扦插繁殖。异花受粉。8–9 月播种，播于苗床，北方寒冷地区小苗于冷床越冬，栽培较容易，播种出苗后，应注意间苗，定植后除作切花栽培外应进行摘心。各种品种间还应间离栽植，以免混杂。

(3) 主要用途　配植花坛、花境、花丛、花群；切花。

2. 蒲包花　　学名　*Calceolaria herbeohybrida*　　别名　荷包花

(1) 形态特征　多年生草本，常作温室一二年生栽培。株高 30～60 cm，全株被细茸毛。茎上部分枝。叶卵形或卵状椭圆形，对生，黄绿色不规则聚伞花序，顶生，花冠二唇形，上唇小，前伸，下唇大并膨胀呈荷包状；花多黄色或具橙褐色斑点，此外尚有乳白、淡黄、赤红及浓褐等色；花期 12 月至翌年 5 月。

(2) 繁殖与栽培　原产墨西哥、智利。喜冬季温暖，夏季凉爽，不耐寒，怕炎热；喜光及通风良好；喜温润，忌干，怕涝；宜排水良好，富含腐殖质的土壤。

以播种繁殖为主，也可扦插。于 8 月下旬至 9 月上旬播种，不宜过早。种子细小，播后不覆土，夏季应适当庇荫，浇水时应防止水聚集在叶面及芽上，否则易烂。喜肥，生长期间应注意施肥。

(3) 主要用途　室内盆花。

3. 毛地黄　　学名　*Digitalis purpurea*　　别名　自由钟、洋地黄

(1) 形态特征　多年生草本，常作二年生栽培。株高 90～120 cm。茎直立，少分枝，全株密生短柔毛和腺毛。叶粗糙，皱缩；基生叶，互生，具长柄，卵形至卵状披针形；茎生叶叶柄短或无，长卵形。总状花序顶生，长 50～80 cm；花冠钟状而稍偏，着生于花序一侧，下垂；花紫色，筒部内侧浅白，并有暗紫色细斑点及长毛；花期 6–8 月。

(2) 繁殖与栽培　原产欧洲西部。较耐寒，喜凉爽，忌炎热；喜光，耐半阴；喜湿润、通风良好，耐旱；喜排水良好的土壤。

播种或分株繁殖。春季或夏季播种，第二年可开花，若秋季播种过迟，翌年春天不能开花。栽培容易，夏季应创造凉爽湿润通风的环境，适当庇荫以降低温度。寒冷地区冬季需保护越冬。

(3) 主要用途　配植花境；作大型花坛的中心材料；丛植于庭院绿地；切花。

4. 柳穿鱼　　学名　*Linaria moroccana*　　别名　小金鱼草

(1) 形态特征　多年生草本。株高20～30 cm。上部枝叶具粘质短柔毛。叶对生，长条形，全缘。总状花序顶生；花冠较长，青紫色，下唇喉部向上隆起，具小黄斑，花冠筒部也有长距；花期5–6月。

(2) 繁殖与栽培　原产墨西哥。耐寒，喜凉爽，忌酷热；喜光；宜排水良好的土壤。

播种繁殖，多在秋季进行。栽培容易，管理简单。

(3) 主要用途　配植花坛、花境等。

5. 猴面花　　学名　*Mimulus luteus*　　别名　锦花沟酸浆

(1) 形态特征　多年生草本，常作一二年生栽培。株高30～40 cm。茎粗壮，中空，匍匐或开展，伏地节处生根。叶交互对生，广卵形，脉自基部伸出，5～7脉。稀疏总状花序，或单朵生于叶腋；花冠钟形略呈二唇状；花黄色，具大小不同的红、褐、紫色斑点；花期冬春季节。

(2) 繁殖与栽培　原产智利。喜凉爽，不耐寒，越冬温度5～10℃；喜半阴；宜肥沃、湿润的土壤。

以播种繁殖为主，也可扦插。通常秋播，播后不覆土，幼苗期应摘心，促使分枝。夏季温度不宜太高，保持盆土湿润、肥沃。栽培容易，管理简单。

(3) 主要用途　室内盆花；配植花坛。

6. 钓钟柳　　学名　*Penstemon campanulatus*

(1) 形态特征　多年生草本。株高40～60 cm，全株被腺质软毛。茎直立丛生，多分枝，叶交互对生，卵状披针形至披针形，具稀疏浅齿。圆锥花序总状，小花通常3～4朵腋生于总梗上；花有白、紫红、淡紫、玫瑰红等色，花冠筒内有白色条纹或条斑；花期7–10月。

(2) 繁殖与栽培　原产墨西哥等地。耐寒，喜凉爽、湿润、通风良好，忌炎热、干旱；喜光；对土壤要求不严，但需排水良好。

分株繁殖为主，也可播种或扦插繁殖。分株春、秋均可，扦插在秋季。注意保持土壤湿润，但不可过湿，尤夏季须注意及时排水防涝；播种的小苗娇嫩，更应注意养护。栽培容易。

(3) 主要用途　配植花境、岩石园。

7. 夏堇　　学名　*Torenia fournieri*　　别名　蓝猪耳、蝴蝶草

(1) 形态特征　一年生草本。株高30～50 cm。茎光滑多分枝，四棱形，基部略倾卧。叶对生，端部短尾状，基部心脏形，花着生于上部叶腋或呈总状花序；花唇形，淡青色，下唇边缘堇蓝色，中央具黄斑；萼筒状膨大，有5宽翅，花期夏秋季节。

(2) 繁殖与栽培　不耐寒，喜温暖气候；喜半阴及温润环境，宜疏松、肥沃、排水良好的土壤。

播种繁殖，春季播种。幼苗初期生长缓慢，移植后，初夏生长较快，以后管理简便。

(3) 主要用途　半阴处做小面积地被植物。

8. 毛蕊花　学名 *Verbascum thapsus*　别名 毒鱼草、毛蕊草

(1) 形态特征　二年生草本。株高50～150 cm，全株密被黄绒毛。茎粗壮。基生叶矩圆形，甚大，具锯齿或近全缘，有短柄；茎生叶基部两侧有翼。花1～7朵簇生并集为穗状花序；花冠辐射形，筒部甚短，苞片密被星状绒毛，花冠喉部凹入；花黄色，花丝上有白色绵毛；花期5–6月。

(2) 繁殖与栽培　原产欧亚温带地区。中国浙江、云南、四川、西藏、新疆等地有分布。耐寒，喜凉爽；喜光；耐干旱，喜排水良好的土壤，耐石灰质土壤，忌水湿。

播种繁殖。通常秋季9月播种，撒播或条播，覆土要薄，发芽较快而整齐。冷床或阳畦越冬，春季定植露地。能自播繁衍，栽培容易。

(3) 主要用途　配植花坛、花境；岩石园及林缘隙地丛植。

8.2.47　苦苣苔科　Gesneriaceae

1. 大花圆盘花　学名 *Achimenes grandiflora*　别名 大花耐寒苣苔

(1) 形态特征　多年生草本，株高40～60 cm。地下具根状茎，鳞片呈松果状，全株被刚毛。叶对生，卵形，长5～10 cm，端尖，叶缘有不整齐的锯齿，叶背稍带红色。单花腋生，花冠漏斗形，基部有距，萼及花冠均5裂，径5 cm，花冠有红、蓝紫、白、桃红等色，喉部黄色，柱头2裂，花期夏秋季节。

(2) 繁殖与栽培　原产墨西哥。浅根性。喜温暖、湿润，不耐寒，忌高温；喜半阴，忌强光直射；喜疏松、肥沃、富含腐殖质、排水良好的土壤。

分植鳞茎、扦插或播种繁殖，均在春季进行。每一老鳞茎一年分生6个小鳞茎，分植鳞茎可在2–3月间，为延长花期可推迟到4–5月，扦插可用枝插、叶插和鳞片扦插。生长期间保持土壤适度湿润，维持较高的空气湿度，注意通风，夏季保持凉爽环境，温度不可太高。休眠后逐渐减少浇水，冬季挖出鳞茎，在干燥的环境中贮藏，温度不可低于10℃。

(3) 主要用途　盆栽。

2. 斑纹口红花　学名 *Aeschynanthus marmoratus*　别名 花叶芒毛苣苔

(1) 形态特征　多年生常绿蔓性植物。茎细弱、丛生，下垂或直立，长达60～90cm。叶对生，矩圆状披针形，宽1～1.2cm，鲜绿色，叶上面具墨绿色斑纹，背面带红晕。花管状，腋生或顶生，管长3～4cm，黄绿色，有棕褐色斑点，花期6–8月。

(2) 繁殖与栽培　原产热带。不耐寒，喜温暖、湿润；喜散射光，忌强阳光直射，喜疏松、肥沃、排水良好的腐殖质土壤。

扦插或分株繁殖。春季取嫩茎扦插，插穗长8～10cm，插入湿润的沙中或蛭石中。分株也应在春季结合换盆进行。生长适宜温度夜间为18～22℃，白天为20～25℃，冬季最低温度不应低于10℃。生长期间应保持土壤湿润，冬季应控制浇水，夏季要庇荫，生长期间每半个月应追施薄肥一次。为了使株丛整齐紧密，开花繁多，花后可修剪植株。

(3) 主要用途　室内盆栽悬吊。

3. 毛萼口红花　　学名　*Aeschynanthus radicans*

(1) 形态特征　多年生肉质附生常绿蔓性植物。茎细弱丛生，下垂，长达 60～90 cm。叶矩圆状披针形，有光泽，鲜绿色。花腋生或着生枝端，管状，长 3～4 cm，鲜红色，似张开之嘴唇，故名。喉部黄色，花期 5-7 月。

(2) 繁殖与栽培及主要用途　同斑纹口红花。

4. 大红金鱼花　　学名　*Columnea gloriosa*

(1) 形态特征　多年生附生亚灌木。茎圆柱形，长达 120 cm，于基部密生，叶对生，卵形至矩圆状披针形，肥厚，具微毛。花单生、腋生或顶生，长 5～10 cm；花冠筒状，基部有距，先端明显二唇形，红色，喉部黄色；花期 5-6 月。

(2) 繁殖与栽培　原产热带。不耐寒，喜温暖、阴湿；忌强光直射；喜疏松、肥沃、排水良好的腐殖质土壤。

可扦插繁殖。春季用嫩茎扦插，插穗长 10～15 cm ，插入沙中或砾石中，保持湿润。生长期间应加强肥水管理，保持土壤湿润，浇水太多则花早落，太少则叶枯黄。生长最适温度，夜间宜 10℃以上，白天 15～20℃，保持空气相对湿度 60%

(3) 主要用途　室内盆栽悬吊。

5. 喜荫草　　学名　*Episcia cupreata*　　别名　红桐草

(1) 形态特征　多年生草本植物。株高 20～30 cm，全株密生细毛，茎细长，叶腋处生长走茎，匍匐状，顶端生小株，基部可生根。叶对生，卵圆形，基部心形，具锯齿；叶脉银白色，主脉从基部至尖端，侧脉仅长约主脉的 2/3，近边缘则不明显；叶面绿色，背面红色。花单生叶腋，花梗亮红色，花筒内面粉色，外为红色，花冠鲜红色，花期为夏秋季节。有许多园艺品种。

(2) 繁殖与栽培　原产巴西、哥伦比亚。喜温暖，宜高湿和通风好的环境；要求适当庇荫，忌强光直射，开花期宜室内光照充足；宜疏松、透气、排水良好的土壤。

以分株和扦插繁殖为主。分株宜在春末夏初进行。扦插用茎插、叶插皆可，温度保持 20℃以上易生根。光照要求适度，过强叶会灼伤，过弱不易开花。不耐寒，越冬温度 16℃，低于 10℃即可冻死，过高温度及湿度又易生病。

(3) 主要用途　盆栽，可吊盆观赏。

6. 科拉花　　学名　*Kohleria hirsuta*

(1) 形态特征　多年生草本，株高 1～1.5 m。茎稍侧垂，具红色或白色长毛。叶对生，质厚，椭圆状卵形，具密锯齿，叶缘密生红色毛，叶背密被软毛。花腋生，单花或 3～4 朵花，花管状，具长毛，橙红色，裂片上有黄斑。

(2) 繁殖与栽培　原产热带。不耐寒，喜温暖、湿润；喜半阴，忌强光直射；喜疏松、肥沃、排水良好的土壤。

可扦插繁殖，春季取嫩茎扦插。生长期间应加强肥水管理，保持土壤湿润、空气潮湿。冬季最低温度要在 10℃以上。

(3) 主要用途　室内盆栽。

7. 石吊兰　　学名　*Lysionotus pauciflorus*　　别名　吊石苣苔

(1) 形态特征

常绿附生小灌木。株高 7～20 cm，全株光滑无毛。茎弯曲匍匐，下部生不定根。叶对生或 3～5 枚轮生，具短柄或近无柄，肉质，矩圆状披针形，叶缘上部具钝浅粗齿，花萼管状，5 裂；花冠筒状，白色至淡红色，有紫色条纹，具副冠；花期 7—8 月。

(2) 繁殖与栽培　原产中国华南、华北、华中、西南地区一带。不耐寒，喜温暖、阴湿，忌强阳光直射；浅根性，宜在浅薄的酸性腐殖土上生长。

播种繁殖。秋季 9—10 月播种，苗期需精细管理，经常保持土壤湿润，间施淡液肥，置于阴湿环境下栽培。

(3) 主要用途　盆栽；或作暖地林下地被植物。

8. 非洲紫罗兰　　学名　*Saintpaulia ionantha*　　别名　非洲紫苣苔

(1) 形态特征　多年生常绿草本。植株矮小，全株被绒毛。叶基生，多肉质，卵圆形，具浅锯齿，两面密布短粗毛，表面暗绿色，背面常带红晕，叶长 6～8 cm，具长叶柄 10～15 cm。总状花序，着花 1～8 朵，花梗长 10 cm，花径 2.5～3 cm，花堇色，花被片 5 枚，上两枚较小，花期夏秋季节，如温度适宜，则全年开花不断。

(2) 繁殖与栽培　原产热带非洲的坦桑尼亚。不耐寒，喜温暖、湿润、半阴，忌强阳光直射和高温；喜疏松、肥沃、排水良好的腐殖质土壤。

可播种、分株、扦插或组织培养繁殖。春、秋皆可播种，以 9—10 月最好，种子细小，播后不用覆土，保持湿润，25℃温度下 20 天左右发芽，分株多在春季结合换盆进行。扦插则选生长充实的叶片，带叶柄插入沙或砾石中，保持较高的空气湿度，适当庇荫，20 天左右生根，除此之外，可采用组织培养的方法大量繁殖。栽培中应保持较高的空气湿度，适当浇水，勿过湿，注意通风，切忌强光直射。每半个月追肥一次。生长适温为 18～26℃，冬季室温不可低于 10℃。

(3) 主要用途　室内盆栽。

(4) 常见变种

① 大花非洲紫罗兰 var. *grandiflora*　花较大，径 4～6 cm。

② 白花非洲紫罗兰 var. *albescens*　花纯白色。

③ 斑叶非洲紫罗兰 var. *wariegata*　叶边缘具黄白色斑纹。

9. 大岩桐　　学名　*Sinningia speciosa*

(1) 形态特征　多年生球根花卉。株高 12～25 cm，全株有粗毛，地下具扁球形块茎。叶基生，肥厚，长椭圆形，密被绒毛，具钝锯齿，叶背稍带红色。花顶生或腋生，花梗长，花冠呈阔钟状，径 6～7 cm，萼五角形，裂片 5 枚，裂片卵状披针形，比萼筒长；花有白、粉紫、红及堇青色等，也常见镶白边的品种；花期夏季。

(2) 繁殖与栽培　原产巴西。不耐寒，喜温暖、湿润及半阴，忌高温和强光直射；喜疏松、肥沃、排水良好的腐殖质土壤。

以播种繁殖为主，也可扦插或分球。播种春秋皆可，以秋季播种为好，种子细小，播后不必覆土。生长适温为18～22℃，生长期间应保持较高的空气湿度，适当通风和庇荫，休眠期保持土壤干燥，低温。冬季最低温度要求在10℃以上。

(3) 主要用途　冬春室内盆栽。

10. 扭果花　　学名 *Streptocarpus rexii*　　别名 姬筒草

(1) 形态特征　多年生草本。植株矮小有毛，无茎。叶数枚基生，稍直立，长20 cm，宽5 cm，呈长椭圆形，具钝锯齿，两面密生绒毛。花葶多数，自基部抽出，长15～30 cm，先端着生1～2朵花，花冠漏斗状，长5 cm，裂片5枚，常不等大；萼有毛，狭小；花瓣下垂，花有淡蓝、蓝紫或纯白色，下部裂片有紫色条纹，喉部有暗绿色条纹；花期5月。蒴果螺旋状扭曲，故名扭果花。

(2) 繁殖与栽培　原产南非。喜冷凉及半阴多湿，不耐寒；忌炎热；喜排水良好的土壤。

以播种繁殖为主，也可叶插和分株繁殖。种子细小，除炎热夏季外，其他季节都可播种，通常秋冬播种，播后不必覆土。叶插除夏季和花期外都可进行，选取健壮成熟的叶片插入沙或苔藓中，保持较高湿度，20～30天生根。分株通常春季结合换盆进行。生长期间应注意庇荫，经常追肥，但切勿灌入叶面或叶丛中，以免引起腐烂或造成叶面焦斑。

(3) 主要用途　盆栽。

8.2.48 爵床科 Acanthaceae

1. 金蝉脱壳　　学名 *Acanthus montanus*

(1) 形态特征　亚灌木。株高130～180 cm。茎直立，多分枝。叶长30 cm以上，橄榄绿色，叶脉带黄色，有深而不整齐的缺裂，裂片有刺尖。顶生大圆锥花序，花大，下唇3深裂，上唇退化；花近白色；苞片宿存，有红褐色的脉，多刺毛，苞片黄色。

(2) 繁殖与栽培　原产南美。不耐寒，喜温暖，越冬温度5℃以上；较耐阴，忌强光直射；喜湿润，要求排水良好的土壤。

可扦插繁殖，也可分株繁殖。扦插多在春秋进行，栽培简单，管理粗放。

(3) 主要用途　盆栽观叶；庭园种植。

2. 鸭嘴花　　学名 *Adhatoda vasica*

(1) 形态特征　灌木。株高2～3 m。枝具软毛，茎节膨大。叶对生，卵状或矩圆状披针形，先端渐尖，全缘。穗状花序顶生或近顶部腋生，苞片卵形，花冠唇形，白色，有紫色条纹，花期7月。

(2) 繁殖要点　原产非洲热带、亚洲热带，中国云南、广西、广东有分布，印度也有。不耐寒，喜温暖，越冬温度需5℃以上；较耐阴，忌强光直射；喜湿润，要求排水良好土壤。

(3) 主要用途　盆栽；暖地庭园种植作绿篱。

3. 金脉单药花　　学名 *Aphelandra squarrosa*　　别名 花叶爵床、斑马爵床、金脉爵床

(1) 形态特征　观叶小灌木。株高50～80 cm。茎直立，有分枝。叶大，卵形或卵状椭圆

形，对生，绿色有光泽，具鲜明的黄白色叶脉，主脉和叶缘微带红色。穗状花序，花梗长40 cm左右，花呈4列着生，苞片青色；花冠唇形，淡黄色；花期8–10月。

(2) 繁殖与栽培　原产美洲热带。不耐寒，喜温暖；稍耐阴，忌强光直射；喜湿润，要求排水良好的土壤。喜肥。

扦插繁殖。春、秋、冬季均可切取粗茎扦插。生长期间注意多浇水施肥，夏季注意庇荫。栽培较容易。

(3) 主要用途　室内盆栽观叶。

4. 虾衣花　学名　*Callispidia guttata*　别名　麒麟吐珠、狐尾木

(1) 形态特征　常绿灌木。株高1～2 m，全株具毛。枝柔弱，多分枝。叶椭圆形，端尖，全缘，叶柄细长，穗状花序顶生，常下垂或拱形弯曲；苞片重叠，棕红色、红色、黄绿色或黄色，甚美观；花小，白色，伸出苞片外，二唇形，上唇全缘稍2裂，下唇3裂，上有3行紫斑花纹；花期冬春季节。

(2) 繁殖与栽培　原产美洲热带。不耐寒，喜温暖，冬季最低温度要求在5～10℃，15℃以上可继续开花。喜光，也耐阴；喜湿润、通风良好；宜排水良好的土壤。

扦插繁殖。春秋切取粗枝扦插。生长期间应多浇水施肥。夏季应注意庇荫，盆栽时应短截修剪，经常保持土壤湿润，花后剪除老枝。栽培管理较粗放。

(3) 主要用途　室内盆栽；暖地庭园种植。

5. 珊瑚花　学名　*Jacobinia carnea*　别名　红樱花、芝麻花

(1) 形态特征　亚灌木。株高40～80 cm。茎4棱，具叉状分枝。叶卵形，全缘，矩圆形至卵状披针形。穗状花序顶生；苞片矩圆形；花冠粉红紫色，具粘毛，二唇形；花期4–10月。

(2) 繁殖与栽培　原产巴西。不耐寒，喜温暖；耐阴；喜湿润、通风良好；宜肥沃、疏松、排水良好的土壤。

扦插繁殖，春夏扦插。多温室盆栽，生长期间应多施肥，浇水应注意不可使盆土长时间潮湿。栽培管理较粗放。冬季应保持室温10℃以上。

(3) 主要用途　室内盆栽。

6. 可爱花　学名　*Eranthemum pulchellum*

(1) 形态特征　常绿灌木。株高120 cm，植株光滑或近光滑，叶对生，椭圆形，两端渐尖，叶脉凸出，有时具圆齿。穗状花序聚成顶生或腋生的圆锥花序，小花苞片长于深5裂的萼筒；花冠筒细长，微弯，檐部5裂，裂片开展，花淡蓝色；花期冬季。

(2) 繁殖与栽培　原产印度。不耐寒，喜温暖、湿润、阳光充足；宜疏松肥沃、排水良好的土壤。扦插繁殖。生长期应充分浇水，放置阳光处，花后进行强修剪并换盆。栽培管理粗放。

(3) 主要用途　室内盆栽。

7. 网纹草　学名　*Fittonia verschaffeltii*

(1) 形态特征　多年生常绿草本植物。株高20～25 cm。茎直立，多分枝，分枝斜生，开

展。叶对生，卵形，薄纸质，具光泽，叶长5～8cm；银白色叶脉网状密布在绿色叶面之上，叶面或具深凹的红色叶脉。花小，黄色微带绿色。

(2) 繁殖与栽培　原产热带。不耐寒，喜温暖、湿润；喜半阴，忌强阳光直射；喜疏松、肥沃、湿润、排水良好的石灰质土壤。生长最适温度夜间为15～20℃，白天25～30℃，要求空气相对湿度50%左右。

扦插繁殖，全年皆可进行，取嫩枝扦插，基质为砾石或沙，保持湿润，生长期间加强肥水管理，保持土壤湿润。置于半阴环境栽培。冬季最低温度应不低于15℃，夏季应经常向叶面喷水。

(3) 主要用途　盆栽，作悬吊植物栽培。

8. 鸟尾花　学名 *Crossandra infundibuliformis*

(1) 形态特征　十字爵床属花卉，是一种花叶具佳，不常见但极具观赏性的盆栽花卉，国外从20世纪80年代起就开始大面积推广。

(2) 繁殖与栽培　喜好高温炎热，生育适温25℃～30℃，冬季最低温度必须高于18℃。它适宜在光线柔和的场所生长，合适的光照强度为2.2万～2.3万lx。鸟尾花生长缓慢，通常播种以后7～8个月才开花，不过优良的早生品种4～5个月即开花。

种子播种要求高温，最低温度要求24～27℃。种子较大，发芽嫌光，播种后覆土，播种介质要求通气排水良好，相对干燥。播种后3～4周开始发芽，发芽难以整齐，零零星星，因此以点播为宜。发芽后的小苗可陆续移至小盆内，移栽时要小心，避免干扰到其他未发芽的种子。育苗期尽量选择在温度较高的月份，这样幼苗生长速度才会正常，在低温季节育苗，育苗期可长达4个月。

(3) 主要用途　室内盆栽。在温暖地区，春夏季广泛种植，鸟尾花花序穗状重叠，优良的品种花穗多，花色鲜艳，为鲜橙色，喜庆庄重，叶似板子花叶，长椭圆形，厚革质，多数品种具有光泽，不具光泽的品种经一些材料如B9，A-rest处理后会表现出光泽。盆栽叶如翡翠，花似橙焰，煞是好看。不过它最诱人的特点还在于耐阴性强，在室内能够摆放相当长的时间，并且管理粗放，是优良的盆栽新品。

9. 鹃泪草　学名 *Hypoestes phyllostachya*　别名　红点草

(1) 形态特征　多年生草本，常作一、二年生栽培。株高15～30 cm。茎直立，多分枝。叶卵形，密被绒毛，叶面上有漂亮的粉红色的斑点。

(2) 繁殖与栽培　原产热带。不耐寒，喜温暖、湿润；喜半阴，忌强光直射；喜疏松、肥沃、富含腐殖质的土壤，要求排水良好。

扦插繁殖，全年均可进行，切取嫩枝插入沙中，保持土壤湿润。生长期间适当追肥，保持土壤湿润及半阴环境。

(3) 主要用途　室内盆栽观叶。

10. 金苞花　学名 *Pachystachys lutea*　别名　黄花狐尾木、金苞虾衣花

(1) 形态特征　常绿小灌木。盆栽株高40～60 cm。茎直立，多分枝。叶对生，长椭圆形，向基部渐狭，端尖，草绿色，叶脉明显。穗状花序顶生，塔形，由大而呈金黄色的心形苞片组成，紧密排成四纵列；花冠白色，筒状，端2裂呈二唇状，形似鸭嘴，开花时伸出苞片；花期

自春至秋。

(2) 繁殖与栽培　原产秘鲁。喜温暖、潮湿，不耐寒；喜阳光充足；要求富含腐殖质的土壤。

春、秋季扦插繁殖。生长适温20℃，越冬温度5℃以上。盛夏要庇荫，其他季节给予充分光照，光照不足易徒长，着花少，花色浅。夏季为生长旺季，多浇水，保持盆土湿润，多施磷肥。

(3) 主要用途　盆栽。

11. 翼叶老鸦嘴　学名　*Thunbergia alata*

(1) 形态特征　多年生柔弱草质藤本。株高3 m。叶柄有翼。花单生，橙红色，中心紫黑色，径3～4 m。花期6–11月。

(2) 繁殖与栽培　原产热带。习性及繁殖栽培同大花老鸭嘴。

(3) 主要用途　配植花架、墙垣等垂直绿化。

8.2.49　茜草科　Rubiaceae

1. 英丹花　学名　*Ixora chinensis*　别名　龙船花、水绣球

(1) 形态特征　常绿小灌木。全株无毛。单叶对生，矩圆状卵形，全缘，托叶生于叶柄间。伞房花序顶生，具短梗，花冠红色或橙红色，高脚碟状，花冠细长，裂片4枚，卵形或近圆形，雄蕊与裂片同数，着生于花冠喉部，花期6–11月。浆果球形，紫红色。

(2) 繁殖与栽培　原产中国台湾、福建等省。马来西亚、印度尼西亚也有。不耐寒，喜温暖、高温；耐半阴；宜疏松、肥沃、富含腐殖质的酸性土壤。

播种或扦插繁殖。生长期应多施肥水，苗期注意摘心。保持土壤适度酸性。栽培容易，管理较粗放。

(3) 主要用途　盆栽。华南地区可园林丛植，或与山石配植。

同属常见栽培的种类还有：矮英丹花 *L.coccinea*　植株较矮，花瓣短尖，花殷红色，观赏价值高。

2. 玉叶金花　学名　*Mussaenda pubescens*　别名　白纸扇

(1) 形态特征　灌木。小枝有柔毛。叶对生或轮生，膜质或薄纸质，卵状矩圆形或卵状披针形，背面密生短柔毛。伞房花序顶生，花稠密，有极短的总花梗和被毛的条形苞片，花冠黄色，裂片内有黄色小凸点，每一花序中有3～4枚白色扩大的叶状萼片，花期5–10月。浆果圆形至椭圆形。

(2) 繁殖与栽培　原产中国长江以南各省。喜温暖、半阴，宜酸性土壤。

扦插繁殖。春季嫩枝扦插，生根快。花后修剪，其他管理简单粗放。

(3) 主要用途　温暖地区植于疏林草地。

3. 五星花　学名　*Pentas lanceolata*

(1) 形态特征　亚灌木。株高50～80 cm，全株被毛。叶对生，卵形、椭圆形或披针状矩

圆形。聚伞花序顶生，约由20朵小花组成，花淡红至鲜红色；花冠5裂，裂片端尖，花呈五星状；花期秋季至冬季。

(2) 繁殖与栽培　原产中东及非洲。不耐寒，喜温暖，冬季要求温度在10℃以上，喜光，不耐阴；宜疏松肥沃、排水良好的土壤。

扦插繁殖。扦插宜在春、夏进行，花后有短期休眠，此时应控制水分。栽培容易。

(3) 主要用途　盆栽，适于室内布置。

8.2.50　川续断科　Dipsacaceae

1. 紫盆花　　学名　*Scabiosa atropurpurea*　　别名　轮峰菊、松虫草

(1) 形态特征　一二年生草本。株高30～60 cm。茎多分枝，被稀疏长白毛，渐落。基生叶近匙形，不裂或琴裂，具粗齿，常互生；茎生叶对生，矩圆状倒卵形，3～4对羽状深裂至全裂。圆头花序近球形，具长总梗；总苞片略长于花序，具贴生毛；花冠4～5裂，深紫色；花序边缘小花较大，呈放射状，芳香；花期5—6月或8—10月。园艺品种繁多，花有白、粉、红、紫、蓝等深浅不一色，还有大花、重瓣及矮生品种。

(2) 繁殖与栽培　原产南欧。耐寒，忌炎热，喜凉爽、通风；喜光；忌水湿及雨涝；宜排水良好的土壤。

播种繁殖。通常9月播种，冷床越冬，翌春定植露地。寒冷地区可于春季播种。注意防积水及雨涝。管理较粗放。

(3) 主要用途　配植花坛、花境；盆栽；切花。

2. 蓝盆花　　学名　*Scabiosa japonica*

(1) 形态特征　多年生草本。基生叶不整齐，羽裂。头状花序，花蓝色，花期5—6月。

(2) 繁殖与栽培　原产日本。习性及繁殖栽培同紫盆花。

分株繁殖，秋季或早春进行。

(3) 主要用途　配植花坛、花境；切花。

8.2.51　葫芦科　Cucurbitaceae

1. 观赏南瓜　　学名　*Cucurbita pepo* var.*ovifera*　　别名　观赏西葫芦、桃南瓜

(1) 形态特征　一年生蔓性草本。茎被半透明的粗糙毛。卷须多分叉。叶广卵形，有角或裂片，两面被粗糙毛。花单性，雌雄同株，单生，花鲜黄色至橙黄色，花期夏秋季节。瓠果的大小、形状及色泽因品种不同而异，一般有白、黄、橙等单色或双色或具条纹，形状有圆、扁圆、钟形、梨形等，果期秋季。

(2) 繁殖与栽培　原产欧亚热带及美洲热带。不耐寒，喜温暖、湿润、阳光充足，宜疏松、肥沃的土壤。

播种繁殖于春季进行。需经常用土压蔓，注意浇水施肥，勿使其干旱。栽培管理简单。

(3) 主要用途　盆栽观果；垂直绿化。

2. 罗锅底　　学名 *Hemsleya macrosperma*　　别名　苦金盆、大籽雪胆

(1) 形态特征　多年生攀援草本。具肥大块根，扁球形，茎长达8 m，卷须螺旋状卷曲，不分叉。叶鸟足状，小叶5～7枚，卵状披针形，具锯齿，亮绿色，基部楔形。花单性，雌雄异株；聚伞花序3～5朵腋生，雄花冠肉红色或橙黄色，裂片反折，贴于背面而呈扁球状，有柔毛；雌花花冠裂片反折，肉红色，疏生柔毛。果实宽卵形，顶端截形。

(2) 繁殖与栽培　原产中国云南。不耐寒，喜温暖、阴湿，适应性强。

以播种或分植块根繁殖。栽培容易，管理较粗放。

(3) 主要用途　宜种植于池畔、林缘或石壁，可植于墙边作垂直绿化材料。

3. 小葫芦　　学名 *Lagenaria siceraria* var. *microcarpa*　　别名　腰葫芦、观赏葫芦

(1) 形态特征　一年生缠绕草本。茎长达10 m，有软粘毛，卷须分2叉。叶心状卵形或肾状卵形，具小齿。花单性，雌雄同株，单生叶腋；雄花花冠白色，边缘皱曲；花期6-7月。瓠果淡黄白色，中部缢细，下部大于上部，呈扁圆球形，熟后果皮木质化，果期秋季。

(2) 繁殖与栽培　原产欧亚大陆热带。不耐寒，喜温暖、湿润、阳光充足；宜疏松、肥沃、湿润而排水良好的中性土壤，也能适应微碱或微酸性土壤。

播种繁殖，早春室内盆播。出真叶后定植露地，生长期间应注意多浇水施肥，并及时设立棚架。栽培容易，管理较粗放。

(3) 主要用途　布置花架等。

4. 锦荔子　　学名 *Momordica charantia*　　别名　苦瓜

(1) 形态特征　一年生攀援状草本。茎被柔毛，卷须不分叉。叶近圆形，5～7深裂，被毛。花单生，雌雄同株；花冠黄色，裂片倒卵形。瓠果长椭圆形或纺锤状，有瘤状突起，黄白色，微绿，味苦甜。

(2) 繁殖与栽培　原产热带。不耐寒，喜温暖、湿润、阳光充足、通风良好，不耐阴，宜湿润、肥沃的土壤。

播种繁殖，春季播种。生长期设置支架，供其攀援，栽培较容易。多浇水施肥，通风要好。

(3) 主要用途　布置较矮棚架等；果实可食用。

5. 木鳖　　学名 *Momordica cochinchinensis*　　别名　番木鳖、狗屎瓜

(1) 形态特征　多年生草质藤本。具膨大的块状根，茎细长，光滑，具突起的纵棱，卷须粗壮，不分叉。单叶互生，圆形，全缘或3～5深裂。花单性，雌雄同株，花白色稍带黄色，花期6-8月。瓠果长椭圆形，肉质，熟后红色，表面有刺状突起，果期10-11月。

(2) 繁殖与栽培　原产中国华南地区一带。不耐寒，喜温暖；喜光，不耐阴；需通风良好；喜疏松、肥沃、排水良好的土壤。常野生山坡、林缘的深厚土壤中。

播种繁殖，春季露地播种，陈种子发芽率极低。生长期多浇水施肥，并及时设置支架，使其缠绕。栽培容易。

(3) 主要用途　作棚架、廊亭等垂直绿化。

6. 栝楼　　学名　*Trichosanthes kirilowii*　　别名　瓜蒌、药瓜、杜瓜

(1) 形态特征　多年生攀援草本。具圆柱状块根，灰黄色。茎攀援，卷须分2～5叉。叶圆形，常3～7浅裂或中裂，具粗齿。花单性，雌雄异株；雄花数朵呈总状花序，花白色，裂片倒卵形，长流苏状；雌花单生。瓠果近球形，橙红色至黄褐色。

(2) 繁殖与栽培　原产中国北部至长江流域，朝鲜、日本也有分布。耐寒，喜光，也耐半阴；忌水涝，不择土壤，但在湿润、疏松、肥沃、排水良好的土壤中生长良好。

以播种繁殖为主，也可分根繁殖。播种在春季进行，盆播或直播。生长期注意施肥浇水，及时设置支架。栽培容易，管理粗放。

(3) 主要用途　作棚架垂直绿化。

8.2.52　桔梗科　Campanulaceae

1. 轮叶沙参　　学名　*Adenophora tetraphylla*　　别名　沙参、南沙参

(1) 形态特征　多年生草本。株高30～150 cm，有乳汁。根茎粗壮，圆柱形，黄褐色具横纹。茎生叶4～6枚轮生，卵形、披针形至条形，具锯齿。花序圆锥状，花枝轮生；萼光滑且小；花冠蓝色钟形而下垂，口部稍缩成坛状；花柱细长，基部具肉质花盘或腺体；花期6–9月。

(2) 繁殖与栽培　原产欧洲和东亚，中国各地广为分布。耐寒性强，喜疏阴，喜疏松、肥沃、湿润的土壤。

播种繁殖。沙参为直根性，不宜分株。播种宜采后即播或春播。栽培容易，管理粗放。

(3) 主要用途　配植花境及自然式布置，或作切花。

2. 丛生风铃草　　学名　*Campanula carpatica*

(1) 形态特征　多年生草本，株高15～45 cm，全株无毛或仅下部有毛。茎细弱而披散。叶卵形，基部叶具长柄，上部叶具短柄。花单生于枝端；花冠蓝色，短钟状；萼5裂，宿存；花期6–9月。

(2) 繁殖与栽培　原产欧洲。耐寒，喜冷凉、干燥，喜光或疏阴，忌炎热、多湿，宜深厚、肥沃、湿润的土壤。

可分株、扦插、播种繁殖。分株春秋均可进行，以秋季为好，入冬前可生新枝，不影响次年开花。宜在春季切取嫩茎扦插，10～15℃条件下较易生根。插种宜早春3–4月进行。种子采收后有一定时间的休眠现象，低温可以明显提高种子发芽力。栽培管理简单，夏季应注意庇荫，适当喷水。

(3) 主要用途　配植花坛、花境、花丛。

3. 风铃草　　学名　*Campanula medium*　　别名　钟花、吊钟花、瓦筒花

(1) 形态特征　二年生草本。株高30～120 cm。全株具粗毛。茎粗壮直立，稀分枝。基生叶卵状披针形，具钝齿；茎生叶披针状矩圆形，叶柄具翅。总状花序顶生，着花多数，花向上斜展；萼片具反卷的宽心脏形附属物；花冠膨大，钟形；栽培品种很多，花有白、粉、蓝及堇紫等色，深浅不一；花期5–6月。

(2) 繁殖与栽培　原产南欧。稍耐寒，喜冷凉，忌炎热；喜光，稍耐阴；喜深厚、肥沃、湿润的土壤，不耐贫瘠干旱之地。

播种繁殖，因风铃草营养生长期长，因此一般于4–6月播种。夏季苗期注意创造凉爽通风的环境，冬季冷床越冬，翌春定植露地。栽培管理应精细。

(3) 主要用途　配植花坛、花境；切花。

(4) 常见变种　杯碟风铃草 var.*calycantheme*　花萼瓣状，彩色，并有重瓣变型。

4. 紫斑风铃草　学名　*Campanula punctata*

(1) 形态特征　多年生草本。株高20～50 cm，中部以上分枝，具短柔毛。基生叶卵形，有长柄，具浅锯齿，被短柔毛；茎生叶卵形、狭卵形或披针形，有短柄或无柄，比基生叶小，花1～3朵顶生，下垂；花萼疏生开展的白色毛；裂片5枚，披针状狭三角形，有睫毛，在裂片之间有向后反曲的卵形附属物；花冠白色，有紫斑，钟状；花期5–6月。

(2) 繁殖与栽培　原产中国，广布西南、西北、华北、东北等地，日本也有分布。习性及繁殖栽培同丛生风铃草。

(3) 主要用途　配植花坛、花境、花丛等。

5. 圆叶风铃草　学名　*Campanula rotundifolia*

(1) 形态特征　多年生草本。株高15～30 cm。茎直立，多分枝。基生叶卵形至圆形，有长柄；茎生叶线形至披针形。花稀疏，蓝色，花期6–9月。

(2) 繁殖与栽培　原产中欧、西伯利亚、北美等地。习性及繁殖栽培同丛生风铃草。

(3) 主要用途　配植花境；盆栽。

6. 半边莲　学名　*Lobelia chinensis*

(1) 形态特征　多年生草本。株高6～15 cm，有白色乳汁。茎平卧，在节上生根，分枝直立，全株无毛。叶互生，狭披针形或线形，具波状小齿或近无齿，无柄或近无柄。花单生上部叶腋，花梗长，超出叶外，无小苞片；萼筒长管形，基部狭窄成柄；花冠粉红色、白色，近唇形；花期4–5月。

(2) 繁殖与栽培　原产中国、印度、越南等地，朝鲜、日本也有。半耐寒，喜冷凉，忌炎热；喜光，稍耐阴；宜湿润、肥沃的土壤。

可播种、分株或扦插繁殖。分株、扦插在春、秋均可进行。播种，因种子极细小，直播于疏松而排水良好的土壤，播后不覆土，多春播或秋播。冬季需移入冷室越冬。

(3) 主要用途　作地被植物，点缀园路边、草坪上、湖边、沼泽地及溪边。或作花坛材料。

7. 山梗菜　学名　*Lobelia erinus*　别名　六倍利

(1) 形态特征　多年生草本，常作一、二年生栽培。有乳汁，株高15～30 cm。茎多分枝，开展呈半匍匐状。基部叶倒卵形，具不整齐疏齿；茎生叶倒披针形至线形。花单生叶腋，多花；萼短；花冠筒状，檐部5裂，下方3裂片大而开张，上方2裂片窄小；花淡蓝或堇蓝色，喉部白色或红紫色。变种很多，有垂枝、长枝、白花、蓝紫花、玫红花以及矮生种、垂瓣种等。

(2) 繁殖与栽培　原产南非。用播种繁殖，少用分株、扦插等法。习性及繁殖栽培同半边莲。

(3) 主要用途　配植春季花坛。

8. 桔梗　　学名　*Platycodon grandiflorus*　　别名　僧冠帽、六角荷、道拉基

(1) 形态特征　多年生草本。株高30～100 cm，上部有分枝。块根肥大多肉，胡萝卜状。叶互生，或对生，或3叶轮生，近无柄，卵形至披针形，具锯齿，叶背具白粉。花单生，或数朵聚合呈总状花序；花冠钟形，蓝紫色，未开时抱合似僧冠；萼钟状，宿存；花期6–9月。

(2) 繁殖与栽培　原产中国、朝鲜和日本。耐寒性强，喜凉爽、湿润、疏阴；宜排水良好、富含腐殖质的沙质土壤。

可播种或分株繁殖。播种通常3–4月直播，播前先浸种，发芽后注意保持土壤湿润。分株春、秋均可进行。栽培容易。

(3) 主要用途　配植花境、岩石园；切花。

8.2.53　菊科　Compositae

1. 凤尾蓍　　学名　*Achillea　filipendulina*

(1) 形态特征　多年生草本。株高约100 cm。茎具纵沟及腺点，有香气。羽状复叶，椭圆状披针形，小叶羽状细裂。叶轴不延；茎生叶鞘小，上部叶线形刺毛状。头状花序伞房状着生，鲜黄色；花期6–9月。

(2) 繁殖与栽培　原产高加索。耐寒，宜温暖、湿润；喜阴，耐半阴；对土壤要求不严，宜疏松、肥沃、排水良好的土壤。

播种、扦插或分株繁殖。通常春播；扦插在5–6月进行；春、秋两季均可分株。栽培容易，管理简单粗放。

(3) 主要用途　配植花坛，花境，切花。

2. 千叶蓍　　学名　*Achillea millefolium*　　别名　西洋蓍草

(1) 形态特征　多年生草本。株高60～100 cm。具匍匐的根状茎。茎直立，稍具棱，上部有分枝，密生长白色柔毛。叶矩圆状披针形，2～3回羽状深裂至全裂，裂片披针形或条形，顶端有骨质小尖，被疏长柔毛或近无毛，有蜂窝状小点。头状花序伞房状着生，花白色，花期6–7月。

(2) 繁殖与栽培　原产欧洲、亚洲及美洲，中国西北、东北等地有野生。习性及繁殖栽培同凤尾蓍。

(3) 主要用途　配植花坛，花境，切花。

(4) 常见栽培的有3个变种：

① var.*rubrum*　花红色　花期6–7月。

② var.*purpureum*　花紫色

③ var.*roseum*　花粉红色。

3. 蓍草　　学名　*Achillea sibirica*

(1) 形态特征　多年生草本。株高80 cm。茎直立，密生柔毛，上部分枝。叶披针形，边缘羽状浅裂，基部裂片抱茎。头状花序伞房状着生，总苞钟形，舌状花单轮，白色，花期7–9月。

(2) 繁殖与栽培　原产欧洲。习性及繁殖栽培同凤尾蓍。

(3) 主要用途　配植花坛，花境，林下地被。

4. 藿香蓟　　学名　*Ageratum conyzoides*　　别名　胜红蓟

(1) 形态特征　一年生草本。株高30～60 cm，全株被白色柔毛。茎披散。叶对生，卵形至圆形。头状花序聚伞状着生枝顶，花有蓝或粉白色，花期夏秋季节。

(2) 繁殖与栽培　原产美洲热带。不耐寒，喜阳光充足、温暖、湿润。适应性强，对土壤要求不严。

播种繁殖，一般在春季播种，自播繁衍能力强。栽培容易，管理粗放。

(3) 主要用途　配植花坛，花径、花境。

5. 心叶藿香蓟　　学名　*Ageratum houstonianum*　　别名　大花藿香蓟

(1) 形态特征　多年生草本，常作一年生栽培。株高15～25 cm。茎上部多分枝，丛生而密集。叶卵形，表面皱缩，基部心脏形。头状花序聚伞状着生枝顶，花序较大，小花筒状，无舌状花，花淡蓝色，苞片背部有细密的粘质毛，花期7–9月。园艺品种较多，花有蓝、淡蓝、雪青、粉红和白色等。

(2) 繁殖与栽培　原产美洲热带。不耐寒，忌炎热，宜温暖；喜光，稍耐阴；对土壤要求不严。

播种或扦插繁殖。能自播繁衍。播种多在春季进行，晚霜过后定植露地。扦插宜在冬春进行，用嫩枝扦插在砂中或砂质土壤中。母株冬季需在温室中越冬，越冬温度要求在10℃以上。夏季注意适当庇荫以降低温度。栽培容易。

(3) 主要用途　配植花坛，花丛、花群等。

6. 春黄菊　　学名　*Anthemis tinctoria*　　别名　西洋菊

(1) 形态特征　多年生草本。株高30～60 cm，具浓香气味。茎直立，具条棱，上部常分枝，被白色疏绵毛。叶2回羽状裂，裂片长圆形或卵形，具锯齿。头状花序单生，花鲜黄色，种子冠毛很短，花期6–8月。

(2) 繁殖与栽培　原产欧洲及远东。耐寒，喜凉爽，喜光，耐半阴；对土壤要求不严。

播种或分株繁殖。春、秋播种，以秋季为好。分株在春季进行。栽培容易，管理粗放。

(3) 主要用途　配植花坛、花境、岩石园；切花等。

7. 木茼蒿　　学名　*Argyranthemum frutescens*　　别名　茼蒿菊

(1) 形态特征　常绿亚灌木。株高150 cm，全株光滑。单叶互生，2回羽状线形深裂。头状花序着生于上部叶腋，具长总梗，舌状花1～3轮，狭长线形，白色或淡黄色，筒状花黄色，花期全年，以2–4月开花最盛。

(2) 繁殖与栽培　原产欧洲南部加那列群岛。不耐寒，喜凉爽、湿润，忌炎热及多湿、多雨；喜光，稍耐阴；要求土壤湿润、疏松、肥沃、排水良好，忌积水。

以扦插繁殖为主，除炎热夏季外，全年均可进行，扦插时期决定开花早晚，营养生长需30周左右时间。栽培管理应精细，生长期间需经常摘心，使其多发侧枝，形成丰满的株形。冬季需移入温室栽培。

(3) 主要用途　配植花坛，冬季室内盆花；切花。

8. 荷兰菊　学名　*Aster novi-belgii*

(1) 形态特征　多年生草本。株高50～150 cm，全株被粗毛，上部呈伞房状分枝、叶狭被外形至线状披针形，近全缘，基部稍抱茎，无粘性茸毛。头状花序伞房状着生，花较小，舌状花1～3轮，淡蓝紫色或白色，总苞片线形，端急尖，微向外伸展，花期8–10月。

(2) 繁殖与栽培　原产北美、习性及繁殖栽培同紫菀。荷兰菊在北京自然花期为9月上中旬。通常摘心后20天又可显花。

(3) 主要用途　配植花坛、花境、花丛；盆栽。

9. 紫菀　学名　*Aster tataricus*　别名　青菀

(1) 形态特征　多年生草本。株高40～50 cm茎直立，粗壮，具疏粗毛，茎部有纤维状残叶片和不定根。基部叶矩圆状或椭圆状匙形，上部叶狭小，厚纸质，两面有粗短毛。头状花序复伞房状着生，总苞半球形，总苞片3层，顶端尖或圆形，边缘宽膜质，紫红色，舌状花1～3轮，淡紫色，花期秋季。

(2) 繁殖与栽培　原产中国、日本及西伯利亚。耐寒性强，喜凉爽；需阳光充足和通风良好；宜湿润、肥沃、深厚的土壤，忌夏季干燥。

播种、分株或扦插繁殖。播种宜在春季进行，盆播或温床播种。分株春、秋均可。扦插多在5–6月进行。取嫩枝扦插在沙床上，栽培管理较粗放。

(3) 主要用途　配植花丛、花坛、花境等。

10. 雏菊　学名　*Bellis perennis*　别名　延命草、春菊

(1) 形态特征　多年生草本，常作二年生栽培。株高10～15cm，全株具毛。叶基生，长匙形或倒卵形，基部渐狭，先端钝，微有齿。头状花序单生，花葶自叶丛抽出；舌状花，1轮或多轮，条形，白色，深红色，淡红色等；筒状花黄色；花期4–5月。

(2) 繁殖与栽培　原产西欧。性强健，较耐寒，喜冷凉，可耐−3～−4℃低温，忌炎热；喜阳光充足；宜肥沃、富含腐殖质土壤。

以播种繁殖为主，也可分株及扦插繁殖。播种多在8–9月进行，10下旬移至阳畦越冬，生长期间应注意施肥和浇水。栽培较容易，管理较粗放。

(3) 主要用途　配植花坛、花境；盆栽。

11. 金盏菊　学名　*Calendula officinalis*　别名　金盏花

(1) 形态特征　一、二年生草本。株高30～60 cm，全株具毛。茎直立，有分枝、叶互生，长圆形至长圆状倒卵形，全缘或有不明显锯齿，叶基部稍抱茎。头状花序单生，总苞1～2轮，

苞片线状披针形，舌状花单轮至多轮，桔黄色或橙黄色，花期4–6月。瘦果弯曲，果期5–7月。

(2) 繁殖与栽培　原产地中海沿岸。较耐寒，喜冬季温暖，夏季凉爽；喜光；对土壤要求不严。

播种繁殖。多于9月中旬播种，华北地区小苗需冷床保护越冬。能自播繁衍。生长期间应控制水、肥管理，使植株低矮、整齐。栽培较容易。

(3) 主要用途　配植花坛、花丛、花境；盆栽；切花。

12. 翠菊　学名　*Callistephus chinensis*　别名　蓝菊、江西腊

(1) 形态特征　一年生草本。株高30～100 cm，全株疏生短毛。茎直立，上部多分枝。叶互生，阔卵形至长椭圆形，具粗钝锯齿。头状花序单生枝顶；总苞片多层，外层叶状；外围舌状花雌性，原种单轮，浅堇主蓝紫色，栽培品种花色丰富，有绯红、桃红、橙红、浅粉、紫、墨紫、蓝、天蓝、白、乳白、乳黄、浅黄诸色；筒状花黄色，端部5齿裂；春播花期7–10月，秋播5–6月。瘦果有柔毛、冠毛两层，外层短，易脱落。

(2) 繁殖与栽培　原产中国、朝鲜，日本也有。耐寒性不强，秋播苗在北京需保护越冬，喜温暖，忌暑热；要求阳光充足，稍耐阴；宜疏松肥沃、湿润、排水良好的土壤，忌连作及雨涝。

播种繁殖，春、夏、秋皆可播种，一般多春播，栽培时应注意中耕保墒，避免浇水过多。土壤过湿，易引起徒长、倒伏或病害。

(3) 主要用途　矮型品种适宜于花坛、边缘装饰及盆栽，中高型品种适用于各种园林布置及切花。

13. 银叶菊　学名　*Centaurea cineraria*

(1) 形态特征　多年生草本。株高20～30 cm，全株被白色绒毛。茎多分枝。叶1～2回羽状分裂，银白色。头状花序顶生，金黄色。

(2) 繁殖与栽培　原产欧洲。耐寒性弱。可用扦插繁殖。其他习性及繁殖栽培同矢车菊。

(3) 主要用途　配植花坛；盆栽；为重要观叶植物。

14. 矢车菊　学名　*Centaurea cyanus*　别名　蓝芙蓉

(1) 形态特征　一、二年生草本。株高60～80 cm，全株多绵毛，幼时尤多。茎多分枝，细长。叶灰绿色，基生叶大，具深齿或羽裂，裂片线形；基生叶披针形至线形，全缘。头状花序单生枝顶，具细长总梗，舌状花大，偏漏斗形，外轮呈放射状，花有蓝、紫、堇、粉、红及白色，花期6–8月。

(2) 繁殖与栽培　原产欧洲东南部。较耐寒。喜冷凉，忌炎热；喜光；直根性，宜疏松、肥沃的土壤。华北地区秋播需保护越冬。

播种繁殖。春、秋皆可播种，播种时宜直播，不耐移植。能自播繁衍。栽培容易，管理粗放。

(3) 主要用途　配植花坛；地被；切花。

15. 花环菊　学名　*Chrysanthemum carinatum*　别名　三色菊

(1) 形态特征　一、二年生草本。株高70～100 cm，全株嫩绿多汁。茎直立，多分枝。叶数回细裂，裂片线形。头状花序顶生或腋生；舌状花基部黄色，中上部白色、雪青、深红、玫红或褐黄等色；筒状花深紫色，整个花序形成3轮不同的环状色带；花期4–6月。

(2) 繁殖与栽培　原产北非摩洛哥及欧洲南部。不耐寒，喜冷凉，忌炎热，冬季需保护越冬；喜光，稍耐阴；宜疏松、肥沃、深厚的土壤。

可播种繁殖，多秋季播种，在夏季凉爽地区也可春播。江南越冬需在冷床中度过，华北地区需在低温温室中越冬。栽培容易，管理较简单。

(3) 主要用途　配植花坛、花境；盆栽；切花。

16. 滨菊　学名　*Chrysanthemum × superbum*

(1) 形态特征　多年生草本。株高60～100 cm。茎单生，具长毛或无毛。叶倒披针形，锯齿粗钝。头状花序单生枝端，舌状花单轮，白色，筒状花黄色，花期6–8月。

(2) 繁殖与栽培　本种为种间杂交种，原种*C. lacustre*产于德国，*C. nipponicum*产于日本。习性及繁殖栽培同牛眼菊。

(3) 主要用途　庭园栽培；切花。

17. 金鸡菊　学名　*Coreopsis basalis*

(1) 形态特征　一、二年生草本。株高30～60 cm。茎分枝伸展。叶1～2回羽状裂，裂片圆形至长圆形，上部叶呈线形。头状花序顶生，具长梗，总苞片外轮披针形；舌状花黄色，基部褐紫色；筒状花深紫色；花期6–9月。

(2) 繁殖与栽培　原产北美。耐寒力不强，忌暑热；喜光；耐干旱和瘠薄土壤。

播种繁殖　多春季4月播种，秋季播种者，幼苗需在冷床保护越冬。栽培管理较粗放。

(3) 主要用途　配植花坛、花境、花径、花丛、岩石园；切花。

18. 大花金鸡菊　学名　*Coreopsis grandiflora*

(1) 形态特征　多年生草本。株高30～60 cm，稍被毛。茎分枝。叶对生，基部叶全缘，披针形，上部叶3～5裂，裂片披针形至线形，顶裂片尤长。头状花序大，具长总梗，内外到总苞近等长，舌状花与筒状花均黄色，花期6–9月。

(2) 繁殖与栽培　原产北美。习性及繁殖栽培同大金鸡菊。

(3) 主要用途　配植花坛、花境、花径、花丛、花群；地被；切花。

19. 大金鸡菊　学名　*Coreopsis lanceolata*　别名　剑叶波斯菊

(1) 形态特征　多年生草本。株高30～60 cm，全株无毛或疏生长毛。叶多簇生基部，茎上叶甚少且向上渐小，长圆状匙形至披针形，全缘或基部有1～2个裂片。头状花序具长总梗；总苞2列，每列8枚，基部合生，总苞较窄而短；舌状花8枚，端3裂，舌状花和筒状花全为黄色；花期6–9月。园艺品种中有重瓣品种。

(2) 繁殖与栽培　原产北美。性强健，耐寒，喜温暖、阳光充足；稍耐阴；对土壤要求不严。

可播种、分株和扦插繁殖。春季播种，春、秋分株，扦插宜在夏季进行。自播繁衍能力强。栽培容易，管理粗放。

(3) 主要用途　配植花境、花坛、花径、花丛、花群；地被植物；切花。

20. 蛇目菊　　学名　*Coreopsis tinctoria*

(1) 形态特征　一、二年生草本。株高60～80 cm，全株光滑。茎上部分枝。叶对生，茎生叶具长柄，2回羽状深裂至全裂，裂片线形或披针形，茎生叶无柄或具翅柄。头状花序顶生，具细长梗，组成疏松的聚伞花丛；总苞片外列短于内列；舌状花单轮，黄色，基部红褐色，端具裂齿；筒状花紫褐色；花期6–9月。

(2) 繁殖与栽培　原产北美。喜温暖、湿润，不耐霜冻；喜光；对土壤要求不严。

播种繁殖，春、秋皆可。秋播在寒冷地区需移入冷床越冬。自播繁衍能力强。栽培容易，管理简单粗放。

(3) 主要用途　配植花坛、花径、自然式地被；切花。

21. 大波斯菊　　学名　*Cosmos bipinnatus*　　别名　波斯菊

(1) 形态特征　一年生草本。株高120～150 cm，全株光滑或具微毛。茎细而直立，上部分枝，具沟纹。叶对生，2回羽状深裂至全裂，裂片稀疏，线形，全缘。头状花序单生于总梗上；总苞片2层，内层边缘膜质，苞片卵状披针形；舌状花单轮，花大，花有白、粉红及深红等色，顶端齿裂；筒状花黄色；花期6–10月。

(2) 繁殖与栽培　原产墨西哥。喜温暖、凉爽，不耐寒，忌暑热；喜光，稍耐阴；耐干旱。短日照下开花。

播种繁殖。春播，也可夏播。生长期注意水、肥控制、勿使徒长。能大量自播繁衍。栽培容易，管理粗放。

(3) 主要用途　配植花丛、花群、花境；地被；切花。

22. 硫华菊　　学名　*Cosmos sulphureus*　　别名　黄波斯菊

(1) 形态特征　一年生草本。株高60～100 cm，全株具柔毛。茎多分枝。叶对生，2～3回羽裂，裂片披针形，端突尖，比波斯菊宽。头状花序具总长梗；舌状花背面有脊，暗黄、橙红或金黄色；筒状花黄色；花期8–10月。

(2) 繁殖与栽培　原产墨西哥至巴西。习性及繁殖栽培同波斯菊。

(3) 主要用途　配植花丛、花群等。

23. 大丽花　　学名　*Dahlia pinnata*　　别名　大理花

(1) 形态特征　多年生球根花卉。具粗大纺锤状肉质块根。茎光滑粗壮，直立而多分枝。叶对生，大形，1～2回羽状裂，裂片卵形，具粗钝锯齿，总柄微带翅状。头状花序顶生，其大小、色彩及形状因品种不同而异，花期6–10月。园艺品种繁多，花有白、黄、橙、红、粉红、紫等色，并有复色品种及矮生品种。

(2) 繁殖与栽培　原产墨西哥。不耐寒，忌暑热，喜高燥、凉爽；要求阳光充足、通风良好；宜富含腐殖质、排水良好的砂质土壤；忌积水。短日照下开花。

分块根和扦插繁殖为主，矮生品种可播种繁殖。扦插全年均可进行，但以早春为好，2–3月间，将根丛在温室内催芽扦插。分根宜在早春进行，每分株的块根上必须带有根颈部，否则不能发芽。播种也宜在春季。生长期应注意排水及整枝修剪、摘蕾等，注意施肥，但不可过量。

冬季应挖出块根，使其外表充分干燥，再用干沙埋存。

(3) 主要用途　配植花坛、花境；庭院丛植；盆栽；切花。

24. 菊花　学名 *Chrysanthemum morifolium*　别名　秋菊、九花

(1) 形态特征　多年生草本。株高60～150 cm。茎直立，基部半木质化。叶互生，有柄，卵形至披针形，羽状深裂或浅裂，具锯齿短尖或钝，基部楔形。头状花序单生或数朵集生于枝顶端，微有香气，花的大小、颜色及形态极富变化，花期也因品种而异，早菊花期9—10月，秋菊花期11月，寒菊花期12月。园艺栽培可全年开花。

(2) 繁殖与栽培　菊花为一高度杂交种，原种均产于中国。主要原种有小红菊 *D.chanetii*；毛华菊 *D.vestitum*；野菊 *D.indicum*；紫花野菊 *D.zawadskii* 等。较耐寒，喜凉爽、阳光充足；宜湿润肥沃、排水良好的土壤，喜肥，不耐积水。为短日照植物。

分株或扦插繁殖。栽培管理依栽培方式不同而异，生长期间注意水肥控制，勿使其徒长。

(3) 主要用途　配植花境、岩石园；丛植；地被栽植；室内盆栽；制盆景；也是著名的切花。

25. 野菊　学名 *Chrysanthemum indicum*

(1) 形态特征　多年生草本。株高20～100 cm。根状茎粗壮分枝，有长或短的匍匐枝。茎直立或基部铺散。基生叶常脱落；茎生叶卵形或矩圆状卵形，羽状深裂，顶裂片大，浅裂或具锯齿，叶上面有腺体或疏生柔毛，下面灰绿色，毛较多。头状花序在枝顶排列成伞房状，总苞片边缘宽膜质，舌状花黄色。花期秋季。园艺品种繁多，花有黄、红、粉、紫、白等色。

(2) 繁殖与栽培　原产中国、日本及俄罗斯。习性及繁殖、栽培同牛眼菊。

(3) 主要用途　配植花境、花坛、地被、岩石园。

26. 菊花脑　学名 *Chrysanthemum nankingense*

(1) 形态特征　多年生草本植物。又名菊菜、黄花。菊花脑野生性状极强，对环境条件要求不严，它对光照比较敏感，在阴处开花较少。不耐潮湿，尤其不耐阴湿的环境。

(2) 繁殖与栽培　一般采用播种或扦插，也可用其宿根分株繁殖。3月上旬至4月上旬播种；4月至10月均可进行扦插，成活率极高。 菊花脑栽培管理粗放，但作为地被在管理上要注意控制高度，使花期一致。

作为地被栽培，在苗期必须适当修剪，和菊花打头一样，一般在9月上旬以前进行2～3次剪低，则成片的植株高矮一致，盛花期间，似黄色花毯一样，景色可观。为了促进植株健壮生长，可在早春和入夏期间，分别施薄氮肥1次。

(2) 主要用途　菊花脑是一种良好的观花地被，盛花期正是百花凋零的季节(在华东地区，从11月上旬至12月中下旬陆续开花不绝)，一片金黄色小菊，更显得妖艳。它适宜于在林缘和光照较好、不积水的封闭性树坛内成片栽植。菊花脑的嫩叶可作蔬菜食用，并能清热消毒。

27. 紫松果菊　学名 *Echinacea purpurea*

(1) 形态特征　多年生草本。株高80～120 cm，全株具糙毛。茎直立，少分枝或上部分枝。叶卵形至卵状披针形，具疏浅锯齿，基生叶基部下延与叶柄相连，茎生叶基部略抱茎。头状花

序单生枝顶；总苞5层，苞片披针形，革质，端尖刺状；舌状花单轮，淡粉色、洋红色至紫红色，瓣端2～3裂，稍下垂；中心筒状花紫褐色或橙黄色，具光泽，先端刺状，筒状花突起似松果；花期6–7月。

(2) 繁殖与栽培　原产北美。耐寒，喜阳光充足、温暖，稍耐阴；宜深厚肥沃、富含腐殖质的土壤。

播种或分株繁殖。春、秋皆可进行。生长期间应注意灌水、施肥。栽培容易，管理较粗放。

(3) 主要用途　配植花境、花坛、丛植；切花水养持久。

28. 绒缨菊　学名 *Emilia sagittata*　别名　一点缨

(1) 形态特征　一年生草本。株高30～60 cm。茎直立，较细弱。叶互生，基生叶和茎下部叶柄有翅，披针状矩圆形；茎上部叶无叶柄，有阔翅呈抱茎状。头状花序单生或呈疏散伞房状着生，花序径小，全为筒状花，呈绒缨状，红或深红色，花期夏季。

(2) 繁殖与栽培　原产美洲热带。不耐寒，喜阳光充足、温暖、湿润、通风良好，对土壤要求不严。

播种繁殖，3–4月进行。能自播繁衍。栽培简单，管理粗放。

(3) 主要用途　配植花坛、花境；地被；切花。

(4) 常见栽培的变种有　var. *aurea*　小花橙黄色；var. *lutea*　小花金黄色，茎叶为青绿色带紫晕。

29. 天人菊　学名 *Gaillardia pulchella*　别名　美丽天人菊

(1) 形态特征　一年生草本。株高30～50 cm，全株具软毛。茎多分枝，叶近无柄，全缘或基部成琴状裂。头状花序顶生，具长总梗；舌状花黄色，基部紫红色，先端3齿裂；筒状花先端成尖状，紫色；花期7–10月。

(2) 繁殖与栽培　原产北美。不耐寒，耐热，耐干旱；喜阳光充足、温暖，也耐半阴；宜疏松肥沃、排水良好的土壤。

播种繁殖，多4月中上旬播种。栽培容易，管理较粗放。

(3) 主要用途　配植花坛、花境；丛植于草坪或林缘。

(4) 同属常见栽培的品种　红花天人菊 *G. amblyodon*　一年生草本。株高30～60 cm。叶长圆形，叶基垂耳状，无柄，微抱茎。头状花序，舌状花红褐色，原产北美南部。

(5) 常见栽培变种有：

① 矢车天人菊 var. *picta*　头状花序较大，舌状花裂，内卷成偏漏斗状，沿花盘排成多轮。

② 筒天人菊　var. *lorenziana*　舌状花与筒状花较大，呈筒状，先端3～5裂。

30. 宿根天人菊　学名 *Gaillardia aristata*　别名　大天人菊

(1) 形态特征　多年生草本。株高60～90 cm。全株具长毛。茎稍有分枝，多铺散。叶互生，基部叶多匙形，上部叶披针形及长圆形，全缘至波状羽裂。头状花序单生，总苞的鳞片线状披针形，基部多毛，舌状花黄色，基部红褐色，先端多3裂，管状花裂片尖或芒状，花期6–10月。

(2) 繁殖与栽培　原产北美西部。耐寒性强，喜阳光充足。温暖，不耐阴，宜排水良好的土壤，忌积水。

可播种、分株或扦插繁殖。播种、分株春、秋皆可。春、秋扦插，8–9 月用嫩茎扦插，春季时用根扦插。栽培容易，管理粗放。

(3) 主要用途　丛植；配植花境；切花。

31. 勋章菊　　学名　*Gazania rigens*　　别名　勋章花

(1) 形态特征　多年生草本。株高 20～30 cm。叶丛生，长匙形或倒披针形，全缘或下部羽裂，叶背具银白色长毛。头状花序自基部抽出，具长总梗；舌状花单轮或1～3轮，橙黄色或桔黄色，基部有深色斑；筒状花黄色或黄褐色；花期 5–10 月。

(2) 繁殖与栽培　原产欧洲。耐寒力弱，喜冬季温暖、夏季凉爽；要求阳光充足，阴天或夜晚花闭合；宜疏松、肥沃、排水良好的土壤。

播种或分株繁殖，春、秋皆可。冬季栽培需移入低温温室，生长期间保持土壤适度湿润。栽培容易。

(3) 主要用途　配植花坛、花境；盆栽。

32. 非洲菊　　学名　*Gerbera jamesonii*　　别名　扶郎花

(1) 形态特征　多年生常绿草本。株高 20～30 cm。叶丛生，具长柄。羽状浅裂，叶背被白绒毛，叶矩圆状匙形。头状花序自基部抽出，具长总梗，花梗中空；舌状花 1～2 轮，花色有红、粉、黄、桔黄等色；筒状花小，常与舌状花同色；花四季常开。有重瓣及多倍体品种。

(2) 繁殖与栽培　原产南非。半耐寒，能耐短期 0℃低温，不耐高温高湿，喜温暖、阳光充足、空气干燥、通风良好，宜疏松肥沃、微呈酸性的砂质土壤，不耐积水，不宜连作。

可播种、分株或组织培养繁殖。种子寿命短，只有数月时间，通常种子成熟后即播。分株多在 4–5 月进行。生长期间应充分供水，浇水时，勿使水灌入叶丛中心，否则易使花芽腐烂。

(3) 主要用途　盆栽；切花。

33. 紫鹅绒　　学名　*Gynura aurantiana*

(1) 形态特征　多年生草本。植株直立，全株被紫红色绒毛。茎多汁。叶互生，卵形，具粗牙齿，叶柄有狭翅。头状花序顶生，全为两性的筒状花，无舌状花，花黄色或橙黄色，花期4–5月。

(2) 繁殖与栽培　原产亚洲热带。不耐寒，喜温暖；要求漫射光，忌强光直射；宜疏松肥沃、排水良好的土壤。

扦插繁殖，春、夏进行。生长期间注意水、肥控制，放置在通风良好之处。开花之际因其释放一种臭味，可将整个花序剪去。

(3) 主要用途　盆栽观叶。

34. 三七草　　学名　*Gynura segetum*

(1) 形态特征　多年生草本。株高 50～110 cm。茎直立，较粗壮，有条纹，具细柔毛。叶互生，膜质，羽状深裂，具锯齿，基部楔形，两面有疏细柔毛。头状花序排成圆锥花序生于枝顶；苞片 2 层，条状披针形，边膜质，外层丝状；花全为两性，筒状，金黄色，花冠顶端 5 齿裂；花期 4–5 月。

(2) 繁殖与栽培　原产亚洲热带、亚热带。习性及繁殖栽培同紫鹅绒。

(3) 主要用途　盆栽观赏。

35. 向日葵　　学名　*Helianthus annuus*

(1) 形态特征　一年生草本。株高1～3 m。茎直立、粗壮，被粗硬刚毛，不分枝或少分枝。叶宽卵形，两面密生硬毛，具粗锯齿，基部3脉，有长叶柄。头状花序单生于茎端，大型，径达35 cm；总苞片卵圆形或卵状披针形，顶端尾状渐尖，被长硬刚毛；舌状花黄金色，1～2轮，不结实；筒状花棕色或紫色；花期夏秋季节。

(2) 繁殖与栽培　原产北美。不耐寒，喜温暖、湿润、阳光充足；宜深厚、肥沃的土壤。

播种繁殖，春播。定植后要设立支柱。栽培容易，管理简单。

(3) 主要用途　配植花境；草坪边缘丛植；作背景材料。

(4) 常见栽培的变种　观赏向日葵 var. *nanus flore-pleno*　一年生草本。株高100～150 cm。茎多分枝。叶较向日葵小，全株具毛。花淡黄至棕红色，花期6–9月。

36. 麦秆菊　　学名　*Helichrysum bracteatum*　　别名　腊菊

(1) 形态特征　多年生草本，常作一、二年生栽培。全株被微毛、茎粗硬直立，仅上部有分枝。叶互生，长椭圆状披针形，全缘，近无毛。头状花序单生枝顶，径3～6 cm；总苞片多层，膜质，覆瓦状排列，外层苞片短，内部各层苞片伸长酷似舌状花，有白、黄、橙、褐、粉红及暗红等色；筒状花黄色；花期7–9月。

(2) 繁殖与栽培　原产澳大利亚。不耐寒，喜阳光充足、温暖，忌酷热，宜湿润肥沃、排水良好的稍粘质土壤。

播种繁殖。多3–4月播种，也可以秋播，冬季在温床或冷床中越冬。栽培管理较粗放，施肥不宜过多，否则花虽繁多但花色不艳。

(3) 主要用途　配植花坛；作干花。

37. 菊芋　　学名　*Helianthus tuberosus*　　别名　洋姜

(1) 形态特征　多年生草本。株高1～3 m，地下具块状茎。茎直立，上部分枝，被短糙毛或侧毛。叶矩卵形至卵状椭圆形，3脉，上面粗糙，下面有柔毛，具锯齿，基部宽楔形，叶柄上部有狭翅。头状花序数个，生于枝端；总苞片披针形，开展；舌状花1～2轮，淡黄色；筒状花黄色；花期夏秋季节。

(2) 繁殖与栽培　原产北美。耐寒性强，喜温暖、湿润、阳光充足；性强健，对土壤要求不严，但以富含腐殖质的粘质土壤为好。

播种或分株繁殖。宜春季露地直播。种子大，发芽快。栽培容易，管理粗放。

(3) 主要用途　配植花境、丛植；地被；切花。

38. 牛眼菊　　学名　*Leucanthemum vulgare*　　别名　春白菊、法兰西菊

(1) 形态特征　多年生草本。株高30～100 cm。茎直立，单生或少有分枝。单叶互生，下部叶有长柄，倒披针形至长椭圆形，具齿牙；中部叶披针形。头状花序，径3～6 crn，具长总梗；舌状花单轮，白色；筒状花黄色；总苞片数层，覆瓦状排列，边缘常具膜质；花期5–8月。

(2) 繁殖与栽培　原产欧亚、北美及大洋洲。性强健，耐寒性强，喜阳光充足、温暖，稍

耐阴；宜排水良好的肥沃土壤。

播种或分株繁殖，也可扦插。春季播种，春、秋分株。生长期间注意保持土壤湿润。生长强健，栽培容易，管理简单粗放。

(3) 主要用途　配植花坛、花境；切花。

39. 蛇鞭菊　学名 *Liatris spicata*

(1) 形态特征　多年生草本。株高 60～150 cm，全株无毛或散生短柔毛。具黑色块根。茎直立，少分枝。叶互生，条形，全缘。头状花序多数，呈穗状着生，花穗长 15～30 cm；花紫红色，自花穗基部依次向上开放；花期 7–9 月。

(2) 繁殖与栽培　原产北美。性强健，较耐寒，喜光，对土壤要求不严。

以分株繁殖为主，春秋皆可，分株时块根上应带有新芽。也可播种繁殖。栽培容易，管理粗放。

(3) 主要用途　配植花境；切花，切花通常在花穗基部开放时切取。

40. 鹿蹄橐吾　学名 *Ligularia hodgsonii*　别名　滇紫菀

(1) 形态特征　多年生草本。株高 30～80 cm。茎基部为枯叶残存的纤维所包围，有沟纹。叶互生，基生叶有长柄，基部抱茎，叶肾形，具浅锯齿，两面无毛，具掌状脉；茎生叶通常 2 个，叶基部扩大。头状花序 5～15 个，复伞房状着生，总苞钟状，舌状花单轮，黄色，筒状花多数，花期 8–10 月。

(2) 繁殖与栽培　原产中国西南部。耐寒，喜半阴、湿润，宜排水良好、富含腐殖质的沙质土壤。

播种繁殖。春季 4 周播种，栽培容易，管理粗放。

(3) 主要用途　为林下地被植物。

41. 西洋甘菊　学名 *Matricaria inodora* var. *plenissima*

(1) 形态特征　一年生草本。株高 20～40 cm，全株光滑。茎多分枝。叶无柄，2～3 回羽状深裂，裂片短狭线形。头状花序顶生，具长总梗；舌状花单轮，白色；筒状花黄色；花期 5–6 月。

(2) 繁殖与栽培　原产欧洲南部。不耐寒，喜阳光充足、温暖、湿润，忌酷热，宜疏松肥沃、排水良好的土壤。

播种繁殖。春、秋皆可，秋播需保护越冬，夏季注意降温。生长期应加强肥水管理。

(3) 主要用途　配植花坛；切花。

42. 亚洲甘菊　学名 *Matricaria tchinatchewii*

(1) 形态特征　多年生草本。株高 30～50 cm，全株无毛。茎丛生，具匍匐根茎。叶 1～2 回羽状裂。头状花序单生顶枝，舌状花单轮，白色，花期 6–7 月。瘦果有 2～3 条棱状突起。

(2) 繁殖与栽培　原产亚洲。耐寒，喜阳光充足、温暖、凉爽，忌炎热；宜湿润、排水良好的土壤。

播种或分株繁殖。春、秋皆可分株，播种多春季进行。栽培、管理较粗放。

(3) 主要用途　配植花境、花坛；林缘群植等。

43. 除虫菊 学名 *Pyrethrum cinerariifolium*

(1) 形态特征 多年生草本。株高20～60 cm。茎直立，多分枝，细长，被白色细毛呈银灰色。基生叶丛生，2～3回羽状全裂，裂片线形。头状花序单生，具长梗；舌状花披针形，白色，筒状花黄色；总苞片长椭圆形，先端透明；花期5–6月。

(2) 繁殖与栽培 原产南斯拉夫达尔马提亚群岛。习性及繁殖栽培同牛眼菊。

(3) 主要用途 配植花坛、花境；切花。花为重要的杀虫药。

44. 二色金光菊 学名 *Rudbeckia bicolor*

(1) 形态特征 一年生草本。株高30～60 cm，全株有毛，无粗刚毛。叶披针形，近无柄。舌状花金黄色或基部深褐色，盘花黑色，花期6–7月。

(2) 繁殖与栽培 原产北美。稍耐寒，喜温暖、阳光充足；耐干旱，适应性强，对土壤要求不严。播种繁殖，春、秋皆可。栽培容易，管理粗放。

(3) 主要用途 配植花丛、花境；林缘草坪的自然式栽植，地被等。

45. 黑心菊 学名 *Rudbeckia hybrida*

(1) 形态特征 多年生草本。株高60～90 cm，枝叶粗糙，全株被粗硬毛。基生叶卵状倒披针形，上部叶互生，叶匙形或阔披针形，具粗齿。头状花序，花大，径约10 cm；舌状花单轮，金黄色；筒状花深褐色半球形；花期6–9月。

(2) 繁殖与栽培 原产北美。耐寒，喜温暖；宜阳光充足、通风良好；耐干旱，对土壤要求不严，适应性很强。

以播种繁殖为主，也可分株或扦插繁殖。播种多9月进行，11月定植，露地越冬，也可春播。分株春、秋均可。能自播繁衍。栽培容易，生长期间应保持土壤湿润。

(3) 主要用途 庭园丛植；群植；配植花境；草地边缘、道路两侧栽植；切花。

46. 金光菊 学名 *Rudbeckia laciniata*

(1) 形态特征 多年生草本。株高1.5～2.5 m，全株无毛或稍被短毛、茎多分枝。叶片较宽，基生叶羽状5～7裂；茎生叶3～5深裂或浅裂，具少数锯齿。头状花序单生或数个合生，具长总梗；舌状花金黄色，倒披针形、下垂；筒状花黄绿色；总苞稀疏、叶状；花期7–9月。

(2) 繁殖与栽培 原产加拿大及美国。习性及繁殖、栽培同黑心菊。

(3) 主要用途 配植花境；林缘或路边自然式栽植。

(4) 常见栽培的变种 重瓣金光菊 var. *hortensis* 花重瓣。

47. 毛叶金光菊 学名 *Rudbeckia hirta*

(1) 形态特征 多年生草本。株高30～90 cm，全株被粗毛。茎下部稍分枝。叶互生，被疏短毛，卵形，全缘，叶柄有翼，叶背边缘有短糙毛。头状花序单生枝顶，具长总梗；总苞二层，呈半球形，上端尖，稍弯曲，被短毛；舌状花金黄色，基部色深；筒状花从紫黑色变为深褐色；花期7–10月。

(2) 繁殖与栽培 原产北美。习性及繁殖、栽培同黑心菊。

(3) 主要用途　配植花境、花坛；自然式栽植。

48. 雪莲花　　学名　*Saussurea involucrata*　　别名　雪莲、荷莲

(1) 形态特征　多年生草本。株高 15～30 cm。根茎粗壮，颈部被多数纤维状残叶基。茎粗壮，无毛。叶密集丛生，近革质，阔倒披针形至矩圆形，叶无柄，具锯齿，齿间有头状腺毛；最上部有二层膜质苞叶，常超出花序两倍长。头状花序顶生，球形；总苞半球形，边缘或全部黑色，被白色疏长毛，总苞呈莲座状；花紫色，具芳香，花期 7—8 月。

(2) 繁殖与栽培　原产中国新疆、西伯利亚等地。极耐寒。忌酷热，喜阳光充足、凉爽，耐瘠薄土壤。

播种或分株繁殖，要求在寒冷地区及高海拔地区栽培。

(3) 主要用途　盆栽。为名贵药材。

49. 仙人笔　　学名　*Senecio articulatus*

(1) 形态特征　多年生多浆植物。茎直立，肉质，圆柱形。叶扁平，卵形，深裂。全株被白粉。头状花序白色。

(2) 繁殖与栽培　原产南美。

(3) 主要用途　盆栽。

50. 雪叶莲　　学名　*Senecio cineraria*　　别名　银叶草

(1) 形态特征　多年生草本。株高 20～40 cm，全株具白色绒毛。茎多分枝。叶长圆形，羽状深裂，被长白毛，呈银灰色。头状花序成紧密伞房状，花黄色，花期春夏季节。

(2) 繁殖与栽培　原产美洲。稍耐寒，喜凉爽；稍耐半阴；宜排水良好、富含腐殖质的土壤，忌雨涝。

扦插繁殖为主，除冬季外均可进行，取嫩茎扦插，成活容易。也可分株，多在春季进行。夏季适当庇荫，并注意防雨涝。栽培较容易。寒冷地区冬季需保护越冬。

(3) 主要用途　配植花坛；盆栽观叶。

51. 瓜叶菊　　学名　*Senecio hybridus* (*Senecio cruentus*)　　别名　千日莲

(1) 形态特征　多年生草本，多作一、二年生栽培。株高 20～90 cm，全株密被柔毛。茎直立，草质。叶大，心脏状卵形，叶缘波状，掌状脉，形似黄瓜叶；茎生叶柄有长翼，基部呈耳状：基生叶无翼。头状花序多数簇生成伞房状，花除黄色外，还有蓝、紫、红、淡红及白色，具光泽，花期冬春季节。有复色及具花纹品种。

(2) 繁殖与栽培　原产北非加那列群岛。不耐寒，喜冬季温暖、夏季凉爽，可耐 0℃ 左右的低温；要求阳光充足、通风良好；宜富含腐殖质、排水良好的沙质土壤。

以播种繁殖为主，也可扦插。因品种和所需花期而定，2—9 月都可进行。生长期控制水肥，勿使植株徒长。夏季注意防雨，降温。栽培管理需精细。

(3) 主要用途　盆栽；配植花坛。

52. 绿铃　　学名　*Senecio rowleyanus*

(1) 形态特征　多年生蔓性多浆植物。垂蔓可达1 m以上。具地下根茎。茎铺散，细弱，下垂。叶绿色。卵状球形至椭圆球形，全缘，先端急尖，肉质，具淡绿色斑纹，叶整齐排列于茎蔓上，成串珠状。花小。

(2) 繁殖与栽培　原产南美。扦插。

(3) 主要用途　盆栽，悬吊观赏。

53. 水飞蓟　学名 *Silybum marianum*　别名　水飞雉

(1) 形态特征　一年生草本。株高30～120 cm。叶阔而大，具硬刺状大锯齿，叶鲜绿色，表面沿主侧脉多尖硬刺，叶脉间有灰白色大斑点，叶面呈斑纹状。头状花序淡紫色，总苞片坚韧革质，端具尖硬刺，花期7–8月。

(2) 繁殖与栽培　原产南欧、北非、中亚等地区。稍耐寒，喜半阴、温暖，宜疏松、肥沃的土壤。

播种繁殖，多秋季直播。栽培容易，管理粗放。

(3) 主要用途　自然散植。

54. 一枝黄花　学名 *Solidago canadensis*　别名　加拿大一枝黄花

(1) 形态特征　多年生草本。株高100～150 cm。茎光滑，仅上部稍被短毛。叶披针形，具3行明显叶脉，具齿牙。密生小头状花序组成圆锥花序，总苞近钟形，圆锥花序生于枝端，稍弯曲而偏于一侧，花黄色，花期7–8月。

(2) 繁殖与栽培　原产北美东部。耐寒，喜阳光充足、凉爽、高燥，耐旱，对土壤要求不严。

以分株繁殖为主，也可播种。皆可春、秋进行。栽培容易，管理粗放。

(3) 主要用途　配植花境，丛植；切花。

55. 兔儿伞　学名 *Synelesis aconitifolia*　别名　一把伞

(1) 形态特征　多年生草本。株高70～120 cm，全株无毛。根状茎匍匐。基生叶1枚，花期枯萎；茎生叶2枚，互生，圆盾形，掌状深裂，裂片7～9片，呈2～3回叉状分裂，具不规则的锐齿，有长叶柄。头状花序多数，在顶端密生成复伞房状，基部有条形苞片，总苞圆筒状，花筒状，淡红色，上部狭钟状，花期6–8月。

(2) 繁殖与栽培　原产中国，朝鲜、日本也有。耐寒，喜半阴、凉爽；宜含腐殖质的沙质土壤。

播种或分株繁殖。播种3–4月进行。分株春、秋皆可。栽培容易，管理粗放。

(3) 主要用途　林下地被植物。

56. 万寿菊　学名 *Tagetes erecta*　别名　臭芙蓉

(1) 形态特征　一年生草本。株高60～90 cm。茎光滑而粗壮，直立，常具紫色纵纹及沟槽。叶对生，羽状全裂，裂片锯齿带芒状，全叶有油腺点，有强烈臭味。头状花序单生，具总梗，长而中空；舌状花有细长的筒部，缘波状皱，花冠有长爪；花有乳白、黄、橙黄至桔红色，花期6–10月。

(2) 繁殖与栽培　原产墨西哥。稍耐寒，喜阳光充足、温暖，耐半阴；耐干旱，对土壤要求不严，抗性强。

播种繁殖为主，3–4月进行，5月下旬定植露地。也可嫩枝扦插，多在5–6月进行。栽培容易，管理粗放。

(3) 主要用途　配植花坛、花境、花丛；切花。

57. 孔雀草　　学名　*Tagetes patula*　　别名　红黄草

(1) 形态特征　一年生草本。株高20～40 cm。茎多分枝而铺散，较万寿菊矮小，细长而呈紫褐色。叶羽状全裂，裂片锯齿明显而细长。头状花序顶生，有长梗；舌状花黄色，基部具红褐斑；花期6–10月。有全为柠檬黄、橙黄色等重瓣品种。

(2) 繁殖与栽培　原产墨西哥。自播繁衍能力强。其他习性及繁殖、栽培同万寿菊。

(3) 主要用途　配植花坛、花丛；道路边、林缘草坪等自然栽植。

58. 百日草　　学名　*Zinnia elegans*　　别名　百日菊

(1) 形态特征　一年生草本。株高50～90 cm。茎直立而粗壮，被粗毛。叶对生，全缘，卵形至长椭圆形，基部抱茎。头状花序单生枝端，梗甚长，中空；总苞钟状，全缘，基部联生成数轮；舌状花倒卵形，有白、黄、红、紫等色；筒状花橙黄色，边缘5裂；花期6–9月。

(2) 繁殖与栽培　原产墨西哥。不耐寒，喜温暖，忌酷热；喜光，耐半阴；要求疏松、肥沃、排水良好的土壤，较耐干旱，忌连作。

播种繁殖，3–4月播于温床，因其侧根少，应早定植。炎热季节常开花不良，夏季注意防水湿。在炎热地区栽培，常易退化。栽培较容易。

(3) 主要用途　配植花坛、花丛、花境；切花。

8.3　单子叶植物

8.3.1　香蒲科　Typhaceae

香蒲　　学名　*Typha latifolia*

(1) 形态特征　多年生沼生草本。株高100 cm。地下根状茎粗壮。叶较宽，基部鞘状，抱茎。花序暗褐色，雌雄花序相连，圆柱状，花期5–7月。

(2) 繁殖与栽培　原产欧亚两洲及北美。耐寒、喜阳光充足，宜深厚肥沃的土壤；栽植于浅水或沼泽地。

分株繁殖，春季将根茎切成10 cm左右的小段，每段根茎上带2～3芽。生长期应保持5～10 cm深的清水，栽培管理简单。

(3) 主要用途　配植于水景园。

8.3.2 露兜树科 Pandanaceae

1. 小露兜　　学名 *Pandanus gressitii*

(1) 形态特征　多年生草本。株高60～90 cm。叶丛生，节间短，革质，条形，长30～50 cm，边缘和背部中脉有刺。雄花序由数个穗状花序组成，具长叶状苞片，无锐刺。聚花果椭圆形。

(2) 繁殖与栽培　原产亚洲热带。不耐寒，喜高温、多湿，稍耐阴，宜排水良好、富含腐殖质的沙质土壤。

分株繁殖，春季切下母株旁生长的子株，插于砂土中，待充分发根后种植。生长期间应多施氮肥，夏季高温时要适度庇荫，越冬温度需10℃以上。

(3) 主要用途　盆栽观叶，室内装饰。

2. 斑叶露兜树　　学名 *Pandanus veitchii*

(1) 形态特征　常绿小乔木。叶面及边缘有白色纵纹，叶革质，带状，边缘和下面中脉具锐刺，叶无柄，顶端簇生。

(2) 繁殖与栽培　原产波利尼西亚群岛。不耐寒，喜高温，冬季需15℃以上温度；不耐强光，需在较弱的光线下生长；要求湿润、富含有机质的土壤。

扦插繁殖，除冬季外，其它季节均可进行。生长期间应多浇水，要经常喷水以保持叶面清洁。勿受冻害。栽培较容易。

(3) 主要用途　室内大型盆栽观叶。

8.3.3 泽泻科 Alismataceae

1. 泽泻　　学名 *Alisma orientale*

(1) 形态特征　多年生沼生植物。株高80～100 cm。地下具球茎，卵圆形。叶全部基生，卵状椭圆形，两面光滑，鲜绿色；具长叶柄，下部呈鞘状。花葶自叶丛抽出，顶生轮生伞形花序，多轮，呈圆锥状，具苞片，小苞白色，带紫红晕或淡红色；花柱宿存；花期夏季。

(2) 繁殖与栽培　原产北温带和大洋洲。耐寒，喜温暖、阳光充足；宜富含腐殖质而稍带粘土性的土壤；生于浅沼泽地或浅水中。

分株或播种繁殖。春季分球，将球插入泥中，使顶芽向上。播种于3−4月，盆播，上面覆水3～5 cm。栽培管理较粗放。

(3) 主要用途　水景园、沼泽园或水池中配植。

2. 毛茛泽泻　　学名 *Ranalisma rostrata*

(1) 形态特征　多年生沼生植物。具细匍匐枝。叶基生，宽椭圆形，膜质，有纤毛，叶柄细，基部鞘状。花葶直立，着花1～3朵，花柱长喙状，宿存。

(2) 繁殖与栽培　原产亚洲热带。不耐寒，喜阳光充足、温暖，宜生长在池沼中。

分株繁殖，春季分株。栽培容易，管理粗放。

(3) 主要用途　在沼泽园、水生园或水池中栽植。

3. 矮慈菇　学名 *Sagittaria pygmaea*

(1) 形态特征　一年生沼生植物。叶全部基生，条形或条状披外形，顶端钝，基部渐狭，无柄。花葶直立，轮生，雌花单一，无梗，着生于下轮，雌花白色。

(2) 繁殖与栽培　原产亚洲。喜温暖、阳光充足，宜生于浅水或沼泽地。

播种繁殖，水中春播。栽培容易，管理粗放。

(3) 主要用途　绿化水面，点缀水景园。

8.3.4　花蔺科　Butomaceae

花蔺　学名 *Butomus umbellatus*

(1) 形态特征　多年生水生草本。根状茎横生，粗壮。叶基生，上部伸出水面，条形，呈三棱状，细长，顶端渐尖，基部鞘状。花葶圆形，直立，多数花呈伞形花序，萼片状，带紫色，宿存，花淡红色。

(2) 繁殖与栽培　原产欧洲、亚洲。耐寒，喜阳光充足，宜生于浅水或沼泽地。

分株或播种繁殖。春、秋分株皆可，多于春季进行，或春季播种于浅水中。栽培管理简单粗放。

(3) 主要用途　绿化水面；配植于水生园。

8.3.5　水鳖科　Hydrocharitaceae

1. 水鳖　学名 *Hydrocharis dubia*

(1) 形态特征　多年生水生飘浮植物。具匍匐茎及须根。叶圆形至肾形，基部心形，全缘，表面深绿色，背面略带红紫色，中央有膨胀的气室，具长柄。雌雄同株异花，雄花 2～3 朵簇生于佛焰苞内；雌花单生，白色。

(2) 繁殖与栽培　原产欧洲、大洋洲和亚洲。稍耐寒，喜阳光充足、温暖，耐半阴；适生于湖泊、池沼等静水中。

分株繁殖，春、夏分株，将匍匐茎上的小植株分离。要求生活在浅水或深水水面上，不耐干旱。

(3) 主要用途　绿化水面；水景园。

2. 水车前　学名 *Ottelia alismoides*　别名　水带菜

(1) 形态特征　多年生水生草本。具短茎或无茎。叶聚生基部，叶形变化大，沉水叶狭矩圆形；浮水叶阔卵形，具长柄，花单生于苞片内，白色或浅蓝色，花期 7–9 月。

(2) 繁殖与栽培　原产亚洲热带至澳洲。耐寒力弱，喜阳光充足，稍耐阴，宜在浅水中生长。

播种繁殖，4–5 月播于浅水中。栽培容易，管理简单。

(3) 主要用途　配植于水生园。

3. 苦草　学名 *Vallisneria spiralis*

(1) 形态特征　多年生沉水草本。无直立茎，有匍匐枝。叶基生，极长，条形，全缘或稍有细齿，上面有棕褐色条纹和斑点。雌雄异株，雄花多数，极小；雌花单生，苞片筒状，具长梗，花期夏秋季节。

(2) 繁殖与栽培　原产世界温带地区。较耐寒，喜温暖，耐阴。

分析繁植，春、夏皆可分株。栽培容易。

(3) 主要用途　点缀水族箱。

8.3.6 禾本科 Gramineae

1. 匍匐剪股颖　学名 *Agrostis stolonifera*

(1) 形态特征　多年生草本。株高30～50 cm。秆基部平卧地面，具匍匐茎，节上生根。叶鞘无毛，稍带紫色；叶条形，宽3～5 mm，浅绿色，具小刺毛，粗糙。圆锥花序，分枝细弱，小穗紫铜色，花期7月。

(2) 繁殖与栽培　原产北半球温带。耐寒性强，喜冷凉、潮湿，忌炎热，耐阴，不耐干旱及碱性土壤，喜性土壤。耐践踏，绿色期长。

播种或分株繁殖。多秋季播种。生长期应多浇水，保持土壤湿润，经常施肥。

(3) 主要用途　为重要“冷季型”草坪植物。可植于林下。

2. 芦竹　学名 *Arundo donax*

(1) 形态特征　多年生草本。株高2～6 m。具粗而多节的根状茎。秆粗壮，有分枝。叶互生，扁平，阔披针形，下部鞘状为抱茎。圆锥花序直立，长30～60 cm,较密，颖被长毛，花期夏秋季节。

(2) 繁殖与栽培　原产亚洲及美洲热带。稍耐寒，喜温暖、阳光充足、水湿，不择土壤。

分株繁殖，多春季进行。管理简单，栽培容易。

(3) 主要用途　水边丛植。

3. 花叶芦竹　学名 *Arundo donax* var. *versicolor*　别名　斑叶芦竹、彩叶芦竹、花叶芦荻

(1) 形态特征　多年生草本。株高2～6 m。具粗壮根茎。秆粗壮，丛生。叶互生，排成二列，弯垂，灰绿色，具黄或白色纵条纹。穗状圆锥花序大型，羽毛状，多分枝，初开时带红色，后转白色，颖外被长毛，花期秋季。

(2) 繁殖与栽培　原产欧洲。习性及繁殖、栽培同芦竹。

(3) 主要用途　水边丛植，盆栽。

4. 丽蚌草　学名 *Arrhenatherum elatius* var. *tuberosum* f. *variegatum*　别名　银边草

(1) 形态特征　多年生草本。株高20～30 cm。具块茎，白色念珠状。地上茎簇生，细长而光滑。叶丛生，线形，长30 cm,宽1 cm，具黄白色边缘。圆锥花序具长总梗，有分枝，花期6–7月。

(2) 繁殖与栽培　原产欧洲。性强健，耐寒，耐旱，喜凉爽，忌炎热；喜阳光充足，稍耐

阴；喜湿润，忌水涝；对土壤要求不严。

分株繁殖，春、秋皆可进行。生长期间加强肥、水管理。栽培容易。

(3) 主要用途　栽植于草坪边缘及小路旁；作花坛、花境镶边材料；盆栽。

5. 野牛草　学名 *Buchloe dactyloides*

(1) 形态特征　多年生草本。株高5～20 cm。有匍匐茎，节处有须根及小植株。根可深入土层30～40 cm。叶细柔，线状，密被细柔毛，叶面呈灰绿色。雌雄异花，雄花高出叶丛，黄褐色，排列在穗轴一侧；雌花序藏于叶丛中，黑褐色；花期6—7月。

(2) 繁殖与栽培　原产北美及墨西哥。耐寒，耐热；喜光，不耐阴，稍耐半阴；耐干旱，耐盐碱；耐践踏，耐修剪。

分株或播种繁殖。分栽匍匐茎，春、夏皆可栽植，容易成活。播种宜春季进行，种子发芽慢。为了增长绿色期，应加强肥、水管理及适当修剪，夏季注意排水。栽培管理较粗放。

(3) 主要用途　为重要草坪植物。

6. 蒲苇　学名 *Cortaderia selloana*

(1) 形态特征　多年生丛生草本。植株高大。叶聚生于基部，长而狭，具细齿，被短毛。雌雄异株，圆锥花序大，呈羽毛状，银白色，花期秋季。

(2) 繁殖与栽培　原产巴西南部及阿根廷。性强健，耐寒，喜温暖、阳光充足及湿润，对土壤要求不严。

分株繁殖，春季分株，不可秋季分株，否则植物枯死，栽培容易，管理粗放。

(3) 主要用途　庭园栽培，或植于岸边秋赏其具银白色羽状穗的圆锥花序。也可做干花。

7. 狗牙根　学名 *Cynodon dactylon*　别名　爬根草、绊根草

(1) 形态特征　多年生草本。株高10～40 cm。茎细圆而矮，匍匐地面，可长达1 m，节上生根可长出分枝。叶线形，扁平。穗状花序，3～6个排列秆顶，呈指状，小穗排列于穗轴一侧，花果期4—9月。

(2) 繁殖与栽培　原产世界温暖地区。耐寒力弱，耐炎热，喜温暖；不耐阴，喜光；耐旱；耐践踏，耐修剪；喜肥沃、低温、排水良好的土壤。

可分株或播种繁殖。分株春、夏皆可进行，生长快，易成活。播种宜春季进行，每公顷需种子7.5 kg。应经常修剪。栽培容易，管理粗放。

(3) 主要用途　为温暖地区优良的草坪植物，绿色期达180天。

8. 假俭草　学名 *Eremochloa ophiuroides*　别名　老虎皮、蜈蚣草

(1) 形态特征　多年生草本。株高30 cm。具匍匐茎。秆斜生，稍扁平。叶线形，扁平，端钝，稍革质。总状花序单生秆顶，小穗呈覆瓦状排列于穗轴一侧，花期7—8月。

(2) 繁殖与栽培　原产中国长江以南各省。稍耐寒，喜温暖、阳光充足，稍耐半阴；耐旱；喜排水良好、土层深厚、肥沃、湿润的土壤；耐践踏，耐修剪。

可播种、分株或扦插繁殖。春季播种。分株多在雨季进行。生长期间应加强肥、水管理。

(3) 主要用途 为华南地区主要草坪植物。绿色期250～280天。

9. 羊茅　学名 *Festuca ovina*　别名 酥油草

(1) 形态特征　多年生草本。株高15～30 cm。秆稠密丛生，直立。叶内卷呈针状，质较软，叶鞘开口几达基部，叶舌短。圆锥花序紧缩，长2 .5～5 cm。小穗绿色或带绿色，花期6–7月，颖果红棕色。

(2) 繁殖与栽培　原产北温带。习性及繁殖、栽培同紫羊茅。

(3) 主要用途　“冷季型”草坪，为优良牧草。

10. 紫羊茅　学名 *Festuca rubra*　别名 红狐茅

(1) 形态特征　多年生草本。株高60～100 cm。秆分枝丛生，先匍匐而后直立。有短匍匐茎，基部红色或紫色。叶细长，线形内卷，光滑，油绿色；叶鞘基部红棕色，破碎呈纤维状。圆锥花序狭长，5～13 cm，小穗先端紫色，花期6–7月。

(2) 繁殖与栽培　原产北半球温带及寒带地区。耐寒性强，喜温暖、湿润，忌高温多湿，耐干旱，生长缓慢；喜光，耐半阴；耐修剪。

播种繁殖，春、秋皆可进行。种子发芽率低，每亩播种量7.5～15 kg。栽培较容易。

(3) 主要用途　重要的观赏草坪植物。绿色期长，为冷凉型草种。

11. 多花黑麦草　学名 *Lolium multiflorum*

(1) 形态特征　多年生草本，常作一、二年生栽培。株高50～70 cm。秆丛生，生长快，分蘖力强。叶浓绿色，窄细，宽3～5 mm，幼叶呈包旋状。穗状花序有芒。

(2) 繁殖与栽培　原产欧洲南部、非洲北部及小亚细亚等地。喜冬季温暖、夏季凉爽，不耐寒，易受霜害，不耐炎热气候；喜肥沃湿润而深厚的土壤。

播种繁殖，春播或秋播，多秋播。栽培容易，形成草皮快。

(3) 主要用途　南方冬季草坪植物。

12. 花叶芒　学名 *Miscanthus sinensis* var. *variegatus*

(1) 形态特征　多年生草本。株高1～2 m。秆丛生，直立，绿色，圆筒形。叶较高，条形，鲜绿色，长80 cm，具纵向条纹或镶边，具细锯齿，中肋白色而突出。圆锥花序扇形，花穗较大，小穗上的芒为淡紫色，花期8–10月。

(2) 繁殖与栽培　原产中国南部及日本。喜温暖、湿润，耐寒；喜光；对土壤要求不严。

以分株繁殖为主，也可播种繁殖。栽培容易，管理粗放

(3) 主要用途　庭园丛植；切花。

13. 芦苇　学名 *Phragmites communis*　别名 芦、苇

(1) 形态特征　多年生草本。株高可达2～5 m。具粗壮匍匐根茎。地上茎粗壮，簇生。叶线形，端渐尖，基部宽，长50 cm左右。圆锥花序稠密，微垂头，花期夏秋季节。

(2) 繁殖与栽培　广布中国及全球温带地区。耐寒，喜温暖、湿润及阳光充足，抗干旱，喜生于河边、溪涧等潮湿地或浅水中。

分株繁殖，早春分栽带有幼芽的根茎。栽培容易，管理粗放。

(3) 主要用途　池塘岩边、潮湿低洼地及沼泽地绿化。

14. 草地早熟禾　　学名　*Poa pratensis*

(1) 形态特征　多年生草本。根系发达，根状茎细而匍匐。秆光滑，直立丛生，高 50～80 cm。叶条形，宽 2～4 mm，细长而柔软，密生于基部，叶舌膜质。圆锥花序开展，花期 5—6 月。

(2) 繁殖与栽培　原产北半球温带，中国东北地区、黄河流域、江西、四川均有分布。耐寒力强，喜凉爽，忌酷暑，夏季停止生长；喜湿润、阳光充足，稍耐阴；喜疏松、肥沃及微酸性土壤；耐践踏。冬季也能保持绿色。

播种繁殖，也可分株繁殖。多秋季播种。春秋皆可分株。栽植前深翻土地要求平整，排水良好，栽后压实并及时灌水。

(3) 主要用途　优良的冷凉型草坪植物。绿色期长达 7 个月。

15. 加拿大早熟禾　　学名　*Poa compressa*　　别名　扁秆早熟禾

(1) 形态特征　多年生草本。根系发达，形成坚固根丛。具根状茎，匍匐茎极发达。茎节短，茎秆扁圆，秆高可达 1 m，分株蓝绿色。叶线形，基部叶片多而短小，幼时边缘内卷。圆锥花序紧密，花期 7 月。

(2) 繁殖与栽培　原产欧洲。耐寒，耐炎热，耐阴，耐瘠薄与干燥土壤，在阴湿处生长不良；耐践踏，耐修剪。

可播种繁殖，可秋播。生长期加强肥水管理，及时修剪，使其形成低矮密集的草坪。

(3) 主要用途　草坪。

16. 结缕草　　学名　*Zoysia japonica*　　别名　锥子草

(1) 形态特征　多年生草本。植株矮小，株高 5～15 cm。具横生根状茎。秆直立。叶鞘无毛；叶舌短，纤毛状或边缘呈纤毛状，叶扁平，条状披针形，宽达 5 mm，近革质。总状花序，花小，绿或淡紫色，花期 5 月。

(2) 繁殖与栽培　原产中国东北至华东一带，朝鲜及日本也有。耐寒，喜温暖；喜光，耐阴；抗旱性强；耐践踏、修剪。

分株或播种繁殖。雨季切取匍匐茎栽植，栽后保持湿润。播种宜在 5—6 月进行，播后覆土宜浅，保持土壤湿润。生长期间应及时剔除杂草，多施肥，经常修剪。

(3) 主要用途　草坪及运动场草坪，绿色期达 7 个月。

17. 细叶结缕草　　学名　*Zoysia tenuifolia*　　别名　天鹅绒草、朝鲜芝草

(1) 形态特征　多年生草本。株高 10～15 cm。具横生纤细匍匐茎。秆直立，纤细。叶线状内卷，针状，宽 0.2 cm。总状花序，小穗披针形，紫色或绿色，花期夏秋季节。

(2) 繁殖与栽培　原产中国及美洲。耐寒力弱，华东地区不能越冬，喜温暖；喜光，不耐阴，耐干旱，雨水多时叶生长繁盛反而易腐烂；耐践踏。

分株繁殖，用根茎或匍匐茎铺植。

(3) 主要用途　重要草坪观赏植物，绿色期长。

18. 沟叶结缕草　　学名　*Zoysia matrella*　　别名　马尼拉

(1) 形态特征　多年生草本。形似结缕草。叶片内卷具纵沟，丝状。小穗披针形。

(2) 繁殖与栽培　原产中国南部。其他同细叶结缕草。

(3) 主要用途　同细叶结缕草。

19. 中华结缕草　　学名　*Zoysia sinica*

(1) 形态特征　多年生草本。株高10～30 cm。具根状茎。叶舌不显著，为一圈纤毛；叶细长，条状披针形，宽达3 mm，边缘常内卷。总状花序，小穗披针形，紫褐色，花期春夏季节。

(2) 繁殖与栽培　原产中国。本种不如结缕草耐践踏，习性及繁殖、栽培同结缕草。

(3) 主要用途　运动场及其它地方草坪。

8.3.7　莎草科　Cyperaceae

1. 羊胡子草　　学名　*Carex rigescens*　　别名　白颖苔草

(1) 形态特征　多年生草本。株高5～10 cm。根茎细长呈绳索状，杆三棱形。叶基生成束，叶片细柔，宽1～3 mm，光滑，草绿色，拱形弯曲。花雌雄同穗顶生，具叶状总苞片，颖大，具宽的白色膜质边缘；花序为灰白色；花期4–6月。

(2) 繁殖与栽培　原产亚洲北部。耐寒，喜温暖、湿润，耐半阴，耐干旱，耐盐碱。

播种或分株繁殖，生长较慢。

(3) 主要用途　为优良的草坪观赏植物。绿色期长。

2. 宽叶苔草　　学名　*Carex siderosticta*

(1) 形态特征　多年生草本。具细长、匍匐的根状茎。杆侧生，较细，花葶状，基部以上生小穗。叶矩圆状披针形，宽1～3 cm，短于杆，背面疏生短柔毛，基部叶鞘褐色。小穗5～8个，疏松，圆柱形，苞片呈佛焰苞状，绿色；花期5–7月。

(2) 繁殖与栽培　原产中国东北至华东地区，朝鲜、日本也有分布。习性及繁殖、栽培同羊胡子草。

(3) 主要用途　植于林下、湖边，观赏草坪。

3. 旱伞草　　学名　*Cyperus alternifolius*　　别名　风车草、伞草

(1) 形态特征　多年生丛生草本。株高60～120 cm。杆直立，三棱形，无分枝。地下具短根茎，粗壮。叶退化成鞘状，棕色，包裹在茎杆基部。总苞片叶状，数枚伞状着生杆顶，带状披针形；小花序穗状，扁平，多数聚成大形复伞形花序；花期6–7月。

(2) 繁殖与栽培　原产西印度群岛、马达加斯加。不耐寒，喜温暖、阴湿及通风良好；耐旱，耐水湿，对土壤要求不严，冬季温度不宜过高，保持5～10℃为宜。

分株、扦插或播种繁殖。分株宜在4–5月换盆时进行。扦插四季均可进行，距茎杆顶端3～5 cm处剪下，剔除部分总苞片，然后将茎杆部分插入沙中，使总苞片平铺紧贴沙土上，经常保

持湿润环境，20～30天即能形成新植株。播种多在春季室内盆播。栽培生长期间应保持土壤湿润，多追肥，夏季应庇荫，冬季适当控制水分，温度不低于5℃。

(3) 主要用途　室内盆栽，切叶。小型水景园及野趣园优良植物。

4. 荸荠　学名 *Eleocharis plantaginea* var. *tuberosa*　别名　马蹄

(1) 形态特征　多年生水生草本。具细长的匍匐根状茎和球茎，球茎黑紫色。杆丛生，直立，高15～60 cm，光滑，鲜绿色，圆柱状。无叶片，基部有2～3个叶鞘，叶鞘口斜。小穗1个，顶生，圆柱形。

(2) 繁殖与栽培　原产欧、亚、美三洲。耐寒力弱，喜温暖、湿润、阳光充足；宜生长在浅水中，喜疏松、肥沃的土壤。

分株或分球茎繁殖，多4–5月进行。冬季需挖出保护越冬。栽培容易，管理粗放。

(3) 主要用途　绿化水面，布置在浅水中。球茎可食用。

5. 水葱　学名 *Scirpus tabernaemontani*　别名　莞

(1) 形态特征　多年生草本。株高60～120 cm。杆直立，中空，圆柱形，被白粉，灰绿色。具粗壮横走的地下根茎。叶退化为鞘状，褐色，生于基部。聚伞花序顶生，下垂，小穗卵圆形；花淡黄褐色，下部具稍短苞叶；花期6–8月。

(2) 繁殖与栽培　原产欧洲、亚洲、美洲及大洋洲。耐寒，喜凉爽、湿润及通风良好，喜光；喜生于浅水或沼泽地，宜富含腐殖质、疏松、肥沃的土壤。

分株或播种繁殖。通常春季分株。生长期间宜保持有5～10 cm深的清水。夏季适当庇荫。冬季需保护越冬。

(3) 主要用途　配植于水生园；盆栽；切叶。

(4) 主要变种　花叶水葱 var. *zebrinnus*　杆面白、绿斑点相间。

8.3.8 天南星科 Araceae

1. 菖蒲　学名 *Acorus calamus*　别名　水菖蒲

(1) 形态特征　多年生草本，陆生或湿生植物。株高30～50 cm，全株含挥发油，揉搓具芳香。根茎扁肥，横卧地下。叶二列状着生，剑状线形，长50～80 cm，端尖，基部鞘状，对折抱茎，具明显凸起的中脉，边缘稍波状，膜质。花茎似叶稍细，短于叶片，圆柱状稍弯曲，叶状佛焰苞长达30～40 cm，内具圆柱状长锥形肉穗花序，花小，淡黄绿色，花期6–9月。

(2) 繁殖与栽培　原产中国及日本，广布世界温带及亚热带地区。耐寒，喜温暖、湿润、阳光充足，耐阴，喜生长在浅水中。

分株繁殖，通常春季进行。生长期保持土壤潮湿。栽培、管理粗放。

(3) 主要用途　配植于水景园、沼泽园、野趣园组景。

2. 石菖蒲　学名 *Acorus gramineus*　别名　山菖蒲

(1) 形态特征　常绿多年生草本。株高30～40 cm，全株具香气。根状茎于地下匍匐横生。叶基生，剑状条形，无柄，全缘，鲜绿色，先端尖，质韧，有光泽。花茎叶状，扁三棱形，肉穗花序，无柄，佛焰苞叶状侧生，花黄绿色，花期4−5月。

(2) 繁殖与栽培　原产中国及日本。喜温暖、阴湿，忌干旱，喜潮湿、肥沃的土壤。常野生溪沟石块边。

分株繁殖，于早春3−4月进行。生长期注意松土浇水，保持阴湿环境，切忌干旱。适应性强，生长强健，栽培管理简单粗放。

(3) 主要用途　宜栽植于阴湿小溪边或水边。

(4) 常见栽培的变种有：

① 钱蒲　var. *pusillus* 叶细上而挺硬，株丛矮小。

② 金线石菖蒲　var. *variegatus*　株丛较矮小，叶有黄色条斑。

3. 金皇后　学名　*Aglaonema commutatum* ‘White Rajah’　别名　白柄亮丝草

(1) 形态特征　多年生草本。株高45～65 cm。叶披针形，绿色，中央散布多数黄绿色斑块，具长叶柄（10～25 cm）。茎与叶柄上也有黄白绿色斑纹。本园艺品种系由原种细斑亮丝草（A. commutatum）突变而产生的，为本属中叶色最漂亮、观赏价值最高的品种。

(2) 繁殖与栽培　原产马来西亚及菲律宾。不耐寒，越冬最低温度为10℃，生长适温为22～28℃；喜室内散射光，忌直射光，喜水湿。扦插繁殖，切取茎段，在高温高湿条件下易生根，生长期应经常注意叶面喷水，并保持盆土湿润。

(3) 主要用途　室内盆栽，箱植布置，切叶。

4. 玉皇帝　学名　*Aglaonema crispum*　别名　波叶亮丝草

(1) 形态特征　多年生常绿草本。株高30～40 cm。茎节间短。叶具长柄，披针形，革质，叶面稍波状起伏，叶片暗绿色，中央散布许多银白色斑块。

(2) 繁殖与栽培　原产印度至马来西亚热带地区。性强健，较耐寒，喜温暖，极耐阴，对培养土要求不高。

扦插繁殖，取茎上部分生的枝或基部分生的小株扦插于沙床，易生根。较耐旱。夏季多浇水及喷水可促进生长，冬季少浇水，8℃可越冬。

(3) 主要用途　室内盆栽观叶。

5. 广东万年青　学名　*Aglaonema modestum*　别名　亮丝草

(1) 形态特征　多年生常绿草本。株高60～70 cm。茎直立，不分枝。叶椭圆状卵形，端渐尖，叶柄长，近中部以下具鞘。总花梗短，佛焰苞长5～7 cm，肉穗花序，花期7−8月。浆果鲜红色。

(2) 繁殖与栽培　原产中国南部及菲律宾。不耐寒，喜高温、多湿，生长适温25～30℃，冬季室温应保持在13℃以上。极耐阴，忌强光直射；喜疏松肥沃、排水良好的微酸性土壤。

扦插或分株繁殖。春季4月扦插。分株常于春季换盆时进行。生长期间应加强肥、水管理，使之处于阴湿生长环境。

(3) 主要用途　室内盆栽观叶。

6. 斑叶万年青　学名 *Aglaonema pictum*

(1) 形态特征　多年生常绿草本。茎矮，多分枝，叶长椭圆形，稍薄，叶暗绿色有光泽，具灰绿色或白色大型斑点，叶柄有短鞘。花茎长 2～5 cm。

(2) 繁殖与栽培及主要用途　原产苏门答腊和马来西亚。其他同广东万年青。

7. 海芋　学名 *Alocasia macrorrhiza*

(1) 形态特征　多年生草本。植株高达 1.5 m。地下有肉质根茎。茎粗短。叶柄长，有宽叶鞘，叶大型，盾状阔箭形，聚生茎顶，端尖，缘微波状，主脉宽而显著，叶面绿色。佛焰苞黄绿色，肉穗花序，粗而直立。假种皮红色，非常美丽。

(2). 繁殖与栽培　原产中国南部及西南地区、印度和东南亚。不耐寒，喜高温、高湿，喜半阴，忌强光直射，宜疏松、肥沃、排水良好的土壤。

可扦插或分株繁殖，也可播种。冬季室温不得低于 15℃。栽培容易，管理粗放。

(3) 主要用途　室内大型盆栽观叶。

8. 墨叶芋　学名 *Alocasia amazonica*

(1) 形态特征　多年生草本。形态酷似美叶芋。叶紫黑色，有光泽，具朱红色条斑。佛焰苞片乳白色。

(2) 繁殖与栽培及主要用途　同海芋。

9. 花烛　学名 *Anthurium andraeanum*　别名　红掌、安祖花

(1) 形态特征　多年生附生常绿草本。具肉质气生根。茎长达 1 m 左右，节间短。叶鲜绿色，革质，长椭圆状心形，全缘。花梗长，超出叶上，佛焰苞阔心脏形，直立开展，革质，表面波状，鲜朱红色，有光泽；肉穗花序无柄，圆柱形，黄色；花期全年。

(2) 繁殖与栽培　原产哥伦比亚。不耐寒，喜温暖、阴湿，要求空气湿度高。夏季生长适温 20～25℃，冬季温度不可低于 15℃。

分株或播种繁殖。国外大量采用组织培养繁殖。多用水苔、木屑或轻松腐殖土栽培，生长期间保持空气湿润，多向叶面喷水。适当追施有机肥。

(3) 主要用途　室内盆栽，也为优良的切花，水养持久。

10. 红鹤芋　学名 *Anthurium scherzerianum*　别名　火鹤

(1) 形态特征　多年生常绿附生草本。茎矮，具肉质气生根。叶丛生，革质，暗绿色，长圆状披针形，端渐尖，基部钝圆形。佛焰苞阔卵形，鲜猩红色，无光泽；肉穗花序橙红色，螺旋状卷曲；花期 2—7 月，湿度适宜，可常年开花。

园艺品种很多，佛焰苞有紫色带白斑、白色、红色、黄色、白地粉点、绿带红斑、鲜红色、红带白斑等变种。

(2) 繁殖与栽培　原产中美洲。习性及繁殖、栽培同花烛。

(3) 主要用途　室内盆栽，也为优良的切花，水养持久。

11. 花叶芋　学名　*Caladium bicolor*　别名　彩叶芋

(1) 形态特征　多年生草本。株高50～70 cm。块茎扁圆形。叶基生，箭状卵形，薄纸质，表面绿色，具大小不等的红或白色斑点，背面粉绿色，叶柄细长，为叶片的3～7倍。佛焰苞舟形，外面绿色，里面粉绿色，喉部带紫晕；肉穗花序黄至橙黄色，苞片锐尖，顶部褐白色。园艺品种极多，有绿叶显具红点或红斑或红脉或白脉，也有白叶显具绿脉或边缘绿色，主脉呈红色者等等。

(2) 繁殖与栽培　原产南美洲热带，巴西及亚马逊河流域分布最广。喜高温、高湿，不耐寒；喜半阴，忌强光直射；要求疏松、肥沃的土壤。

分球繁殖，于块茎开始抽芽时用刀切割带芽块茎，待切面稍干另行栽植即可。生长适温30℃，低于15℃则逐步休眠。畏强光，但要求一定光照，过弱叶片瘦弱，色彩暗淡。生长季多浇水施肥，但不宜多施氮肥，否则叶色差。要保持高的空气湿度，经常在叶面喷水。秋末叶逐渐变黄，应停止浇水，冬季取出块茎沙藏，温度不低于15℃，翌春再种植。

(3) 主要用途　盆栽观叶，切花，为优良的观叶植物。

12. 大王万年青　学名　*Dieffenbachia amoena* cv.Tropic Snow　别名　六月雪万年青、暑白黛粉叶、大王黛粉叶、夏雨黛粉叶

(1) 形态特征　多年生常绿灌木状草本。株高70～120 cm。茎粗状，直立。叶具柄，长椭圆形，渐尖，薄革质，叶深绿色，沿每个侧脉散布不规则的奶白或黄绿色斑纹及斑点，中脉及叶缘深绿色。

(2) 繁殖与栽培　原种产巴西、哥伦比亚及哥斯达黎加。喜高温、高湿，为本属中较耐寒的品种；喜充足散射光，也极耐阴；喜肥；耐干旱。

扦插繁殖。植株不易长出侧枝，常取茎顶作插穗。基质浇水不可太多，以免引起腐烂。生长适温25～30℃，越冬温度8℃以上，可耐5℃低温。生长季节需肥量大，可多施氮、钾肥。生长快，老茎干易弯曲，可早些设支架使其向上生长。浇水太多或闷热，根茎易腐烂。

(3) 主要用途　优良的室内盆栽观叶植物。

13. 黛粉　学名　*Dieffenbachia picta* ‘Camilla’　别名　白玉黛粉叶

(1) 形态特征　多年生常绿灌木状草本。株高30～45 cm，最高可达60 cm。株丛矮小，紧密。茎多分枝，极易从叶腋长出小植株，因而呈丛生状，茎及叶柄全部被叶遮盖。叶卵状椭圆形，先端尖锐，幼叶浓绿色，成熟叶仅边缘1～2 cm范围浓绿色，其余全为乳白或黄白色斑纹，老叶斑纹会退化，叶缘稍呈波状。

(2) 繁殖与栽培　为园艺杂交种。较喜水湿，其它同花叶万年青。

极易繁殖，主要用扦插繁殖。生长季取茎叶腋的小株扦插，也可用老茎扦插。越冬温度8℃以上。过于庇荫及施肥过多都会使叶面绿色部分增大，影响观赏效果。栽培中要充分供水，保持土壤湿润，此外注意通风，株丛过密，老叶提早枯黄。

(3) 主要用途　为优良的室内盆栽观叶植物。

14. 花叶万年青　学名　*Dieffenbachia maculata(D.picta)*　别名　白黛粉叶

(1) 形态特征　多年生常绿灌木状草本。株高可达1 m。茎粗壮直立，少分枝。叶大，常集生茎顶部，上部叶柄1/2成鞘状，下部叶柄较其短；叶矩圆形至矩圆状披针形，端锐尖；叶面深绿色，有多数白色或淡黄色不规则斑块，中脉明显，有光泽。

(2) 繁殖与栽培　原产巴西。喜高温、高湿及半阴，不耐寒；忌强光直射；要求肥沃、疏松而排水好的土壤。

扦插繁殖，温度在25℃以上，任何季节均可进行，以嫩茎插为主，水插也可生根。生长适温25℃～30℃，但16℃时全年可生长，而7℃以下则会落叶死亡。越冬温度要求12℃以上。生长期应充分浇水和叶面喷水，高温干燥易生红蜘蛛。茎干达一定高度时会弯曲，可回剪至基部，使其重发新芽。夏秋季节应庇荫，严防阳光直晒。

(3) 主要用途　优良的室内盆栽观叶植物。

15. 麒麟叶　　学名　*Epipremnum pinnatum*　　别名　百足藤、麒麟尾

(1) 形态特征　常绿大藤本。茎粗壮，攀援极高。叶片革质，幼叶狭披针形或矩圆状披针形，基部浅心形，全缘，成熟叶阔矩圆形，羽裂，裂片宽条形，叶柄顶端膝状膨大，边缘膜质，纤维状撕裂。

(2) 繁殖与栽培　原产中国华南热带，印度、马来半岛至菲律宾、太平洋岛屿以及大洋洲均有。喜温暖、湿润，不耐寒；喜阴；要求肥沃、排水好的土壤，耐干旱。

春末夏初用嫩茎扦插繁殖。越冬温度10℃以上。栽培中需提供较高的空气湿度，常向叶面喷水。应设立较牢固的支架供其攀援。

(3) 主要用途　华南地区等暖地露地栽植作垂直绿化，盆栽观叶。

16. 龟背竹　　学名　*Monstera deliciosa*　　别名　蓬莱焦、电线兰

(1) 形态特征　多年生常绿大藤本。茎粗壮，长达7～8 m，具有数深褐色绳状气生根，长1～2 m。叶大，互生，厚革质；幼叶心形，全缘，无孔；后为矩圆形，不规则羽状深裂，侧脉间有长椭圆形或菱形穿孔，暗绿色。佛焰苞厚革质，淡黄色，花穗乳白色，开花时芳香，花期8-9月。浆果球形，淡黄色，成熟后可食，果期10月。有斑叶变种。

(2) 繁殖与栽培　原产墨西哥。喜温暖、湿润，不耐寒；喜光，也很耐阴；忌直射光照；忌干旱。

春、秋压条繁殖，或春季扦插繁殖，也可播种繁殖。越冬温度高于10℃，低于5℃即有冻害。生长期应向叶面喷水，保持较高的空气湿度。植株多分枝，应适当修剪。幼株攀援性不强，以后可设支柱供其攀援。夏季置室外半阴处。氮肥太多，同时温度太高，易生病。盆栽不宜过深。

(3) 主要用途　优良的室内盆栽观叶植物。也可作室内大型垂直绿化材料。

17. 多孔龟背竹　　学名　*Monstera friedrichsthalii*　　别名　开窗蓬莱蕉、仙洞万年青

(1) 形态特征　多年生常绿草质藤本。叶较小，鲜绿色，薄革质，卵状椭圆形，主脉偏向一侧，侧脉间有大小不等的穿孔，叶柄淡绿色，全长的4/5呈鞘状。

(2) 繁殖与栽培　原产哥斯达黎加。较龟背竹娇弱。较耐阴，忌强光直射。越冬温度12℃

以上。

(3) 主要用途　为优良的中小形室内盆栽观叶植物。

18. 绿宝石喜林芋　学名 *Philodendron* × cv. *Green Emerald*

(1) 形态特征　多年生常绿攀援草本。与红翠喜林芋极相似，区别点为：此品种叶片为绿色，没有晕紫色光泽，茎、叶柄、嫩稍及叶鞘全为绿色。

(2) 繁殖与栽培　为园艺杂交品种，其他同红翠喜林芋。

(3) 主要用途　优良的室内盆栽观叶植物。

19. 绒叶喜林芋　学名 *Philodendron melanochrysum*　别名　天鹅绒、蔓绿绒

(1) 形态特征　多年生常绿攀援草本。茎半蔓性。叶垂挂着生，叶柄基部为明显鞘状，较宽抱茎；叶片长卵状心形，端锐尖，基部心形；叶面绿褐色如天鹅绒质，主脉及侧脉以及叶缘均为明显的银白色，极美丽。

(2) 繁殖与栽培　原产哥伦比亚。喜温暖、阴湿。稍耐寒；要求疏松而富含腐殖质的土壤，生长缓慢。

可扦插繁殖。生长适温18～22℃，越冬温度3℃以上。生长期充分浇水，可使叶片光亮。需设支柱供其攀援。冬天应给予一定光照，易栽培。

(3) 主要用途　优良的室内盆栽观叶植物。

20. 姬喜林芋　学名 *Philodendron oxycardium*　别名　圆叶蔓绿绒、心叶树藤、心叶喜林芋

(1) 形态特征　多年生常绿草质藤本。茎蔓性，细长可达数米，节间有气生根。叶卵状心形，全缘，绿色，质地较厚。

(2) 繁殖与栽培　原产西印度群岛及牙买加。喜高温、高湿，不耐寒；喜半阴；要求肥沃、疏松而排水良好的土壤。

夏季扦插繁殖，极易生根。生长适温为20～30℃，越冬温度10℃以上；生长迅速，生长期要充分浇水。可摘去顶芽以促分枝，使枝叶繁茂。

(3) 主要用途　为优良的室内盆栽观叶植物，也可用于室内垂直绿化。

21. 琴叶喜林芋　学名 *Philodendron panduraeforme*　别名　琴叶树藤、琴叶蔓绿绒、仙人蔓绿绒

(1) 形态特征　多年生常绿草本。茎蔓性，木质，具气生根。叶互生，提琴形，革质，暗绿色，有光泽。绿色的嫩芽细长直立而尖。

(2) 繁殖与栽培　原产巴西。喜高温、高湿，不耐寒；宜肥沃、疏松而排水良好的微酸性土壤；对光线要求不严，极耐阴。

生长季可扦插繁殖，易生根，繁殖力强。冬季越冬温度10℃以上。栽培中设支柱供其攀援。栽培普遍，管理简便。

(3) 主要用途　优良的室内盆栽观叶植物。

22. 春羽　学名 *Philodendron selloum*　别名　羽裂喜林芋、羽裂蔓绿绒、羽裂树藤、小天使蔓绿绒

(1) 形态特征　多年生常绿草本。茎粗壮直立而短缩，密生气根。叶聚生茎顶，大型，幼叶三角形，不裂或浅裂，后变为心形，基部楔形，羽状深裂，裂片有不规则缺刻，基部羽片较大，缺刻也多，厚革质，叶面光亮，深绿色。

(2) 繁殖与栽培　原产巴西。喜高温、高湿，稍耐寒；喜光，极耐阴。生长缓慢。

春季用嫩茎扦插繁殖。插入水中也易生根。为常见栽培的喜林芋种类中耐寒性最强者，越冬温度5℃。生长期要充分浇水并保持高的空气温度。不宜大量施肥，否则叶柄细长而弯曲，株形不整齐。

(3) 主要用途　优良的室内盆栽观叶植物，也可水养瓶中观叶。

23. 红翠喜林芋　学名 *Philodendron* erubescens 'Red Emerald'　别名　大叶蔓绿绒、红宝石喜林芋

(1) 形态特征　多年生常绿攀援草本。茎蔓性，节上具气生根。叶片戟形，盾状着生，革质，暗绿色。嫩梢及嫩叶的叶鞘玫红色，叶柄紫红色。

(2) 繁殖与栽培　园艺栽培品种。稍耐阴。光线过暗植株生长细弱。耐肥，但生长季施肥过多，则节间长，株形差。栽培中需设支柱供攀援。性强健，管理简便。

(3) 主要用途　为优良的室内盆栽观叶植物。

24. 绿萝　学名 *Scindapsus aureus*　别名 黄金葛、魔鬼藤

(1) 形态特征　多年生常绿大藤本。茎长可达10 m以上，盆栽多为小型幼株。茎节有沟槽，并生气根。叶卵状至长卵状心形，其大小受株龄及栽培方式的影响很大；老株叶片边缘有时不规则深裂；幼株叶片全缘，罕见裂；叶片鲜绿或深绿色，表面有浅黄色斑块，蜡质具光泽。

(2) 繁殖与栽培　原产马来半岛。喜温暖、湿润，稍耐寒；对光照要求不严，稍耐阴；喜肥沃、疏松而排水好的土壤。

用茎扦插繁殖。水插易生根。生长适温18～25℃，越冬温度10℃以上，可耐5℃的低温。忌强光直射，但光线过弱会使叶面色斑消失。需肥量不大，施用过多易产生肥害。栽培中需设支柱供其攀援。

(3) 主要用途　优良的室内盆栽观叶植物，可吊盆观赏，也可用于室内垂直绿化，或切叶。

(4) 常见品种

① 翠藤 cv. Virens　叶翠绿，具光泽。

② 白金葛 cv. Marble Queen　与绿萝极相似，不同点是其株形较小，叶面2/3以上为银白色斑，叶柄、茎上也有白斑。生长势较弱，不耐寒，忌潮湿，喜稍干燥。栽培容易。

25. 合果芋　学名 *Syngonium podophyllum*　别名　丝素藤、箭叶芋

形态特征　多年生常绿蔓性草本。茎蔓生，具大量气生根，光照适度时晕紫色。叶互生，具长柄，幼叶箭形，淡绿色；成熟叶窄三角形，3深裂，中裂片较大，深绿色，叶脉及近叶脉处呈黄绿色。

26. 马蹄莲　学名 *Zantedeschia aethiopica*　别名 慈姑花、水芋

(1) 形态特征　多年生球根花卉。具肥大的肉质块茎。株高70～100 cm。叶基生，具长柄，叶柄长于叶片2倍以上，中央为凹槽，叶片卵状箭形。花梗与叶柄等长，佛焰苞白色，质厚；呈短漏斗状，喉部开张，先端长尖，稍反卷；肉穗花序短于佛焰苞，鲜黄色；花期12月至翌年5月，盛花2–3月。

(2) 繁殖与栽培　原产南非。喜温暖，稍耐寒；喜光，耐半阴；喜肥水，忌干旱。

秋天分球繁殖，切下带芽的块茎另行栽种，也可秋季播种繁殖。生长适温15～25℃，可耐4℃低温，光照好产花多，生长期水肥要充足，施肥时如有肥水流入叶柄，易造成烂叶，故施肥后宜冲洗叶片。夏季炎热，植株休眠，应减少浇水。

(3) 主要用途　重要切花，也可盆栽观赏。暖地可露地丛植。

27. 黄花马蹄莲　学名 *Zantedeschia elliotiana*

(1) 形态特征　多年生球根花卉。株高60～100 cm。叶广卵状心脏形，端尖，鲜绿色具少量半透明白色斑点。佛焰苞大，深黄色，基部无斑纹，外侧常带黄绿色，花期7–8月。

(2) 繁殖与栽培　原产南非。冬季休眠，较喜干燥土壤，其它同马蹄莲。

(3) 主要用途　可供盆栽观赏或切花生产。

28. 红花马蹄莲　学名 *Zantedeschia rehmannii*

(1) 形态特征　多年生球根花卉。植株矮小，株高20～30 cm。叶长披针形，端狭长，基部下延，叶上有白色或半透明的斑纹。佛焰苞小，喇叭状，端尾尖；较瘦小；桃红色：花期4–6月。有紫红及白色类型。

(2) 繁殖与栽培　原产南非纳塔尔。其他同马蹄莲。

(3) 主要用途　可供盆栽观赏，也可生产切花。

8.3.9 凤梨科 Bromeliaceae

1. 光萼荷　学名 *Aechmea chantinii*　别名 斑马凤梨、菠叶斑马

(1) 形态特征　多年生附生常绿草本。株高30～35 cm，叶丛莲座状成筒着生，坚硬；深绿色，具银白色或灰玫红的横条纹，状如斑马纹；叶缘具锐刺。花梗分枝，长而挺立；总苞片大而直立，橙红色，上方为数丛小花序；小花苞片基部红色，端黄色；小花也为黄色；花期夏季。

(2) 繁殖与栽培　原产亚马逊盆地及哥伦比亚、厄瓜多尔的热带雨林中。不易分蘖，生长速度慢。性强健，较耐寒，越冬温度需5℃以上。较耐旱，需肥量低，盆土肥沃可不施肥。

分株繁殖，入夏后植株从基部长出小芽，待有6片叶时可切下栽植。

(3) 主要用途　盆栽观赏。

2. 美叶光萼荷　学名 *Aechmea fasciata*　别名 蜻蜓凤梨、斑粉菠萝

(1) 形态特征　多年生附生常绿草本。叶丛莲座状，中央卷呈长筒形；叶革质，叶端钝圆

或短尖；叶绿色，被灰色鳞片，有数条银白色横斑，叶背粉绿色；叶缘密生黑刺；总花梗从叶筒中抽出，淡红色；穗状花序塔状；苞片革质，端尖，桃红色；小花初开蓝紫色，后变桃红色；花期夏季，可连续开花几个月。

(2) 繁殖与栽培　原产巴西东南部。喜高温，不耐寒；喜光，耐阴，忌强光直射；宜疏松富含腐殖质的培养土；耐旱。

分割吸芽繁殖，花后老株可存活6～8个月，其基部长出吸芽，掰下后剥去基部小叶数片，削平下端，扦插即可，也可待吸芽长成母株一半大小时再掰下栽植。移栽前在小叶筒内注入水，并尽可能带些母株的根。生长适温18～22℃。开花期温度不低于18℃，越冬温度10℃以上。生长季宜充分浇水，使叶筒中经常保持有水，并保持较高的空气湿度；可叶面追肥，叶筒内可灌入较稀薄的液肥。注意冬季温度低于18℃以下时，叶筒内不可存水。

(3) 主要用途　可供盆栽观赏。

3. 凤梨　　学名　*Ananas comosus*　　别名　菠萝、食用凤梨

(1) 形态特征　多年生常绿草本。株高约1 m，盆栽后变小。叶基生，莲座状；狭长带状，缘具细齿；深绿色。花茎短，球果形穗状花序顶生，小花多而密，蓝紫色。果由肥肉质的中轴及藏于内的子房和肉质的苞片合成多汁球状果，成熟芳香，可食；顶端为一束硬挺的叶片苞片；果期6–7月。

(2) 繁殖与栽培　原产美洲热带及亚热带。可用花序顶端叶状苞片扦插，切下后，先晾干1～2天，然后扦插。生长适温25～30℃，越冬温度5℃以上，其他同美叶光萼荷。

(3) 主要用途　供盆栽观赏。果实食用。

(4) 最常见观赏栽培品种　斑叶凤梨 cv. Variegata　别名 艳凤梨、金边凤梨、多色菠萝。

多年生常绿草本。株高120 cm。叶紧密排列呈莲座状；剑形，缘具刺，外拱；叶面绿色，叶缘黄色或黄色晕粉红色，缘刺粉红色，叶背灰绿色。花梗挺直，高出叶丛，穗状花序成卵圆形，苞叶橙红色，顶端叶状苞片的边缘及刺晕粉红色；小花紫红色。

4. 美艳羞凤梨　　学名　*Neoregelia carolinae*　　别名　凤梨、彩叶凤梨

(1) 形态特征　多年生常绿附生草本。株高20 cm。叶莲座伏着生，基部呈筒状，披针形，缘具细齿；革质；绿色有金属光泽，开花前中心部分叶基部或全叶变成深红色，可保持观赏期2–3个月、花序隐于叶丛中，小花蓝紫色具白边。

(2) 繁殖与栽培　原产巴西。喜温暖湿润，不耐寒，喜充足散射光，忌直射光照；喜疏松、透气的强酸性(pH值3.5～4.5)土壤。

扦插繁殖。春天将植株基部产生的吸芽掰下，削平基部插于沙中。生长期适温18～28℃，冬季15～18℃，越冬温度10℃以上。生长期需较高的空气湿度，并充分灌水，可灌入叶筒，叶面常喷水，但气温低于15℃停止向叶筒灌水及喷水。一般管理。

(3) 主要用途　可供盆栽观赏。

(4) 常见栽培的变种及品种

① 三色美艳羞凤梨 var. *tricolor*　　别名　三色彩叶羞凤梨、三色小凤梨、五彩凤梨。

叶簇生呈扁平碟状，宽披针形，叶缘具齿；质薄；叶面绿色有光泽，中部有白色纵条纹，中间条带较宽；光线充足时叶面晕粉色，故而叶面形成绿、白、粉三色。苗期斑纹不明显，成株

近开花期时，中心部分的叶开展，基部或全部变成深红色，可保持数月。花序隐于叶丛中，筒状花堇蓝色。

此变种对水要求不高，耐旱；喜光；淋水不要注入叶筒中。花后植株死亡。其他同美艳羞凤梨。

② 银边凤梨 cv.Flandria 别名 金边五彩羞凤梨、镶边五彩凤梨。

株高30 cm。叶较平展，横扩；革质；叶浓绿色有光泽，叶缘有黄白色条纹，有时中央也具不规则的细条纹。中心部分叶下半部分于花期前逐渐变亮红色。花苞端白色，小花紫色。

5. 美萼水塔花 学名 *Billbergia amoena* 别名 秀丽水塔花

(1) 形态特征 多年生常绿草本。叶基生，莲座状；古铜色，有白、黄斑。花下垂，浅紫色或蓝绿色；苞片小，红色。有许多美丽的变种。如可爱秀丽的水塔花 var.*amoena*、红叶秀丽水塔花 var.*rubra*等。

(2) 繁殖与栽培 原产南美热带。要求每天至少3～4 h以上阳光照射。也耐半阴；喜夏季凉爽、通风；稍耐干燥；越冬温度12℃以上。生长期需施肥。繁殖及管理同狭叶水塔花。

(3) 主要用途 供盆栽观赏。

6. 狭叶水塔花 学名 *Billbergia nutans* 别名 俯垂水塔花、垂花凤梨、凤梨兰

(1) 形态特征 多年生常绿草本。叶莲座状着生，呈筒状；叶线状，外轮叶缘具稀疏细齿，内轮叶全缘；质硬；叶绿色，有灰绿色条纹，基部具褐色条纹，叶背具鳞片。花梗细长，穗状花序短而侧垂；数枚大型苞片是鲜玫红色；花瓣绿色，边缘黄色，花后向外翻卷；花期春季。

(2) 繁殖与栽培 原产巴西。喜温暖湿润环境，极耐寒；喜半阴，耐阳光照射；要求疏松、排水好的酸性土壤。

分割吸芽繁殖。方法同美叶花萼荷。生长适温20～28℃，越冬温度不低于5℃，可耐短期0℃低温。生长期盆土要保持湿润，可向叶筒内浇水，特别要保持较高的空气湿度。开花前增施磷肥可使花色更艳丽。可以无土培养。

(3) 主要用途 供盆栽观赏。

7. 水塔花 学名 *Billbergia pyramidalis* 别名 火焰凤梨、红笔凤梨

(1) 形态特征 多年生常绿草本。叶莲座状着生呈筒形，带状披针形，先端具小锐尖，叶缘上部有棕色小刺，叶背常具横纹。花葶被白粉，稍高出叶面；穗状花序紧密，球形；苞片披针形，红色；萼淡橙红色被白粉；花瓣红色，端蓝紫色；花序抽出含苞待放时，花瓣先端露出萼片，形如红笔。

(2) 繁殖与栽培 原产秘鲁、巴西。本种较耐寒。其他同狭叶水塔花。

(3) 主要用途 供盆栽观赏。

8. 斑缟水塔花 学名 *Billbergia zebrina*

(1) 形态特征 多年生常绿草本。叶莲座状着生，基部成筒状；带形，叶缘具长刺；硬质；叶深绿色，叶背或两面具白色的斑点和横纹。花葶较叶短，下垂或侧倾，苞片淡红色，花萼被白粉。

(2) 繁殖与栽培　原产巴西。较耐寒。其他同狭叶水塔花。

(3) 主要用途　供盆栽观赏。

9. 姬凤梨　学名　*Cryptanthus acaulis*　别名　紫锦凤梨、星鱼花

(1) 形态特征　多年生常绿草本。株高 8 cm。叶莲座状，叶片反曲不铺于地面，外轮叶的叶腋生匍匐茎；硬质；椭圆状披针形，叶缘波状，具皮刺；叶背被银灰色小鳞片。花序隐于叶丛中，小花白色。

(2) 繁殖与栽培　原产巴西。

除分吸芽繁殖外，也可剪取匍匐茎另行栽植。越冬温度 10℃。其他同狭叶水塔花。

(3) 主要用途　可供微型盆栽观赏，也可用于瓶栽及景箱栽植。

10. 三色姬凤梨　学名　*Cryptanthus bromelioides* cv. Tricolor　别名　三色小凤梨

(1) 形态特征　多年生常绿草本。叶莲座状着生；叶缘微呈波状；叶色自中心向叶缘依次为绿色、象牙白色、玫红色，逐渐晕染过渡，并有银白色横纹。

(2) 繁殖与栽培　原产巴西。分蘖力强。有充足的光照及干燥才能保持其色彩的艳丽。其他同狭叶水塔花。

(3) 主要用途　可供微型盆栽、瓶植及景箱栽植。

11. 短叶雀舌兰　学名　*Dyckia brevifolia*　别名　小雀舌兰、厚叶凤梨

(1) 形态特征　多年生常绿草本。株高 8～10 cm。叶莲座状着生，多浆肥厚，端尖，呈雀舌状；质硬；翠绿色，缘具向上的小白刺，叶背具白色细纵条纹。花葶高于叶面，端生穗状花序，小花钟形，桔黄色，花期春夏季节。

(2) 繁殖与栽培　原产巴西。喜温暖。也较耐寒，喜阳，耐半阴，喜春夏湿润、秋冬略干的环境，忌积水。

分株繁殖。随时可挖出自老株周围萌发的小芽另行栽植。越冬温度 8℃以上，可耐短期 0℃低温。宜选排水好的砾质土壤，冬季控制浇水，以免腐烂。勿将污水洒于叶面，否则叶面产生黑斑。

(3) 主要用途　暖地可用于岩石园，也供微型盆栽观赏。

12. 紫星　学名　*Guzmania lingulata* ‘Amaranth’　别名　紫擎天凤梨

(1) 形态特征　多年生常绿草本。株高 60～70 cm。叶基生斜出，稍外拱，全缘，绿色有光泽。花葶高于叶丛，穗状花序顶生，叶状苞片自下向上逐渐变小，披针形；下部苞片基部紫色，上部苞片紫红色，小花生于苞片腋间。

(2) 繁殖与栽培　原种产于美洲。本种为园艺杂种。喜凉爽湿润，耐寒。喜阴蔽。

分株或扦插繁殖。花后茎部叶腋长出小芽，待长出 6 片叶时，留 1～2 个芽取代母株外，其余的芽可切下扦插，也可用湿润苔藓包好直接栽植。生长适温 15～25℃，越冬温度 7℃以上。栽培中盆土宜保持适度湿润，不可过湿。注意通风。生长期可叶面施肥。

(3) 主要用途　可供盆栽观赏。

13. 果子蔓　　学名　*Guzmania lingulata*　　别名　红杯凤梨、姑氏凤梨

(1) 形态特征　多年生附生常绿草本。株高 30 cm。叶莲座状着生呈筒状；叶片带状，外曲，叶基部内折成槽；翠绿色，有光泽。伞房花序，外围有许多大形阔披针形苞片组成；总苞、苞片鲜红色或桃红色，小花白色；单株花期 50～70 天，全年均有花开。

(2) 繁殖与栽培　原产哥伦比亚、厄瓜多尔。喜温暖湿润，不耐寒；喜充足散射光照；要求排水好，疏松而富含腐殖质的基质。

分株繁殖。分蘖力强，取基部萌蘖芽另行栽植即可。生长适温 20～25℃，越冬温度 15℃以上。生长期充分浇水，叶筒内可注入水，越冬时叶筒内不易存水。施用含钾高的肥料可使叶色、苞片更美丽。

(3) 主要用途　可供盆栽观赏，暖地可用于花坛，或作切花。

14. 红星　　学名　*Guzmania minor*　　别名　小果子蔓、桔红星凤梨

(1) 形态特征　多年生附生常绿草本。株高 70～80 cm。叶莲座状着生呈筒状；叶片带状；黄绿叶面上有自基部向上延伸的栗色细纹，近端时隐没。穗状花序密集，总苞片开展，桔红色或猩红色，有极高的观赏价值；花葶橙红色。

(2) 繁殖与栽培　原产巴西、美洲。其他同果子蔓。

(3) 主要用途　可供盆栽观赏。

15. 镶嵌果子蔓　　学名　*Guzmania musaica*　　别名　黄苞球凤梨

(1) 形态特征　多年生附生常绿草本。叶簇生；带状；叶淡红色，有深绿色横纹，叶背具紫色横斑纹。花葶红色，穗状花序顶生，卵圆形；苞片金黄色有玫瑰红条纹，小花白色，略带香味。

(2) 繁殖与栽培　原产南美洲热带雨林。其他同果子蔓。

(3) 主要用途　可供盆栽观赏。

16. 巢凤梨　　学名　*Nidularium innocentii* var. *innocentii*　　别名　深紫巢凤梨

(1) 形态特征　多年生附生常绿草本。叶莲座状着生；条形，缘具细齿；叶面棕紫色，背面绿色晕红色。花序初生苞片暗红色，尖端有时绿色。每一莲座叶丛只开一次花，花期不定。

(2) 繁殖与栽培　原产巴西。喜温暖湿润环境，不耐寒；喜光，耐半阴，忌强光直射。

扦插繁殖。春季切取有 2～4 片叶的蘖芽扦插。越冬温度 10℃。生长期叶筒中注入水，并常叶面喷水，还需叶面追肥。

(3) 主要用途　可供室内观赏。

17. 铁兰　　学名　*Tillandsia cyanea*　　别名　艳花钱兰、紫花凤梨

(1) 形态特征　多年生附生常绿草本、株高 15 cm。叶放射状基生，斜伸而外拱；条形，硬革质；浓绿色，基部具紫褐色条纹。花葶高出叶丛；穗状花序椭圆形，扁平；苞片 2 裂，套叠，玫红色，端带黄绿色；小花雪青色；花期全年。

(2) 繁殖与栽培　原产厄瓜多尔、危地马拉。喜温暖、湿润，不耐寒；喜充足散射光，忌

强光直射；要求疏松、排水好的基质。

分株繁殖，待萌蘖芽稍大时掰取种植，带根较易成活。生长适温15～25℃，越冬温度10℃以上。生长期浇透水。

(3)主要用途　可供小型盆栽观赏。

18. 莺歌凤梨　　学名　*Vriesea carinata*　　别名　鹦哥凤梨

(1) 形态特征　多年生常绿附生草本。株高20 cm。叶莲座状着生，呈杯状；质薄，柔软具光泽；浅绿色；外拱。花葶细长，高于叶面；穗状花序肉质，扁平；苞片2列互叠。基部红色，端黄色，每小苞片顶端常为弯钩状，似鹅嘴；小花黄色，端绿；花期冬春季节。观赏期可达半年。

(2) 繁殖与栽培　原产巴西。喜温暖，较耐寒；喜半阴；要求疏松、通气及排水好的基质；不耐旱。

扦插繁殖。取植株基部萌芽扦插，1个月可生根。越冬温度5℃以上。用蕨根块、腐叶土及泥炭土混合制成的基质较好。生长季充分浇水，叶杯内应注水，施薄肥。

(3) 主要用途　可盆栽观赏及切花。

19. 彩苞凤梨　　学名　*Vriesea × poelmannii*　　别名　大鹦哥凤梨、火炬

(1) 形态特征　多年生常绿草本。株高20～30 cm，植株粗壮。叶基生呈莲座状，叶片带状，全缘；浅绿色具光泽。花葶多分枝，高出叶丛。顶生穗状花序扁平，苞片2列套叠，鲜红色，有光泽；小花黄色；花期可达3个月。

(2) 繁殖与栽培　为*V. gloriosa*与*V. vangerttii*的杂交种。原种产于中南美洲及西印度群岛。喜高温高湿，稍耐寒，喜半阴。

扦插繁殖，取植株基部小芽扦插，生根缓慢，需2个月时间。越冬温度8℃以上，15℃以上可生长。生长期充分浇水，可注入叶筒内并向叶面喷水，需勤施追肥。光线不足花色不艳丽，花后剪除花葶有利促进分生小芽。

(3) 主要用途　可供盆栽观赏或切花。

20. 火剑凤梨　　学名　*Vriesea splendens*　　别名　丽穗兰、斑背剑花

(1) 形态特征　多年生常绿附生草本。叶基生成莲座状；叶片带状，外拱，端弯曲下垂；深绿色具多条紫黑色横纹，叶背更显著；革质，具蜡质光泽。花葶直立，无分枝；穗状花序扁平，二裂状，苞片互叠，鲜红色，持久不败，观赏价值高；小花黄色。

(2) 繁殖与栽培　原产圭亚那。喜温暖高湿环境，不耐寒；喜半阴，较耐旱。

扦插或分割萌蘖芽繁殖。萌蘖力低。花后从植株基部长出2～3个小芽，待有4～6片叶时可切取。扦插或用湿苔藓包住基部种植。生长适温20～25℃，越冬温度10℃以上。生长期充分浇水，可向叶筒中注水。冬季需使盆土适度干燥。光照过弱不易开花。

(3) 主要用途　可供盆栽观赏或切花用。

8.3.10　鸭跖草科　Commelinaceae

1. 鸭跖草　　学名　*Commelina communis*

(1) 形态特征　鸭跖草属一年或多年生草本植物。茎叶光滑，茎基部分枝匍匐，上部向上斜生，高约20 cm，匍匐枝长约9 cm，常在节处生根。叶片披针形至卵状披针形，长约11 cm，宽约4 cm，茎叶绿色。花深蓝色，花期6～9月。高大型变种（var. *hortensis*），夏秋开花，呈蓝紫色。

(2) 繁殖与栽培　原产中国，华东、华北、西南均有分布。喜温暖、湿润、耐阴、和通风环境；要求土壤疏松、肥沃、排水良好，但对各类土壤均能适应。播种、分株、扦插、压条繁殖均可。四季均可压条。春夏扦插，保持15℃左右，约14天即可生根。宜秋播，常随采随播。盆栽宜置于适当蔽荫处。每14天施稀薄肥液1次。冬季置于室内有阳光处，气温不可低于8℃。

(3) 主要用途　鸭跖草生长强健，叶色青绿，下垂铺散，是良好的室内观叶植物，可布置窗台几架，也可作为蔽荫处的花坛镶边。

2. 紫背万年青　　学名　*Rhoeo discolor*　　别名　紫万年青、蚌花

(1) 形态特征　多年生常绿草本。株高20～40 cm。茎低矮，略多汁。叶螺旋状集生茎顶，披针形至剑形；表面暗绿色，背面紫色。花多朵集生，下具2枚蚌壳状紫色苞片，花小，白色，花期8–10月。

(2) 繁殖与栽培　原产墨西哥及西印度群岛。喜温暖，不耐寒；喜散射光照，忌强光直射；要求土壤疏松、肥沃、排水好。

以分株繁殖为主，也可播种或扦插繁殖。分株四季皆可，切取植株萌蘖苗，带根，另行栽植。越冬温度8℃以上。生长期要保持盆土湿润，新上盆的植株半年内不要施肥，需保持较高的空气湿度。秋季叶黄时及时剪去。老株及生长不良植株要及时更新。

(3) 主要用途　室内盆栽、吊盆观赏；阴湿处地被植物。

3. 紫叶鸭跖草　　学名　*Setcreasea purpurea*　　别名　紫叶草、紫竹梅

(1) 形态特征　多年生常绿草本。全株深紫色，被短毛。茎细长，多分枝，下垂或匍匐，稍肉质，节上生根、每节具一叶，抱茎；叶阔披针形，端锐尖，全缘。花小，数朵聚生枝端的2枚叶状苞片内，紫红色，花期5–9月。

(2) 繁殖与栽培　原产墨西哥。喜温暖，较耐寒；喜阳光充足，耐半阴。

分株或扦插繁殖。扦插极易生根，形成的新株较老株株形好。生长适温15～25℃，越冬温度5℃以上。浓荫处枝叶徒长，节间长，叶色变浅或返绿。可摘心促进分枝，使株形圆整。管理粗放。

(3) 主要用途　华南地区可作花坛或地被及基础种植用；北方盆栽，吊盆观赏。

4. 白花水竹草　　学名　*Tradescantia albiflora* 'Albovittata'　　别名　银线水竹草

(1) 形态特征　多年生常绿草本。茎多汁，具白色汁液；匍匐状，节膨状。叶互生，长圆形，深绿色，叶面有许多银白色纵向条纹。花小，白色，数朵聚生为伞形花生于叶腋。尚有叶面具紫色纵条纹以及花叶，同时具有黄和白色纵条纹的栽培变种。

(2) 繁殖与栽培　原产南美洲。光线不足，叶变薄，色淡。其他同紫叶鸭趾草。

(3) 主要用途　同紫叶鸭跖草。

5. 紫叶水竹草　　学名　*Tradescantia fluminensis*　　别名　淡竹叶、白花紫露草、白斑叶水竹草

(1) 形态特征　多年生常绿草本。茎匍匐带紫红色晕；节膨大，接触地面节上易生根，茎汁液为紫堇色。叶具短柄，狭卵圆形，端尖，鲜绿色，有白色条纹，具光泽，叶背带紫色；叶鞘先端具毛。花小，白色，聚成伞形花序，有 2 枚阔披针形苞片。

(2) 繁殖与栽培　原产巴西中部、乌拉圭和巴拉圭。光线不足，叶易变成全绿色。其他同紫叶鸭趾草。

(3) 主要用途　盆栽、吊盆观赏。

6. 美洲鸭跖草　　学名　*Tradescantia virginiana*　　别名　美洲紫露草

(1) 形态特征　多年生草本；茎直立，有明显的节，稍有柔毛。单叶，互生，线状披针形，有叶鞘，表面有紫色细条纹，背面红紫色。伞形花序顶生；花蓝紫色。蒴果。花期夏秋。

(2) 繁殖与栽培　原产北美；喜温暖、湿润环境。在湿润、肥沃的土壤生长良好。好阳光，不耐荫。分株或扦插繁殖。温室盆栽，冬季温室内要保持 5℃以上的温度。

(3) 主要用途　盆栽观赏。全草供药用。

7. 吊竹梅　　学名　*Zebrina pendula*　　别名　吊竹兰、白花吊竹草

(1) 形态特征　多年生常绿草本。全株稍肉质。茎多分枝，匍匐，疏生粗毛，接触地面后节处易生根。叶互生，具短柄，基部鞘状抱茎，狭卵圆形，端尖。叶面银白色，其中部及边缘为紫色；叶背紫色。花小，紫红色，数朵聚生于 2 片紫色叶状苞片内，花期 5−9 月。

(2) 繁殖与栽培　原产墨西哥。耐寒力强，短期低温不会冻死。喜半阴，光线过暗易徒长，叶无光泽，耐干燥。其它同紫叶鸭跖草。

(3) 主要用途　暖地可供花坛，基础种植用，也可盆栽，吊盆观赏。

(4) 常见栽培的品种　红花吊竹草 cv.Discolor　又称美叶吊竹草。较上种叶片大，椭圆形，端尾尖；叶缘及叶面中央为紫色，其余部分为银白色纵纹，叶背暗紫色。花小，紫红色，此种耐寒力极强，2℃可越冬。耐强光。但叶色不美丽。其它同紫叶鸭跖草。

8.3.11　雨久花科 Pontederiaceae

1. 凤眼莲　　学名　*Eichhornia crassipes*　　别名　水葫芦、凤眼兰

(1) 形态特征　多年生漂浮植物。根系发达。茎极短，具长匍匐枝。叶丛生而直伸，宽卵形至卵圆形，基部浅心形；厚而光滑；鲜绿色；叶柄远长于叶片，近基部膨大成囊状，海绵质，内含空气。花茎自叶间抽出，近中部叶鞘，端部生短穗状花序，小花淡蓝紫色；花被 2 轮，外 3 片较狭。正中一片鞘大，上有蓝紫色斑，斑中有黄眼点，形似孔雀毛，故名日“凤眼莲”，花期 8−9 月。

(2) 繁殖与栽培　原产南美洲。喜温暖、向阳、富含有机质的静水，喜淡水，较耐寒。

分株繁殖。春天将母株丛分离或切离母株腋生小株，投入水中即可生根，极易成活。盆栽越冬温度 10℃以上。生长适温 18～25℃。生长期施肥，株丛夏季茂盛。由于生长迅速繁茂，在水面上应有一定控制．以免堵塞水面。管理粗放。

(3) 主要用途　可绿化园林水面，或作切花。

2. 雨久花　学名　*Monochoria korsakowii*

(1) 形态特征　一年生挺水植物。株高50～90 cm。地下茎短，匍匐状，地上茎直立。基生叶具长柄，茎生叶其柄渐短，基部扩大呈鞘状，抱茎；叶卵状心形，端短尖，质地较肥厚，深绿色有光泽。花茎高于叶丛端生，圆锥花序，花被蓝紫色或稍带白色，花期7–9月。蒴果长卵形。

(2) 繁殖与栽培　原产中国东部及北部，日本、朝鲜及东南亚也有。喜温暖、潮湿及阳光充足，不耐寒，耐半阴。

播种繁殖，可自播繁衍。多盆栽，管理同一般水生花卉。

(3) 主要用途　绿化水面；盆栽。

8.3.12　百合科　Liliaceae

1. 龙舌兰　学名　*Agave americana*　别名　番麻、世纪树

(1) 形态特征　多年生常绿大型植物。茎极短。叶倒披针形，灰绿色，肥厚多肉，基生呈莲座状，叶缘具疏粗齿，硬刺状。十几年生植株自叶丛中抽出大型圆锥花序顶生，花淡黄绿色，一生只开一次花。异花授粉才结实。

(2) 繁殖与栽培　原产墨西哥。喜温暖，稍耐寒；喜光，不耐阴；喜排水好、肥沃而湿润的砂壤土，耐干旱和贫瘠土壤。

春季分株繁殖。将根处萌生的萌蘖苗带根挖出另行栽植。5℃以上气温可露地栽培。华北地区多作温室盆栽，越冬温度5℃以上。浇水不可浇在叶上，否则易生病。随新叶生长，及时去除老叶，保证通风良好。管理粗放。

(3) 主要用途　暖地可庭院栽培，作花坛中心，盆栽。

(4) 常见栽培的变种有：

① 金边龙舌兰 var. *marginata-aurea*　叶缘为黄色。

② 金心龙舌兰 var. *mediopicta*　叶中心具淡黄色纵带。

③ 银边龙去兰 var. *marginata-alba*　叶缘为白色。

2. 剑麻　学名　*Agave sisalana*　别名　菠萝麻

(1) 形态特征　多年生常绿大型草木。茎达90 cm，直立。叶剑形，肉质挺直，叶缘无硬刺状齿，端有一红褐色的长硬刺。花具臭味。

(2) 繁殖与栽培　原产美洲热带。其他同龙舌兰。

(3) 主要用途　庭院栽植或作基础种植。生产上主要作纤维用。

3. 大花葱　学名　*Allium giganteum*　别名　高葱

(1) 形态特征　多年生球根花卉。株高1.2 m。具球形鳞茎，被白色膜质皮。叶基生，被白粉，宽带形，早春嫩叶尖粉紫色。花葶远高于叶丛，高1.2 m，顶生球状伞形花序，由多数小花密生而成，花序开放前有一闭合总苞，开放时破裂；小花淡紫色；花期5–6月。

(2) 繁殖与栽培　原产中亚和喜马拉雅山地区。喜凉爽。耐寒；喜阳光充足，忌湿热；不

择土壤，耐瘠薄，耐干旱。

秋季播种或分球繁殖。可自播繁殖。鳞茎分生能力极弱。华北可露地过冬。在肥沃、疏松、排水好的砂质壤土上生长良好。秋天栽植，盛夏地上部分枯萎，休眠后可取出鳞茎，置通风凉爽处，也可几年挖一次鳞茎。生长期多施含磷的肥料开花更好。一般管理。

(3) 主要用途　配植花境；在草坪及林缘丛植；或作切花。

4. 芦荟　学名　*Aloe arborescens* var.*natalensis*　别名　西非芦荟　蜈蚣掌

(1) 形态特征　多年生多浆植物。干高可达2 m，全株具白粉。茎多分枝，节较短。叶轮生，肥厚多汁，狭长，叶缘有针状刺，蓝绿色，被白粉。圆锥形总状花序疏散，小花黄色有红斑点，花被筒状，花期夏季。

(2) 繁殖与栽培　原产南非。喜温暖，不耐寒；喜春夏湿润，秋冬干燥；喜阳光充足，不耐阴；耐盐碱。

扦插或分株繁殖。春季扦插或分种母株过密的侧芽。除华南、西南及华东部分地区外，均做温室栽培。越冬温度5℃以上。在排水好、肥沃的沙质壤土上生长良好，不需大肥水。光照过弱不开花。生长快，需每年换盆。冬季保持盆土干燥。

(3) 主要用途　盆栽。

5. 花叶芦荟　学名　*Aloe saponaria*

(1) 形态特征　多年生多浆植物。茎短，不显著。叶基生，密集辐射状着生；披针形，叶缘有三角形角质刺，刺端赤褐色，叶面有整齐斑纹。花卉黄色。

(2) 繁殖与栽培　原产南非。其他同草芦荟。

(3) 主要用途　盆栽。

6. 翠花掌　学名　*Aloe variegata*　别名　蛇皮掌

(1) 形态特征　多年生多浆植物。茎短。叶基生，长三角形，上面凹入，下面凸起；叶缘近顶端有锯齿；浓绿色；两面有不规则、隐约可见的白色横纹，形如鸟羽，十分美丽。花红色，具绿条纹。

(2) 繁殖与栽培　原产南非。其他同草芦荟。

(3) 主要用途　盆栽。

7. 草芦荟　学名　*Aloe vera* var.*chinensis*　别名　芦荟、狼牙掌

(1) 形态特征　多年生常绿植物。植株多肉，茎极短，不显著。叶近基生，肥厚多汁，披针状剑形，蓝绿色被白粉。二面具白色斑纹，叶缘疏生软刺；幼苗期叶呈二列排列，长大后呈莲座状。总状花序，小花密集，橙黄色带红色斑点，极美丽，花期7-8月。

(2) 繁殖与栽培　原产非洲南部、地中海地区及印度。喜温暖，不耐寒；喜春夏湿润，秋冬干燥；喜阳光充足，不耐阴；耐盐碱。

扦插或分株繁殖。春季扦插或分种母株过密的侧芽。除华南、西南及华东部分地区外，均做温室栽培。越冬温度5℃以上、在排水好、肥沃的沙质壤土上生长良好，不需大肥水。光照过弱不开花。生长快，需每年换盆。冬季保持盆土干燥。

(3) 主要用途　室内盆栽。

8. 天门冬　　学名　*Asparagus cochinchinensis*

(1) 形态特征　多年生攀援草本。茎长1～2 m。具分枝，茎有棱或狭翅。叶状枝扁平，镰刀状，3枚一簇着生；叶退化为鳞片状，基部具硬刺。浆果红色。

(2) 繁殖与栽培　分布于中国华东、中南、西南地区及河北、山西、陕西、甘肃。性强健，耐寒，喜强光，不耐水涝及干旱。

播种或分株繁殖。生长期应保证水分供应。一般管理。生长中可设支架供攀援。

(3) 主要用途　垂直绿化，适用较低矮的棚架；或吊盆观赏。

9. 文竹　　学名　*Asparagus plumosus*　　别名　云片竹

(1) 形态特征　多年生常绿草质藤本。茎细弱，丛生而多分枝。叶状枝纤细，正三角形，水平排列，云片状平展，形以羽毛、叶小，鳞片状，主茎上的鳞片叶白色膜质或呈刺状。花小，白色。浆果黑紫色。

(2) 繁殖与栽培　原产南非。喜温暖，不耐寒，喜湿润及半阴，不耐旱，忌水涝，要求土壤富含腐殖质且排水良好。

播种或分株繁殖。种子寿命短，12月至翌年4月种子随熟随播，播前浸种或除去种皮。发芽慢。华北以北地区温室栽培，越冬温度8℃以上，低于3℃即受冻死亡。新枝抽出时要充分浇水，平时保持土壤湿润即可。栽培中需设支架绑缚牵引，可适当修剪，以保持良好株形。空气湿度太小及盆土过干过湿皆易落叶。

(3) 主要用途　优良的室内观叶植物；垂直绿化材料；或切叶。

10. 武竹　　学名　*Asparagus myriocladus*　　别名　绣球松、密叶天冬、松叶天门冬

(1) 形态特征　多年生常绿小灌木状草本。株高1～2 cm，盆栽株高40～60 cm。茎直立，丛生，多分枝，基部木质化。叶状枝簇生，密集，针形，新生叶状枝鲜绿色．成熟叶状枝粉绿色。小花淡红色至白色，1～3朵簇生，有香味。

(2) 繁殖与栽培　原产南非。耐寒性弱，越冬温度10℃以上。生长适温20～30℃。宜排水、通气的疏松土栽植。生长期充分浇水，入秋后减少浇水。其他同文竹。

(3) 主要用途　盆栽，也是重要的切叶材料。

11. 天冬草　　学名　*Asparagus sprengeri*

(1) 形态特征　多年生常绿蔓性草本。茎半蔓性，丛生。叶状枝扁线形，簇生；叶退化为鳞片状，褐色，刺状。花白色，有香气，花期7–8月。浆果鲜红色。

(2) 繁殖与栽培　原产非洲南部。光线过暗或土壤太干易黄落枝。根系生长势强，每年换盆时可分株。其他同文竹。

(3) 主要用途　为花坛、花境等镶边材料；盆栽；为重要的切叶材料。

12. 蜘蛛抱蛋　　学名　*Aspidistra elatior*　　别名　一叶兰

(1) 形态特征　多年生常绿草本。地下具匍匐状根茎。叶基生，具长而直立、坚硬的叶柄，

叶革质，长椭圆形，端尖。基部狭窄，叶缘稍波状，深绿色。花单生，花梗极短，贴地开放，花钟状，紫堇色。

(2) 繁殖与栽培　原产中国南方各省。喜温暖、阴湿、耐寒，极耐阴，耐贫瘠土壤。

可分株繁殖，春季结合换盆进行。生长适温15℃，可耐短时0℃低温。喜肥沃、排水好的沙质土，栽培中施追肥有利生长。忌强光直射。一般管理。

(3) 主要用途　华南地区可用于花坛、林下地被或丛植，是极优良的室内盆栽观叶植物，还可切叶。

13. 宽叶吊兰　学名　*Chlorophytum capense*

1) 形态特征　多年生常绿草本。具根茎。叶基生，宽线形，宽1.5~2.5 cm，基部折合成鞘状；叶丛中间抽出长匍匐状走茎，弯垂，其上生细长花茎高出叶面之上。总状花序，花小，白色；花后花茎有时变成走茎，走茎顶端生有幼小植株，落地即成新株。

(2) 繁殖与栽培　原产南非。喜温暖；不耐寒，喜半阴、湿润，要求疏松、肥沃、排水好的土壤。

分株繁殖。春季分老株，而且任何时候都可剪取走茎上的幼株另行栽植。华北以北地区温室栽培，生长适温15~25℃，越冬温度 5℃以上。忌光照过强或过弱。生长旺季保持盆土湿润，叶面喷水。生长健壮，不必施过多肥料。

(3) 主要用途　优良的室内观叶植物，吊盆观赏。

(4) 常见栽培的变种

① 金心吊兰　var. *medio-pictum*　形态似宽叶吊兰，但叶中部有黄白色纵条纹。

② 金边吊兰　var. *maginatum*　叶缘黄白色，叶片较宽，且长。本变种耐寒性稍差，但耐旱性强。

③ 银边吊兰　var. *variegatum*　叶缘绿白色。

14. 吊兰　学名　*Chlorophytum comosum*　别名　窄叶吊兰

(1) 形态特征　多年生草本。具短根状茎。与宽叶吊兰极相似，区别点为：本种叶细长，窄线形，宽0.5~1.5 cm，绿色或有黄色条纹。

(2) 繁殖与栽培　原产非洲中南部。性强健，其他同宽叶吊兰。

(3) 主要用途　吊盆观赏。

15. 白纹草　学名　*Chlorophytum bichetii*

(1) 形态特征　多年生草本。叶密簇丛生，条状披针形，长10~15 cm，宽1~2 cm，浓绿色而镶有白色边。花小，白色，长于短而直立的花轴上，有白色短肥地下块根。

(2) 繁殖与栽培　原产热带西非。喜温暖、湿润和半阴环境。耐寒性较差，15℃以下的生长不良，叶片萎垂而逐渐脱落。夏季高温须充分浇水及喷雾。冬季少浇水，落叶后即保持土壤不全干掉即进入休眠，待来春天气渐暖，温度20℃左右即又萌芽生长。繁殖可结合春季换盆时进行分株。

(3) 主要用途　白纹草叶细致柔软，极适合小盆种植，放置案台、花架等。

16. 铃兰　学名 *Convallaria majalis*　别名　草玉铃

(1) 形态特征　多年生草本。株高20～30 cm。地下部分具横行分枝的根状茎，白色。叶通常2～3枚，基生，具长柄，下部具数枚鞘状膜质鳞片，叶片较大，椭圆形或卵形、弧形脉。花葶自基部伸出，稍向外弯，总状花序上小花偏向一侧；花小，钟状下垂，端部6浅裂，并反卷，白色；芳香，花期5月。浆果球形，红色。

(2) 繁殖与栽培　原产北半球温带，主要分布于欧洲。中国华北、东北、西北地区有野生。喜冷爽、湿润及半阴，耐寒，忌炎热和干燥，要求湿润、富含腐殖质的土壤。

分株或播种繁殖。秋季分株繁殖为主。秋播第二年春天发芽。幼苗生长缓慢，经3～4年才能开花。性健壮，耐严寒。栽培中注意保持空气和土壤湿润，忌强光直射，否则叶易被灼伤，栽培密度不可过大，以免影响株形。管理简单。

(3) 主要用途　为优良的林下地被植物；盆栽或作切花、切叶。

(4) 主要变种

① 大花铃兰 var. *fortunei*　花及叶均大。

② 粉红铃兰 var. *rosea*　花被上具粉红色条纹。另外还有斑叶及重瓣等变种。

17. 朱蕉　学名 *Cordyline terminalis* (*C. fruticosa*)　别名　铁树、红叶铁树

(1) 形态特征　常绿灌木。株高可达3 m。茎单生或叉状分枝，直立细长。叶密生于茎端，具长柄，其上有沟槽，斜上伸展；叶片剑状披针形，端尖，革质，绿色或带紫红、粉红色条斑，幼叶在开花时变深红色。圆锥花序，下具3枚总苞片，小花白至青紫色，花期春夏季节。

(2) 繁殖与栽培　原产大洋洲北部和中国热带地区。喜高温、高湿，不耐寒，喜光，但忌强光直射，不耐阴。

扦插、分株、播种或压条均可繁殖。用茎梢、茎上生出的不定芽以及茎段都可作插穗。春播也易发芽，只是栽培中很难结种子。越冬温度10℃以上，温度低易落叶。生长期充分浇水。注意夏季通风，作一般栽培管理。

(3) 主要用途　暖地庭院栽植，是优良的室内观叶植物；切叶。

(4) 主要变种

① 锦朱蕉 var. *ambilis*　叶宽，幼叶深绿色，有光泽，后出现白色或叶缘白色，并带有桃红色晕。

② 巴氏朱蕉 var. *baptistii*　叶宽，反曲，深绿色有淡红色和黄色的条纹。叶柄具黄斑。

③ 细叶朱蕉 var. *cooperi*　叶小，暗紫色，具红边，背曲，极美丽。

④ 小叶朱蕉 var. *nana compacta*　叶比细叶朱蕉更细小且密生，姿态优美。

⑤ 圆叶朱蕉 var. *rainbow*　叶宽，阔卵圆形，老叶深绿色，叶缘红色，新叶淡红色或黄绿色。

⑥ 三色朱蕉 var. *tricolor*　叶阔椭圆形，端尖。新叶淡绿色，有乳黄色和红色的不规则斑点。

⑦ 云氏朱蕉 var. *youngii*　叶宽，开展，幼时鲜绿色，有暗红及粉色条纹，后成青铜色，有光泽。

18. 香龙血树　　学名　*Dracaena fragrans*　　别名　香千年木

(1) 形态特征　常绿乔木。株高6 m以上，盆栽较矮。叶簇生，长椭圆状披针形，基部狭窄，端渐尖，绿色或具各色条纹。花簇生呈圆锥状，小花带黄色，具3枚白色苞片，芳香。

(2) 繁殖与栽培　原产西非。喜高温、高湿，不耐寒，喜阳光充足。越冬温度10℃以上，温度低易落叶。生长期充分浇水。注意夏季通风，一般栽培管理。

扦插或分株繁殖。用茎梢、茎上生出的不定芽以及茎段都可作插穗。

(3) 主要用途　优良的室内盆栽观叶植物。

(4) 常见栽培的变种

① 巴西千年木　var.*victoria*　又名巴西铁、巴西水木、金边香龙血树。常绿乔木。株形整齐且直立不分枝。叶抱茎，无柄，在茎上螺旋着生；叶长椭圆状披针形，波浪状起伏，绿色，有金黄色条纹的宽边。13℃即休眠。需适度光照，可用水养法繁殖。是观赏价值较高的室内观叶植物。

② 斑叶千年木 var.*massangeana*　又名金心香龙血树、玉米树、常绿乔木。株形和叶片酷似巴西千年木，区别点在于：叶绿色，中央有黄色宽带，新叶其黄带更鲜明，老叶渐变黄绿色，色纹分布与巴西千年木正好相反。5℃即可越冬。耐肥，生长快，宜追肥。偏施氮肥或长期光照不足时。易使叶面绿色增大。可用水养法繁殖。

19. 银星龙血树　　学名　*Dracaena godseffiana*　　别名　星点千年木、星点水、金星龙血树

(1) 形态特征　常绿灌木。轮状分枝，茎细长。叶轮生，长椭圆状，两端急狭，浓绿色叶面上具多数不规则白色及黄色星点，微蜡质，叶可分泌乳汁。总状花序，小花黄绿色，微香，花期5月。

(2) 繁殖与栽培　原产几内亚北部及刚果。喜高温，不耐寒；喜阳光充足，忌强光直射；喜疏松、肥沃土壤，稍耐旱。

扦插或分株繁殖。宜用腐叶土栽培。生长适温20～25℃。生长缓慢，施肥不必太多，以全肥为好，偏施氮肥叶斑点会消失。保持盆土适度湿润即可。

(3) 常见栽培变种　白点星龙血树　var.*florida beauty*　叶面具多数银白色斑点、观赏价值高。

20. 川贝母　　学名　*Fritillaria cirrhosa*　　别名　卷叶贝母

(1) 形态特征　多年生球根花卉。具扁圆形鳞茎。叶对生或轮生，多生于茎部；叶线状披针形。花单生茎顶，较大，下垂，黄绿色具暗紫色条纹，花被基部蜜腺内陷，花期3–4月。

(2) 繁殖与栽培　原产中国四川。其他同浙贝母。

(3) 主要用途　林下地被。

21. 浙贝母　　学名　*Fritillaria thunbergii*　　别名　贝母

(1) 形态特征　多年生球根花卉。具肥厚鳞茎，由2～3片鳞片对合而成圆形或扁圆形。茎单生，绿色晕紫。下部叶对生，中部叶轮生，上部叶互生，叶披针形，中部以上叶及叶状苞

端都呈卷须状。花单生茎上部叶腋．每株3～9朵；顶生花下具3枚叶状苞片，其他花为2枚；花钟形，倒垂，淡黄绿色，外被绿色条纹，内面具紫色网纹；花期3–4月。

(2) 繁殖与栽培　原产中国江浙至西南地区。喜凉爽、湿润，稍耐寒，忌炎热；喜阳光充足，夏季宜半阴；要求含腐殖质丰富、深厚及排水好的土壤，以微酸性至中性为宜。

播种或分球繁殖。夏季种子成熟即须播种，次春发芽。秋植球根，华北地区露地保护过冬。生长期保持土壤湿润，夏季休眠后土壤需适当干燥。鳞茎可2～3年取出分栽一次。管理简单。

(3) 主要用途　林下地被。

22. 沙鱼掌　　学名 *Gasteria verrucosa*　　别名　白星龙

(1) 形态特征　多年生常绿多浆植物、无茎、叶二列套叠状基生，扁长锥形，肥厚多汁，端稍钝，叶面粗糙，有沟状凹陷，叶面有多数硬质的白色小突起，叶背凸出。总状花序，花被上部绿色，下部微红。

(2) 繁殖与栽培　原产南非。喜温暖，不耐寒；喜光，也耐半阴；要求干燥、排水好的土壤，耐干旱。

分株繁殖。华北地区温室栽培，越冬温度10℃以上。栽培中盆土宜微干燥，浇水不可过勤。空气湿度不可过大。否则易生虫害。管理简单。

(3) 主要用途　盆栽。

23. 嘉兰　　学名 *Gloriosa superba*

(1) 形态特征　多年生蔓性草本。根状茎横走，蔓长可达3 m以上。上部叶互生．下部叶对生或轮生；叶卵状披针形，基部圆，端长而渐尖呈卷须状，翠绿色。花单生叶腋或数朵组成疏松的顶生伞房花序；花被6片，离生，窄条形，向基部反卷，边缘明显皱波状，上部红色，下部黄色，极美丽，花期夏季。单花期10天。整株花期近2个月。

(2) 繁殖与栽培　原产中国云南南部及亚洲和非洲热带。喜温暖、湿润，耐寒力差；喜半阴；宜肥沃、疏松、保水性强的土壤。

播种或分切根状茎繁殖。秋季随采种随播，也可早春盆播。生长适温22～24℃，越冬温度5℃以上，高于12℃可正常生长、栽培中需喷雾提高空气湿度，并设支架以绑缚蔓性枝茎。全株尤其根端汁液有毒，需注意。

(3) 主要用途　暖地可作垂直绿化用，也可盆栽观赏，还是优良的切花材料。

24. 十二卷　　学名 *Haworthia fasciata*　　别名　条纹十二卷、蛇尾兰

(1) 形态特征　多年生常绿多浆植物。叶基生呈莲座状，肥厚肉质，长三角状披针形，叶深绿色有白色斑纹，叶背具白色瘤状突起，成横纹样。

(2) 繁殖与栽培　原产南非。喜温暖，稍耐寒；喜半阴；要求土质疏松，排水好。

分株繁殖　剥离母株旁分生的小植株，另行栽植即可。越冬温度10℃以上。控制浇水，可耐5℃温度、生长期盆土适度湿润即可，不可过干过湿。光线不足叶色易发红，不好肥，生长期温度也不可太高。

(3) 主要用途　盆栽。

25. 黄花菜　　学名　*Hemerocallis citrina*　　别名　黄花、金针菜

(1) 形态特征　多年生草本。株高1 m以上、叶二列状基生，较萱草叶长而宽，丛生紧密，深绿色。花亭稍高于叶，花序着花30朵左右，下具狭三角形苞片，花被管长3～5 cm，花淡黄色，芳香；夜间开放，次日中午强光下闭合，花期7–8月。干花蕾为著名的“黄花菜”。

(2) 繁殖与栽培　原产中国，长江及黄河流域广泛栽培。生长健壮，适应性强，管理极粗放。其它同萱草。

(3) 主要用途　配植花境；丛植；林下地被。

26. 萱草　　学名　*Hemerocallis fulva*　　别名　忘忧草、忘郁

(1) 形态特征　多年生草本。块根白肉质肥大，根茎短。叶基生，排成二列状，长带形，稍内折。花葶自叶丛中抽出，状粗，高于叶面，可达100 cm。圆锥花序顶生，着花8～12朵；小花冠漏斗形，桔红色，花瓣中部有褐红色“∧”形斑纹；花期6–7月，早上开放，晚上凋谢、味芳香、有许多变种。

(2) 繁殖与栽培　原产中国南部。性强健，耐寒，耐干旱，不择土壤，喜光，耐半阴。在深厚、肥沃、湿润且排水好的沙质土壤上生长良好。

分株繁殖为主。春、秋季皆可；也可播种，在春季进行。前一年秋季沙藏种子，播后苗前整齐。秋播后，次春发芽。适应性强，管理简便。

(3) 主要用途　可用于花境、丛植，也可作疏林下地被。

(4) 主要变种

① 大花萱草 var. *flore-pleno*　花大。

② 重瓣萱草 var. *kwanso*　又名千叶萱草，花桔红色，半重瓣。花葶着花6～14朵，无香气。此外，还有长筒萱草、斑花萱草等。

27. 小黄花菜　　学名　*Hemerocallis minor*

(1) 形态特征　多年生草本。株高30～60 cm。植株矮小，根细，呈绳索状。叶基生，绿色。花葶高于叶，顶部叉状分枝，着花2～6朵；小花黄色，外有褐晕，味芳香；花期6–8月，傍晚开放，次日中午凋谢。干花蕾也可食。

(2) 繁殖与栽培　原产中国，东北、华北地区有野生，朝鲜及西伯利亚也有。极耐寒，其他同萱草。

(3) 主要用途　可丛植或作林下地被

28. 玉簪　　学名　*Hosta plantaginea*　　别名　玉春棒

(1) 形态特征　多年生草本。株高40 cm。叶基生成丛，具长柄，叶柄有沟槽；叶片卵形至心脏形，基部心形，弧形脉。顶生总状花序，高出叶丛，花被筒长，下部细小，形似簪；小花漏斗形，白色，具浓香；花期6–7月，傍晚开放，次日晚凋谢。

(2) 繁殖与栽培　原产中国。性强健，耐寒，喜阴湿，忌强光直射。对土壤要求不严。喜疏松、肥沃、排水好的沙质土壤。

分株或播种繁殖。早春或秋末分株。春播。栽培中注意忌强光照射，以免叶面灼伤。生长

期充分浇水，发芽期及花前可施少量磷肥及氮肥。管理简单。

(3) 主要用途　可作林下地被及阴处的基础种植，也可盆栽观赏，切叶用。

(4) 常见栽培的变种　重瓣玉簪 var. *pleno*　叶较玉簪肥厚。花重瓣，香气淡。

29. 花叶玉簪　学名 *Hosta undulata*　别名　皱叶玉簪、波叶玉簪

(1) 形态特征　多年生草本。叶基生成丛，与其他种的区别为：其叶卵形，叶缘波状，叶面有乳黄或白色纵纹。花葶高于叶面，花淡紫色，较小，花期7–8月。

(2) 繁殖与栽培　原产日本。较喜阴湿，其它同玉簪。

(3) 主要用途　同玉簪。

30. 紫萼　学名 *Hosta ventricosa*　别名　紫花玉簪

(1) 形态特征　多年生草本。外形似玉簪，不同点为：本种叶较窄小，长卵形，质薄，叶基部常下延呈翼；叶柄沟槽浅。花淡紫色，状小，无香味，白天开放。

(2) 繁殖与栽培　原产中国。其他同玉簪。

(3) 主要用途　同玉簪。

31. 风信子　学名 *Hyacinthus orientalis*　别名　洋水仙、五色水仙

(1) 形态特征　多年生球根花卉。鳞茎近圆球形，外被皮膜，具光泽，其色常与花色相关，为紫、蓝、粉或白色。叶基生，肥厚带状。花茎中空，从叶丛中抽出，高15～45cm。总状花序密生小花，成长圆柱状；小花钟状，斜向或下垂；花被基部膨大，上部4裂反卷，重瓣或单瓣，为白、粉、红、堇、蓝等色；花期3–4月。栽培品种极丰富。

(2) 繁殖与栽培　原产南欧、地中海东部沿岸及小亚细亚。喜凉爽，不耐寒，宜湿润及阳光充足气候。要求富含腐殖质、排水好的沙壤土，喜肥。秋季发根萌芽，早春抽叶开花；盛夏茎叶枯黄，鳞茎休眠并分化花芽。

分球繁殖。秋植时进行。华北地区选避风向阳小环境处种植，冬季稍加覆盖可越冬。栽前施足基肥，花前追肥，后期节制肥水。每年夏季休眠后须起球，贮藏于干燥、凉爽的通风环境，也可水养促其开花。

(3) 主要用途　可用于花坛、花境、草坪及林缘栽植，也可盆栽或水养观赏。常用于切花。

32. 火炬花　学名 *Kniphofia uvaria*　别名　火把莲

(1) 形态特征　多年生草本。地下部分具粗壮直立的短根茎；地上部茎极短。叶基生，广线形边缘内折成三棱状，叶背有脊，叶缘有细锯齿；黄绿色，被白粉。花葶120 cm，高于叶丛；钝圆锥状总状花序，密生小花，基部先开放，状圆筒形，稍下垂，呈蕾状红至深红色，开放后变黄红色；花期夏季。栽培品种及变种较多。

(2) 繁殖与栽培　原产南非。喜温暖，稍耐寒，喜光；喜肥沃、排水好的轻粘质土壤。

春或秋季分株繁殖，也可播种繁殖。华北地区种植在避风向阳处，覆盖即可过冬。性强健，管理较为简便。

(3) 主要用途　优良的花境材料，也可切花用。

33. 百合　　学名 *Lilium brownii*　　别名 野百合、紫背百合、白花百合

(1) 形态特征　多年生球根花卉。株高60～120 cm。鳞茎扁球形，黄白色。茎直立，被紫晕。叶着生茎中部以上，愈向上越明显变小；上部叶苞片状；披针形。花平伸，1～4朵，形似麝香百合，花药褐红色，花柱极长；花被乳白色，背面中脉带紫褐色纵条纹，味芳香，花期8–10月。

(2) 繁殖与栽培　原产中国南部沿海各省及西南地区，陕西、河南及河北有分布。喜凉爽、湿润，耐寒，不耐热；喜半阴；要求深厚、肥沃、排水好的沙质壤上。

分球或扦插鳞片繁殖，也可播种。播种时应采后即播，20～30天可发芽。近年来，利用组织培养法繁殖；鳞片扦插则宜选成熟肥大之鳞片，干后插入粗沙中。秋植球根，新芽常于次春才发出。管理同一般球根花卉。花期追1～2次磷钾肥，有利生长。不宜每年挖出鳞片，应3～4年分栽一次即可。因为，无皮鳞茎，采收后即应分栽，如不能及时栽，则用微潮的沙土予以假植，置阴凉处。忌连作。

(3) 主要用途　可用于花境、丛植林下及草坪边缘；可切花用，宜在花蕾初开时剪取，并除去花药，防止污染，延长切花寿命。此类皆如此。

34. 兰州百合　　学名 *Lilium davidii* var.*unicolor*

(1) 形态特征　多年生球根花卉。株高60～180 cm。鳞茎扁卵形。茎扁圆形，疏被紫褐色粗毛。叶密集，线形。总状花序着花10～15朵，最多40朵，下垂，花被片反卷，橙黄至橙红色；花被片里面近基部有斑点或突起。花期7月。

(2) 繁殖与栽培　原产中国西北地区。性强健，适应性强，略耐碱性土和石灰质土。栽培容易。

用播种法繁殖。其他同百合。

(3)主要用途　花境、林缘及草地边丛植，或作切花。鳞茎为著名的食用百合。

35. 卷丹　　学名 *Lilium lancifolium*

(1) 形态特征　多年生球根花卉。株高50～150 cm，茎紫褐色，被白色绵毛。单叶互生，无柄，狭披针形；上部叶腋着生黑紫色珠芽。花3～20朵，呈圆锥状总状花序，花梗粗壮，花朵下垂；花被片反卷，橙红色，内散生黑斑点，雄蕊向四面开张，花药深红色；花期7–8月。

(2) 繁殖与栽培　原产中国及日本、朝鲜。性耐寒，耐强烈日照；喜温暖干燥气候，要求高燥、肥沃的沙壤土，可耐微碱性土壤。适应性强，生长健壮，容易栽培。

除分球外，还可用珠芽繁殖，掰取叶腋珠芽，栽植即可。花后珠芽未脱落，可采集后沙藏，春季再播种。其他同百合。

(3) 主要用途　花境、丛植，或作切花用。鳞茎可食。

36. 湖北百合　　学名 *Lilium henryi*　　别名 鄂西百合、亨利百合

(1) 形态特征　多年生球根花卉。株高1.5～2 m。鳞茎扁球形，褐红色，鳞片厚而粗硬。茎常弯曲，绿色有褐色斑点。叶两形，上部叶无柄，密生，卵圆形；下部叶具短柄，宽披针形。

花多数成总状花序，下垂，花被片反卷，橙黄色有黑褐色细点，基部中央为绿色；蜜腺无毛，两边有流苏状突起。花期7月。

(2) 繁殖与栽培　原产湖北、江西及贵州。性健壮，抗病性强，习性同卷丹。其他同百合。

(3) 主要用途　花境，丛植，或作切花，鳞茎不可食。

37. 麝香百合　学名 *Lilium longiflorum*　别名 铁炮百合、复活节百合

(1) 形态特征　多年生球根花卉。株高40～90 cm。鳞茎球形至扁球形，鳞片抱合紧密。茎绿色无斑点。叶散生，狭披针形。花单生或2～3朵生于短花梗上，平伸或稍下垂；蜡白色，基部有绿色晕；花被筒长，上部扩张呈喇叭状，味浓香；花期5–6月。变种及品种很多。

(2) 繁殖与栽培　原产中国台湾及日本。不耐寒，华北地区露地栽培需设风障、阳畦保护并覆盖越冬。适应性差，对酸性土要求较严格，栽培不当易退化，其他同百合。

(3) 主要用途　主要作切花。

38. 王百合　学名 *Lilium regale*　别名 皇冠百合、峨眉百合、岷江百合

(1) 形态特征　多年生球根花卉。株高60～150 cm。鳞茎卵形至椭圆形，紫红色。茎绿色带紫斑点。叶密生，披针形，中脉明显，细软稍下垂，浓绿色。花2～9朵，近水平状着生，喇叭形，白色，内面基部黄色，外面晕粉紫色；花药黄色；芳香，花期6–7月。栽培品种、变种及种间杂种很多。

(2) 繁殖与栽培　原产中国四川省及西南地区。耐寒，华北地区可露地过冬。喜光，适应性强，略耐碱土和石灰质土。喜稍湿润的粘质壤上。本种具抗病性尤抗病毒。种子繁殖极易。其他同百合。

(3) 主要用途　可用于花境，丛植或岩石园布置，也可切花用。

39. 药百合　学名 *Lilium speciosum*　别名 鹿子百合、美艳百合

(1) 形态特征　多年生球根花卉。株高约1 m。鳞茎较大而高，鳞片长，颜色与花色相关。茎直立或斜生，有时呈弧形。叶具短柄，阔披针形至长卵形。花1至多朵，下垂，白色及晕粉红色。花被无筒，花被片反卷，边缘波状，花被片下部1/2～1/3处有紫红色斑块，蜜腺两边有红色流苏状突起及乳头状突起；味芳香，花期7–8月。有许多品种和变种。

(2) 繁殖与栽培　原产日本。喜凉爽、蔽荫及湿润，要求腐殖质丰富的微酸性土。其他同百合。

(3) 主要用途　花境或丛植。花极美丽，适合作切花。

40. 阔叶麦冬　学名 *Liriope platyphylla*　别名 阔叶山麦冬

(1) 形态特征　多年生常绿草本。根状茎短，木质，局部形成肉质小块根；无匍匐茎。叶基生，密集成丛，宽线形，有明显横脉，稍呈镰刀状，基部渐狭呈柄状。花葶约50～100 cm，高出叶面。端生总状花序；小花多而密，4～8朵簇生一起，淡紫色或紫红色；花药披针形，与花丝近等长；子房上位，花期7–8月。浆果黑紫色。

(2) 繁殖与栽培　原产中国中南部。较耐寒，喜阴湿，忌阳光直射。对土壤要求不严，肥沃、湿润沙质土生长良好。

春季分株繁殖，也可早春播种。长江流域可露地过冬。生长迅速。生长期需追肥，保持土壤湿润，提供半阴、通风的环境，管理极粗放。

(3) 主要用途　丛植；配植假山石；林下地被；盆栽布置室内外环境。

41. 土麦冬　学名　*Liriope spicata*　别名　山麦冬、麦门冬、麦冬

(1) 形态特征　多年生常绿草本。叶较窄而短硬；叶鞘革质，深绿色。花葶高 10～20 cm，纤细；总状花序，小花淡紫或白色；小花梗短，花药短条形，与花丝近等长，花期 7–9 月。

(2) 繁殖与栽培　原产中国，朝鲜及日本有分布。其他同阔叶麦冬。

(3) 主要用途　同阔叶麦冬。

42. 禾叶土麦冬　学名　*Liriope graminifolia*　别名　寸冬、麦冬草

(1) 形态特征　多年生常绿草本。株丛较大。叶较土麦冬长且稍狭、花较小，淡紫色，梗长；花药矩圆形，短于花丝；花期 6–7 月。

(2) 繁殖与栽培　原产中国。其他同阔叶麦冬。

(3) 主要用途　同阔叶麦冬。

43. 葡萄风信子　学名　*Muscari botryoides*　别名　蓝壶花、葡萄百合

(1) 形态特征　多年生球根花卉。小鳞茎卵圆形，皮膜白色或淡褐色。叶基生，线形，边缘常内卷，稍肉质，呈深绿色。花葶长 10～30 cm，高于叶丛；小花多而密，组成细圆锥状的总状花序，顶生，呈坛状下垂，碧蓝色，花期 3–5 月。有白花变种。

(2) 繁殖与栽培　原产南欧、喜凉爽、耐寒；喜光，耐半阴；宜富含腐殖质、疏松、排水良好的土壤。喜肥。

播种或分球繁殖。秋季采种即露地直播，也可秋植球根时分子球种植。华北地区可露地越冬。性强健，适应性强，栽培中施足基肥，生长期可追肥。管理同一般球根花卉。

(3) 主要用途　配植花坛、花境、岩石园及草地边缘；盆栽。

44. 阔叶沿阶草　学名　*Ophiopogon platyphyllum*　别名　薮草

(1) 形态特征　多年生常绿草本。叶簇生，长带状，长 45～90 cm，宽 9～12 mm．基部狭．具多数纵脉，叶背凸出。暗绿色有光泽。花葶扁，斜伸，与叶丛等高或稍短，总状花序，小花白色至淡紫色；花药长于花丝，子房下位；花期夏季。浆果蓝色。

(2) 繁殖与栽培　原产日本。喜温暖、湿润，稍耐寒；喜半阴及通风好；要求肥沃、排水好的土壤。华东地区可露地越冬，也可室内盆栽。其他同阔叶麦冬。

(3) 主要用途　可丛植、配植假山石，或盆栽布置环境。为较好的室内观叶植物。

(4) 常见栽培的变种

① 银星阔叶沿阶草 var.*argenteivariegatus*　叶面具白色斑点。

② 银纹阔叶沿阶草 var.*argenteivittatus*　叶面有白色纹。

③ 金纹阔叶沿阶草 var.*aureivariegatus*　叶面有黄色纵纹。

④ 蓝花阔叶沿阶草 var.*coeruleus*　花蓝色。

45. 沿阶草　　学名　*Ophiopogon japonicus*　　别名　书带草、绣敦草

⑴ 形态特征　多年生常绿草本。与阔叶沿阶草的区别为：其叶较窄而短，长10～30 cm，宽2～4 mm；线形，主脉不隆起、花葶有棱，并低于叶丛；总状花序也短，长2～4 cm；小花梗弯曲向下，花淡紫色或白色；花期8–9月。

⑵ 繁殖与栽培　原产中国。其他同阔叶沿阶草。

⑶ 主要用途　长江流域可用于花坛、花境边缘、岩石园，丛植在草坪边缘，也可作地被。华北等地可盆栽观赏，是较好的室内观叶植物。医药上与土麦冬的块根统称麦冬，但沿阶草的块根为正品。

46. 虎眼万年青　　学名　*Ornithogalum caudatum*　　别名　鸟乳花

⑴ 形态特征　多年生球根花卉。鳞茎大，卵圆形，外皮膜质，淡绿色；栽培时大部分露出土面。叶基生，长带状，外拱；稍肉质。花葶粗壮，连同总状花序高可达1 m，花被片白色，中间有一条绿色带，花期5–6月。

⑵ 繁殖与栽培　原产南非。喜温暖，不耐寒；喜冬季光照充足，夏季半阴环境；要求肥沃而排水好的沙质壤土。

分子球繁殖。取鳞茎边分生的子球，另栽即可。适应性强，生长健壮。浇水不宜多。管理简便，同一般球根花卉。

⑶ 主要用途　盆栽。

47. 吉祥草　　学名　*Reineckia carnea*　　别名　松寿草、观音草、小叶万年青

⑴ 形态特征　多年生常绿草本。地下部分具匍匐状根茎，地上具匍枝。叶簇生，广线形至线状披针形，基部渐狭成柄；具叶鞘；深绿色。花葶约高15 cm，低于叶丛；顶生疏松穗状花序，小花无柄。紫红色，芳香；花期9–10月。浆果球形，鲜红色，经久不落，果期10月。

⑵ 繁殖与栽培　原产中国、日本。喜温暖，稍耐寒；喜半阴湿润环境，忌阳光直射；对土壤要求不严。

分株或播种繁殖，春季进行。长江流域可露地过冬，其以北地区则盆栽。生长期需保持土壤湿润。栽培管理简单。

⑶ 主要用途　林下地被；盆栽。

48. 万年青　　学名　*Rohdea japonica*　　别名　九节莲、冬不凋草

⑴ 形态特征　多年生常绿草本。株高50 cm左右。具短粗根茎。叶丛生，倒阔披针形，全缘，端急尖，基部渐狭，叶脉突出，叶缘波状，革质有光泽。花葶短于叶丛，顶生穗状花序；花小密集，球状钟形，淡绿白色；花期6–7月。浆果球形，鲜红色，经久不凋，果熟9–10月。有银边变种。

⑵ 繁殖与栽培　原产中国及日本。喜温暖，较耐寒；喜半阴及湿润环境，忌强光照射；喜疏松、肥沃的微酸性土壤。

分株繁殖。地下根茎萌蘖力强，早春分割萌蘖苗，另行栽植即可。长江流域可露地过冬，华北地区盆栽，越冬温度0℃以上。对水肥要求不高，较湿润的空气和通风良好有利于生长。

(3) 主要用途　极好的疏林下地被；可盆栽，或作切叶。

49. 虎尾兰　　学名　*Sansevieria trifasciata*

(1) 形态特征　多年生常绿草本。具匍匐状根茎。叶2～6片，成束基生，直立，厚硬，剑形，基部渐狭成有槽的短柄；叶两面具白绿色与深绿色相间的横带纹。花葶高80 cm，小花数朵成束，1～3束簇生花葶轴上，绿白色。

(2) 繁殖与栽培　原产非洲西部。喜温暖，不耐寒；喜光，耐半阴；喜湿润而排水好的土壤。

分株或叶插繁殖。温度适合，随时可进行。叶插注意切断叶后，需按生长方向插入基质，不可倒置。生长适温20～30℃，越冬温度13℃以上，过低易从叶基部腐烂。从半阴处移到光照强处需逐步进行，否则叶易被灼伤。生长期充分浇水，冬季控制浇水。

(3) 主要用途　很好的室内观叶植物，供盆栽观赏，也可切叶用。暖地常作宅园刺篱。

(4) 常见栽培的变种　金边虎尾兰 var. *laurentii*　叶边缘金黄色，观赏价值高。繁殖只能用分株法，叶插会失去金边。

50. 聚铃花　　学名　*Scilla hispanica*　　别名　蓝钟花

(1) 形态特征　多年生球根花卉。株高20～30 cm。具鳞茎。叶基生，小而长，可达50 cm，5～8枚成束。花葶与叶丛等长；总状花序，花小，蓝色至玫瑰紫色，钟形下垂；花被开张，不外弯；花期5—6月。栽培品种多。

(2) 繁殖与栽培　原产葡萄牙及西班牙。其他同地中海蓝钟花。

(3) 主要用途　草坡及林下地被；配植花境、花坛、岩石园；盆栽。

51. 白穗花　　学名　*Speirantha gardenii*　　别名　苍竹、白穗草

(1) 形态特征　多年生常绿草本。具短粗根状茎和细长匍匐茎。叶基生，旋叠状着生，无柄，近直立，倒披针形至长椭圆形，叶基渐狭。总状花序，小花梗直，白色；顶端有关节，果熟时从关节处脱落；花期6月。

(2) 繁殖与栽培　原产中国华东地区。喜凉爽、湿润，耐寒；喜半阴．喜肥沃的酸性土。

播种或分株繁殖。栽培中注意庇荫，充分供水，并提高空气湿度。一般栽培管理。

(3) 主要用途　优良的地被植物。

52. 郁金香　　学名　*Tulipa gesneriana*　　别名　洋荷花

(1) 形态特征　多年生球根花卉。鳞茎圆锥形而一侧扁平。叶基生，3～5枚，稍被白粉，披针形至卵形，全缘，边微波状皱。花大，单生茎顶，直立，杯状或钟状，有红、黄、白、紫、褐等色，基部常有黄、紫斑；花期3—5月。现在栽培的郁金香是经过近百年人工杂交，由多亲本参加的杂种，品种达8 000个、花型、花色、花期、株型有很大变化。

(2) 繁殖与栽培　原产地中海沿岸、中亚伊朗、中国新疆。喜夏季凉爽湿润，冬季温暖、干燥，耐寒；喜光，耐半阴；喜富含腐殖质、肥沃而排水好的沙质壤土。

分球繁殖，也可秋天播种。温度达8℃即可生长，生长适温15～18℃，35℃以上抑制花芽分化。华北地区冬季露出覆盖保护过冬。露地栽培易选向阳、避风处。秋植球根，覆土为球高

2倍即可，过深易腐烂。夏季休眠后挖出球，分级贮藏于凉爽干燥通风处。根系再生力弱，不易移植，注意保护。栽培管理同一般球根植物。

(3) 主要用途　重要的切花，也可用于花坛、花境、林缘及草坪边丛栽，盆栽。

53. 巨丝兰　　学名 *Yucca elephantipes*　　别名　象脚丝兰、无刺丝兰、荷兰铁

(1) 形态特征　常绿，株高达10 m。叶窄披针形，长可达100 cm，宽约10 cm。革质，全缘，灰绿色，无柄。茎干直立，有明显的叶痕。

(2) 繁殖与栽培　原产墨西哥、危地马拉。生长在光线充足、温暖、潮湿的地方。一种非常强壮的喜光植物，也较耐阴。适生温度为15～25℃，冬天可放在冷的无霜冻的地方，最低温度4℃，但要保持干燥一些。夏季盆土保持中等温度。栽培土壤以排水良好的腐叶土、粘土和少量基肥的混合。繁殖用扦插。

(3) 主要用途　可作中、小型盆栽，布置会议室、大厅。盆栽的幼小植株，可放于书架、办公桌上。由于没有尖刺，故极受欢迎。它还是一种对多种有毒气体具有吸收能力，如二氧化硫、氟化氢、氯、氨等，是厂矿污染区绿化的理想材料。

8.3.13　石蒜科　Amaryllidaceae

1. 百子莲　　学名 *Agapanthus africanus*　　别名　百子兰、紫君子兰

(1) 形态特征　多年生草本。株高80～100 cm。叶基生，二列状排列，带状，光滑，浓绿色。花葶粗壮直立，高于叶丛，顶生伞形花序，小花多，钟状漏斗形，尖端弯曲下垂，鲜蓝色；花期7–8月。单花序长达1个月。栽培品种及变种有不同大小的花、重瓣、花叶、白色及不同深浅蓝色的类型。

(2) 繁殖与栽培　原产南非。喜冬季温暖湿润，夏季凉爽环境；不耐寒，宜半阴；对土壤要求不严。

分株繁殖，可在秋季花后进行。华北地区温室栽培，越冬温度在5℃以上。宜用肥沃、排水好的土壤栽培，土壤瘠薄、疏松易发生较多的分蘖。生长期充分灌水，适度追肥，着花多而繁茂。

(3) 主要用途　配植于花坛中心；盆栽；或作切花，小花将开放时剪切为宜。

2. 六出花　　学名 *Alstroemeria autantiaca*

(1) 形态特征　多年生草本。株高45～60 cm。叶在茎上直立着生，狭披针形至线状披针形。伞形花序，3～8束，每束着花2～3朵；小花具梗，花被片倒卵形，6枚，无筒，白、淡紫色至粉红色；内部上端黄色，有白、紫、黄或红色斑纹或斑点；花期夏季。

(2) 繁殖与栽培　原产南美洲的智利、阿根廷。喜温暖，很耐寒；喜光，耐半阴；喜肥沃、排水好及保水好的土壤。

早春或临冬直播繁殖，也可分株繁殖。可耐−5℃～10℃的低温、栽培头两年冬季宜保护过冬。花期最好有半阴环境。根质脆，注意保护。盆栽切花用，需设支架支持茎。休眠期保持干燥。

(3) 主要用途　优良的切花；配植花境；盆栽。

3. 大花君子兰　学名 *Clivia miniata*　别名 君子兰

(1) 形态特征　多年生常绿草本。根系粗大肉质。叶基部形成假鳞茎，二列状叠生，宽带形，全缘，革质，深绿色。花葶自叶腋抽出，直立，扁平，顶生伞形花序. 外被数枚覆瓦状苞片，小花有柄，漏斗形，橙红色至橙黄色；花期冬春季。有许多栽培品种。

(2) 繁殖与栽培　原产南非。喜冬季温暖、夏季凉爽的半阴环境，不耐寒；喜肥沃、疏松、通气良好的微酸性土壤；不耐水湿，稍耐旱。

播种或分株繁殖，种子成熟后即可播种；春季结合换盆，切离母株周围产生的小苗，另栽植即可。在5℃以上可越冬，0℃以下受冻，30℃以上叶及花葶易徒长。生长适温15～25℃。忌强光直射，否则叶易被灼伤。浇水过多，易烂根，叶发黄，冬季及秋季要适当干燥。盆栽时施足基肥，不用过多追肥。夏季不施肥，应加强通风，经常叶面喷水。人工授粉可提高结实力。易栽培。

(3) 主要用途　盆栽；优良的室内观叶、观花植物。

4. 垂笑君子兰　学名 *Clivia nobilis*

(1) 形态特征　多年生常绿草本。形态似君子兰。但本种叶片及花被片均窄，叶缘有坚硬小齿。花狭漏斗形，开花时下垂，花被不开张，着花也较密。

(2) 繁殖与栽培　原产南非。其他同大花君子兰。

(3) 主要用途　盆栽。

5. 文殊兰　学名 *Crinum asiaticum*

(1) 形态特征　多年生球根花卉。具叶基形成的假鳞茎，长圆柱状。叶基生，阔带形或剑形，肥厚。顶生伞形花序，下具2枝大形苞片，开花时下垂；小花纯白色，花被筒直立细长，花被片线形，有香气；花期夏季。

(2) 繁殖与栽培　原产亚洲热带。喜温暖湿润，不耐寒；喜光线充足；耐盐碱土。

分株繁殖为主。早春或晚秋分离母株周围萌发出的吸芽，另行栽植，不宜种植过浅。也可播种繁殖，种子成熟后即播。越冬温度5℃以上。幼苗期喜半阴，须庇荫。生长期特别是开花前后需水肥充足，应及时补充，花后宜剪去花梗，以保养株丛。

(3) 主要用途　暖地可庭院丛植；基础种植；盆栽。

6. 雪钟花　学名 *Galanthus nivalis*　别名 小雪钟、雪地水仙、雪花莲

(1) 形态特征　多年生球根花卉。株高10～20 cm。鳞茎卵形而小。叶基生，2～3枚，线形，稍内折呈沟状，粉绿色，具白霜。花葶实心，高出叶丛；着花1朵，顶生，下垂，外具纸质苞片；花被片2轮白色，外花被片长而分离，内轮花被片联合而直伸，先端微凹，带绿色；花期2−4月。有重瓣等品种及变种。

(2) 繁殖与栽培　原产欧洲中南部至高加索一带。喜凉爽湿润，耐寒力强；喜冬季及早春阳光充足，春夏季半阴，要求富含腐殖质的土壤。

分球繁殖。秋植球根，华北地区可露地过冬。每2～3年采收一次鳞茎，用微湿沙土埋藏，置于凉爽处贮藏。栽培管理简单。

(3) 主要用途　林下地被，丛植坡地、草坪上，配植花坛、花境及岩石园和假山石配置；盆栽；或作切花。

7. 网球花　学名 *Haemanthus multiflorus*　别名 多花网球花

(1) 形态特征　多年生球根花卉。株高可达90 cm。鳞茎扁球形。叶3～6枚丛生，斜上伸展，椭圆形，全缘，叶柄短而成鞘状。花葶先叶抽出，绿色具紫红斑点，顶生球状伞形花序，下具一轮佛焰苞；小花多数，可达百余朵，血红色，花被片6枚，线形直伸，雄蕊突出花被筒外，花期6–7月。

(2) 繁殖与栽培　原产非洲热带。喜温暖湿润环境，耐寒力弱；喜冬季光照充足，夏季半阴；宜肥沃、疏松，排水好的微酸性沙质壤土。

分球或播种繁殖。春季换盆时分子球种植，但分生能力低，可切割鳞茎基部促进分生。种子随熟随播。华东地区以南方可露地过冬。中国大部分地区作温室栽培。生长适温16～20℃，越冬温度5℃以上。喜肥，除施足基肥外，生长期要追肥。冬季休眠后宜保持盆土干燥。盆内露地栽植，休眠时需取出鳞茎，在室内贮藏。

(3) 主要用途　盆栽，优良的室内盆花。

8. 杂种孤挺花　学名 *Hippeastrum hybridum*

(1) 形态特征　多年生球根花卉。是现在广泛栽培的园艺改良品种的总称。形态似朱顶红，但花大，花色丰富，鲜艳。

(2) 繁殖与栽培　为园艺杂交种。其他同朱顶红。

(3) 主要用途　配植花境；丛植；盆栽；或作切花。

9. 朱顶红　学名 *Hippeastrum vittatum*　别名 孤挺花、百枝莲、华胄兰

(1) 形态特征　多年生球根花卉。具肥大鳞茎，外皮膜黄褐色或淡绿色，常与花色深浅有相关性。叶基生，两侧对生，6～8枚，略肉质，扁平带状。花葶自叶丛外侧抽出，粗壮中空，扁圆柱形；伞形花序，着花3～6朵；花大形，漏斗状，花被片具筒，花红色，中心及近缘处具白条纹，或花白色，具红紫色条纹；花期春夏季节。杂交种很多。

(2) 繁殖与栽培　原产秘鲁。喜温暖湿润，光照适中，冬季休眠期要求冷凉、干燥，忌水涝；喜疏松、肥沃、富含腐殖质的沙质土。

分球或播种繁殖。春天栽植时分栽子球，或种子随采随播。华北地区露地种植，冬季覆盖过冬，也可温室盆栽，越冬温度5℃以上。生长适温18～25℃。宜浅植，球颈与地面平即可，子球可栽深些。初栽浇水量宜少，以后逐渐加量。生长期需肥多，随叶片伸长，不断追肥。花后也需追肥，促进鳞茎生长。

(3) 主要用途　华南、西南地区可庭园丛植或用于花境；北方盆栽。或作切花，花蕾将开放时连花梗切取。

10. 蜘蛛兰　学名 *Hymenocallis speciosa*　别名 美丽蜘蛛兰、美丽水鬼蕉

(1) 形态特征　多年生球根花卉。鳞茎球形。外形似文殊兰，区别为：本种叶端尖，基部有纵沟。花葶硬而扁；花被筒带绿色，花被裂片线形，较筒长；花丝长，基部合生成杯状体；副

冠漏斗形，缘齿状；花期夏秋季节。

(2) 繁殖与栽培　原产美洲。喜光照、温暖湿润，不耐寒；喜肥沃的土壤。

分球繁殖。春天栽植时进行，勿深栽，球颈部分与地面相平即可。子球可稍深些。华北地区多温室长年栽培，也可露地春植。盆栽越冬温度15℃以上。生长期水肥要充足。露地栽植于秋季挖球，干藏于室内。一般栽培管理。

(3) 主要用途　配植花境；丛植；盆栽。

11. 雪滴花　　学名　*Leucojum vernum*　　别名　雪花水仙、雪铃花

(1) 形态特征　多年生球根花卉。具球形小鳞茎。叶成丛基生，较短，约15～20 cm，线形。花葶高约15～30 cm，中空，顶生小花1朵或数朵，聚成伞形花序下垂，阔钟形，花被片先端具绿点，内外轮等长，无筒，白色，味芳香；花期3—4月。

(2) 繁殖与栽培　原产中欧。喜凉爽湿润，耐寒喜光，耐半阴，要求肥沃而富含腐殖质的土壤。

分球繁殖。秋植。适应性强，生长健壮。一般管理。园林栽植3～4年可分栽一次，取出后如不及时种植，需用微湿沙土埋藏。

(3) 主要用途　宜植林下、坡地及草坪边缘；配植花境、假山石或岩石园；盆栽。

12. 忽地笑　　学名　*Lycoris aurea*　　别名　黄花石蒜、铁色箭

(1) 形态特征　多年生球根花卉。鳞茎广卵形。叶基生，阔线形，灰绿色；花前枯死，花后秋季又发新叶。花葶高30～60 cm；伞形花序，着花5～10朵．侧向开放；花大，黄色，裂片倒披针形，边缘皱曲并稍反卷，花期8—10月。

(2) 繁殖与栽培　原产中国中南部。性强健，适应性广。喜温暖，耐寒力强；喜湿润和半阴环境；耐日晒及干旱；不择土壤。

分球繁殖。春、秋两季均可种植，暖地多秋植，秋植后次春才抽芽。栽植深度以土面刚埋过球顶为宜。华北地区露地种植需保护过冬。以腐殖质丰富、排水好的土壤栽种为好。采收宜在叶枯而花未现时进行，一般4～5年分栽一次。管理简单。

(3) 主要用途　林下地被；溪间石旁自然栽植或用于花境、岩石园；盆栽；水培；作切花。

13. 长筒石蒜　　学名　*Lycoris longituba*　　别名　白花石蒜

(1) 形态特征　多年生球根花卉，花喇叭状，辐射对称，花被裂片不皱缩。花较大，白色，花被筒长4～6 cm，叶片宽1.5～2 cm。春季出叶，夏初枯黄，秋天开花。花期7—8月。

(2) 繁殖与栽培　同忽地笑。

(3) 主要用途　切花、地被。

14. 石蒜　　学名　*Lycoris radiata*　　别名　红花石蒜、老鸦蒜、蟑螂花

(1) 形态特征　多年生球根花卉。鳞茎广椭圆形。叶丛生，线形，深绿色，叶两面中央色浅，于秋季花后抽出。花葶高30～60 cm，顶生伞形花序，着花5～12朵；花被片狭长倒披针形，边缘皱缩呈波状，显著反卷；雄蕊及花柱伸出花冠外，与花冠同为红色；花期7—9月。有

白花品种。

(2) 繁殖与栽培　原产中国长江流域及西南地区。其他同忽地笑。

(3) 主要用途　同忽地笑。

15. 鹿葱　学名　*Lycoris squamigera*　别名　夏水仙、叶落花挺

(1) 形态特征　多年生球根花卉。鳞茎阔卵形，较大。叶丛生，阔线形，质地较软，花后抽出，淡绿色。花葶高60 cm，伞形花序，着花4~8朵；花被裂片斜展，端部突尖；雄蕊较花被片稍短或等长；花粉红色，具雪青色或水红色晕，味芳香，花期8月。

(2) 繁殖与栽培　原产中国华东、华北地区，及日本。耐寒力强，华北地区可露地过冬。其他同忽地笑。

(3) 主要用途　同忽地笑。

16. 橙黄水仙　学名　*Narcissus incomparabilis*　别名　明星水仙、星冠水仙

(1) 形态特征　多年生球根花卉。植株粗壮，鳞茎卵圆形。叶3~5枚，扁平，灰绿色被白粉。花葶有棱，与叶同高；花大，单生，平伸或斜下开放，淡黄色，无香气；副冠杯状，黄色，边缘波状，长度为花被裂片的1/2；花期4月。有副冠为白色、复色，重瓣花的变种及品种。

(2) 繁殖与栽培　原产西班牙和法国南部。本种为红口水仙与喇叭水仙的杂交种。喜冬季温暖，夏季凉爽，本种耐寒；喜湿润及阳光充足，耐半阴；要求湿润、疏松而排水好的肥沃粘质壤土，也耐干旱和瘠薄。

分球繁殖，秋植球根。华北地区可露地过冬。喜水肥，生长期需充足的水肥。一般栽培管理。

(3) 主要用途　配植花坛，花境；疏林下、草坪上丛植；盆栽；水培或作切花。

17. 丁香水仙　学名　*Narcissus jonquilla*　别名　长寿花、灯心草水仙

(1) 形态特征　多年生球根花卉。鳞茎较小，皮膜黑褐色。叶2~4枚丛生，细长，近圆柱形，具明显的深沟，浓绿色。花葶纤细，伞形花序，着花2~6朵，侧向开放，花小，高脚碟状，深黄色，具浓香；副冠与花被等长，杯状，缘波状，深黄色或桔黄色；花期4月。

(2) 繁殖与栽培　原产西班牙东部、丹麦。华东地区可露地过冬、其他同橙黄水仙。

(3) 主要用途　配植花坛、花境及丛植。盆栽水培，或作地被。

18. 红口水仙　学名　*Narcissus poeticus*

(1) 形态特征　多年生球根花卉。鳞茎狭卵形。叶4枚丛生，线形，扁平，背面具白粉而呈绿白色。花葶二棱形，与叶等长；花单生，平伸或斜向开放。纯白色，芳香；副冠浅杯状，黄色边缘干膜质而起皱，桔红色；苞片干膜质，花期4-5月。

(2) 繁殖与栽培　原产法国、希腊及地中海沿岸各国。耐寒，华北地区可露地过冬。其他同橙黄水仙。

(3) 主要用途　丛植，或作切花。其他同橙黄水仙。

19. 喇叭水仙　学名 *Narcissus pseudonarcissus*　别名　漏斗水仙、洋水仙、黄水仙

(1) 形态特征　多年生球根花卉。鳞茎卵圆形。叶4～6枚丛生，阔带形，扁平，具白粉而呈灰绿色。花葶有棱，花单生，横向或斜上开放，浅黄色，芳香；副冠直立；喇叭状，边缘有齿牙或皱褶，与花冠裂片近等长或稍长于花被，桔黄色；花期4—5月。

(2) 繁殖与栽培　原产法国、英国、西班牙等地。耐寒，华北地区可露地过冬。其他同橙黄水仙。

(3) 主要用途　配植花坛。其他同橙黄水仙。

(4) 常见栽培变种

① 二色喇叭水仙 var. *bicolor*　花被片白色，副冠黄色。

② 淡黄喇叭水仙 var. *johntonii*　花被淡黄色。

③ 大花喇叭水仙 var. *major*　花特大。

④ 小喇叭水仙 var. *minimus*　植株较小，副冠较短。

⑤ 重瓣喇叭水仙 var. *plenus*　花的副冠及雌雄蕊全部瓣化，呈重瓣状，花很大。

20. 中国水仙　学名 *Narcissus tazetta* var. *chinensis*　别名　水仙花

(1) 形态特征　多年生球根花卉。鳞茎肥大，卵状或广卵状球形。叶4～6枚丛生，线形，扁平，背面粉绿色。伞形花序，着花4～8朵，小花梗不等长；花被筒三棱状，白色，芳香；副冠碗状，明显短于花被片，黄色；花期1—4月。

(2) 繁殖与栽培　原产中国。不耐寒，华北地区覆盖可露地过冬、其他同橙黄水仙。

(3) 主要用途　水培。

(4) 常见栽培的品种有：

① 金盏银台　单瓣，具黄色浅杯状副冠，香味浓。

② 玉玲珑　重瓣，副冠及雌雄蕊瓣化，并有皱褶，黄白相间，香味淡。

21. 晚香玉　学名 *Polianthes tuberosa*　别名　夜来香

(1) 形态特征　多年生球根花卉。具鳞块茎，上部分为鳞茎，下部分为块茎。基生叶为细长带状。全缘，呈拱形开展；茎生叶互生，愈向上愈小，近花序处呈苞片状。顶生总状花序，小花成对着生于花序轴上，共20多朵；漏斗状，花被管细长稍弯曲；白色，浓香，日落后香味更浓；花期7—10月。有重瓣及叶面具斑纹的变种。

(2) 繁殖与栽培　原产墨西哥。喜温暖湿润，稍耐寒；喜阳光充足，要求肥沃、排水好的粘质壤土，忌积水；对土壤要求不甚严，耐盐碱。

以分球繁殖为主，春季栽植为分栽子球。在热带和亚热带地区无休眠期，一年四季可开花、中国大部分地区做春植球根栽培。在长江流域可露地过冬。大球浅栽，整个顶芽露出土面。为促进根系发达，栽前用利刀削去下部分衰老的块茎及须根、出叶后初期不宜浇水太多，后期生长快，水肥宜充足。秋季采收后，充分干燥，存放于干燥温暖处。

(3) 主要用途　配植花境、岩石园、夜花园；丛植；盆栽；或作切花。

22. 葱兰　　学名　*Zephyranthes candida*　　别名　白玉帘、葱莲

(1) 形态特征　多年生常绿球根花卉。株高10～20 cm。小鳞茎狭卵形，颈部细长。叶基生，线形，宽3～4 mm，具纵沟，稍肉质，暗绿色。花葶自叶丛一侧抽出，顶生一花，苞片白色膜质。或漏斗状，无筒部，白色或外侧略带紫红晕；花期7–10月。

(2) 繁殖与栽培　喜温暖、湿润，稍耐寒；喜光照充足，耐半阴；要求排水好、肥沃的粘质土壤。

分球繁殖，春植球根。华东地区可露地过冬。宜浅植，上端稍露出土面，3～4枚鳞茎种于一穴。发芽前控制浇水，生长旺季充分供给水肥。盆栽2～3年后，应取出鳞茎，地栽1～2年后挖出一次，有利变壮。栽培管理粗放。

(3) 主要用途　配植花坛、花境；丛植草坪上；或作地被；盆栽。

23. 红花葱兰　　学名　*Zephyranthes grandiflora*　　别名　韭兰、红玉帘、风雨花

(1) 形态特征　多年生常绿球根花卉。株高15～25 cm。与葱兰的区别：鳞茎稍大，卵圆状，颈部稍短。叶较长而软，扁线形，稍厚。花漏斗状，显著具筒部，粉红色或玫瑰红色；苞片粉红色；花期6–9月。

(2) 繁殖与栽培　原产南非。耐寒性稍差。其他同葱兰。

(3) 主要用途　同葱兰。

8.3.14　鸢尾科　Iridaceae

1. 射干　　学名　*Belamcanda chinensis*

(1) 形态特征　多年生草本。株高50～110 cm。具地下根茎和匍匐枝。叶基生，2列互生排成一个平面，宽剑形，扁平，稍被白粉。二歧状伞房花序顶生，花被片6枚，基部合生成极短的筒，橙红至桔黄色、外轮被片有红色斑点而开展，内轮被片稍小；花谢后花被片旋转状；花期7–8月。

(2) 繁殖与栽培　原产中国及日本、朝鲜。性强健，适应性强；耐寒力强；喜阳光充足的干燥环境；不择土壤；在湿润、排水好，中等肥力的沙质壤土上生长良好。

播种或分株繁殖。春、秋播皆可。春天分切带芽的根茎或匍匐枝，伤口稍干后栽植即可。一般栽培管理。

(3) 主要用途　配植花坛、花境；丛植；盆栽；切花。

(4) 常见栽培的变种　达摩射干　var. *cruenta* f. *vulgaris*　株高60 cm左右。叶较宽，花梗短。茎叶反转。多作切花栽培。生长势较弱。

2. 番红花　　学名　*Crocus sativus*　　别名　藏红花

(1) 形态特征　多年生球根花卉、株高15 cm。具扁圆形球茎。叶多数，成束丛生，细线形，断面半圆形，中肋白色，叶面有沟，叶缘有毛并内卷，叶基具淡绿色鞘状宽鳞片。花葶与叶同时或稍后抽出，顶生一花；花被管细长，花柱长，端3裂，血红色；花雪青、红紫或白色，芳香；花期9–10月。昼开夜合。

(2) 繁殖与栽培　原产小亚细亚。喜温和凉爽环境，稍耐寒．忌酷热；喜阳光充足，耐半阴；要求富含有机质、排水好的砂质壤土；忌积水。

分球或播种繁殖。秋季进行。华北地区需温室栽培，如露地种植，冬季覆盖过冬。开花期多浇水，不宜施肥，否则易烂球。花后可追肥，以促进新球生长。夏季休眠应挖球后贮藏于通风凉爽处，栽培管理简便。忌连作。

(3) 主要用途　配植花境、岩石园；疏林下地被及草坪边缘丛植；盆栽；水培。

3. 小苍兰　学名 *Freesia refracta*　别名　小菖兰、香雪兰

(1) 形态特征　多年生球根花卉。株高40 cm。具圆锥形小球茎。茎柔弱，少分枝。叶二列互生，狭剑形，较短而稍硬。花茎细长，稍扭曲，着花部分横弯；单歧聚伞花序，花朵偏生一侧，直立；花狭漏斗形；苞片膜质，白色；小花黄绿至鲜黄色；花期春季。有许多变种及品种，花色丰富。

(2) 繁殖与栽培　原产南非。喜凉爽、湿润环境，不耐寒；喜阳光充足，肥沃而疏松的土壤。

播种或分球繁殖。春季采种后即播种；秋天栽植球茎。中国大部分地区作温室栽培。冬春开花，温度14～16℃为宜、3～4月后逐渐休眠。生长期需经常追肥，保持土壤湿润，加强室内通风。开花期易倒伏，需设支架支撑花茎。对二氧化硫抵抗力极弱。

(3) 主要用途　暖地可自然丛植。重要的冬春盆花，也是著名的切花。

4. 唐菖蒲　学名 *Gladiolus hybridus*　别名　剑兰、菖兰、什锦兰

(1) 形态特征　多年生球根花卉。球茎扁球形，外被膜质鳞片、叶剑形，7～8枚呈二列嵌叠状着生，灰绿色。花葶直立，高90～150 cm；蝎尾状聚伞花序，花穗可达70 cm；着花12～24朵，排成2列，侧向一边，每朵花生于革质佛焰苞内；花被片具短筒，偏漏斗状，上方3枚较大；花期6−10月。有红、黄、白、粉、紫、蓝、复色、斑纹等品种。花被片也有平瓣、波瓣、皱瓣等变化。

(2) 繁殖与栽培　原产南非及非洲热带，以及地中海地区。喜温暖，较耐寒，忌炎热；喜阳光充足；要求肥沃、排水良好的砂质壤土；不耐涝。

分球繁殖为主。春季栽植，选地势高燥、通风良好之处栽培。中国大部分地区不可露地越冬。球茎于4～5℃时萌芽，生长适温为20～25℃，冬天球茎贮藏温度2～3℃。喜肥，栽前施足基肥，生长期分别于长出2片叶、4片叶，以及花后时期进行追肥，可促进生长，使花枝粗壮，花大，新球发育好。忌连作。

(3) 主要用途　是重要的切花，在花序基部1～2朵小花初开时，剪取切花用，也可用于配植花坛、花境。

5. 马蔺　学名 *Iris ensata* var.*chinensis*(*I.lactea* var.*chinensis*)　别名　马莲、蠡实

(1) 形态特征　多年生草本。根茎粗短，须根细而坚硬。叶丛生，狭线形，基部具纤维状老叶鞘，叶下部带紫色，质地较硬。花葶与叶等高，着花1～3朵；花被片6枚，蓝色，外轮垂瓣稍大，中部有黄色条纹，内轮旗瓣直立，花柱3歧呈花瓣状，端2裂，花期4−5月。

(2) 繁殖与栽培　原产中国、朝鲜及中亚细亚。耐寒性强。喜阳光充足，耐半阴；喜生于

湿润土壤至浅水中，也极耐干旱，不择土壤；耐践踏。

以分株繁殖为主，春天花后或秋季进行，也可秋播繁殖，采种后即播。生长健壮，适应性强，沙土与重粘土上均可生长，湿润土壤或浅水中生长更旺盛，干旱地上植株较矮小。栽培管理粗放。

(3) 主要用途　丛植，配植花境，作地被。叶为绑扎材料，也可切叶。

6. 德国鸢尾　学名 *Iris germanica*

(1) 形态特征　多年生草本。株高60～90 cm。根茎粗壮。叶剑形，绿色略带白粉。花葶高60～95 cm，有分歧，着花3～8朵；花大，紫色或淡紫色，垂瓣倒卵形，中央具黄色须毛及斑纹，旗瓣较垂瓣色浅，拱状直立。苞片下部绿色，上部常皱缩带紫红色；花期5–6月。栽培园艺品种极多，花形、花色也十分丰富，还有花形特大的四倍体品种。

(2) 繁殖与栽培　原产欧洲中部。耐寒性强。喜阳光充足，排水好，适度湿润，含石灰质的土壤。

可分株繁殖。春天花后或秋季进行，也可秋季采种后播种繁殖。栽植深度以根茎顶部低于地面为宜，过深根茎易腐烂。栽前施足基肥，生长期追肥可使开花繁盛。一般栽培管理。

(3) 主要用途　不同品种可分别用于花坛、花境、丛植，或作专类园布置，也是重要切花材料。

(4) 栽培的变种　白花德国鸢尾 var. *florentina*　花葶稍低，高45～70 cm。垂瓣灰白色，中部以下有黄色须毛，基部及边缘具淡褐色斑纹；旗瓣淡莲青色，基部有淡褐色斑纹；花柱枝淡黄色。

7. 蝴蝶花　学名 *Iris japonica*

(1) 形态特征　多年生常绿草本。根茎细弱，入土浅。叶3～4枚，嵌叠着生，深绿色有光泽。花葶等高于叶丛，有2～3分枝；花较小，淡紫色，垂瓣边缘具波状锯齿，中部有橙色斑点及鸡冠状隆起，旗瓣稍小，上部边缘有齿；花期4–5月。

(2) 繁殖与栽培　原产中国长江流域及日本。稍耐寒，长江流域可露地过冬。喜半阴，较德国鸢尾喜水湿，喜微酸性土壤。其他同德国鸢尾。

(3) 主要用途　配植花境，林下地被，丛植或作切花。

8. 花菖蒲　学名 *Iris kaempferi*　别名　玉蝉花

(1) 形态特征　多年生草本。根茎粗壮。植株基部常有棕褐色枯死的纤维状叶鞘。叶阔线形至宽带形，中肋明显。花葶稍高出叶面，约45～80 cm，着花2朵，花极大，垂瓣下垂，光滑，旗瓣较小，色浅，花色丰富，有黄、白、鲜红、堇、紫色等许多品种，花形也丰富；花期6–7月。有近百个园艺品种，目前栽培的多为大花及重瓣类型。

(2) 繁殖与栽培　原产中国东北地区及朝鲜、日本。耐寒力强。喜阳光充足；喜水湿、肥沃的酸性土壤。

秋天分株繁殖。华北地区可露地过冬。最适宜栽在水深10～15 cm的浅水或沼泽地。栽在水池畔、水边时，生长旺季要求水分充足，其他时期可减少水量。栽前施足基肥。管理简便。

(3) 主要用途　配植花坛，水景园，沼泽园，专类园，观赏价值高，或作切花材料。

9. 燕子花　　学名　*Iris laevigata*

(1) 形态特征　多年生草本。株高60 cm。根茎粗壮，形态与花菖蒲相似，但叶无中脉，较柔软光滑。花葶与叶等高；着花3朵左右，浓紫色，基部稍带黄色，垂瓣与旗瓣等长；花期4–5月。有红、白、翠绿等品种或变种。

(2) 繁殖与栽培　原产中国东北地区，日本及朝鲜有分布。其他同花菖蒲。

(3) 主要用途　于水景园中配植。

10. 黄心鸢尾　　学名　*Iris ochroleuco*　　别名　白花鸢尾、兰花鸢尾

(1) 形态特性　多年生草本。株高100 cm。根茎粗壮，叶片剑形。花白色，外花被片边缘白色，中心黄色，内花被片白色。花期5–6月。

(2) 繁殖与栽培　同鸢尾。

(3) 主要用途　切花；切叶。

11. 黄菖蒲　　学名　*Iris pseudacorus*　　别名　黄鸢尾、菖蒲鸢尾

(1) 形态特征　多年生草本。植株高60～100 cm，健壮。根茎短肥。叶阔带形，端尖，淡绿色，中肋明显，具横向网状脉，易识别。花葶与叶近等高，约65cm，具1～3分枝，着花3～5朵；花黄至乳白色，垂瓣上部为长椭圆形，基部有褐色斑纹；旗瓣明显小于垂瓣，稍直立，淡黄色，花柱枝黄色；花期5–6月。有大花形深黄色、白色、斑叶及重瓣等品种。

(2) 繁殖与栽培　原产南欧、西亚及北非。极耐寒，适应性强，不择土壤，旱地、湿地均可生长良好。喜浅水及微酸性土壤。其他同花菖蒲。

(3) 主要用途　同花菖蒲。

12. 溪荪　　学名　*Iris sanquinea*　　别名　红赤鸢尾

(1) 形态特征　多年生草本。株高50～60 cm，根茎细。叶3～5枚一束，线形，中肋明显，叶基赤色。花葶与叶丛等高，不分枝，着花4朵左右；苞片晕红色；花浓紫色，垂瓣先端圆，中部有褐色条纹，旗瓣稍短，色较浅，爪部黄色具紫斑；花期5–6月。有白花变种。

(2) 繁殖与栽培　原产中国东北地区、西伯利亚、朝鲜及日本。结实力强。其他同花菖蒲。

13. 鸢尾　　学名　*Iris tectorum*　　别名　蓝蝴蝶

(1) 形态特征　多年生草本。株高30～40 cm，植株较矮。叶剑形，淡绿色，纸质。花葶35～50 cm，高于叶面，单一或有1～2分枝，着花3～4朵；花蓝紫色；垂瓣倒垂形，具蓝紫色条纹，瓣基具褐色纹，瓣中央有鸡冠状突起；旗瓣较小，拱形直立，基部收缢，色稍浅；花期5月。

(2) 繁殖与栽培　原产中国中部、性强健，喜半阴，耐干燥。根系较浅，生长迅速。其他同德国鸢尾。

(3) 主要用途　配植花坛，花境；丛植；林下地被；切花。

(4) 常见栽培变种　白花鸢尾 var. *alba*　花为白色。

14. 西班牙鸢尾　学名　*Iris xiphium*　别名　球根鸢尾

(1) 形态特征　多年生球根花卉。地下部分具鳞茎，长卵圆形，外具黄褐色皮膜。叶基生，3枚，线形具沟槽，内面具银白色光泽，外面灰绿色。花葶粗壮，高40～50 cm，着花1～2朵；小花有梗，浅紫色或黄色；垂瓣端部黄色，中部有橙黄色斑，基部细缢呈长爪状；旗瓣披针形，先端微凹，白色晕黄，直立；花柱枝淡黄色；花期4月。

(2) 繁殖与栽培　原产西班牙及地中海沿岸。喜凉爽、阳光充足，稍耐寒，耐半阴；喜排水好的沙质壤土。

秋季分球繁殖或种植。长江流域可露地过冬，华北地区需要风障或覆盖保护过冬。栽前施足基肥，栽后浇透水，春季花后加强水肥管理，使新鳞茎充实。夏季挖球后，分开母球及子球，贮藏于凉爽通风处。

(3) 主要用途　重要的切花材料。也可用于花坛、花境或丛植。

(4) 常见栽培的变种　荷兰鸢尾 var. *hybridum*　花大而美丽，有各种花色和花形。

8.3.15　芭蕉科　Musaceae

1. 火鸟花　学名　*Heliconia bihai*　别名　火鸟蕉

(1) 形态特征　多年生常绿大型草本。株高可达5 m。具根茎。叶长椭圆形，端尖，具长叶柄，叶面绿色，主脉苍白色，侧脉隆起。花序直立，苞片二列状着生，排列较疏，可见苞片抱花序轴部分；硬质，船形，端尖；深红色；黄绿色小花簇生苞片腋部。有许多品种。

(2) 繁殖与栽培　原产巴西、印度、苏格兰及南太平洋的萨摩亚群岛。其他同垂花火鸟蕉。

(3) 主要用途　为珍贵的切花，盆栽。

2. 虾螯蕉　学名　*Heliconia humilis*

(1) 形态特征　多年生常绿草本。株高可达120 cm。具根茎。外形与火鸟花相似，但叶为浅绿色。苞片着生较密，状小；橙红色，边缘及先端绿色，船形苞片的脊部为绿黄色；花黄白色。有许多园艺品种，如有观叶为主的金脉、红脉品种，还有矮生变种，株高仅60 cm。

(2) 繁殖与栽培　原产巴西及千里达岛。其他同垂花火鸟蕉。

(3) 主要用途　为珍贵的切花；盆栽。

3. 垂花火鸟蕉　学名　*Heliconia rostrata*　别名　金鸟蝎尾蕉

(1) 形态特征　多年生常绿草本。株高约2 m。与火鸟蕉区别为：叶柄稍短。顶生穗状花序下垂，苞片15～20枚排成2列，相互不覆盖；船形，基部红色，向端部渐变成黄色，边缘绿色，为主要观赏部分，花期夏初。

(2) 繁殖与栽培　原产阿根廷至秘鲁。喜温暖，不耐寒；喜半阴及湿润环境；要求疏松、肥沃的土壤。

播种或早春分株繁殖。越冬温度10℃以上，生长期需充分给水，忌强光直射。一般管理。

(3) 主要用途　为珍贵的切花；可盆栽观赏。

4. 芭蕉　　学名　*Musa basjoo*

(1) 形态特征　多年生高大草本。株高4～8 m。假茎由叶螺旋状排列，叶鞘复叠成树干状而成。叶巨大，长椭圆形，中脉粗壮隆起，侧脉羽状平行，具长柄。穗状花序顶生，大苞片佛焰苞状，具槽，红褐色，花期夏季。果实肉质，种子多数长三棱形，有时4～5角棱，不可食。

(2) 繁殖与栽培　原产亚洲热带地区。较香蕉耐寒，长江流域可露地过冬。其他同香蕉。

(3) 主要用途　庭院或室内栽植。

5. 香蕉　　学名　*Musa paradisiaca* var.*sapientum*

(1) 形态特征　多年生高大草本。假茎高1.5～3.5 m。叶巨大，聚生假茎顶部；长椭圆形，全缘，中脉明显，侧脉为平行的羽状脉；叶柄短粗，张开。顶生穗状花序下垂，花序轴被褐毛，大苞片佛焰状，紫红色，花序下垂后苞片展开至脱落。果实成熟后黄色，肉质，内无种子，可食。

(2) 繁殖与栽培　原产亚洲东南部热带及中国华南地区及云南、四川。喜温暖湿润气候，不耐寒；喜深厚、肥沃、排水好的微酸性沙壤土。

分株繁殖。取母株周围长至少40 cm以上的吸芽，晾干伤口或涂上草木灰，另行栽植即可。生长适温24～32℃，最低温度高于 5℃，需经常浇水，并在叶面喷水增大湿度。喜肥，需每月追1～2次肥。

(3) 主要用途　庭园或室内栽植。

6. 红蕉　　学名　*Musa uranoscopos*　　别名　红花蕉

(1) 形态特征　多年生草本。株形似香蕉，但细弱、较矮，假茎高1～2 m，丛生。叶长圆形. 叶面黄绿色，背面淡黄绿色。穗状花序自叶腋抽出，直立；苞片外面鲜红色，端黄色，内面粉红色，花期夏季。果肉质，种子多数，不可食。

(2) 繁殖与栽培　原产中国华南地区、越南。其他同香蕉。

(3) 主要用途　暖地可植庭院、假山边、水池边、墙隅，盆栽，或作切叶。

7. 地涌金莲　　学名　*Musella lasiocarpa*

(1) 形态特征　多年生草本。株高60 cm。植株丛生。地上部分为假茎，另具水平生长的匍匐茎。植株基部宿存前一年叶鞘。叶长椭圆形，端尖，基部楔形，状如芭蕉，但短小，开花时叶枯萎。花序从假鳞茎中抽出，黄色大苞片在花序上呈莲座状着生，苞片内小花二列状簇生，花被稍带淡紫色；味清香。

(2) 繁殖与栽培　原产中国云南，为中国特有植物。喜温暖，不耐寒；喜阳光充足。要求肥沃、疏松、排水好的土壤。

以分株繁殖为主。早春或秋季将母株周围的小假茎连同匍匐茎一同切离母株，另行栽植即可。长江以北需温室栽培，越冬温度高于0℃。栽培中土壤过湿、过干皆不宜，旱季多浇水，雨季排水。秋末或早春施肥有利生长开花。花后砍掉假茎，匍匐茎上可长出新假茎。

(3) 主要用途　花坛中心，假山石及墙隅配植。

8.3.16 旅人蕉科 Strelitziaceae

鹤望兰　　学名 *Strelitzia reginae*　　别名 天堂鸟、极乐鸟之花

(1) 形态特征　多年生常绿草本。株高可达1 m。具粗壮肉质根，茎不显。叶基生，两侧排列，长椭圆形，草质，具特长叶柄，有沟槽。总花梗与叶丛近等长，顶生或腋生；花苞横向斜伸，着花6～8朵；总苞片绿色，边缘晕红，花形奇特，小花的外3枚花被片橙黄色，内3枚花被片舌状，蓝色，形若仙鹤翘首远望。花期春夏至秋，温室冬季也有花；花期可长达3～4个月。

(2) 繁殖与栽培　原产南非。喜温暖湿润，不耐寒；喜光照充足；要求肥沃、排水好的稍粘质土壤；耐旱，不耐湿涝。

春季分株繁殖或播种繁殖。人工辅助授粉可结种子。采后即播种。生长适温25℃，冬季10℃以上。夏季生长期和秋冬开花期需水分充足，并喷水增加湿度。生长季及花茎抽出后追肥。夏季适当庇荫。栽培不当不开花，关键是保证充分的光照和适温，尤其是花芽分化时，保持温度稳定而缓慢上升，给予充分的水肥。

(3) 主要用途　盆栽，也是珍贵的切花，也可切叶。

8.3.17 姜科 Zingiberaceae

1. 艳山姜　　学名 *Alpinia zerumber (A.speciosa k.Schum)*　　别名 月桃

(1) 形态特征　多年生常绿草本。株高2～3 m。具根茎。叶具短柄，二列状，长圆状披针形，平行叶脉，叶缘有短柔毛，表面深绿色，背面浅绿色。穗状总状花序顶生，下垂，主花轴有毛；花形似兰花；苞片白色，顶端和基部粉红色；花冠白色，唇瓣长而皱，有红及黄色斑点，极香；花期华南地区于5–6月，华东地区春夏季。

(2) 繁殖与栽培　原产印度。喜高温高湿环境，不耐寒；喜半阴；要求土质肥沃、排水好的土壤。

分株繁殖。春、夏间挖出带根茎的幼株，剪去地上茎的叶及2/3的茎种植；也可早春分栽长出的新芽。温室栽培宜地栽，温度 15℃以上。生长期多次追肥，花后逐步减少灌水，休眠期保持土壤适度湿润。栽培容易。

(3) 主要用途　优良的室内观叶植物；暖地庭院片植；也可切叶。

(4) 常见栽培品种　花叶艳山姜 cv.variegata　株高1～2 m。叶面上有黄色条纹，很美丽。长期光照不足叶色不艳丽。

2. 姜花　　学名 *Hedychium coronarium*　　别名 香雪花、夜寒苏

(1) 形态特征　多年生草本。株高1～2 m、叶互生，无柄，具叶舌，矩圆状披针形，叶背疏具短柔毛。穗状花序顶生；苞片覆瓦状排列，卵圆形，每片内有花2～3朵；花冠筒细长，裂片披针形，后方1枚兜状；小花白色，侧生并退化为花瓣状，雄蕊也白色。极芳香；花期秋季。

(2) 繁殖与栽培　原产中国南部、西南部，印度、越南也有。喜温暖湿润，不耐寒；喜半

阴及肥沃、湿润的微酸性壤土。

分株繁殖。春季分开地下块状根茎，另行栽植即可。栽前施足基肥，生长期追肥1~2次，保持土壤湿润。栽培管理简便。

(3) 主要用途　配植花境；丛植；盆栽；或作切叶。

3. 圆瓣姜花　　学名　*Hedychium forrestii*

(1) 形态特征　多年生草本。株高1~1.5 m。叶抱茎，矩圆状披针形，顶端具尾尖，基部渐狭，两面无毛。穗状花序，花序轴被柔毛，苞片矩圆形，被毛，内有小花2~3朵；花白色，芳香，具花冠筒，花冠裂片条形，唇瓣近圆形，端2裂，基部收缩成瓣柄；花期8–10月。

(2) 繁殖与栽培　原产中国广西、贵州、云南、四川。习性及繁殖、栽培同姜花。

(3) 主要用途　配植花境；丛植。

4. 长穗姜花　　学名　*Hedychium spicatum*

(1) 形态特征　多年生草本、株高1~2 m。叶矩圆状披针形，叶背有时具疏长柔毛。穗状花序，苞片矩圆形，内有1朵小花，花冠黄色，具管，裂片线形，唇瓣倒卵形，端2深裂，白色晕黄色，基部浅红色，花丝浅红色。

(2) 繁殖与栽培　原产中国广西、云南、四川，印度、尼泊尔也有。其他同姜花。

(3) 主要用途　作花境背景。

8.3.18　美人蕉科　Cannaceae

1. 蕉藕　　学名　*Canna edulis*　　别名　食用美人蕉、芭蕉芋

(1) 形态特征　多年生球根花卉。植株高大粗壮，高约2~3 m。根茎短肥而圆钝，茎直立，不分枝，紫色。叶互生，大而无柄，具叶舌，矩圆状椭圆形，表面绿色，叶背及叶缘晕紫色。花排成疏散的总状花序，单生或分枝，基部具总苞；花鲜红色，瓣化雄蕊橙色；花期8–10月。在中国大部分地区偶见开花。

(2) 繁殖与栽培　原产西印度和南美洲、华北地区不能露地过冬。春植球根花卉。其他见大花美人蕉。

(3) 主要用途　假山石旁、庭院角隅、粉墙前栽植，作花坛或花境背景。

2. 大花美人蕉　　学名　*Canna generalis*　　别名　红艳蕉

(1) 形态特征　多年生草本。株高1.5 m。地下根茎粗壮、肥大而横卧，茎叶均具白粉。叶片大，阔椭圆形。总状花序顶生，花大，萼片绿色呈苞片状；花瓣3枚，稍带绿色，似萼状；瓣化雄蕊5枚，花瓣状，色彩艳丽，有深红、橙红、黄、粉乳白等色；花期7–10月。华南地区四季开花。尚有矮生及褐紫叶色等品种。

(2) 繁殖与栽培　原产美洲热带和亚热带。由美人蕉（*C. india*）杂交改良而成。喜高温炎热，不耐寒，遇霜即枯萎；喜阳光充足；喜肥沃、湿润的深厚土壤。一般土壤上也能生长。在原产地无休眠性。

春季分根繁殖，也可播种繁殖。播前刻伤种皮，或开水浸泡。春植球根。管理粗放简单。喜

肥，花前追1~2次肥有利开花。花后从基部剪去花枝，以利根茎生长，长江以北地区冬季挖出根茎，在室内干藏越冬。

(3) 主要用途　配植于花坛中心、花境；庭院种植；盆栽。

3. 美人蕉　　学名　*Canna indica*　　别名　小花美人蕉、小芭蕉

(1) 形态特征　多年生球根花卉。株高1.5 m以上。具根茎。茎绿色。叶长椭圆形，两面绿色。总状花序着花疏散，花较小，常2朵聚生，雄蕊瓣化瓣3枚狭窄直立；鲜红色；唇瓣橙黄色，具红色斑点，花期7–8月。

(2) 繁殖与栽培　原产美洲热带。其他见大花美人蕉。

(3) 主要用途　配植花境；丛植；庭院栽植。

8.3.19　竹芋科　Marantaceae

1. 金花肖竹芋　　学名　*Calathea crocata*　　别名　金花冬叶

(1) 形态特征　多年生常绿草本。植株矮小，高15~20 cm。叶丛生，有柄，椭圆形。较短，约5 cm，叶面暗绿色，叶背淡红色。花桔黄色，花期6–10月。

(2) 繁殖与栽培　原产巴西。喜温暖、湿润，不耐寒，忌炎热；喜半阴；要求疏松、排水好的土壤。

分株繁殖。5~6月进行。生长适温 18~24℃，超过32℃、低于15℃皆难以生存。生长旺季可追肥。栽培中盆土不可过湿，保持较高的空气湿度有利于生长。

(3) 主要用途　优良的室内观叶植物，或作微小型盆栽。

2. 紫背肖竹芋　　学名　*Calathea insignis*　　别名　箭羽肖竹芋、披针叶竹芋、红背葛郁金

(1) 形态特征　多年生常绿草本。株高30~100 cm。叶丛生，有柄，狭披针形，长10~50cm以上，表面淡黄绿色，与侧脉平行分布着大小交替的深绿色斑纹，叶背暗紫红色，叶缘稍波状。短总状花序，不分枝，瓣化状退化雄蕊1枚，子房3室。本属各种均具此特征。

(2) 繁殖与栽培　喜高温高湿，不耐寒；喜半阴；喜疏松、多孔的微酸性基质。

初夏分株繁殖。生长适温为18~25℃，越冬温度不低于10℃。对空气湿度要求高，尤其是新叶长出后，除叶面喷水外，最好有其它增加湿度的措施。盆土不宜过湿，否则烂根，保持湿润即可，秋冬季还要控制浇水。盆土宜选通气、透水好微酸性基质。生长期追肥，并注意通风良好。

(3) 主要用途　盆栽室内观叶。

3. 豹纹肖竹芋　　学名　*Calathea leopardina*　　别名　豹纹竹芋

(1) 形态特征　多年生常绿草本。植株低矮，匍匐状。叶具柄，叶片倒卵形，鲜绿色，主脉两侧有成对排列的墨绿色条斑；幼叶白绿色。

(2) 繁殖与栽培　原产巴西。喜湿润，但要求不是很严格。繁殖力强，其他同紫背肖竹芋。

(3) 主要用途　盆栽，吊盆观赏。

4. 孔雀竹芋　学名　*Calathea makoyana*　别名　五色葛郁金、蓝花蕉

(1) 形态特征　多年生常绿草本。株高 50 cm。株形挺拔，密集丛生。叶簇生，卵形至长椭圆形，叶面乳白或橄榄绿色，在主脉两侧和深绿色叶缘间有大小相对、交互排列的浓绿色长圆形斑块及条纹。形似孔雀尾羽；叶背紫色，具同样斑纹；叶柄细长，深紫红色。

(2) 繁殖与栽培　原产巴西。耐阴性强，需肥不多，喜湿，叶面要常喷水。用水苔作无土栽培基质效果好，分生力强，繁殖容易。其他同紫背肖竹芋。

(3) 主要用途　优良的室内观叶植物。

5. 银影竹芋　学名　*Calathea picturata* cv. Argentea

(1) 形态特征　多年生常绿草本。株高 10 cm。植株低矮，密集丛生。叶银灰色，叶缘翠绿色，叶背褐红色。

(2) 繁殖与栽培　原种产于南美热带。对低温敏感，越冬温度 15℃以上。不易过多施肥，常需向叶面喷水提高湿度。分生力强。其他同紫背肖竹竿。

(3) 主要用途　盆栽，吊盆观赏。

6. 银心竹芋　学名　*Calathea picturata* cv. Randen　别名　花纹竹芋

(1) 形态特征　多年生常绿草本。株高 15～25 cm。植株低矮丛生状。叶卵圆形，墨绿色，主脉两侧及近叶缘两边各有 1～3 条平行线组成的银灰色带，从叶基伸至叶端，似西瓜皮；叶背紫红色。

(2) 繁殖与栽培　原种产于南美热带。对温度要求高，生长适温 20～28℃，高于 28℃，低于 15℃皆会生长缓慢。每年更新可使叶色美丽。春季剪去大部分老叶，使重新发叶。其他同银影竹芋。

7. 彩虹肖竹芋　学名　*Calathea roseo-picta*　别名　彩叶肖竹芋、红边肖竹芋

(1) 形态特征　多年生常绿草本。植株矮小，高 17 cm 左右。叶阔卵形，暗绿色，中脉淡粉色，近边处也有具光泽的淡粉色斑纹，叶背暗紫色，叶柄紫红色。

(2) 繁殖与栽培　原产巴西。较其他肖竹芋耐寒性差，15℃以下生长不良，10℃以下逐渐死亡。越冬温度 15℃以上。要求湿度高，其他同紫背肖竹芋。

8. 竹芋　学名　*Maranta arundinacea*　别名　麦伦脱、葛郁金

(1) 形态特征　多年生草本。株高 60～80 cm。地下具块状根茎白色；地上茎细，多分枝，丛生。叶具长柄，卵状矩圆形至卵状披针形，端尖，绿色，有光泽，叶背色淡。总状花序，顶生，花白色，退化雄蕊 2 枚，呈花瓣状，子房 1 室。这也是本属与肖竹芋属（*Calathea*）主要区别点。

(2) 繁殖与栽培　原产墨西哥至南美洲。喜高温高湿环境，不耐寒；喜半阴；宜疏松通气、排水好的基质。

春天分株繁殖。生长适温 15～25℃，越冬温度 10℃以上。光照弱，叶色不美丽。生长期正常浇水，还需叶面喷水，并保证良好通风条件。冬季盆土宜干燥，过湿叶易变黄。根系浅，栽

植不宜深，根颈稍露出土面为宜。

(3) 主要用途　盆栽。

9. 白脉竹芋　学名　*Maranta leuconeura*　别名　条纹竹芋

(1) 形态特征　多年生常绿草本。茎短，基部不是块状茎。叶长椭圆形，表面灰绿色，有光泽，主脉及侧脉为白色，边缘有暗绿色斑点，叶背青绿色，具短柄。

(2) 繁殖与栽培　原产巴西。其他同竹竽。

(3) 主要用途　盆栽。

10. 二色竹芋　学名　*Maranta bicolor*　别名　花叶竹芋

(1) 形态特征　多年生常绿草本。株高25～40 cm。茎基部呈块状茎。叶长椭圆形至阔椭圆形，两面平滑，绿白色，中脉两侧脉间有暗褐色规则斑块，叶背淡紫色，叶柄2/3以上呈鞘状，淡紫色。

(2) 繁殖与栽培　原产巴西。对空气湿度要求高，其他同竹芋。

(3) 主要用途　盆栽

8.3.20　兰科　Orchidaceae

1. 白芨　学名　*Bletilla striata*　别名　凉姜、双肾草、紫兰

(1) 形态特征　多年生球根花卉。株高30～60 cm。具扁球形假鳞茎。茎粗壮，直立。叶互生，3～6枚阔披针形，基部下延成鞘状而抱茎；平行叶脉明显而突出使叶面皱褶。总状花序顶生，花淡紫红色；花被片6枚，不整齐，其中1枚较大，成唇形，3深裂，中裂片波状具齿；花期3–5月。

(2) 繁殖与栽培　原产中国中南及西南各省，日本、朝鲜也有。喜温暖而凉爽湿润的气候，稍耐寒；喜半阴；要求富含腐殖质的沙质壤土。

春或秋季分株繁殖。将假鳞茎分割成小块，每块带2～3芽眼，分栽即可。长江流域地区可露地过冬。长江流域以北温室栽培，越冬温度不低于5℃。栽前施足基肥，生长期保持土壤及空气湿润，适当追肥。

(3) 主要用途　在岩石园与山石配植；丛植于林下、林缘；盆栽。

2. 虾脊兰　学名　*Calanthe discolor*

(1) 形态特征　多年生草本。地生性。茎不明显。叶近基生，2～3枚，矩卵状矩圆形，基部渐狭成柄。花葶从叶丛中抽出，直立，总状花序着花6～12朵，小花紫红色，唇瓣3深裂，中裂片双分叉，白色有浅红晕或斑点，端弯曲；花期初夏。

(2) 繁殖与栽培　原产中国长江流域及南部各省，日本也有。喜温暖，不耐寒；喜高湿、半阴环境；宜富含腐殖质、疏松、排水及保水好的基质。

分株繁殖为主。花后进行，分开母株，伤口涂上草木灰另行栽植、花后有短暂的休眠状态。越冬温度16℃以上。生长季适当浇水，保持空气和土壤湿度，开花期略干燥。冬季维持盆土不过分干燥即可。

(3) 主要用途　盆栽；用于景箱；或作切花。

3. 卡特利亚兰　学名　*Cattleya bowringiana*　别名　卡特兰、多花布袋兰

(1) 形态特征　多年生常绿附生草本。株高60 cm。假鳞茎生于短根茎顶端，长纺锤形。顶生1～2枚叶，长椭圆形，厚革质，淡绿色。花梗从叶基抽出，着花5～10朵；花大，各瓣离生，唇瓣大，侧裂片包围蕊柱，蕊长而粗，先端宽，花浅紫红色，瓣缘深紫，花喉黄白色，具紫纹；花期2月，单花可开放 1个月、有各种花色的品种。

(2) 繁殖与栽培　原产南美洲。喜温暖，不耐寒；喜阳光充足，但忌强光直射；喜高湿及通风好；要求排水、通气好的基质。

分株繁殖为主。生长适温15～24℃，冬季不可低于12℃，花后休眠可耐2～3℃低温。生长季多浇水，并在叶面喷雾，休眠期少浇水，但仍需喷雾，生长期每月追肥1次。栽培时，盒内下层最好加碎砖片等排水层，上用水苔或树蕨作基质。

(3) 主要用途　热带兰中珍品。盆栽，吊盆观赏。也是极优良的切花材料。

4. 蕙兰　学名　*Cymbidium faberi*　别名　夏兰、九节兰

(1) 形态特征　多年生常绿草本。地生性、假鳞茎不显著。叶5～7片丛生，较春兰叶宽、长，直立性强，基部常对褶，横切面呈“V”形，叶缘具粗齿。花葶直立而长，着花6～12朵，浅黄绿色，具紫红斑点；香气较春兰淡；花期3–4 月。名贵品种很多。

(2) 繁殖与栽培 原产中国中部及南部。其他同春兰。

(3) 主要用途　盆栽。

5. 建兰　学名　*Cymbidium ensifolium*　别名　秋兰、雄兰

(1) 形态特征　多年生常绿草本、地生性。假鳞茎较小。叶2～6枚丛生，广线形，全缘，基部狭窄，中上部宽。花葶短于叶丛，直立，着花5～9朵，浅黄绿色至浅黄褐色，有暗紫色条纹，香味浓；花期7–9 月。有许多名贵品种。

(2) 繁殖与栽培　原产福建、广东、四川、云南。耐寒力较弱。

早春分株，冬季盆土宜干燥。其他同春兰。

6. 春兰　学名　*Cymbidium goeringii*　别名　山兰、草兰

(1) 形态特征　多年生常绿草本。地生性。具假鳞茎球形。叶4～6枚丛生，狭带形，叶脉明显，叶缘粗糙且细齿。花葶直立，具4～5枝鞘，花单生，少数2朵，淡黄绿色，有香气；花期2–3月。依花被片的形状不同，可分为几类花型，如梅瓣型、水仙瓣型、荷瓣型以及蝴蝶瓣型。有许多名贵品种。

(2) 繁殖与栽培　原产中国中南部。喜凉爽湿润，较耐寒，忌酷热和干燥；要求生长期半阴，冬季有充足的光照；喜富含腐殖质、疏松、通气的微酸性土壤。

以分株繁殖为主。在秋末生长停止时进行。分株前使盆土稍干燥，可少伤根，并注意保护根上的菌根。耐寒力较强。夏季生长期保持土壤湿润，不可过湿，并需要喷雾，提高空气湿度，秋末后控制浇水。每年换盆可不追肥，若几年换盆一次则要追肥。生长期5～10天施一次液肥，掌握“宜勤而淡”，切忌“聚而厚”的原则。开花前后不宜追肥。盆栽时，底层需有排水层，置

通风处。雨季防雨涝。

(3) 主要用途　盆栽，为名贵的盆花。

7. 寒兰　学名　*Cymbidium kanran*

(1) 形态特征　多年生常绿草本。地生性。外形与建兰目似，但叶较狭，基部更狭；3～7枚丛生，直立性强，全缘或近顶端有细齿，略带光泽。花葶直立，与叶等高或稍高出叶，疏生花10余朵；萼片较狭长，花瓣较短而宽，唇瓣黄绿色带紫斑，有香气；花期12月至翌年1月。品种多。

(2) 繁殖与栽培　原产中国福建、浙江、江西、湖南、广东等地。耐寒性差，冬季仍需浇水。其他同春兰。

(3) 主要用途　盆栽，为名贵盆花。

8. 墨兰　学名　*Cymbidium sinense*　别名　报岁兰

(1) 形态特征　多年生常绿草本。地生性。假鳞茎椭圆形。叶2～4枝丛生，直立性，宽而长，剑形，全缘，深绿色有光泽。花葶直立，高于叶面，着花5～17朵，苞片狭披针形，淡褐色，有5条紫脉，花瓣较短宽，向前伸展；小花基部有蜜腺淡香；花期11月至翌年1月。品种丰富。

(2) 繁殖与栽培　原产中国广东、福建及台湾。不耐寒，冬季开花，仍需浇水。其他同春兰。

(3) 主要用途　盆栽观赏。

9. 密花石斛　学名　*Dendrobium densiflorum*　别名　黄花石斛

(1) 形态特征　多年生附生草本。株高30 cm。假鳞茎丛生，多节；棒状具4棱。叶生茎上部，3～5枚，矩圆状披针形，革质，深绿色。总状花序顶生，花茎下垂；小花密集，呈椭圆球形，小花金黄色，光亮，唇瓣环状，色较深，极美丽；花期3—5月。

(2) 繁殖与栽培　原产中国喜马拉雅山、海南、广西、云南南部。喜高温、高湿环境，较耐寒，忌酷热及干燥；喜半阴，忌阳光直射。

分株繁殖。春季花后进行。华北地区温室栽培。生长期适当浇水，需追肥。宜用蕨根等疏松、通气排水好的基质。春季开花时对花序扶持。

(3) 主要用途　盆栽，吊盆观赏。

10. 石斛　学名　*Dendrobium nobile*　别名　金钗石斛

(1) 形态特征　多年生附生草本。株高20～40 cm。茎丛生，直立，有明显的节和纵槽纹，稍扁，上部略呈回折状，基部收缢。叶互生，近革质，长椭圆形，端部2圆裂两侧不等，基部成鞘，膜质。总状花序着花1～4朵；花大，白色，端部淡紫色；唇瓣宽卵状矩圆形，唇盘上有紫斑；花期3—6月。

(2) 繁殖与栽培　原产中国云南、广东、广西、台湾及湖北等地。栽培中盆底需填入排水层。华北地区中温温室栽培。秋季需一个干燥、低温（约10℃）的过程，以促进花芽分化。其他同密花石斛。

(3) 主要用途　盆栽，吊盆观赏，或作切花。

11. 带叶兜兰　　学名　*Paphiopedilum hirsutissimum*　　别名　柔毛拖鞋兰

(1) 形态特征　多年生草本。地生或半附生性。无假鳞茎。叶基生，带形，端尖，深绿色，基部有紫斑。花单生，绿色，有小紫点斑，唇瓣兜状，有爪；花期9月至翌年5月。

(2) 繁殖与栽培　原产中国云南东南部、广西、贵州，印度也有分布。喜温暖高湿环境，稍耐寒，忌干热；喜半阴及肥沃、疏松、排水好且透气的基质。

以分株繁殖为主，宜在花后短暂的休眠期进行。生长适温18～25℃，越冬温度5℃以上，温度过低，叶枯萎脱落，过高不易形成花芽。生长期充分浇水，常追肥，并喷雾保持较高的空气相对湿度。休眠期及新芽长出时要少浇水。

(3) 主要用途　名贵洋兰之一，盆栽，或作切花。

12. 兜兰　　学名　*Paphiopedilum insigne*　　别名　美丽囊兰

(1) 形态特征　多年生常绿草本。地生性。无假鳞茎。叶基生，表面有沟，幼叶绿色，老叶蓝绿色，革质。花葶从叶腋抽生，单生一朵花，蜡状，黄绿色，具褐色斑纹；兜大，紫褐色；花期9月至翌年2月。

(2) 繁殖与栽培　原产印度北部。喜凉爽湿润，较耐寒；喜半阴；要求环境通风好。北方宜低温温室栽培。其他同带叶兜兰。

(3) 主要用途　同带叶兜兰。

13. 蝴蝶兰　　学名　*Phalaenopsis amabilis*　　别名　蝶兰

(1) 形态特征　多年生附生常绿草本。根扁平如带，有疣状突起，茎极短。叶近二列状丛生，广披针形至矩圆形，顶端浑圆，基部具短鞘，关节明显。花茎1至数枚，拱形，长达70～80 cm；花大，白色，蜡状，形似蝴蝶；花期冬春季。栽培品种很多。

(2) 繁殖与栽培　原产亚洲热带及中国台湾。喜高温高湿，不耐寒。喜通风及半阴；要求富含腐殖质、排水好、疏松的基质。

分株繁殖为主。可分栽花茎节上产生的幼株，宜秋季进行。中国北方高温温室栽培。越冬夜间温度18℃，夏季生长适温21～24℃，生长旺季及花芽生长期需多浇水，并在叶面喷水，增加空气相对湿度。秋春少浇水，冬季保持盆土湿润即可。生长期追肥，小苗宜追施含氮量高的肥，成株则宜用含磷钾量高的肥。悬吊式种植也可盆栽。

(3) 主要用途　为珍贵的盆花，吊盆观赏。也是优良的切花材料。

参考文献

1 陈俊愉，程绪珂.中国花经.上海：上海文化出版社，1990
2 章守玉.花卉园艺.沈阳：辽宁科学技术出版社，1982
3 北京林业大学园林系花卉教研室.花卉学.北京：中国林业出版社，1990
4 吴涤新.花卉应用与设计.北京：中国农业出版社，1994
5 薛聪贤.一年生草花120种.郑州：河南科学技术出版社，2000
6 肖良，印丽萍泽.一、二年生园林花卉.北京：中国农业出版社，2001
7 陈俊愉，刘师汉.园林花卉.上海：上海科学技术出版社，1980
8 姬君兆，黄玲燕.花卉栽培学讲义.北京：中国林业出版社，1985
9 胡正山，陈立君.花卉鉴赏词典.长沙：湖南科学出版社，1992
10 中国科学院植物研究所.新编汉拉英植物名称.北京：航空工业出版社，1996
11 薛聪贤.宿根草花150种.郑州：河南科学技术出版社，2000
12 薛聪贤.球根花卉·多肉植物150种.郑州：河南科学技术出版社，2000
13 李尚志.水生植物造景艺术.北京：中国林业出版社，2000
14 贾祖璋.花与文学.福州：福建科学技术出版社，1989
15 马太和.观叶植物大全.北京：中国旅游出版社，1989
16 薛聪贤.观叶植物225种.郑州：河南科学技术出版社，2000
17 王意成.时尚观叶植物100种.北京：中国农业出版社，2000
18 戴志棠.室内观叶植物及装饰.北京：中国林业出版社，1994
19 谷祝平.洋兰－艳丽神奇的世界.成都：四川科学技术出版社，1991
20 吴应祥.兰花.北京：中国林业出版社，1980
21 卢思聪.中国兰与洋兰.北京：金盾出版社，1991
22 吴应祥.中国兰花.北京：中国林业出版社，1991
23 李少球，胡松华.世界兰花.广州：广东科学技术出版社，1999
24 张守约，赖达蓉.仙人掌与多浆花卉.成都：四川科技出版社，1986
25 邵利楣.观赏蕨类的栽培与用途.北京：金盾出版社，1994